黄河下游宽滩区滞洪沉沙功能及滩区减灾技术研究

江恩慧　李军华　陈建国　王远见　曹永涛　等　著

中国水利水电出版社

www.waterpub.com.cn

·北京·

内 容 提 要

全书突出微观、介观、宏观尺度的有机统一，强调河流自然属性与社会属性的协同发挥，注重现场调研、理论研究、数学模型计算与实体模型试验等研究方法的紧密融合，首次从理论层面揭示了黄河下游滩槽水沙交换机理及漫滩洪水水沙运移与滩地淤积形态的互馈机制，量化了无防护堤、防护堤、分区运用等不同运用方案下宽滩区滞洪沉沙功效及对山东窄河段冲淤与防洪安全的影响，提出了下游宽滩区泥沙配置潜力和可兼顾下游防洪与滩区发展的洪水泥沙调控模式、减灾技术和运用机制，首次构建了同时反映河流自然属性和社会属性的宽滩区滞洪沉沙功效二维评价指标体系和评价模型，优化了宽滩区运用方式。

本书可供从事河床演变与河道整治、河流泥沙动力学、防洪减灾、水沙资源配置与利用、河流管理等方面的科技人员及高等院校有关师生参考。

图书在版编目（CIP）数据

黄河下游宽滩区滞洪沉沙功能及滩区减灾技术研究 / 江恩慧等著. -- 北京 : 中国水利水电出版社，2019.3
ISBN 978-7-5170-5100-8

Ⅰ. ①黄… Ⅱ. ①江… Ⅲ. ①黄河－下游－防洪－研究 Ⅳ. ①TV882.1

中国版本图书馆CIP数据核字（2016）第323548号

书 名	黄河下游宽滩区滞洪沉沙功能及滩区减灾技术研究 HUANGHE XIAYOU KUANTANQU ZHIHONG CHENSHA GONGNENG JI TANQU JIANZAI JISHU YANJIU
作 者	江恩慧 李军华 陈建国 王远见 曹永涛 等 著
出版发行	中国水利水电出版社 （北京市海淀区玉渊潭南路 1 号 D 座　100038） 网址：www.waterpub.com.cn E-mail：sales@waterpub.com.cn 电话：（010）68367658（营销中心）
经 售	北京科水图书销售中心（零售） 电话：（010）88383994、63202643、68545874 全国各地新华书店和相关出版物销售网点
排 版	中国水利水电出版社微机排版中心
印 刷	北京印匠彩色印刷有限公司
规 格	184mm×260mm　16 开本　23.25 印张　405 千字
版 次	2019 年 3 月第 1 版　2019 年 3 月第 1 次印刷
印 数	0001—1000 册
定 价	**128.00 元**

凡购买我社图书，如有缺页、倒页、脱页的，本社营销中心负责调换

前　言

　　数千年来，黄淮海平原一直是中华民族繁衍生息的核心区域，同时又饱受黄河洪水威胁，因此历朝历代对黄河下游治理都给予了高度重视。人民治黄以来，党和政府更是倾注大量人力、物力、财力开展黄河下游河道的系统整治，取得了 70 余年伏秋大汛不决口的伟大胜利，为黄淮海平原经济社会稳步发展和国民经济的快速增长做出了巨大贡献。然而，由于人们对黄河水沙变化与河床演变等基本规律的认知水平仍然有限，争论了几千年的黄河下游河道治理方略仍未取得共识，特别是近 30 年黄河水沙情势发生了很大变化，加之国家 2020 年全面小康目标的实现，使得黄河下游河道治理的方向问题再次成为人们关注的焦点。

　　黄河下游宽滩区指的是京广铁路桥以下、陶城铺以上河段之间的滩区，面积约 2770km²，占下游滩区总面积的 78%。宽滩区不仅是黄河下游河道的重要组成部分，具有行洪、滞洪、沉沙的作用，同时又是广大滩区居民繁衍生息的场所。实际上，就黄河下游河道目前的总体格局而言，黄河下游宽滩区的治理必须解决的最重要的问题之一是，不同治理模式下宽滩区行洪、滞洪、沉沙功能的发挥，与 190 万滩区民众生存和区域社会经济的可持续发展之间能否实现彼此间的协调共赢。然而，不同运用方案均缺乏充分的科学论证，难以厘清现状滩区地貌情景和洪水形势下，滩区不同运用方案的滞洪沉沙作用，更缺乏一套能够科学评价滩区滞洪沉沙功能与效应的评价指标。如何兼顾防洪减灾、河槽减淤和滩区群众奔小康等治理目标，合理确定黄河下游陶城铺以上宽滩区的治理与运用方案是治黄工作亟待解决的难题。

党中央、国务院及社会各界人士对此给予高度关注和重视。自2006年以来，钱正英、蒋树生和孙鸿烈等国家领导人和知名院士专家都曾专程实地考察了黄河下游滩区；2011年中央一号文件明确指出，要搞好黄河下游治理、搞好黄河下游滩区安全建设。为此，科学技术部将"黄河水沙调控技术研究与应用"（2012BAB02B00）列为国家"十二五"科技支撑计划项目，"黄河下游宽滩区滞洪沉沙功能及滩区减灾技术研究"为该项目的第一课题（2012BAB02B01），针对未来黄河下游河道滩区治理方向问题，开展宽滩区滞洪沉沙功效与减灾技术研究。

本书重点关注黄河下游宽滩区滞洪沉沙功能与效应、下游滩槽水沙优化配置、宽滩区不同运用方案对山东窄河段的影响、下游宽滩区洪水泥沙调控与减灾技术等。研究突出微观、介观、宏观尺度的有机统一，强调河流自然属性与社会属性的协同发挥，注重现场调研、理论研究、数学模型计算与实体模型试验等研究方法的有机融合，产学研联合攻关，以滩槽水沙交换机理与演化规律研究为基础，以宽滩区3种不同运用方案（无防护堤方案、防护堤方案和分区运用方案）下黄河下游宽滩区的滞洪沉沙功能变化为切入点，量化了宽滩区不同运用方案对下游宽河道及山东窄河段的防洪安全效应，提出了洪水泥沙调控与滩区减灾措施。这些创新性成果，可概括为一项理论研究（滩槽水沙交换及优化配置理论）的突破、两个模型（宽滩区滞洪沉沙功效二元评价模型、宽滩区水沙优化配置模型）系统的建立、三项应用技术（宽滩区滞洪沉沙功效模拟与评价技术、宽滩区泥沙优化配置技术、宽滩区综合减灾技术）的凝练。本书初步形成了黄河下游宽滩区治理与防洪减灾的理论与技术体系，反映了黄河下游河道治理研究的最新进展。

本书共分12章。第1章绪论，第2章黄河下游河道及宽滩区现况，第3章宽滩区滞洪沉沙功效研究边界条件设置，由江恩慧、李军华、万强等执笔；第4章滩槽水沙交换机理及漫滩洪水与滩槽形态调整互馈机制，由江恩慧、王远见、张向萍等执笔；第 5 章宽滩区不同运用方案对山东窄河段的影响，由董其华、韦直林等执笔；第 6 章宽滩区滞洪沉沙功效二维数学模型模拟，由王明、江恩慧等执笔；第 7 章宽滩区不同运用方案运用效果实体模型检验，由刘燕、曹永涛、夏修杰等执笔；第 8 章宽滩区滩槽泥沙优化配置及效果，由陈建国、陈绪坚等执笔；第 9 章下游宽滩区洪水泥沙调控与减灾技术研究，由李军华、张向萍、张杨等执笔；第 10 章宽滩区滞洪沉沙功效评价指标体系构建，由王远见、耿明全等执笔；第 11 章不同运用方案综合效应评价及未来宽滩区治理模式，由张向萍、夏修杰等执笔；第 12 章结论，由江恩慧、曹永涛、李军华执笔。全书由江恩慧审定统稿。

特别需要说明的是，本书是在多家科研单位与高校的共同努力下完成的，其中包括：黄河水利委员会黄河水利科学研究院江恩慧、李军华、王远见、刘燕、董其华、王明、曹永涛、夏修杰、郜国明、杨明、万强等 46 人；中国水利水电科学研究院陈建国、陈绪坚等 17 人；黄河水利委员会河南黄河河务局耿明全等 12 人；武汉大学韦直林等 5 人。研究过程中，全体科研人员密切配合，相互支持，圆满地完成了各分项研究任务；同时得到朱尔明总工、高安泽总工、宁远主任、韩其为院士、王光谦院士、胡春宏院士、倪晋仁院士以及黄河水利委员会陈效国、黄自强、胡一三、翟家瑞、刘晓燕、李世滢等专家的直接指导与帮助，在此一并致以由衷的感谢！

限于作者水平和时间限制，书中难免存在欠妥甚或谬误之处，敬请读者批评指正。

作者

2016 年 7 月

目　　录

第1章 绪 论

1.1 研究背景

黄河是中华民族的母亲河，同时也是一条灾害频发的河流。在黄河发育初期，随着大量泥沙在出山口以下地区的逐步沉积，河道不断抬高，成为高出两边自然滩岸的"悬河"，进而分汊改道。周而复始，大河在造就广袤的黄淮海平原的同时，又在其上恣意漫流游荡。为减少洪灾威胁，2000多年前，人们即开始筑堤防洪。由于当时堤防工程质量差，一旦遭遇稍大的洪水就决溢泛滥，甚至改走新道，每次改道都会造成数以万计的人口死亡或遭受不同程度的灾难。在漫漫历史长河中，历代统治者都期盼黄河永久安澜，寻求黄河下游河道有效的治理方略，选拔最杰出的官员督办河务、治理黄河，也因此催生了诸多理论家和实践家，不断丰富和发展着黄河治理方略：从"大禹治水"到西汉贾让的"治河三策"，从东汉的"王景治河"到明代潘季驯的"宽滩窄槽、束水攻沙"，再到民国李仪祉的"宽河行洪"等。

人民治黄以来，以王化云为代表的一代又一代治黄工作者，不断总结经验，上中下游统筹考虑，系统治理，已初步形成了一套工程与非工程措施有机结合的防洪工程体系，肩负着"上拦下排、两岸分滞"控制洪水、"拦、调、排、放、挖"综合处理泥沙的重任，取得了70余年伏秋大汛没有决口的显著成效，保障了黄淮海平原的安全，有力地促进了流域及相关地区经济社会的发展。特别是近十几年来，黄河水利委员会针对黄河"水少沙多，水沙关系不协调"以及生态环境脆弱的根本问题，"坚持以人为本，民生优先；坚持统筹兼顾，流域与区域相结合；坚持人水和谐，维持黄河健康生命；坚持水沙兼治，治水治沙并重；坚持工程措施与非工程措施并重；坚持因地制宜，突出重点；坚持改革创新"，提出了"稳定主槽、调水调沙、宽河固堤、政策补偿"的黄河下游河道治理十六字方针，已被纳入国务院批复的《黄河流域综合治理规划》，近期黄河治理所有工程实践都在按计划逐步推进。

实际上，纵观治黄历史，关于黄河下游河道的治理方略，一直充斥着两种典型观点的争论，即"宽河滞沙"与"束水攻沙"。近些年，以钱正英等为代表的一些科技工作者认为，在未来黄河水沙减少的情景下，黄河下游河道治理在坚持"宽河固堤"总体格局的同时，为保护广大黄河滩区人民的生产与生活，滩区修建两道防洪子堤是必要的。

众所周知，河流兼具自然属性和社会属性。因其特殊的地理位置和水沙条件，黄河下游河道的自然属性、社会属性及其之间的博弈关系更加复杂。特别是黄河下游河道的宽滩区，作为河道的一部分，除发挥其河道的行洪输沙和滞洪沉沙功能外，在保障黄淮海平原防洪安全的河防工程总体布局中也一直发挥着极其重要的作用，既是两岸堤防工程的防护屏障，又是黄河下游河道整治工程的依托。因此，黄河上素有"滩存则堤稳"之说。黄河下游河道的社会属性与其他河流相比更具特殊性，它不仅肩负一般河流担当的行洪、供水、生态、航运（黄河的航运较弱）等功能，还要输送远高于其他河流的巨量泥沙，同时还有约 180 万人居住在黄河下游广大滩区，众多工农业基础设施、城镇、工厂、油田等散布其中。堤内滩区和堤外的黄淮海平原均属国家重要的粮食主产区。

总体来讲，黄河下游河道具有上宽下窄的特征，其中陶城铺以上河段的堤距达 5~24km，该河段相应的滩区常被称为宽滩区，而陶城铺以下堤距一般宽 1~2km，习惯称其为窄河段，如图 1-1 所示。目前，黄河花园口、夹河

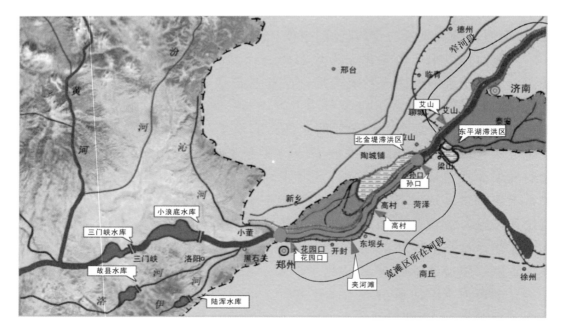

图 1-1　黄河下游宽滩区位置图

滩、高村、孙口堤防的设防流量分别按 22000m³/s 设防,艾山以下堤防按 11000m³/s 设防。在整个黄河下游的防洪工程体系中,除了两岸堤防和东平湖、北金堤滞洪区,河南河段的宽滩区一直是黄河下游防御大洪水时行洪、滞洪、沉沙的重要场所。例如,1958 年和 1982 年,花园口洪峰流量分别为 22300m³/s 和 15300m³/s,花园口至孙口河段的槽蓄量分别达到 25.89 亿 m³ 和 24.54 亿 m³,相当于故县和陆浑两个水库的总库容,大大减轻了山东窄河段的防洪压力。据实测资料统计,1950 年 6 月至 1998 年 10 月,黄河下游共淤积泥沙 92.0 亿 t,其中滩地淤积 63.69 亿 t,占全断面总淤积量的近 70%;铁谢至艾山河段共淤积泥沙 76.83 亿 t,其中滩地淤积 55.94 亿 t,占总淤积量的 72.8%,可见宽滩段的沉沙作用是非常巨大的。

然而,小浪底水库修建后,特别是随着国民经济的快速发展和居民生活水平的逐步提高,以及在国家民生水利理念的总体要求下,"尽可能使洪水进入黄河下游后不漫滩"成了黄河防总调度和各级政府防控的头等大事,这期间的十几年调控过程中,黄河屈指可数的几场可以漫滩的中常洪水也都按保滩调度,让洪水未有机会上滩。比如,2003 年秋汛,黄河最大支流渭河发生大洪水,黄河水利委员会(以下简称"黄委")在洪水调度过程中就处于两难境地。产生这种尴尬局面主要有以下两方面的原因。

(1) 黄河下游滩区人口近 190 万人,其中 140 多万人集中居住在宽滩区。黄河洪水频繁漫滩,必然严重影响其生产和生活条件。滩区群众世世代代在洪水高风险中求生存谋发展,形成了与洪水共存的生产、生活方式。也因此造成黄委在历年的洪水调度中,必须面临如何处理好长期发挥黄河滩区行洪滞洪沉沙功能、确保黄河下游总体防洪安全的同时,还要保证 190 万居民生命财产安全的两难局面。

(2) 随着干支流水库的不断建设和投入运用,黄河水沙调控体系正逐步得以完善,对水与沙的调控能力日益提高,加之流域面上大规模水利水保工程措施的推进和国家退耕还林政策的实施,目前进入黄河下游的洪水量级和泥沙量明显减少。据统计,1950—1985 年,花园口出现流量大于 5000m³/s 的洪水年份有 30 年,但 1997 年以来这样的洪水一次也没有发生;1950—1985 年,花园口出现流量大于 10000m³/s 的洪水共 6 场次,但 1986 年以来一次也没有发生。近 30 年来,花园口甚至没有发生过流量大于 8000m³/s 的洪水,如图 1-2 所示。潼关水文站实测 1919—1959 年平均输沙量 15.92 亿 t,1987—2012 年减少到平均 5.42 亿 t,减幅达 66.0%,2000—2012 年实测输沙量平均仅

2.76 亿 t，减幅达 82.6%，如图 1-3 所示。在这种情况下，地方政府和老百姓强烈要求黄委加强对洪水的调控，恢复生产堤并且使生产堤合法化、有效减轻洪水对滩区居民生产生活威胁的呼声越来越高。

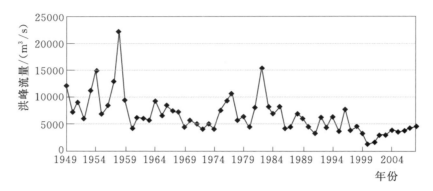

图 1-2 花园口水文站年最大洪峰流量变化过程

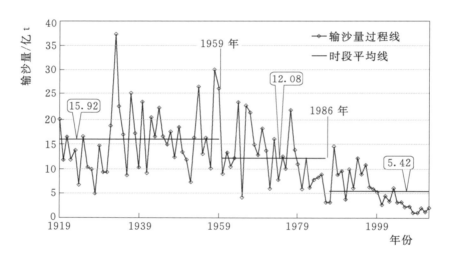

图 1-3 潼关水文站实测输沙量变化过程

然而，流域机构作为黄河的代言人，为了黄河的长治久安、为了河流健康生命的维持，必须使宽滩区在大洪水时发挥其本应发挥的行洪、滞洪、沉沙功能。

黄委作为中央政府派出机构，代表国家行使河流管理职能的同时，也必须坚决执行国家其他政策，如滩区群众生产生活的安全和 2020 年全面脱贫致富的战略目标。当今，滩区群众脱贫致富的强烈需求与行洪、滞洪、沉沙之间的矛盾，随着流域经济社会的发展和国家对黄河防洪安全要求的提高，表现得更加突出，已经成为黄河防洪调度乃至整个下游治理面临的最大难题。

尤其值得人们关注的是，由于下游广大滩区不能发展工业且农业生产模式单一，已经成为豫鲁两省最贫穷的地区之一；加之，滩区人口的自然增长，20世纪 50 年代国家推行的"一水一麦"生产模式，目前已无法满足国家 2020 年全面实现"小康"目标的要求。修筑生产堤、不让洪水上滩、力保秋粮收获，成为滩区群众迫不得已的选择。面对近 30 年黄河下游来水来沙的实际情况，未来黄河的水沙到底有多少？黄河下游河道行洪河宽到底需要多宽？在滩区修建两道防护堤，中常洪水保生产，大洪水破堤行洪的可行性怎样等问题再次成为人们争论的焦点。

为此，2004 年 2 月 20 日，黄委在北京召开了"黄河下游治理方略高层专家研讨会"，钱正英院士、水利部原部长杨振怀、潘家铮院士、徐乾清院士、韩其为院士、陈志恺院士等 30 多位专家在会上分别发表重要讲话。时隔一个月，2004 年 3 月 20—23 日，黄委又在河南开封召开了更大规模的"黄河下游治理方略专家研讨会"，参加会议的专家、代表达 150 余人，既有水利界的知名专家，也包括河南省、山东省、国家防总、水利部、中国国际工程咨询公司等有关代表，一同探讨黄河下游治理方略以及滩区未来的发展问题。2006年 4 月 16—18 日，全球水伙伴（中国·黄河）、黄河研究会联合主办了"黄河下游宽河段治理及滩区可持续发展研讨会"，来自政府部门、大专院校、科研机构、企事业单位、民间组织以及农村的基层干部等代表参加了会议，发表了黄河下游宽河段治理及滩区可持续发展的看法和意见。此外，自 2006 年以来，钱正英、蒋树声和孙鸿烈等国家领导人和许多知名院士专家等都曾为此专程实地考察滩区；2011 年中央一号文件也明确指出，要搞好黄河下游治理、搞好黄河下游滩区安全建设。

在上述大背景下，黄委基于小浪底水库运用以后开展的"黄河下游游荡性河道河势演变机理及整治方案研究"成果，在 2006 年年底开始了黄河下游新一轮河道整治，在归顺河槽、稳定流路、防止塌滩、提高沿黄供水保证率等方面取得明显成效。目前，黄河下游河道的滩区治理问题成为黄委在黄河下游河道（主要是滩区部分）治理方向与综合减灾技术科学研究的薄弱点，解决这个问题显得尤为紧迫。

基于对黄河下游未来水沙条件变化趋势的不同估计，形成了未来黄河下游滩区治理方略的不同观点，归纳起来主要有以下三类。

第一类观点，认为未来的洪水泥沙不可能大幅度减少，从考虑滩区滞洪沉沙的需要出发，主张坚持"宽河固堤"的治理方略。

第二类观点，基于对未来洪水泥沙大幅度减少的估计，提出滩区应实施

"防护堤方案"，主张在河道内建设两道新防护堤，两道子堤间河宽缩窄为 $3 \sim 5 km$，可泄流量 $8000 \sim 10000 m^3/s$，当流量大于 $8000 \sim 10000 m^3/s$ 时向滩区分洪。

第三类观点，在防护堤方案的基础上，进一步通过设置隔堤，实行分区运用，防止漫入滩区的洪水走一路淹一路。

然而，由于缺乏一套能够科学表达滩区滞洪沉沙功能和评价宽滩区滞洪沉沙效应的指标体系和评价方法，缺乏系统的对比试验和分析研究，缺乏对各种减灾措施减灾效应的定量化论证，无论是哪种观点多为定性意见。黄河下游宽滩区治理和运用方案研究面临的核心问题可归纳为以下几方面：

（1）国家实力整体显著提高，黄河下游滩区成为我国最贫困的经济带，而黄淮海平原等区域经济的稳定发展又对黄河的防洪安全提出了更高要求，那么黄河下游宽滩区的治理方向、工程布局整体格局该不该调整？

（2）滩槽水沙交换机理到底是什么？保留生产堤或新修防护堤后，对宽滩区的滩槽水沙交换和滞洪沉沙功能的影响到底有多大？对宽滩区本身和山东窄河道的防洪影响是正向的还是负向的？

（3）如何建立科学的宽滩区滞洪沉沙功能和效应的评价指标体系及评价模型？保留生产堤或新修防护堤，滩区淹没损失是增大还是减小？

（4）有没有兼顾黄河防洪减淤和下游滩区经济发展的减灾措施？其减灾效应如何？

（5）滩区经济社会的发展模式如何与宽滩区的运用方案相匹配？等等。

如何客观认识黄河下游未来洪水泥沙形势，如何兼顾防洪减灾、基本行洪输沙河槽维持和滩区群众小康目标等要求，科学评价黄河下游陶城铺以上宽滩区的滞洪沉沙功能与效果，合理确定宽滩区的运用方案，是黄河下游防洪工程建设与管理迫切需要解决的难题。开展这些问题的系统研究有助于完善黄河下游河道治理方略，为黄河下游滩区防洪规划和实施方案的制定提供科技支撑。

1.2 研究内容与总体思路

1.2.1 研究内容与目标

鉴于黄河下游滩区治理的紧迫性和重要性，科技部将"黄河水沙调控技术研究与应用"列入国家科技支撑计划项目，"黄河下游宽滩区滞洪沉沙功能及滩区减灾技术研究"是本项目的第1课题，共设置6个专题，分别为下游宽滩区滞洪沉沙功能与机制研究、下游宽滩区滞洪沉沙模拟与功效研究、下游滩槽水沙优化配置与宽滩区运用方案研究、下游宽滩区运用方案效果检验与优化、下游宽滩区运用对窄河段的影响、下游宽滩区洪水泥沙调控与减灾技术研究。

研究的主要目标：紧密结合黄河未来来水来沙及滩区社会经济实际情况，提出宽滩区的滞洪沉沙功效量化评价指标体系与良性运行机制；提出宽滩区滩槽泥沙优化配置原理、评价方法和优化配置方案；综合分析宽滩区不同运用方案的滞洪沉沙功效，量化宽滩区不同运用方案对山东窄河段影响，提出可兼顾下游防洪安全和长治久安、滩区防洪减灾、滩区经济发展的下游宽滩区运用方案、洪水泥沙调控模式与减灾措施。

1.2.2 总体思路

本次研究总体思路：紧密结合黄河水沙及滩区社会经济实际情况，针对无防护堤、防护堤、分区运用三种宽滩区治理方案，突出微观、介观、宏观尺度有机统一，强调河流自然属性与社会属性协同发挥，注重现场调研、理论研究、数学模型计算与实体模型试验等方法的有机融合、产学研联合攻关，从以下三个层次（参见图1-4）开展系统研究。

（1）基础支撑层。系统分析黄河下游水文泥沙特征、河道冲淤变化、经济社会现状等基础信息；开展滩槽水沙交换机理及水沙输移与滩槽形态调整互馈机制研究，揭示二级悬河形成及发育机理，为采取有针对性的滩区治理措施提供理论依据；进而，结合目前宽滩区运用的不同观点，确定本次研究采用的宽滩区运用方案，制订水沙情景、防护堤设置等方案；从宽滩区运用方案及建立其良性运行机制出发，构建宽滩区水沙优化配置数学模型、宽滩区滞洪沉沙功效二元优化评价指标体系和基于Pareto最优解的评价模型。

（2）技术应用层。一维、二维数学模型模拟和实体模型试验有机结合，开展宽滩区滞洪沉沙效果及对下游窄河段影响的定量研究；构建宽滩区水沙优化配置数学模型，开展滩槽水沙优化配置方案与配置效果的定量化对比分析；进而，将数学模型计算结果、实体模型实测试验数据归纳于二维滞洪沉沙功效二维评价指标体系，利用二元优化评价模型进行宽滩区滞洪沉沙功效评价。

（3）方案实施层。统筹考虑宽滩区不同运用方案下的滞洪沉沙功效和防洪减灾综合效益，提出可兼顾下游防洪与滩区社会经济可持续发展的黄河下游洪水泥沙调控模式与减灾技术；将提出的宽滩区运用方案和相应的减灾措施，再次利用二元优化评价模型进行基于黄河下游综合减灾的宽滩区滞洪沉沙功效评价，优化并推荐宽滩区运用方案。

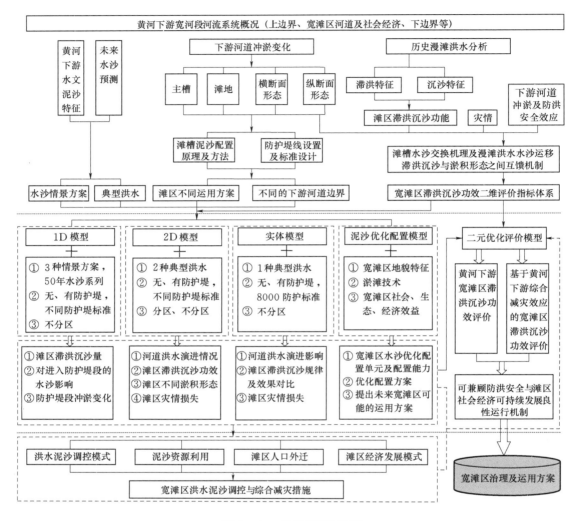

图 1-4 总体研究思路

1.3 主要技术方案

本节重点介绍研究技术方案的设计包括实地调研、资料分析、理论研究、数值模拟、实体模型试验及边界条件（包括无防护堤、防护堤、分区运用等三种宽滩区治理方案，采用的水沙系列与洪水过程）等。

1. **实地调研**

研究期间，项目组多次对下游宽滩区中的 26 个典型滩区以及下游山东窄河段进行了深入调研与勘察，累计行程达 6 万多 km，涵盖面积约 3000km²；并系统搜集黄河下游河道及宽滩区水文、社会经济、滩区近期工程实践等资料。

2. 资料分析

系统统计了 1950 年以来不同漫滩洪水的水沙演进及滩槽冲淤变化情况，分析了不同量级洪水滩区淹没范围、水深、洪峰流量沿程传播、水位沿程变化、漫滩后滩地洪水滞留历时、滩槽泥沙淤积分布、滩唇与滩地淤积形态特征等情况，分析了陶城铺以上宽滩区河段滞洪沉沙功能大小和对黄河下游防洪安全的保障作用，提出了黄河下游宽滩区滞洪沉沙功能与效果的二维评价指标体系。

3. 理论研究

从水流微元研究入手，基于考虑侧向二次流惯性力的动量方程，建立了复式断面流速横向分布、含沙量横向分布解析解，从理论层面揭示了滩区的滩槽水沙交换机理；通过专门的水槽试验，验证了滩槽水沙交换机理的解析解；阐明并验证了漫滩洪水水沙运移与滩槽淤积形态之间的互馈机制。在此基础上，首次从理论层面诠释了二级悬河形成与发育机理及其不可逆性。

4. 数值模拟

（1）一维数学模型：研究不同系列年水沙情景下，宽滩区不同运用方案进入窄河段的水沙过程，以及对窄河段水沙演进、河道冲淤演变的影响，量化不同运用方案对窄河段防洪情势影响的综合效应。

（2）二维数学模型：通过研究宽滩区复杂约束条件的数学模化方法，开发防护堤或生产堤溃决模拟功能模块，完善现有的二维数学模型，并开展典型洪水下游宽滩区滞洪沉沙效果的数值模拟；分析宽滩区不同运用方案及其滞洪沉沙功效，评估滩区不同淤积形态对保障防洪安全的影响。

（3）水沙优化配置模型：提出宽滩区水沙优化配置途径、配置单元和配置能力，结合泥沙配置多目标层次分析，确定滩槽泥沙优化配置的约束方程和综合目标函数，建立宽滩区滩槽水沙优化配置模型。根据黄河下游宽滩区运用方案、漫滩洪水过程、滩槽水沙交换机理、配置单元和配置能力，通过宽滩区水沙优化配置数学模型的定量化对比分析，提出滩槽水沙优化配置方案。

5. 实体模型试验

基于小浪底至陶城铺大型河工模型，采用小浪底水库调控和实测"58·7"两种洪水过程，分别开展了无防护堤方案与防护堤方案两种典型运用方案下宽滩区滞洪沉沙效果的对比研究。

6. 滞洪沉沙功效评价

运用系统理论与方法，构建能同时反映河流社会与自然属性的宽滩区滞洪沉沙功效二维量化评价指标体系和评价模型，并通过典型场次洪水对模型的可行性进行验证；进而综合评价滩区不同运用方案的滞洪沉沙效果与减灾效益，提出未来兼顾黄河下游防洪减淤和滩区减灾的宽滩区运用方案。

7. 边界条件设定

宽滩区运用方案 3 个：①无防护堤方案，即现状治理模式下全面废除生产堤方案；②防护堤方案，平均堤距高村以上 4.4km、高村以下 2.5km，防护堤标准分别为 6000m³/s、8000m³/s、10000m³/s；闸门考虑设置分洪闸（有闸）和不设分洪闸（无闸）两种情况，对于有闸的情况，当花园口站流量大于防护堤标准时开启分洪闸进行分洪，对于无闸的情况，则不考虑人为分洪，视洪水大小自然漫溢；③分区运用方案，即在防洪堤方案的基础上，开启不同数量的滩区，有计划地实行滩区滞洪沉沙运用。

水沙过程：①50 年水沙系列，分为基础 3 亿 t 方案、基础 6 亿 t 方案、基础 8 亿 t 方案，相对应的年来沙量分别为 3.21 亿 t、6.06 亿 t、7.7 亿 t；年来水量分别为 248.04 亿 m³、262.84 亿 m³、272.78 亿 m³；以及在 8 亿 t 方案基础上扩展的 6 亿 t 和 3 亿 t 方案，对应的年均来沙量分别为 6 亿 t、3 亿 t，年均来水量仍为 272.78 亿 m³。②典型洪水过程，选取黄河下游"58·7"洪水和"77·8"洪水两个洪水过程，用于二维数学模型与实体模型试验宽滩区滞洪沉沙功效及灾情的对比研究。

第2章 黄河下游河道及宽滩区现况

2.1 黄河下游河道基本情况

2.1.1 黄河下游河道的形成

黄河全长 5464km，流域面积 75.2 万 km²。黄河干流在孟津县白鹤镇由山区进入平原，流经河南、山东两省，于山东垦利县注入渤海，河长 878km。其中桃花峪以下称为黄河下游河道，河长 786km，流域面积 2.3 万 km²，有沁河、金堤河、大汶河 3 条支流，历来是黄河防洪的重点河段。

黄河自孟津县白鹤至京广铁桥河段为禹王故道，几千年来无太大变化。京广铁桥至东坝头（铜瓦厢）河段为明清故道，已行河 500 余年。东坝头以下河道是 1855 年铜瓦厢决口改道后形成的。清咸丰五年（1855 年）汛期，兰阳（今兰考县境）铜瓦厢险工河势下挫至无工之处，发生险情，因抢护不及，而冲决成口。当时正值太平天国农民运动，咸丰皇帝下诏暂缓堵合，此后黄河夺大清河由山东利津入海。决口后铜瓦厢以下河水漫流 20 余年，北岸有古金堤作屏障，而南岸有山东定陶、单县、曹县、成武、金乡等县，沿河州县为限制水灾蔓延，自筹经费，"顺河筑堰，遇湾切滩，堵截支流"，修起了民埝，后逐渐加修成大堤，约在清光绪十年（1884 年）两岸才建成比较完整的堤防。新河道堤距宽，至陶城铺附近穿运河之后，水入大清河。1855 年之前大清河是一条地下河，河宽约百米。自从行黄河水后，河谷展宽，随着河道淤积，两岸因水立埝，由埝筑堤，成为堤距较窄的河道，并逐渐淤积抬升成为地上河。

2.1.2 黄河下游河道基本特征

黄河下游河道形态如图 2-1 所示。由于巨量泥沙的不断淤积，黄河下游河床普遍高出两岸地面 4～6m，部分河段达 10m 以上，成为淮河与海河流域的天然分水岭。河道上宽下窄，最宽处达 24km，最窄处仅 275m；比降上陡下缓，由上段的 2.65‰减小到河口段不足 1‰。按照河道自然形态和河势变化情况，黄河下游河道可分为铁谢至高村游荡性河段，高村至陶城铺过渡性河段，陶城铺至利津弯曲性河段，利津以下为河口段。黄河下游的宽滩区主要分布在京广铁桥至陶城铺的游荡性和过渡性河段。

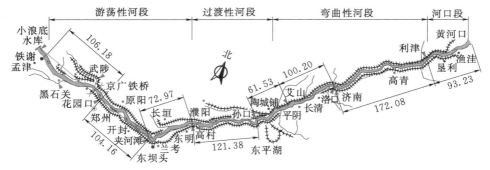

图 2-1　黄河小浪底水库以下铁谢至河口河道示意图（单位：km）

黄河下游河道形态与来水流量、含沙量及泥沙级配有关。小浪底水库建库前，黄河下游各河段河道特征值及建库前后平均流量和含沙量见表 2-1。高村以上的游荡性河段，主河槽宽浅，床沙粒径较粗，弯曲系数小，流量和含沙量大；高村以下的弯曲性河段主河槽相对窄深，床沙粒径细，弯曲系数大，流量和含沙量小。究其原因，主要是由于河道形态宽浅的游荡性河段和过渡性河段宽滩区的滞洪、沉沙作用显著，洪水一旦上滩（包括二滩和高滩），必然造成沿程洪水流量过程的坦化和泥沙沿程沉积分选细化，对其下游弯曲性河段的河道形态塑造起到了重要作用。1999 年 10 月，小浪底水库投入运用后，加上上游来水来沙情况发生的重大变化，进入下游的洪水流量过程趋平，含沙量也显著减小；因局部河段畸形河势多发，河道形态的弯曲度有一定调整，但下游总体河道形态变化不大。

表 2-1　　黄河下游各河段河道特征值小浪底水库运用前后平均流量和含沙量

项　　目		铁谢至高村河段	高村至陶城铺河段	陶城铺至利津河段
主河槽长度/km		283.31	155.29	299.90
主河槽平均宽度/m		4475	1848	664
床沙平均粒径/mm		0.121	0.100	0.080
平均弯曲系数		1.12	1.23	1.19
小浪底水库运用前 （1950—1999 年）	平均流量/(m³/s)	1286（花园口站）	1217（高村站）	1187（艾山站）
	平均含沙量/(kg/m³)	26.20（花园口站）	24.85（高村站）	24.45（艾山站）
小浪底水库运用后 （2000—2010 年）	平均流量/(m³/s)	747（花园口站）	683（高村站）	622（艾山站）
	平均含沙量/(kg/m³)	4.46（花园口站）	6.71（高村站）	7.92（艾山站）

2.1.3　黄河下游河道横断面形态特征

为保护黄河下游两岸广大黄淮海平原不受洪水淹没，历史上即在河道两侧修筑堤防，称为临黄大堤，两岸堤距很宽，如郑州至东坝头河段堤距达 5～14km。宽阔的河滩地具有很强的行洪、滞洪作用，有效降低了最高洪水位以避免漫堤决溢。但宽阔的河道形态也减小了水深和流速，又促使大量泥沙沉积落淤。经过多年的泥沙淤积，滩面高程逐步高于堤外地面高程，最大高差达 10m，成为著名的"地上悬河"。由于这些滩地广阔而肥沃，宜于耕种，滩区居民为了保护集聚地与生产安全，又在其村庄外围修筑了小型堤以防御中小洪水，这些小堤俗称"民埝"，即现在的"生产堤"。在中小洪水年份，仍然因水流滞缓而使泥沙在生产堤之间大量沉积，这部分滩地经常上水，时冲时淤，称为"嫩滩"（以便于区别，生产堤后面滩地多年耕种，常称为"老滩"），习惯上将枯水河槽（主槽）与"嫩滩"称为主河槽。因此，从断面形态上看，黄河下游河道是由主河槽和滩地共同组成的复式断面。图 2-2 所示为高村至陶城铺之间的双合岭断面，可以清晰地看出黄河下游河道的典型横断面特征和多年持续淤积造成主槽、嫩滩及老滩发生的显著变化。

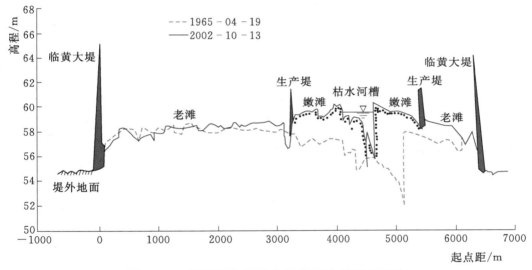

图 2-2　高村至陶城铺之间的双合岭断面形态

由于黄河下游河道典型的复式断面特征，中小水时水流从主河槽通过，大洪水时需要漫滩行洪，主河槽过流一般占全断面的 80% 左右。中小洪水和枯水期淤积主要发生在主河槽里；在洪水溢出主槽时，泥沙先在滩唇处淤积，嫩滩淤积厚度较大，而远离主槽的老滩因水沙交换作用不强，淤积厚度较小，堤根附近淤积更少，致使平滩水位又明显高于两边堤根附近的滩面，形成了槽高、滩低、堤根洼的二级悬河，如图 2-3 所示。洪水一旦出槽，如无生产堤阻拦，就会因沿着向临黄大堤方向倾斜的"横比降"而流向并冲击大堤，

也有的漫滩洪水顺着滩地等高
线位置呈一定角度斜冲向大堤，
不同流向的洪水汇合后顺着大
堤堤根前的堤河向下游流淌，
形成"顺堤行洪"的局面。这
对黄河大堤的安全往往构成巨
大的威胁，大堤极易发生冲决和溃决等重大险情。

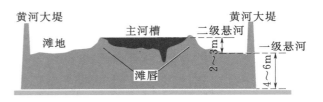

图 2-3　黄河下游二级悬河示意图

2.2　黄河下游宽滩区基本情况

2.2.1　黄河下游宽滩区自然特征

黄河下游河道内分布有广阔的滩地，总面积 3154km²，占河道面积的 65%，涉及河南、山东两省 14 个地（市）44 个县（区），滩区内有耕地 22.7 万 hm²，村庄 1928 个，人口约 190 万人。下游滩区多由大堤、险工以及生产堤所分割，共形成 120 多个自然滩。其中，面积大于 100km² 的有 7 个，面积为 50~100km² 的有 9 个，面积为 30~50km² 的有 12 个，面积在 30km² 以下的有 92 个。

黄河下游宽滩区指京广铁桥以下、陶城铺以上河段的滩区，面积约 2770km²，占下游滩区面积的 78%，如图 2-4 所示。按其河道形成的历史原因，常分为京广铁桥至东坝头河段滩区、东坝头至陶城铺河段滩区。其中，原阳县、长垣县、濮阳县和东明县 4 个县的滩区面积均在 200km² 以上。

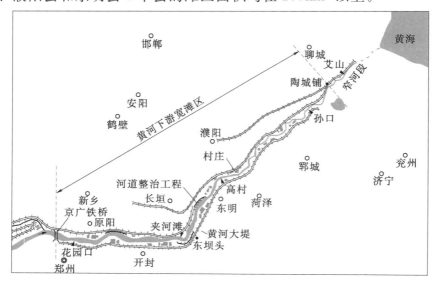

图 2-4　黄河下游宽滩区示意图

（1）京广铁桥至东坝头河段宽滩区。该河段受 1855 年铜瓦厢决口溯源冲刷影响，呈现三级复式河道形态，具有明显的高滩、二滩和主槽。其中，高滩主要分布在原阳县、中牟县、开封县和封丘县境内，滩区面积 702.5km²，耕地 5.12 万 hm²，村庄 450 个，人口 47.2 万人，村庄稠密，其中面积较大的主要有左岸的原阳滩和右岸的开封滩。由于主流摆动频繁、主槽淤积速度较快，目前高滩已相对不高（图 2-5），"96·8"洪水洪峰流量仅为 7680m³/s，造成 140 多年来从未上水的高滩也漫水过流。

东坝头以上河段滩区分布如图 2-6 所示。

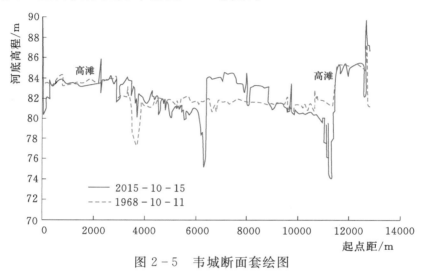

图 2-5　韦城断面套绘图

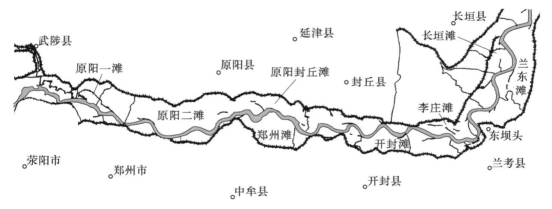

图 2-6　东坝头以上河段主要滩区分布

（2）东坝头至陶城铺河段宽滩区。该河段是 1855 年铜瓦厢决口改道后形成的河道，长 235km，两岸堤距 1.4～20km，最宽处 24km，河槽宽 1.0～6.5km，滩区面积 1738.1km²，耕地 12.48 万 hm²，村庄 1106 个，人口 97.6 万人。

东坝头以下河段主要滩区分布如图 2-7 所示。

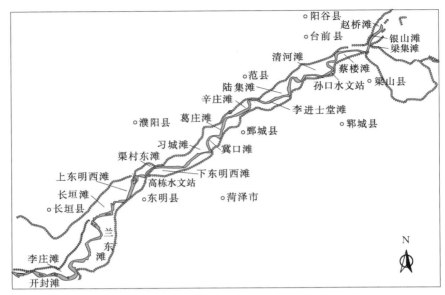

图 2-7　东坝头以下河段主要滩区分布

因河型不同，黄委对黄河下游河道的习惯分法，高村以上为游荡性河道，高村至陶城铺为过渡性河道。因此，我们也按东坝头至高村河段、高村至陶城铺河段分别介绍滩区基本情况。

东坝头至高村河段长 70km，两岸滩地具有滩唇高仰、堤根低洼、滩面串沟多等特点。河道两侧修建了大量的生产堤，生产堤之间的平均宽度为 4.2km，比河道平均宽度 10.5km 窄 60%，大大缩小了河道行洪面积。同时，由于泥沙在生产堤以内的河槽淤积比例增加，形成了河槽高于生产堤与大堤之间滩地、生产堤外滩地又高于两岸大堤背河地面的二级悬河，生产堤垮溃后易发生滚河和顺堤行洪等剧烈河势变化。本河段习惯上称为"低滩区"，滩面宽、面积大，较大的滩区主要有左岸的长垣滩和右岸的兰考滩、东明滩等。长垣滩分别由贯孟堤与生产堤和黄河大堤与生产堤围成，滩区面积约 217km²；兰考滩和东明滩两滩相连，面积约 174km²。

高村至陶城铺河段长 165km，生产堤与大堤之间的滩地面积约 540km²，两岸生产堤之间的平均宽度为 1.3km，比河道平均宽度 4.5km 缩窄 71%。其中高村至孙口河段长 126km，生产堤与大堤之间的滩地面积约 460km²，左岸和右岸滩区面积分别为 321km²、139km²。该河段滩区堤根低洼，滩块数量多、滩面上坑洼不平，有些滩区退水困难，一旦洪水漫上滩区往往形成死水区，蓄水作用十分显著。较大的自然滩主要有左岸的濮阳习城滩、范县辛庄滩、陆集滩、台前清河滩，右岸的鄄城葛庄滩和左营滩等。其中濮阳习城滩、范县陆集滩、台前清河滩的面积分别为 110km²、42km² 和 62km²。孙口至陶城铺河段长 39km，已逐渐过渡为弯曲性河道，该河段滩区面积小，滩区数也较少。

图 2-8～图 2-10 分别为东坝头以下河段典型滩区——兰考至东明的兰东滩、濮阳的习城滩和台前的清河滩平面图。

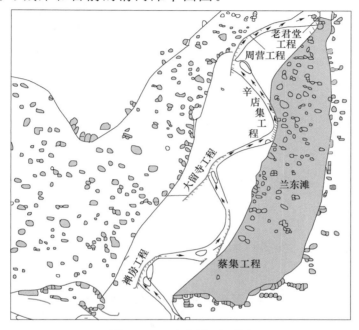

图 2-8　兰东滩平面图

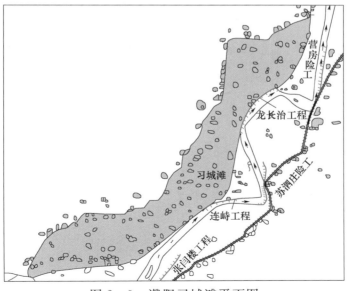

图 2-9　濮阳习城滩平面图

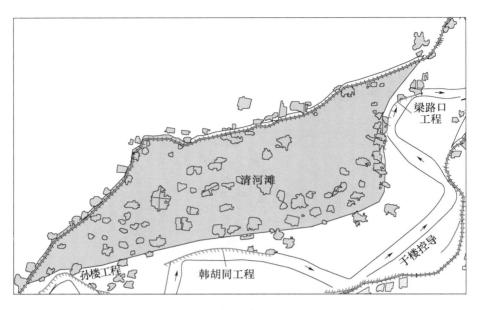

图 2-10　台前清河滩平面图

为便于统计分析，按照行政区划和滩区的连续性，进一步将宽滩区分为 22 个滩区，各滩区村庄、人口等基本信息参见表 2-2。

表 2-2 花园口至陶城铺河段宽滩区分布表

序号	滩区名称	滩区总面积 /km²	行政区划		滩内村庄 /个	人口 /人	滩　区　位　置
			县（区）	乡镇			
1	原阳一滩	69.214	武陟县	詹店	11	13136	黄河北岸，河南省焦作市武陟县及河南省新乡市平原新区境内
			平原新区	桥北	12	14655	
2	原阳二滩	199.624	原阳县	官厂	47	41300	黄河北岸，河南省新乡市平原新区、原阳县境内
			原阳县	韩董庄	46	33579	
			原阳县	蒋庄	52	32482	
			原阳县	靳堂	27	29329	
			平原新区	桥北	17	17680	
3	原阳封丘滩	89.073	原阳县	大宾	7	8609	黄河北岸，河南省新乡市原阳县、封丘县境内
			原阳县	陡门	56	61761	
			封丘县	荆隆宫	11	27364	

续表

序号	滩区名称	滩区总面积 /km²	行政区划		滩内村庄 /个	人口 /人	滩 区 位 置
			县（区）	乡镇			
4	郑州滩	83.613	中牟县	狼城岗	9	22935	黄河南岸，河南省郑州市中牟县境内，九堡下延工程至黑岗口工程
			中牟县	雁鸣湖	3	2364	
			金明区	水稻	3	8161	
5	开封滩	134.917	龙亭区	柳园口	10	9112	黄河南岸，河南省开封市龙亭区、兰考县、开封县境内，柳园口险工至夹河滩工程
			兰考县	三义寨	6	7891	
			开封县	杜良	8	7933	
			开封县	刘店	39	37651	
			开封县	曲兴	12	9576	
			开封县	袁坊	25	36229	
6	李庄滩	24.308	封丘县	曹岗	2	5148	黄河北岸，河南省新乡市封丘县境内，曹岗险工下首至禅房工程上首
			封丘县	李庄	19	27136	
7	长垣滩	217.108	长垣县	芦岗	53	49071	黄河北岸，河南省新乡市长垣县及河南省濮阳市濮阳县境内，禅房工程上首至渠村分洪闸
			长垣县	苗寨	42	47856	
			长垣县	武邱	57	51368	
			长垣县	魏庄	2	830	
			濮阳县	渠村	11	7199	
8	兰东滩	174.937	兰考县	谷营	6	5348	黄河南岸，河南省开封市兰考县及山东省菏泽市东明县境内，杨庄险工至老君堂控导工程
			东明县	焦元	45	34183	
			东明县	长兴集	66	52071	
9	上东明西滩	23.379	东明县	沙沃	16	8821	黄河南岸，山东省菏泽市东明县境内堡城险工至高村险工
10	渠村东滩	15.323	濮阳县	郎中	7	4801	黄河南岸，河南省濮阳市濮阳县境内
			濮阳县	渠村	7	5230	
11	下东明西滩	14.472	东明县	菜园集	15	7360	黄河南岸，山东省菏泽市东明县境内，桥口险工至刘庄引黄闸

续表

序号	滩区名称	滩区总面积 /km²	行政区划		滩内村庄 /个	人口 /人	滩区位置
			县（区）	乡镇			
12	习城滩	110.360	濮阳县	白罡	14	8141	黄河北岸，河南省濮阳市濮阳县境内，南小堤险工至彭楼险工
			濮阳县	梨园	49	30707	
			濮阳县	王称堌	24	19906	
			濮阳县	习城	45	35559	
			濮阳县	徐镇	9	6598	
13	董口滩	17.421	鄄城县	董口	7	2019	黄河南岸，山东省菏泽市鄄城县境内，苏泗庄险工至营房险工
14	葛庄滩	18.157	鄄城县	旧城	8	7933	黄河南岸，山东省菏泽市鄄城县境内，苏泗庄险工至营房险工
15	辛庄滩	27.674	鄄城县	旧城	10	6509	黄河北岸，河南省濮阳市范县及山东省菏泽市鄄城县境内，彭楼工程至李桥险工
			范县	辛庄	8	7511	
16	李进士堂滩	38.058	鄄城县	李进士	4	4478	黄河南岸，山东省菏泽市鄄城县境内，刘口滚河防护工程至苏阁险工
			鄄城县	左营	8	7457	
17	陆集滩	41.193	范县	陆集	39	28520	黄河北岸，河南省濮阳市范县境内
			范县	张庄	25	14205	
18	清河滩	62.295	台前县	马楼	58	48789	黄河北岸，河南省濮阳市台前县境内，孙楼控导工程至梁路口控导工程
			台前县	清水河	49	30491	
19	蔡楼滩	18.968	梁山县	小路口镇	15	13385	黄河南岸，山东省济宁市梁山县境内，程那里险工至路那里险工
			梁山县	赵堌堆	22	8706	
20	梁集滩	9.888	台前县	夹河	5	5462	黄河北岸，河南省濮阳市台前县境内，梁集险工至后店子险工
			台前县	打渔陈	2	517	
21	银山滩	15.114	东平县	戴庙	8	3476	黄河南岸，山东省泰安市东平县境内，十里堡险工至徐巴士护滩工程
			东平县	银山	16	12444	
22	赵桥滩	7.216	台前县	吴坝	8	2919	黄河北岸，河南省濮阳市台前县境内，张堂险工至张庄入黄闸

2.2.2 滩区地貌及生产堤发展情况

1. 滩区地貌

单从地貌学角度讲，滩区的地貌基本上是单一的河漫滩地貌。但是相对于其他河流而言，由于黄河下游"槽高、滩低、堤根凹"典型的横断面形态和洪水演进、河床演变的特殊性，黄河滩区的地物地貌就显得极为复杂。自主槽向黄河大堤，有河道整治工程、生产堤、大型避水台、村台或房台、渠道、道路及洪水过后形成的串沟、洼地和堤河等，如图 2-11 所示。

图 2-11 滩区典型地貌分布

河道整治工程是为了稳定河槽、缩小主流游荡范围、改善河流边界条件及水流流态而采取的工程措施，如图 2-12 所示。

图 2-12 河道整治工程

滩区村庄是滩区居民的住宿地，如图 2-13 所示。为了在大洪水来临时为滩区群众提供必要的避水设施，修建了大型避水台、村台、房台等安全设施，如图 2-14 所示。

图 2-13　滩区贫困村庄

图 2-14　滩区避水台

滩区公共基础设施主要有渠道、道路。滩区其他地貌还有洪水过后形成的串沟、洼地和堤河等，如图 2-15 和图 2-16 所示。

图 2-15　滩区内堤河

图 2-16　滩区内路堤

2. 生产堤及其发展历程

为了生存，滩区居民很早就自发地修建生产堤以防御一定量级的洪水。1947 年黄河归故后，又修补并增修了大量的生产堤。由于生产堤的存在，大堤长期不靠河，生产堤与大堤之间洪水漫滩落淤机会少，造成滩地越来越低洼，一旦遇较大洪水，生产堤决口，洪水直冲大堤的险情曾多次发生，甚至出现因生产堤决口造成大堤面临"冲决"或"溃决"的威胁，如 1933 年兰考四明堂决口、1935 年鄄城董庄决口等都是由生产堤决口引起的。新中国成立初期，采取"宽河固堤"的治黄方略，为确保大堤防洪安全，中央要求全面废除生产堤，至 1954 年黄委全面拆除了滩区群众自发修建的生产堤。

随着三门峡水库的建设，有一部分人认为黄河的洪水泥沙有了三门峡水库的控制，为了让滩区群众安居乐业，发展农业生产，1958 年又提出在滩区修筑生产堤。生产堤修建后，对于短时间内保护当时滩区农业生产起到了积极作用，但由于缩小了行洪断面，大水时壅高水位，减弱了滩区滞洪排洪能力，人们又面临如何运用才能达到"小水保丰收，大水减灾害"的问题。为此，要求"当秦厂发生 10000m³/s 以上洪水时，相机开放生产堤，扩大河道排洪能力，削减洪峰，以保证黄河大堤的安全"。

20 世纪 60 年代中期以后，三门峡水库采用滞洪排沙运用方式，下游河道又逐渐开始淤积抬高，且中水河槽淤积严重，形成了二级悬河雏形，如若任其发展将严重影响下游堤防安全。因此，国务院以国发〔1974〕27 号文做了批示，指出：从全局和长远考虑，黄河滩区应迅速废除生产堤，在滩区内修筑避水工程，实行"一水一麦，一季留足群众全年口粮"的政策。对生产堤的破除提出了明确要求。1974 年汛后，滩区大力修筑避水台，当年计划修避水台土方 1520 万 m³，计划破除生产堤 153.67km，占总长的 1/5。但由于对生产堤的危害认识不足，破除生产堤计划并未得到有效的贯彻和落实。"82·8"洪水生产堤大部分被冲决，但洪水之后又得以自发修复。1987 年防汛工作实行行政首长负责制，清障工作取得了突破性进展，按破口 1/5 的要求，1987 年应破口门长度 104km，实破 100km。1993 年全下游生产堤长 527km，根据国家防总给黄河防总的清障任务，要求破除 1/2 总长度的生产堤，实破 264km。1993 年以后，不时出现生产堤堵复和新修现象。"96·8"洪水后，滩区群众抢修生产堤，有的还修有第二或第三道生产堤。随着经济社会的快速发展，党的十七大提出全面建设小康社会，而滩区群众安全设施建设严重滞后，生命及主要财产安全得不到保障，加上 1999 年小浪底水库下闸蓄水后，人们从思想上更加淡化了对洪水泥沙的认识，尤其 2002 年和 2003 年连续小流量漫滩，群众要求修建生产堤的呼声高涨，地方政府再次提出了修建生产堤的要求。2004 年河南、山东两省政府向沿黄地市明确提出调水调沙期间不准漫滩，各地有组织的全面加修加固了生产堤，不少河段将生产堤修到了控导工程范围之内。目前，黄河下游生产堤总长近 584km，其中河南 328km，山东 256km。

自 1974 年起，黄河下游滩区开始"废堤（生产堤）筑台（村台）"，截至 2000 年年底，共修筑避水村台面积 7354.63 万 m²，按当时总人口 180.94 万人平均，人均只有 40m²，达不到人均 60m² 的要求。目前已修建避水设施的村庄占滩区总村庄数的 70%，东坝头以上大部分村庄无避水设施。同时，已修建的村台中，95% 以上的高度达不到设计要求（花园口 20 年一遇洪水流量 12370m³/s 相应水位）。同时，在防汛部门配合下各级地方政府根据各自辖区情况，制定了较完善的滩区迁安预案，在滩区安全方面做了大量的工作。但这都没有从根本上解决黄河滩区的防洪安全和滩区居民奔小康的生产生活问题。

　　虽然生产堤仍属非法设施，但完全拆除已十分困难。滩区生产堤拆除的难度从《黄河报》邓修身编辑关于"东明县堵复生产堤采访纪实"中的报道可以看出。山东省东明县 1987 年汛期清障时破除 9 个生产堤口门（长8070m），竟被堵复了 8 个（长 4754m），许多人听到这则消息都感到震惊。但从采访中也不难找到问题的来龙去脉。东明全县黄河滩区有 20 多万亩土地，10 多万人口，虽然 1974 年国务院就颁发了对黄河滩区实行"一水一麦，一季留足群众全年口粮"的政策，但一直没有落实，加之黄河滩区水利建设跟不上，旱不能浇，涝不能排，产量低而不稳，滩区人均占有粮食 155.5kg，除去各种税金和提留，人均口粮只有 50~100kg，一季根本留不够全年口粮〔至少180kg/（人·年）〕，群众只有千方百计在秋粮上打主意，保生产堤，水中夺粮。从群众意愿来说，也希望来大水淤一下滩，且灌且粪，淹一季收几年，怕的就是流量为 2000~3000m³/s 的小水（注：这是小浪底水库运用前的情况，实际上是指大于平滩流量的中小洪水），只淹地不淤滩，既起不到肥地的作用，还保不住当年口粮。如果能落实滩区政策，投资改善滩区生产条件，保证一季留足全年口粮，不足部分由国家补偿，只有这样才能有效破除生产堤。因此，在中常洪水漫滩情况下，虽然该类洪水对堤防产生的威胁不大，且其携带的泥沙淤淀在滩区的数量也有限，但是出现的大面积长时间滞洪现象，仍会产生较大的经济损失，严重威胁滩区群众的生产安全以及低滩区群众的生活安全，不仅地方政府及国家都难以承受，而且社会影响也十分巨大。

2.2.3　黄河下游滩区社会经济基本情况

　　滩区经济是典型的农业经济，基本无工业。农作物以小麦、大豆、玉米、花生、棉花为主。由于汛期洪水漫滩的影响，秋作物有时种不保收，产量低而不稳，滩区群众主要依靠一季夏粮维持全年生活。据 2010 年年底统计资料，滩区农业年产值约 201 亿元，年粮食产量 352.22 万 t。近年来，虽然滩区水利建设有了长足发展，滩区农业生产条件得到很大改善，但随着经济社会的发展，"废除生产堤，在滩区内修筑避水工程，实行'一水一麦，一季留足群众全年口粮'"等滩区政策，已与滩区的实际情况和经济需要不相适应，加之滩区政策的落实不够，目前滩区群众生活贫困，滩区与周边地区的差距越来越大，已经成为豫、鲁两省乃至全国最贫困的地区之一。黄河下游各滩区社会经济基本情况参见表 2-3。

表 2-3　　　　　花园口至陶城铺河段宽滩区社会经济统计

序号	滩区名称	行政区划		耕地/亩		个人资产/万元	滩区农作物产量/t		滩区公共资产/万元	
		县（区）	乡镇	老滩	嫩滩		夏粮	秋粮	国家资产	集体资产
1	原阳一滩	武陟县	詹店	19580	11840	24209	10204	8060	124	5004.2
		平原新区	桥北	22106	6400	31497	11680	10898	3389	2013
2	原阳二滩	原阳县	官厂	32038	28710	118187	24890	23225	0	1157
		原阳县	韩董庄	33340	16830	60108	19696	18373	6075	2037
		原阳县	蒋庄	24304	32040	63024	23087	21537	3770	2361
		原阳县	靳堂	51408	20820	49175	29598	27613	2363	3162
		平原新区	桥北	24165	15370	36010	16200	15115	10452	7985
3	原阳封丘滩	原阳县	大宾	6481	7605	18394	5773	5385	633	1092
		原阳县	陡门	55852	30715	97051	35474	33091	5584	6717
		封丘县	荆隆宫	28930	6580	28161	12564	20417	807	28161
4	郑州滩	中牟县	狼城岗	23460	21830	34445	9963	1993	0	25196
		中牟县	雁鸣湖	4100	0	7121	1435	1230	0	4191
		金明区	水稻	10642	520	4489	4245	2605	111	84
5	开封滩	龙亭区	柳园口	11737	1276	5395	8344	6932	161	5022
		兰考县	三义寨	5090	6050	15450	2461	2461	0	285
		开封县	杜良	7800	0	14179	3004	878	79	623
		开封县	刘店	60401	12580	61145	20802	7662	368	2569
		开封县	曲兴	5201	0	14668	1483	547	95	478
		开封县	袁坊	42090	15600	46002	27211	7950	362	4230
6	李庄滩	封丘县	曹岗	3800	4200	5376	3200	5201	0	367
		封丘县	李庄	29916	10191	26496	16041	26070	0	1508
7	长垣滩	长垣县	芦岗	46080	19417	63601	31241	33404	3238	2593
		长垣县	苗寨	59285	0	62682	147827	21629	0	4294
		长垣县	武邱	51845	11445	65547	28270	28330	3540	2576
		长垣县	魏庄	5000	0	1593	520	650	0	152
		濮阳县	渠村	7678	4260	24885	5137	4438	0	69

序号	滩区名称	行政区划		耕地/亩		个人资产/万元	滩区农作物产量/t		滩区公共资产/万元	
		县（区）	乡镇	老滩	嫩滩		夏粮	秋粮	国家资产	集体资产
8	兰东滩	兰考县	谷营	7447	3160	8454	3828	2276	329	268
		东明县	焦元	38649	46845	68458	20819	4864	0	662
		东明县	长兴集	63719	43914	79255	53829	43055	0	107
9	上东明西滩	东明县	沙沃	19359	0	11910	9909	9645	50	25
10	渠村东滩	濮阳县	郎中	8500	1588	17549	4449	4126	47	258
		濮阳县	渠村	6548	982	12161	3221	2760	0	98
11	下东明西滩	东明县	菜园集	19365	3720	7456	11543	9234	100	23
12	习城滩	濮阳县	白罡	11994	190	12348	4485	3945	4970	557
		濮阳县	梨园	38998	6212	11780	22467	9172	981	1590
		濮阳县	王称堌	25158	515	25163	11106	7818	174	490
		濮阳县	习城乡	44133	6251	43096	16862	14671	1493	384
		濮阳县	徐镇	9425	0	8261	2656	2161	0	206
13	董口滩	鄄城县	董口	8579	1980	1274	3737	4193	160	48
14	葛庄滩	鄄城县	旧城	11165	8075	8972	6733	7696	0	460
15	辛庄滩	鄄城县	旧城	11062	800	9026	4153	4746	0	421
		范县	辛庄	8721	0	2032	4361	4797	399	946
16	李进士堂滩	鄄城县	李进士	6439	1600	2548	2814	3216	0	416
		鄄城县	左营	13801	2830	14013	5823	6652	0	313
17	陆集滩	范县	陆集	35745	0	23025	17877	19663	548	1447
		范县	张庄	17580	0	7579	8793	9673	174	510
18	清河滩	台前县	马楼	39348	8024	21581	23694	26061	9778	5307
		台前县	清水河	23704	641	18440	12122	13320	1185	5380
19	蔡楼滩	梁山县	小路口	19033	2457	11310	5017	1488	178	213
		梁山县	赵堌堆	12923	1741	16348	4275	1563	179	557.8
20	梁集滩	台前县	夹河	7102	610	2651	3857	4242	123	509
		台前县	打渔陈	1270	0	870	635	699	74	159
21	银山滩	东平县	戴庙	3820	2503	16435	2718	2220	0	370
		东平县	银山	16151	2836	61052	7993	3690	0	1553
22	赵桥滩	台前县	吴坝	5486	0	3533	2744	301	122	414

注　1 亩 = 666.67m²。

2.2.4 黄河下游滩区安全建设情况

1. 黄河下游滩区历史灾情

据不完全统计，自新中国成立以来，滩区遭受不同程度的洪水漫滩 20 余次，累计受灾人口 887.16 万人次，受灾村庄 13275 个次，受淹耕地 2560.29 万亩，其中河南受灾人口 490.64 万人次，受灾村庄 5777 个次；山东受灾人口 396.52 万人次，受灾村庄 7498 个次，详见表 2-4。其中，1958 年、1976 年、1982 年东坝头以下的低滩区全部上水，东坝头以上局部漫滩。1996 年 8 月花园口洪峰流量 7680m³/s，是 20 世纪 90 年代的最大洪水，除高村、艾山、利津 3 站外，其余各站水位均达到了有实测记录以来的最高值，滩区几乎全部进水，甚至连 1855 年以来从未上过水的原阳、开封、封丘等高滩也大面积漫水。

表 2-4　　　　　黄河下游滩区历年受灾情况统计表

年　份	花园口最大流量 /(m³/s)	淹没村庄个数 /个	人口 /万人	耕地 /万亩	淹没房屋数 /万间
1949	12300	275	21.43	44.76	0.77
1950	7250	145	6.90	14.00	0.03
1951	9220	167	7.32	25.18	0.09
1953	10700	422	25.20	69.96	0.32
1954	15000	585	34.61	76.74	0.46
1955	6800	13	0.99	3.55	0.24
1956	8360	229	13.48	27.17	0.09
1957	13000	1065	61.86	197.79	6.07
1958	22300	1708	74.08	304.79	29.53
1961	6300	155	9.32	24.80	0.26
1964	9430	320	12.80	72.30	0.32
1967	7280	45	2.00	30.00	0.30
1973	5890	155	12.20	57.90	0.26
1975	7580	1289	41.80	114.10	13.00
1976	9210	1639	103.60	225.00	30.80
1977	10800	543	42.85	83.77	0.29
1978	5640	117	5.90	7.50	0.18
1981	8060	636	45.82	152.77	2.27
1982	15300	1297	90.72	217.44	40.08

续表

年　份	花园口最大流量/(m³/s)	淹没村庄个数/个	人口/万人	耕地/万亩	淹没房屋数/万间
1983	8180	219	11.22	42.72	0.13
1984	6990	94	4.38	38.02	0.02
1985	8260	141	10.89	15.60	1.41
1988	7000	100	26.69	102.41	0.04
1992	6430	14	0.85	95.09	
1993	4300	28	19.28	75.28	0.02
1994	6300	20	10.44	68.82	
1996	7680	1374	118.80	247.60	26.54
1997	3860	53	10.52	33.03	
1998	4700	427	66.61	92.20	
合　计		13275	887.16	2560.29	153.52

　　小浪底水库运用后，虽然平滩流量有所增大，但部分河段主槽河底高程高于滩面高程的滩区仍大量存在。河势一旦发生变化，滩唇蚀退，大河水位超过滩唇高程，这些低滩就可能被淹。以 2003 年为例，受"华西秋雨"影响，大河流量维持 2500m³/s，下游东坝头—陶城铺河段 9 处自然滩发生漫滩。淹没面积为 3.3 万 hm²，其中耕地 2.3 万 hm²；受灾人口 14.87 万人。

　　黄河下游滩区还受凌汛威胁，在封冻期或开河期因冰凌插塞成坝，堵塞河道，水位陡涨，致使滩区遭受不同程度的凌洪漫滩损失。1997 年 1 月，河南省台前县河段封河长度 36km，卡冰壅水造成滩区倒灌，滩区水深 1～3m，有 6 个乡 109 个行政村被水淹没，8.66 万人被凌水围困，受淹面积达 10 万亩左右。小浪底水库运用后，进入下游的水温有所增加，加之科学的调控，宽河段的凌汛威胁明显减轻。

　　2. 滩区安全建设

　　1958 年大洪水以后，为了解决滩区群众生产、生活及财产安全问题，黄河下游滩区普遍修起了生产堤。生产堤修建后，行洪河道束窄，主河槽淤积严重，数年后逐渐认识到生产堤对黄河防洪极其不利，国务院国发〔1974〕27 号文在批转黄河治理领导小组《关于黄河下游治理工作会议报告》中指出：从全局和长远考虑，黄河滩区应迅速废除生产堤，在滩区内修筑避水工程，实行"一水一麦，一季留足群众全年口粮"的政策。在该政策的指导下，滩区群众便开始有计划地修建避水工程。

1982年以前，修建的避水台主要有公共台和房台，公共台不盖房子，人均面积3m²，用于人员临时避洪；由于公共避水台避水不方便，只能保护人员，不能保护财产，所修建的孤立房台之间易走溜，抗冲能力低，经水浸泡又极易出现不均匀沉陷，造成房子裂缝甚至倒塌。因此，1982年洪水之后开始修建村台、联台，但也只是对房基进行垫高，绝大多数街道、胡同及其他公共部分没有连起来，洪水仍然走街串巷，房基经过浸泡，不均匀沉陷问题明显，倒塌房屋虽有所减少，但房屋裂缝仍较为普遍。因而滩区群众迫切要求建设以村为单元的整体联台，将街道等公共设施部分全部垫高集中一起。

避水工程投资主要靠群众负担，国家适当补助。国家较大规模的补助从1998年开始，投资的渠道有防洪基金、水毁救济资金、以工代赈及河南、山东两省的匹配资金。据统计，1998—2003年国家累计投资6.83亿元，其中河南省4.24亿元，山东2.59亿元。2004年以后还利用亚行贷款安排滩区村台建设投资2.29亿元。

截至2003年年底，黄河下游滩区已有1046个村庄87.44万人有了避水设施，还有878个村庄92.03万人没有避水设施。此外，黄河下游滩区2012年前共进行了两次大规模的外迁，第一次是"96·8"洪水后，第二次是2003年秋汛洪水后。两次共外迁206个村庄，12.7万人（河南20个村庄1.7万人，山东186个村庄11.0万人）。第一次黄河滩区共外迁村庄176个，人口9.35万人，其中河南省外迁村庄9个，人口0.46万人；山东省外迁村庄167个，人口8.89万人。第二次安排外迁群众3.3万人，其中河南兰考1.2万人，山东东明2.1万人。目前，在国家的大力支持下，河南省、山东省正在大力推进滩区居民的外迁和集中建村镇等工作。

2.3 黄河下游洪水特性与滩槽冲淤变化情况

2.3.1 洪水基本特性

根据1960—2006年的299场洪水资料，按照洪峰流量大小对各水文站出现洪水的场次进行了统计，结果见表2-5。

从总体上看，随着流量级的增大，洪水出现的场次逐渐递减，各水文站洪水量级在1000～3000m³/s出现频率最大。对于小浪底、花园口、高村和艾山站而言，2000～3000m³/s的洪水场次最多，1000～2000m³/s的洪水场次仅次之（除花园口站外）；利津站洪水场次最多的流量是1000～2000m³/s，2000～

表 2 - 5　　　　　　　　各站不同洪峰量级洪水场次分布

水文站	不同洪峰量级洪水场次					
	1000～2000m³/s	2000～3000m³/s	3000～4000m³/s	4000～5000m³/s	5000～6000m³/s	>6000m³/s
小浪底	89	95	65	27	16	5
花园口	60	99	67	32	21	20
高村	82	91	55	33	19	16
艾山	82	93	57	27	18	14
利津	91	88	47	26	20	10

3000m³/s 的洪水场次次之。对于中等及以上洪水而言，花园口水文站出现的洪水场次大于小浪底站，这主要是因为伊洛河和沁河两支流汇入的结果。

同样，根据不同场次洪水沙峰含沙量大小，对 299 场洪水沙峰也进行了分级统计，结果如表 2 - 6 所列。可以看出，在各水文站最大含沙量小于 40kg/m³ 和在 40～100kg/m³ 之间的洪水场次最多，小浪底站含沙量在 40～100kg/m³ 之间的洪水略多于 40kg/m³ 以下的，而从花园口站往下，小于 40kg/m³ 的洪水略多于 40～100kg/m³ 的。总的来说，低于 100kg/m³ 洪水占总场次的比例最多，各站分别为 66.56%、81.94%、89.30%、92.64% 和 93.98%，比例沿程增加的趋势明显，且增幅逐渐减小。对于含沙量在 100～200kg/m³ 的较高含沙洪水和大于 200kg/m³ 的高含沙洪水场次沿程递减，到艾山、利津站已无大于 200kg/m³ 的高含沙洪水。由此说明，在黄河下游，对于含沙量较大的洪水而言，存在沙峰削减、泥沙落淤、含沙量沿程降低的现象。

表 2 - 6　　　　　　　　各站不同含沙量级洪水场次

水文站	不同含沙量级洪水场次				
	<40kg/m³	40～100kg/m³	100～200kg/m³	200～400kg/m³	>400kg/m³
小浪底	96	103	58	32	10
花园口	127	118	39	15	2
高村	139	128	30	2	0
艾山	142	135	22	0	0
利津	139	142	18	0	0

2.3.2　黄河下游滩槽冲淤变化情况

综合考虑黄河干流水沙条件变化和干流控制性工程运用情况，黄河下游河道冲淤变化统计分析划分为 1950—1959 年（主要反映天然情况）、1960—1964 年（主要反映三门峡水库蓄水拦沙运用影响）、1965—1973 年（主要反映三门峡水库滞洪排沙运用影响）、1974—1985 年（主要反映三门峡水库蓄清排浑运用影响）、1986—1999 年（主要反映龙羊峡水库运用影响）、2000—2012 年（主要反映小浪底水库运用影响）等 6 个时段。6 个时段黄河下游河道冲淤变化状况分述如下。

1. 1950—1959 年

1950—1959 年属中水丰沙系列，进入黄河下游年平均水量为 484.75 亿 m³（小浪底站＋黑石关站＋武陟站，下同），沙量为 18.05 亿 t，其中小浪底站年平均水量为 429.16 亿 m³，沙量为 17.56 亿 t。黄河干流在这一时段受人类活动的干预较少，河道冲淤变化基本反映了河流自然水沙过程的作用。

该时期黄河下游河道泥沙冲淤变化情况如图 2-17 所示。从黄河下游河道冲淤变化情况看，小浪底至花园口河段主河槽淤积量为 0.318 亿 t，滩地淤积量为 0.298 亿 t，滩地淤积量约占总淤积量的 48％；花园口至高村河段主河槽淤积量为 0.298 亿 t，滩地淤积量为 1.062 亿 t，滩地淤积量约占总淤积量的 78％；高村至艾山河段主河槽淤积量为 0.189 亿 t，滩地淤积量为 0.973 亿 t，滩地淤积量约占总淤积量的 84％；艾山至利津河段主河槽淤积量为 0.010 亿 t，滩地淤积量为 0.437 亿 t，滩地淤积量约占总淤积量的 98％。

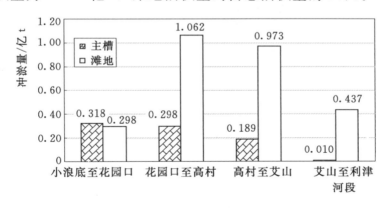

图 2-17　1950—1959 年黄河下游年平均河道冲淤情况

该时期黄河下游河道泥沙大部分淤积在滩地上，年平均淤积量为 2.77 亿 t；主河槽淤积量小，年平均淤积量为 0.81 亿 t。下游各水文站平滩流量在 5700m³/s 以上、变幅不大，滩槽趋于同步抬升，下游基本没有二级悬河现象。总体讲，下游泥沙淤积绝对量较大，加之该时期水量较丰，且干流没有大型水库对洪水进行调节，黄河下游洪水灾害十分严重。

2. 1960—1964 年

1960—1964 年为丰水中沙系列，进入黄河下游年平均水量为 557.54 亿 m³，沙量为 7.58 亿 t，其中小浪底站年平均水量为 493.48 亿 m³，沙量为 7.23 亿 t。三门峡水利枢纽于 1960 年 9 月 15 日开始下闸蓄水，从 1960 年 9 月到 1962 年 3 月采取蓄水拦沙的运用方式，除洪水期以异重流排出少量细颗粒泥沙外，其他时间均下泄清水。1962 年 3 月至 1964 年 10 月，水库虽然改为滞洪排沙运用，但由于水库枢纽泄流能力不足，滞洪作用较大，水库处于自然蓄水拦沙状态，出库泥沙较少。

该时期黄河下游河道泥沙冲淤变化情况如图 2-18 所示。从黄河下游河道冲淤变化情况来看，小浪底到花园口河段主河槽冲刷量为 0.757 亿 t，滩地冲刷量为 0.728 亿 t，主河槽冲刷量约占总冲刷量的 51%；花园口至高村河段主河槽冲刷量为 1.237 亿 t，滩地冲刷量为 0.558 亿 t，主河槽冲刷量约占总冲刷量的 69%；高村至艾山河段主河槽冲刷量为 0.801 亿 t，滩地冲刷量为 0.059 亿 t，主河槽冲刷量约占总冲刷量的 93%；艾山至利津河段主河槽冲刷量为 0.186 亿 t，滩地未发生冲刷。该时期以主河槽冲刷为主，滩地冲刷多为滩地崩塌所致。

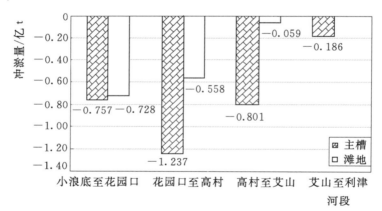

图 2-18　1960—1964 年黄河下游年平均河道冲淤情况

该时期三门峡水库年平均拦沙 8.61 亿 t；黄河下游大幅度冲刷，年平均冲刷量达 4.33 亿 t，主河槽平滩流量在 7500 m³/s 以上，防洪形势有了一定程度改善，但由于三门峡水库拦沙量过大，潼关高程快速大幅抬升，又引起了渭河下游等严重的社会问题。

3. 1965—1973 年

1965—1973 年属中水中沙系列，进入黄河下游年平均水量为 410.84 亿 m³，沙量为 15.16 亿 t，其中小浪底站年平均水量为 379.85 亿 m³，沙量为 15.02

亿 t。该时期三门峡水库已全面转向"滞洪排沙"运用,下游来沙量明显增大,由于三门峡水库泄流规模不足,大洪水时仍有一定滞洪作用,下游大洪水发生机会较少,而洪水过后为尽量减少三门峡库区泥沙淤积,水库降低水位排沙,下游经常出现"大水带小沙,小水带大沙"的不利水沙组合,下游河道由冲刷变为大量淤积。加之下游滩区生产堤的影响,淤积主要集中在主河槽里,滩地淤积量仅占全断面淤积量的 33%,由于主河槽的大量淤积和嫩滩高程的明显抬升,部分河段开始出现二级悬河的不利局面。该时期黄河下游河道泥沙冲淤变化情况如图 2-19 所示。

从图 2-19 中的黄河下游河道冲淤变化情况来看,小浪底到花园口河段主河槽淤积量为 0.461 亿 t,滩地淤积量为 0.471 亿 t,主河槽淤积量约占总淤积量的 49%;花园口至高村河段主河槽淤积量为 1.226 亿 t,滩地淤积量为 0.755 亿 t,主河槽淤积量约占总淤积量的 62%;高村至艾山河段主河槽淤积量为 0.569 亿 t,滩地淤积量为 0.157 亿 t,主河槽淤积量约占总淤积量的 78%;艾山至利津河段主河槽淤积量为 0.628 亿 t,滩地淤积量为 0.039 亿 t,主河槽淤积量约占总淤积量的 94%。

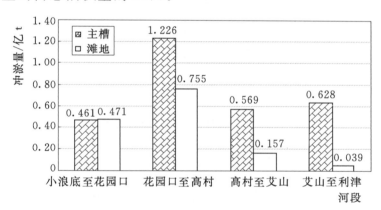

图 2-19 1965—1973 年黄河下游年平均河道冲淤情况

总体讲,该时期三门峡水库潼关以下库区处于小幅冲刷状态,潼关高程变化不大,社会矛盾得以暂时缓解;但黄河下游年平均淤积量达 4.31 亿 t,而且泥沙主要淤积在主河槽内,年平均淤积量为 2.88 亿 t,主河槽平滩流量降至 3900m³/s 左右,河道过流能力比上一时段大幅降低,部分河段逐步出现的二级悬河对黄河下游的防洪安全造成巨大威胁。

4. 1974—1985 年

1974—1985 年属中水中沙系列,进入黄河下游年平均水量为 432.64 亿 m³,沙量为 10.88 亿 t,其中小浪底站年平均水量为 397.24 亿 m³,沙量为 10.75

亿 t。三门峡水库 1973 年 11 月改为"蓄清排浑"调水调沙控制运用，即根据非汛期来沙较少的特点，抬高水位蓄水，发挥防凌、发电等综合利用效益，当汛期来水较大时降低水位泄洪排沙，把非汛期泥沙调节到汛期，特别是洪水期排出水库，以保持长期可用库容，并在控制水库淤积的同时，根据下游河道自身的输沙特点，施放有利于减少下游河道淤积的水沙，达到多排沙入海的目的。

该时期黄河下游河道泥沙冲淤变化情况如图 2-20 所示。从黄河下游河道冲淤变化情况来看，小浪底到花园口河段主河槽略有冲刷，冲刷量为 0.169 亿 t，滩地冲刷量为 0.002 亿 t；花园口至高村河段主河槽冲刷量为 0.103 亿 t，滩地淤积量为 0.453 亿 t，表现为滩淤槽冲；高村至艾山河段主河槽淤积量为 0.073 亿 t，滩地淤积量为 0.560 亿 t，滩槽同时淤积；艾山至利津河段主河槽没有发生冲淤变化，滩地淤积量为 0.222 亿 t。

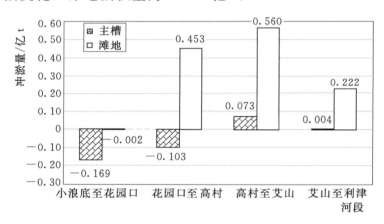

图 2-20　1974—1985 年黄河下游年平均河道冲淤情况

由于该时期水沙条件比较有利，加上水库调度考虑的因素更多，各重点河段以及三门峡水库泥沙淤积量均较小，潼关高程明显下降；黄河下游主河槽年平均冲刷量为 0.19 亿 t，滩地淤积量为 1.23 亿 t，主河槽平滩流量恢复至 6300m³/s 左右，河道过流能力比上一时段明显提高，二级悬河状况有所缓解，有利于减轻各河段防洪压力。

5. 1986—1999 年

1986 年以后，随着人类活动的加剧，特别是上游龙羊峡水库的投入运用，区域水资源利用量的增加，以及流域降雨强度减弱等因素，极大地改变了黄河干流的水沙过程。

1986—1999 年属枯水中沙系列，进入黄河下游年平均水量为 271.99 亿 m³，比上一时段（1973—1985 年）减小 160.65 亿 m³，减小幅度达 37%；沙量为 7.37 亿 t，比上一时段减少了 3.51 亿 t，减小幅度为 32%。进入黄河下游的水量沙量均大幅度减小，但水量减小的幅度大于沙量减小的幅度，其中小浪底站年平均水量为 251.61 亿 m³，沙量为 7.33 亿 t。

该时期黄河下游河道泥沙冲淤变化情况如图 2-21 所示。从黄河下游河道冲淤变化情况来看，小浪底到花园口河段主河槽淤积量为 0.282 亿 t，滩地淤积量为 0.157 亿 t，主河槽淤积量占河段总淤积量的 64%；花园口至高村河段主河槽淤积量为 0.857 亿 t，滩地淤积量为 0.366 亿 t，主河槽淤积量占河段总淤积量的 70%；高村至艾山河段主河槽淤积量为 0.261 亿 t，滩地淤积量为 0.115 亿 t，主河槽淤积量占河段总淤积量的 69%；艾山至利津河段主河槽淤积量为 0.282 亿 t，滩地淤积量为 0.010 亿 t，主河槽淤积量占河段总淤积量的 96%。

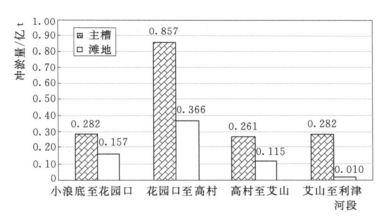

图 2-21 1986—1999 年黄河下游年平均河道冲淤情况

该时期黄河下游主河槽年平均淤积量为 1.68 亿 t，滩地淤积量为 0.65 亿 t，下游河道年平均上升 0.10～0.15m，主河槽平滩流量从 1986 年的平均 6000m³/s 左右下降到 1999 年的平均 2700m³/s 左右，各河段泥沙大部分淤积在主河槽里，重点河段平滩流量明显降低，潼关高程显著抬升，下游二级悬河状况恶化，各河段泥沙淤积情况突出，防洪形势恶化。

6.2000—2012 年

小浪底水库 1997 年 10 月截流，1999 年 10 月 25 日开始下闸蓄水。水库运用以来以满足黄河下游防洪、减淤、防凌、防断流以及供水（包括城市、工农业、生态用水以及引黄济津等）为目标，进行了防洪、防凌、调水调沙、供水、生态等一系列调度。水库运用以蓄水拦沙为主，70% 左右的细泥沙和

95％以上的中粗泥沙被拦在库里，进入黄河下游的泥沙明显减少。水库运用极大地改变了进入下游的水沙过程。一般情况下，小浪底水库下泄清水，库区泥沙主要是汛期和汛前调水调沙期，细泥沙以异重流形式输移并排沙出库，从而使得下游河道发生了持续的冲刷。

由于小浪底水库拦沙，进入黄河下游的沙量大幅度减小。2000—2012 年进入黄河下游年平均水量为 252.93 亿 m³，水量比上一时段（1986—1999 年）减少 19.07 亿 m³，减小幅度为 7％；沙量为 0.68 亿 t，沙量比上一时段减少 6.69 亿 t，减小幅度为 91％。小浪底站年平均水量为 227.97 亿 m³，沙量为 0.66 亿 t。该时期黄河下游河道泥沙冲淤变化情况如图 2-22 所示。

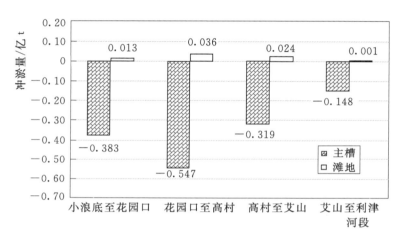

图 2-22　2000—2012 年黄河下游年平均泥沙冲淤情况

黄河下游河道由于小浪底处于拦沙期，加上调水调沙运用而处于冲刷状态，2000—2012 年下游河道年平均冲刷量约为 1.322 亿 t。其中，主河槽年平均冲刷量约为 1.396 亿 t，主河槽得到冲刷扩大，滩地年平均淤积量约为 0.074 亿 t，滩地淤积相对较少。从图 2-22 中黄河下游河道年平均冲淤分布情况来看，小浪底到花园口河段主河槽冲刷量为 0.383 亿 t，滩地淤积量为 0.013 亿 t；花园口至高村河段主河槽冲刷量为 0.547 亿 t，滩地淤积量为 0.036 亿 t；高村至艾山河段主河槽冲刷量为 0.319 亿 t，滩地淤积量为 0.024 亿 t；艾山至利津河段主河槽冲刷量为 0.148 亿 t，滩地淤积量为 0.001 亿 t。

黄河下游平滩流量逐年得到恢复，其中河槽萎缩最为严重的高村河段平滩流量变化过程如图 2-23 所示。至 2010 年汛前，高村水文站平滩流量基本恢复到 4000m³/s。小浪底水库的科学调度，下游河道主槽平滩流量增大，二级悬河状况有一定程度改善，防洪形势有所好转。

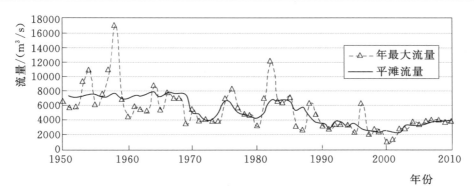

图 2-23　高村水文站年最大流量和平滩流量变化过程

2.3.3　黄河下游滩槽冲淤时空分布特点

由于小浪底水库运用后黄河下游滩槽冲淤以主槽冲刷为主，因此本小节重点介绍 1999 年之前的情况。

1. 滩槽冲淤的时程分布特点

根据断面法计算 1961—1999 年黄河下游主槽（嫩滩和深槽）、滩地（二滩及以上）和全断面逐年汛期和全年冲淤量变化如图 2-24 和图 2-25 所示。在统计时段内，对于全年而言，花园口至利津整个河道的淤积总量约为 32.72 亿 m^3，平均每年淤积 0.84 亿 m^3。其中主槽淤积总量约为 27.98 亿 m^3，平均年淤积 0.72 亿 m^3，占总淤积量的 85.52%；滩地淤积总量约为 4.74 亿 m^3，平均年淤积 0.12 亿 m^3，约占总淤积量的 14.48%。对于汛期而言，主槽淤积总量约为 18.71 亿 m^3，年平均淤积约 0.48 亿 m^3，占汛期断面淤积总量的

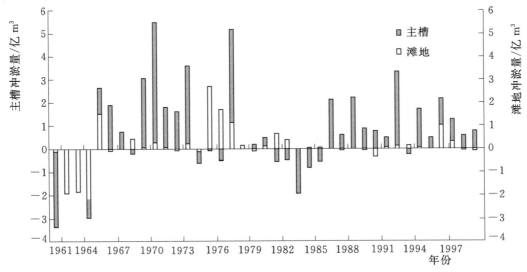

图 2-24　1961—1999 年黄河下游主槽、滩地年淤积量

95.24％；滩地淤积总量约为 0.93 亿 m³，年平均淤积 0.02 亿 m³，占汛期断面淤积总量的 4.76％。从总体来看，黄河下游的主槽和滩地在汛期和非汛期都处于淤积状态，主槽的淤积量明显大于滩地淤积量。正因为此，黄河下游才逐步形成了二级悬河的河道形态。

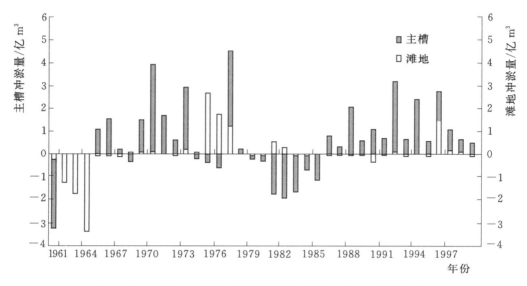

图 2-25　1961—1999 年黄河下游主槽、滩地汛期淤积量

2. 滩槽冲淤的沿程分布特点

图 2-26～图 2-28 所示为 1961—1999 年黄河下游不同河段的年滩槽冲淤量统计。从图中可以看出，花园口至高村河段主槽表现为"汛期淤积，非汛

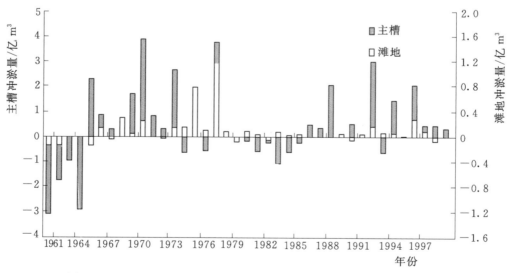

图 2-26　1961—1999 年花园口至高村河段主槽、滩地淤积量

期冲刷"，其中汛期主槽淤积量 25.47 亿 m³，非汛期主槽冲刷量 11.91 亿 m³，主槽总体淤积 13.56 亿 m³，占花园口至利津河段主槽总淤积量的 48.47%；高村至艾山河段主槽表现为"汛期淤积，非汛期也淤积"，其中汛期主槽淤积量 1.95 亿 m³，非汛期主槽淤积量 6.64 亿 m³，主槽总淤积量 8.59 亿 m³，占花园口至利津河段主槽总淤积量的 30.70%；艾山至利津河段主槽表现为"汛期冲刷，非汛期淤积"，其中汛期主槽冲刷 8.71 亿 m³，非汛期主槽淤积量 14.53 亿 m³，主槽总淤积量 5.83 亿 m³，占花园口至利津河段主槽总淤积量的 20.83%。由此可见，黄河下游不同河段主槽总淤积量沿程表现呈由上而下逐渐减小的趋势。

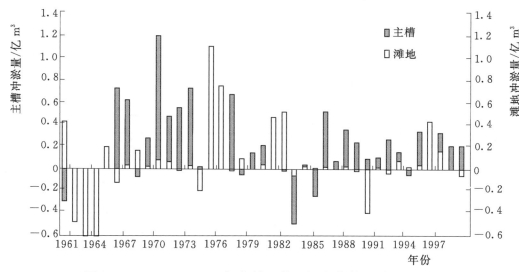

图 2-27　1961—1999 年高村至艾山河段主槽、滩地淤积量

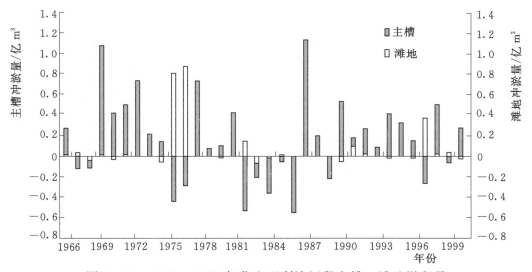

图 2-28　1961—1999 年艾山至利津河段主槽、滩地淤积量

花园口至高村河段滩地表现为"汛期淤积，非汛期也淤积"，其中汛期滩地淤积量 2.70 亿 m³，非汛期滩地淤积量 0.73 亿 m³，滩地总淤积 3.43 亿 m³，占花园口至利津河段滩地总淤积量的 72.31%；高村至艾山河段滩地表现为"汛期淤积，非汛期也淤积"，其中汛期滩地淤积量 1.10 亿 m³，非汛期滩地淤积量 0.45 亿 m³，滩地总淤积量 1.55 亿 m³，占花园口至利津河段滩地总淤积量的 32.71%；艾山至利津河段滩地表现为"汛期冲刷，非汛期淤积"，其中汛期滩地冲刷 2.87 亿 m³，非汛期滩地淤积量 2.63 亿 m³，滩地冲刷量 0.238 亿 m³。由此可见，黄河下游不同河段滩地总淤积量沿程表现呈由上而下明显减小的趋势。

3. 滩槽冲淤的横向分布特点

根据 1950—1999 年大断面资料的统计，黄河下游河道主槽、嫩滩、滩地冲淤量横向分布情况见表 2-7。

表 2-7　　　　黄河下游不同河段滩槽不同区间的冲淤量分布

项　　目	断面部位		冲　淤　量		
			花园口至高村	高村至艾山	艾山至利津
1950—1999 年冲淤量/亿 m³	全断面		25.14	12.17	9.31
	主河槽	主槽	13.60	6.70	5.61
		嫩滩	7.75	2.09	
	滩地		3.79	3.38	3.70
占全断面比例/%	主河槽		84.9	72.2	60.3
	主槽		54.1	55.1	60.3
	嫩滩		30.8	17.2	0
	滩地		15.1	27.8	39.7

从表 2-7 中可以看出，花园口至高村河段的主槽、嫩滩、滩地冲淤量分别占全断面的 54.1%、30.8%、15.1%，高村至艾山河段的主槽、嫩滩、滩地冲淤量分别占全断面的 55.1%、17.2%、27.8%，艾山至利津河段的主槽、嫩滩、滩地冲淤量分别占全断面的 60.3%、0%、39.7%。由此可见，前两个河段深槽所占比例相差不大，艾山至利津河段稍大；三个河段嫩滩所占比例差异明显，花园口至高村河段最大，艾山至利津河段最小且几乎为 0；三个河段滩地所占比例也差异较大，艾山至利津河段最大，花园口至高村河段最小。从长时段不同部位滩槽累积冲淤量横向分布情况来看，滩槽冲淤分布与所处河段的河道特性有密切关系。花园口至高村河段为游荡性宽浅河段，滩槽发育演变十分频繁，主槽与嫩滩的形态和位置经常变化，且嫩滩占全断面比例

相对较大,该河段的主槽、嫩滩、滩地冲淤量占比为 3.58:2.04:1,是三个河段中嫩滩占比最大的,这与该河段的游荡宽浅特性以及其嫩滩相对较大有直接的关系。高村至艾山河段为过渡性河段,滩槽发育演变也比较频繁,但主槽与嫩滩的形态和位置变化幅度相对花园口至高村河段要明显小一些,且嫩滩占全断面比例也相对花园口至高村河段小一些,该河段的主槽、嫩滩、滩地冲淤量占比为 1.98:0.62:1,三个河段占比均居中。艾山至利津河段为弯曲性河段,两岸工程控制较好,主槽形态和位置变化幅度相对较小,嫩滩冲淤量几乎为 0,该河段的主槽、滩地冲淤量占比为 1.52:1,是三个河段中滩地占比最大的,这与该河段的弯曲稳定特性以及其几乎没有嫩滩是相对应的。从以上分析可以看出,滩槽冲淤横向分布与该河段的边界条件和河段特性是密切相关的,典型的复式断面不同区间滩槽冲淤量百分比的变化与全断面所占百分比的变化趋势基本一致。

2.4　宽滩区的滞洪沉沙功能

2.4.1　宽滩区的滞洪削峰作用

黄河下游宽滩区蓄滞洪水的作用相当显著。例如,1958 年和 1982 年花园口洪峰流量分别为 22300m^3/s 和 15300m^3/s,到达孙口站的洪峰为 15900m^3/s、10100m^3/s,削峰率分别是 29% 和 34%。花园口至孙口河段的槽蓄量分别为 25.89 亿 m^3 和 24.54 亿 m^3,相当于故县和陆浑水库的总库容。如果没有宽滩区的蓄滞洪作用,东平湖滞洪区的运用概率必将大大增加,库容将在滞洪运用的过程中逐渐淤积减少。

黄河下游宽滩区对洪水的削峰作用也十分明显。以 1954 年、1958 年、1977 年、1982 年和 1996 年为例,黄河下游各河段宽滩区削峰情况如表 2-8 所列。根据花园口站洪峰流量大于 15000m^3/s 的 3 次洪水分析,花园口至孙口河段的平均削峰率为 34.7%,这就大大降低了孙口以下河段的洪峰流量。

2.4.2　宽滩区的沉沙作用

黄河下游宽滩区作为重要的行洪沉沙区,在处理泥沙问题上具有重要的战略地位。据实测资料统计,1950—1998 年黄河下游共淤积泥沙 92.0 亿 t,其中滩地淤积 63.69 亿 t,主槽淤积 28.31 亿 t,滩地淤积量占全断面总淤积量的 69.2%。由此可见,如果没有宽滩区的沉沙作用,下游山东窄河道的主槽淤积抬升速度就会更快,有可能比现实情况抬升量高 3 倍甚至更多,河槽排洪能力有可能丧失殆尽,防洪形势更加严峻。

表 2-8　　　　　　　　　　　黄河下游各河段宽滩区削峰情况

年份	花园口洪峰流量/(m³/s)	夹河滩		高村		孙口		艾山	
		洪峰流量/(m³/s)	削峰率/%	洪峰流量/(m³/s)	削峰率/%	洪峰流量/(m³/s)	削峰率/%	洪峰流量/(m³/s)	削峰率/%
1954	15000	13300	11	12600	16	8640	42	2900	47
1958	22300	20500	8	17900	20	15900	29	12600	43
1977	10800	8000	26	6100	43	6060	44	5540	49
1982	15300	14500	5	13000	15	10100	34	7430	57
1996	7600	7150	6	6810	10	5800	24	5030	34

注　1. 各站削峰率为该站洪峰相对于花园口站洪峰的削峰值。

　　2. 东平湖位于孙口至艾山站之间，1958 年东平湖自然分洪，1982 年人工分洪。

　　3. 艾山站以下的防洪标准为 10000m³/s。

目前各类水利水保措施多年平均减少入黄泥沙 3 亿 t 左右。根据《黄河近期重点治理开发规划》，至 2010 年年平均减少入黄泥沙 5 亿 t，到 21 世纪中叶，年平均减少入黄泥沙达到 8 亿 t，黄河仍将是一条多泥沙河流。当然，现在对未来入黄泥沙量的问题仍有不同看法，但是有一点是得到绝大部分人认同的，即未来黄河流域沙少水更少，气候变化带来的极端天气事件造成黄河高含沙洪水发生的可能性依然较大，水沙关系不协调仍然是未来治黄工作面临的主要问题，如果没有切实可行的措施，黄河的防洪情势有可能比现在更严峻。因此，黄河下游宽滩区的滞洪沉沙作用和地位难以被其他措施所完全替代。

2.4.3　近期中常洪水上滩后滞洪沉沙状况调查

2.4.3.1　"96·8" 洪水清河滩滞洪沉沙状况调查

1996 年 8 月 1—4 日，由于受第 8 号台风的影响，山西、陕西区间的北洛河、泾河、渭河和三花间伊洛河、沁河一带普降中到大雨，局部暴雨。8 月 2 日暴雨中心位于伊河一带，最大降雨量鸦岭站 167mm，8 月 3 日暴雨中心移到小浪底至花园口区间及沁河一带，小花间赵堡站最大降雨量达 198mm。在这场降雨过程中黄河干、支流相继出现洪峰，花园口站 8 月 5 日 14 时出现1996 年第 1 号洪峰，流量为 7600m³/s，水位 94.73m。这场洪水虽然峰值不大，但是由于河道前期淤积严重，水位表现异常偏高，比 1958 年在花园口22300m³/s 时水位高出 0.74m，创花园口站黄河水文有记载以来最高水位。1996 年黄河第 2 号洪峰在花园口站于 8 月 13 日 4 时 30 分出现，流量 5200m³/s，水位 94.09m，2 号洪峰到达孙口站与第 1 号洪峰叠加，水位没有明显变化。

（1）清河滩的地形。清河滩位于台前县黄河滩区的最上端，主要涉及清水河乡、马楼乡两乡镇（图 2-29），涉及耕地 7.57 万亩，自然村 110 个，人口 79695 人，地面高程为 44~47m，该滩沿黄河呈带状分布，西南东北走向，整体滩面为西高东低、上宽下窄的倒三角形。滩面的横比降约为1/800。主要迁安撤退道路 9 条。串沟主要有小王庄串沟、苗庄村后串沟、仝庄村南串沟。

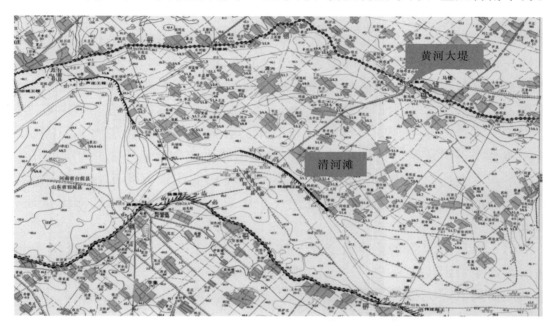

图 2-29   清河滩区概况及进滩洪水演进路线

（2）洪水漫滩特点。这次洪水于 8 月 10 日零时到达濮阳境内，高村站流量为 6200m³/s，水位 63.87m，较 1982 年 15300m³/s 水位低 0.26m。8 月 15 日零时洪峰到达孙口站流量为 5540m³/s，水位 49.66m，较 1982 年洪水位仅低 0.09m。

此次洪水具有水位表现高、推进速度慢、持续时间长的特点。按照正常黄河洪水传递时间计算，花园口站到高村站约为 32h，高村站到孙口站约为 16h。而这次洪峰花园口站到高村站用了 106h，高村站到孙口站用了 120h。从花园口站传递到孙口站长达 226h，超出正常时间 178h。由于这次洪水在濮阳河段持续时间长，加之河槽淤积严重，槽高、滩低、堤根洼的形势严峻，洪峰过程中造成了严重险情和灾情。黄河大堤全部偎水，堤根水深 2~4m，个别堤段达 5.7m。

清河滩区大小有 11 个口门，口门宽度 180~1000m 不等，于 8 月 12 日进水，进水流量由 150m³/s 到 1700m³/s 不等，该滩 11 条进水路线的口门总宽度 4395m，口门平均深度 3.86m，过水历时 1266h，进水量达 65948 万 m³，漫滩面积 72.35km²。其中，8 月 12 日 13 时台前韩胡同控导工程上首生产堤预留口门进水，口门距 -9 号坝坝尾 200m，由于滩唇与滩面悬差达到 2.5～3m，横比降达 1/800，进滩水流水大溜急，口门迅速向下游扩展，宽度达到 820m。主流顶冲 -9 号～-6 号坝，导致大河水流分成两股，一股顺原主河道行洪，进滩的一股水流流量达 1700m³/s。

（3）洪水进滩路线。由于黄河滩区有大量生产堤存在，虽然生产堤堤身单薄，但在洪水初期，群众普遍有固守生产堤保全秋庄稼的思想，人们开始加固防护生产堤，与洪水开展溃堤和漫滩的赛跑，力争阻止洪水不溃（生产）堤不漫滩。但由于洪水行进速度慢，水位异常偏高，生产堤很快被洪水浸泡垮塌，造成滩内多处生产堤决口。决口后，洪水顺滩内的渠道、串沟迅速流向堤根。本次洪水漫滩，韩胡同控导工程上首的口门最大，进滩水量多，占清河滩整个进滩流量的比例超过 2/3，因而上滩水流主要沿小王庄串沟、苗庄村后串沟、全庄村南串沟以及滩内的渠道向堤根低洼地方集聚，而后顺大堤向下。韩胡同控导工程上首的口门直到 9 月 8 日仍没有断流，进滩流量还有 15m³/s 左右。

（4）滩区水深分布及冲淤变化。滩区平均水深 2.5m，偎堤水深 3～5m，临河水面至背河堤脚悬差 5～7m，堤防桩号 159＋000～163＋000 段形成顺堤行洪。横向看，堤根和串沟内水深些，越靠近滩唇水深越浅；纵向看，滩的上游端水浅些，下游端水深较深。

清河滩共有退水口门 3 个，退水口门宽度 900m，退水的最大流量为 1500m³/s。退水历时 608h，退水量 54720 万 m³，漫滩范围西起王庄村，东至王黑村，淹没面积 56.65km²，滩区平均水深 2.5m，落淤面积为 20km²，平均淤积厚度 0.18m，淤积量 360 万 m³。由于这次洪水含沙量低，加之进洪的主口门不在该滩的上首，因而该滩的王集以上、孙口以下基本上是清水，没有出现明显淤积，王集至孙口之间局部淤积 0.1～0.3m。

（5）滩区农作物等损失情况。本次洪水，清河滩区受淹村庄 108 个，淹没耕地 6.36 万亩，倒塌房屋 5852 间，耕地作物全部绝收，滩内的 4 条主要柏油路和砂石路，道路总长 13.8km，路面严重被毁，桥涵冲垮，路基冲断，引水渠道淤积严重，直接经济损失 19042 万元。

2.4.3.2　2002 年习城滩万寨渠堤决口滩区滞洪沉沙状况调查

（1）濮阳县习城滩的地形。濮阳县习城滩涉及习城乡、徐镇镇、梨园乡、白堽乡、王称堌乡 5 个乡镇（图 2-30），滩区面积 26.14 万亩（约 1.74hm²），136 个自然村，97027 人。地面高程为 53～58m，滩区地势变化甚微，自西南向东北沿黄河略有倾斜，滩唇高，堤根洼，一般高差为 2m 左右，最高达 3m

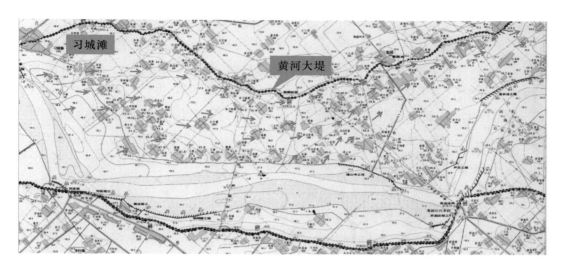

图 2-30　习城滩区概况及进滩洪水演进路线

以上。黄河大堤临河堤脚高出背河堤脚 2～3m，最高达 4m，属典型二级悬河格局。地貌特征为平地、洼地、沙丘、堤沟河、串沟相间，地形凸凹不平。

滩区内有串沟 5 条（含 2002 年生产堤口门决口新冲刷两条）。串沟基本情况见表 2-9。

表 2-9　　　　　　　　习城滩串沟基本情况统计

串沟名称	起止地点	长度/km	宽度/m	深度/m
徐寨	徐寨至后阎楼	7.0	120	1.2
郭寨	郭寨至东六市	7.0	200	1.6
万寨	万寨至东习城寨	8.3	300	3.0
东习城寨	东习城寨至后时寨	10.0	200	1.0
宋河渠	宋河渠至马刘庄	13.0	250	1.6

（2）习城滩洪水漫滩特点。2002 年黄河首次调水调沙，小浪底 7 月 4 日 8 时 12 分开始加大流量泄水，10 时 36 分，最大流量 3250m³/s；花园口 7 月 6 日 6 时 30 分最大流量 3080m³/s，相应水位 93.63m，高村 7 月 11 日 6 时 24 分最大流量 2930m³/s，相应水位 63.75m，孙口 7 月 17 日 12 时最大流量 2860m³/s，相应水位 48.98m。

在调水调沙试验的第四天，高村水位站 7 月 7 日 10 时流量为 2290m³/s，相应水位 63.41m。7 月 7 日 11 时 30 分，在生产堤偎水 20 多 cm 情况下，濮阳县习城滩区至总干右渠堤（生产堤）因鼠洞透水，导致习城乡万寨村东南渠堤决口。因水深溜急，加之场面狭窄，决口很快扩展到 40m 宽。8 日 20 时习城滩又在连集南开口进水,沿滩内的渠道、串沟直泄堤根,而后形成顺堤行洪,威胁堤防安全,习城滩全部被淹。进一步分析发现,当地河道纵比降为 0.12‰,而横比降达 0.86‰,因此漫滩水流流速明显较大,原有串沟即时拉沟成槽,并快速向堤根处演进,导致滩区淹没速度极快。

截至 7 月 24 日,万寨口门宽已发展到 300m,口门入口靠大河边溜,距主溜仅 120m,基本与大河贯通,口门处水深 2.5m,平均流速为 0.15m/s,过水流量达 112.5m³/s,占当日 8 时高村水文站流量的 17.3%(高村流量 650m³/s)。

(3) 洪水进滩流路。由于决口处的生产堤北侧紧邻一引水渠道,堤背面地势低,腹背悬差大,因鼠洞透水,形成漏洞,巡堤查险人员发现后,迅速用草捆进行漏洞堵塞,因现场抢护能力有限,生产堤堤身质量差,漏洞口快速发育扩大,水流湍急,堵口人员连人带草捆从洞中穿出,好在生产堤堤身单薄,人员没有发生安全事故。决口后水势迅速向黄河大堤跟前的低洼地和堤沟河流去,直冲大堤,与大堤堤脚处其他部位的漫滩水流连通,顺黄河大堤堤根形成一定的流势汇成沟河,顺堤顺滩而下;其他漫滩水流沿渠道、串沟蔓延至整个滩区,仅一天时间,整个滩区一片汪洋,参见图 2-30。

(4) 滩区水深分布及冲淤变化。该滩 37km 长黄河大堤全部偎水,偎水深度 0.7~3.2m,滩的上部偎水较浅,下部偎水较深,局部达 4m 以上,堤根、串沟内水深些,越靠近滩唇,水深越浅。口门堵复以后,滩的下端最终有 410万 m³ 水量排不出去。

根据资料记载,首次调水调沙期间,夹河滩站含沙量一般为 7~9kg/m³,只有 7 月 6 日、7 日、11 日 3 天时间含沙量为 21~27kg/m³。因此,此次洪水含沙量偏低,滩内淤积量有限,靠近口门位置的串沟,整体是冲刷的,顺堤根位置一般淤积 5~9cm,靠近滩地下端淤积平均有 16cm,个别地方淤积达到 25cm 上下,其余滩面淤积 3~6cm 不等。该滩的上端基本没有淤积。

(5) 滩区受灾情况。洪水漫滩期间,濮阳县习城滩共有 133 个村被水围困,村台周围平均水深 2.5m,最深 4m。受灾人口 11.4 万人,淹没耕地22.25 万亩,造成农作物全部绝收,水毁道路 218km,水毁工程 850 座,水毁灌溉渠道 257.3km,淤填机井 1623 眼,水毁机电设备 3 台,水毁鱼塘3255 亩,水毁林木 41.15 万棵,死亡牲畜 237 头;倒塌房屋 506 间,损坏房屋 3060 间,水毁苗圃 1751 亩;冲坏电力线路 675km、通信线路 13.5km,水毁各种电力通信设施 5 座。滩区的下端,由于积水排不出去,还影响了当年冬小麦种植。

2.4.3.3 小浪底水库运用后大洪水漫滩演进状况实体模型试验结果

黄河下游自 1982 年以来一直未出现大洪水。根据有关部门预测，黄河来大水可能性越来越大。为了研究判断小浪底水库运用后黄河下游的防洪情势，按照水利部和黄委安排，黄河水利科学研究院（以下简称"黄科院"）先后于 2002 年、2004 年、2008 年和 2016—2018 年连续开展了洪水预报试验。这些模型试验结果不仅为当年防洪调度预案编制和实时调度决策提供了科技支撑，也对客观认知小浪底水库不同运用阶段一旦发生大洪水时，黄河下游河道的洪水演进、漫滩、滞洪、沉沙等时空变化特征具有重要的借鉴作用。

1. 洪水漫滩及演进情况

2008 年 7 月，黄科院开展了"2008 年黄河小浪底至陶城铺河段洪水预报试验"。试验采用"59·8"洪水过程，花园口洪峰流量为 $10000\text{m}^3/\text{s}$；初始地形采用 2008 年汛前地形，与小浪底水库运用前相比，河槽的过洪能力显著提高，夹河滩以上河段平滩流量已达到 $6000\text{m}^3/\text{s}$，夹河滩至高村河段也已超过 $5000\text{m}^3/\text{s}$，高村至陶城铺河段平滩流量尚不足 $4000\text{m}^3/\text{s}$。

试验发现，由于上下游河段主河槽过流能力的差异，洪水漫滩情势发生了极大变化，上游河段漫滩范围和漫滩水量均较小，下游河段漫滩范围大、漫滩水量明显较多。花园口以上河段和花园口至东坝头河段，漫滩水流大部分集中在两岸控导工程间的嫩滩且水深较浅。仅在九堡至黑岗口区间，当流量大于 $5000\text{m}^3/\text{s}$ 以后，洪水从九堡下延工程下首的低滩串沟附近漫过滩唇，淹没了韦滩工程背后中牟滩区的大片滩地。中牟滩由于滩区的砖瓦窑厂大量取土开挖的深坑，蓄水量较大；漫滩水流在黑岗口上延工程上首、工程下首与黑岗口险工之间的空当处汇入大河。高村以下，主槽平滩流量减小，两岸生产堤在洪峰期破口溃决，滩区基本全部被淹没，灾情异常严重。特别是，杨楼以下的清河滩因其"槽高、滩地、堤根凹"特点突出，加上上游漫滩水流的减少，洪水涌到该河段的水量显著增加，漫滩水流向滩区推进速度加快，漫滩水量显著增加，滩地积水很深。清河滩洪峰期漫水路线主要有两条：一是从孙楼工程背后至大堤之间的口门处入滩，漫滩流量约 $3000\text{m}^3/\text{s}$，漫滩水流向下游推进过程中，逐渐变宽，直至整个滩地全部漫水，滩地行洪流速约 2.0m/s；二是从韩胡同工程的上首洪水入滩，漫滩水流流速达到 2.5m/s。洪峰期随着漫滩水流逐渐增加，顺堤行洪非常严重，漫滩水流多呈横河直冲大堤，顺堤行洪表面流速一般在 $2.5\sim3.0\text{m/s}$，堤根积水深度达 $2.0\sim4.5\text{m}$。滩区退水主要集中在梁路口工程背后至大堤之间空档处，流速达 3.0m/s（图 2-

31），水流穿过孙口断面汇入大河。

图 2-31　2008 年洪水预报试验"59·8"洪水清河滩淹没情势

"2016 年黄河下游小浪底至陶城铺河段洪水预演实体模型试验"采用"82·8 下大型"千年一遇设计洪水，花园口洪峰流量 22532m³/s。初始地形采用 2015 年汛后地形，花园口以上河段平滩流量一般为 6500～9000m³/s，花园口至高村河段平滩流量 6000m³/s 左右，高村至艾山河段平滩流量均大于4200m³/s。

本次试验洪峰流量大，整个试验河段内除白鹤至伊洛河口河段外，大部分滩地漫滩上水极其严重，特别是东坝头以下河段滩区几乎全部被洪水淹没，形成顺堤行洪态势，堤根流速较大，直接危及大堤安全。以受灾较重的东明滩为例，洪峰期模型进口流量为 22532m³/s 时，漫滩水流在蔡集工程上首冲破生产堤，大量洪水进入滩地（图 2-32）。

图 2-32　2016 年"82·8 下大型"千年一遇设计洪水洪峰
初期兰东滩漫滩情况

水流从杨庄、东坝头险工至蔡集工程之间，冲破生产堤进入滩区，呈扇形发散状态向黄河大堤堤根汇集，而后顺堤行洪分两股向阎潭引黄闸渠堤演进。漫滩水流冲破渠堤后，两股水流汇集成一股，继续向下游推进；水流到达王高寨至六合集断面之间，水面宽度增加，流速降低，流向散乱，形成较明显的回流区域。随后漫滩水流顺大堤继续向下游演进，汇集于老君堂工程背后出滩汇入大河。进滩洪水入口处流速较大，最大达到2.82m/s，大流速区宽度范围达到3000m。顺堤行洪范围内最大流速达到了3.28m/s。王高寨附近流势较为散乱，流速相对较小（图2-33）。本次试验洪水洪峰较高，洪量较大，上滩洪水也较多，整个兰东滩全部上水（图2-34）滩区各主要断面过水宽度见表2-10。

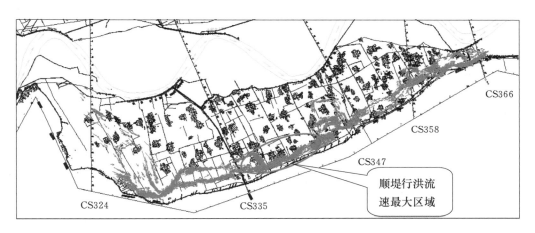

图2-33 "82·8"洪水试验洪峰期兰东滩流场分布图

图2-34 洪峰后期兰东滩漫滩情况

表 2 - 10　　　　　　　兰东滩洪峰期滩地行洪流速及流场范围

断面	CS324	CS335	CS347	CS358	CS366
最大流速/(m/s)	2.82	3.28	1.49	1.29	1.81
大流速区宽度/m	3000	1800	1200	1800	800
滩面过水宽度/m	5400	6600	4800	6000	1200

2. 滩区滞洪沉沙情况

"2008 年黄河小浪底至陶城铺河段洪水预报试验"，因上滩的水量退水时受生产堤的阻挡，滞洪削峰效果明显，总的滞洪削峰率达 54.7%，到达孙口的流量仅有 4510m³/s。从沉沙效果看，白鹤至陶城铺河段总体淤积 3.538 亿 t。其中，主河槽淤积 1.00 亿 t，占总淤积量的 28.26%；滩地淤积 2.538 亿 t，占总淤积量的 71.74%。滩地淤积主要集中在高村至陶城铺河段。其中，高村至孙口滩地淤积 1.537 亿 t，占滩地淤积总量的 60.56%；孙口至陶城铺河段滩地淤积量 0.529 亿 t，占滩地淤积总量的 20.84%（表 2 - 11）。

表 2 - 11　　　　　　　白鹤至陶城铺河段冲淤量计算成果

河　段	冲淤量/亿 t			滩地占总淤积量的百分数/%
	全断面	主河槽	滩地	
白鹤至孤柏嘴	−0.205	−0.170	−0.035	17
孤柏嘴至花园口	0.346	0.218	0.128	37
花园口至夹河滩	0.853	0.521	0.332	39
夹河滩至高村	0.503	0.446	0.057	10
高村至孙口	1.501	−0.036	1.537	102
孙口至陶城铺	0.540	0.011	0.529	98
合计	3.538	1.000	2.538	72

对于洪水上滩较严重的清河滩，滩区总沉沙量达到 0.57 亿 t，滩地平均淤积深度达到 1.2m。从纵、横向淤积分布看，滩区上游段或者说漫滩进水的口门附近、靠近主槽的滩唇部位淤积较严重。韩胡同控导工程、孙楼控导工程附近的滩唇处淤积深度达到 2m 以上，堤根部位的淤积相对较轻。

"2016 年黄河下游小浪底至陶城铺河段洪水预演实体模型试验"，因洪峰流量较大，上滩水量明显比 2008 年试验结果要大得多，总的滞洪削峰率约为 40%，到达孙口时的洪峰流量约为 14000m³/s，其中夹河滩以下的几个大滩区滞洪量均较大。需要指出的是，小浪底水库运用后，夹河滩以上河道冲刷明显，主槽过流能力明显增加，洪峰到来后，花园口以上大部分洪水在主河槽行洪，花园口至夹河滩河段的漫滩水量也远小于 1958 年实际洪水和小浪底水库运用以前实体模型试验中的漫滩情况，导致大量洪水快速向下游推进，夹河滩以下特别是高村以下河段的峰现时间提前，洪峰流量、漫滩水量均较大，滩地洪水演进的速度随之增加，孙口的削峰率明显小于 2008 年试验的结果，必将增加东平湖分洪几率。模型试验反映出来的这种变化，完全符合目前黄河下游河道边界条件的实际情况，应引起有关部门的高度重视。从沉沙效果看（见表 2 - 12），白鹤至孙口河段总体淤积 2.394 亿 t，表现出明显的淤滩刷槽特征。其中，滩地共淤积泥沙 6.106 亿 t，占总淤积量的 255%。白鹤至伊洛河口微淤 0.022 亿 t，伊洛河口至花园口河段冲刷 0.763 亿 t，花园口至夹河滩河段冲刷 0.062 亿 t；夹河滩以下淤积量逐步增大，夹河滩至高村河段淤积 1.243 亿 t，高村至孙口河段淤积 1.953 亿 t。从图 2 - 35 也可以看出，在沿程冲淤分布上，主槽自伊洛河口以下持续冲刷，滩地淤积与上述洪水漫滩情势相一致，花园口以上河段滩地淤积量不大，花园口至东坝头河段滩地淤积量缓慢抬升，东坝头以下河段滩地淤积量急剧增大。

表 2 - 12　　　　　　　　白鹤至孙口河段冲淤量计算成果

河　段	冲淤量/亿 t			滩地占总淤积量的百分数/%
	全断面	主河槽	滩地	
白鹤至伊洛河口	0.022	0.022	0.000	0
伊洛河口至花园口	−0.763	−0.868	0.106	—
花园口至夹河滩	−0.062	−1.129	1.067	—
夹河滩至高村	1.243	−0.826	2.069	166
高村至孙口	2.953	−0.912	2.865	147
合计	2.394	−3.713	6.106	255

　　典型滩区兰东滩的淤积量为 0.87 亿 t，滩地平均淤积深度 0.95m。从淤积分布看，滩地上游部分淤积较为严重，如蔡集工程上首禅房断面靠近滩唇部分淤积厚度达到 1.8～2m，断面堤根部位的淤积厚度为 1～1.5m（图 2 - 36）；滩地中游部分马厂断面滩唇部位淤积厚度 0.6～0.8m，堤根部分淤积厚度为 0.2～0.4m（图 2 - 37）；滩地下部淤积较轻。

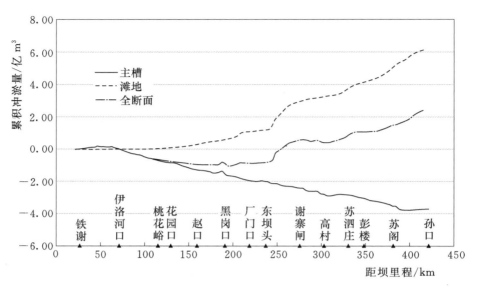

图 2-35　白鹤至孙口河段沿程累计淤积量分布

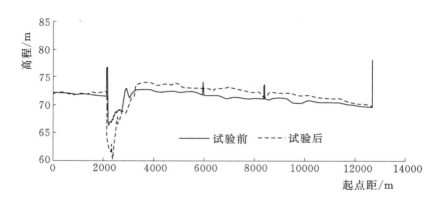

图 2-36　禅房断面洪水前后断面图

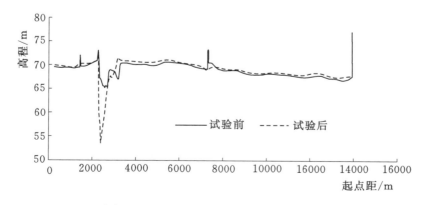

图 2-37　马厂断面洪水前后断面图

2.5　近期黄河下游宽滩区治理实践概述

　　黄土高原严重的水土流失，造成大量泥沙在黄河下游强烈堆积，使河床不断淤积抬高，现行河床一般高出背河地面 4～6m，成为地上悬河。黄河下游河道典型的复式断面，每遇漫滩洪水，滩地即发生淤积，且近主槽的滩地要比远离主槽的滩地淤积厚度偏大，长此以往，使滩地存在不同程度的横比降，形成了"槽高、滩低、堤根洼"的二级悬河局面。尤其是 20 世纪 80 年代中期以后，长期的中小洪水作用，使主河槽发生严重的淤积萎缩，致使黄河下游河道普遍存在主河槽高于两岸滩地的局面，二级悬河的形势日益严峻。根据 2002 年 7 月实测大断面资料统计，花园口至东坝头河段断面横比降左滩平均约 0.5‰，右滩约 0.3‰；东坝头至高村河段断面横比降左滩平均约 0.7‰，右滩约 0.8‰。东坝头至高村河段的二级悬河要比花园口至东坝头河段严重得多。

　　小浪底水库运用后，尤其是 2002 年调水调沙以来，下游河槽不断冲刷下切，平滩流量逐年增加，但河槽滩唇与堤根之间的横比降变化不大，黄河下游的二级悬河形势依然严峻。因此，近期黄河下游宽滩区治理实践主要围绕二级悬河治理、淤填串沟与堤河、淤筑大型村台以及滩区补偿政策的实施等，村台等基础设施的建设对水沙演进和滞洪沉沙功能影响不大，在此不做过多赘述。

2.5.1　黄河下游二级悬河治理实践

　　黄河下游二级悬河的存在严重威胁黄河大堤的防洪安全，治理二级悬河，防止堤防发生冲决、溃决，已成为黄河下游防洪亟待解决的突出问题。黄河科研人员很早就认识到了二级悬河的危害，并持续开展了相关研究，在探讨二级悬河的形成机理、分析其危害及发展趋势的基础上，提出了相应的治理对策。以相关科研成果为支撑，黄委组织实施了二级悬河治理试验工程，为二级悬河大规模治理方案的制订和实施积累了经验，奠定了基础。

　　1. 二级悬河的发展过程及发展趋势预测

　　（1）二级悬河的发展过程。图 2－38 和图 2－39 所示为黄河下游花园口至高村河段两个典型断面的套绘图。从图中可以看出，二级悬河的发展大致可分为 3 个阶段。

　　1）二级悬河初步形成阶段（1964 年 11 月至 1973 年 10 月）。在三门峡水库修建前的天然情况下，下游河道的淤积主要发生在几次沙量较大的洪水。

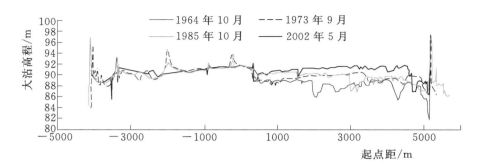

图 2-38　来童寨断面套绘图

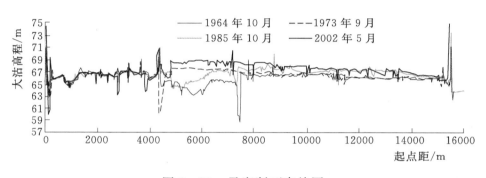

图 2-39　马寨断面套绘图

如果洪水的含沙量不是很大，则洪水漫滩时，滩地淤积，主槽冲刷；如果洪水的含沙量很大，则主槽和滩地都发生淤积。因此，在天然的来水来沙条件下，不同的水沙条件对滩地、主槽冲淤的影响也不同，但在长期的发展过程中，滩地和主槽可以通过相互之间的调整和转化，基本呈现滩槽同步抬高的趋势。

三门峡水库的运用，极大地改变了进入下游的水沙条件。在滞洪排沙期（1964 年 11 月至 1973 年 10 月），由于水库的削峰滞洪，水流一般不漫滩，超过 10000m³/s 的大漫滩洪水没有发生一次，下游滩地淤积较少（花园口至高村河段年均淤积 0.77 亿 t）；但在水库汛后排沙期，流量较小却挟带大量泥沙，使主槽发生严重淤积（花园口至高村河段年均淤积 1.25 亿 t），滩槽高差明显减少，夹河滩以下河段逐渐形成了二级悬河的断面形态。

2）二级悬河缓变阶段（1973 年 11 月至 1985 年 10 月）。1973 年 11 月至 1985 年 10 月，三门峡水库实行非汛期蓄水拦沙、汛期降低水位泄洪排沙的"蓄清排浑"运用方式，这种运用方式改变了下游河道年内的冲淤过程及冲淤部位，既不同于建库前，也不同于滞洪排沙期。

在 1973 年 11 月至 1980 年 10 月这一时期，来水来沙接近多年均值，由于"蓄清排浑"的控制运用，下游河道高村以上非汛期由淤积变为冲刷，汛期仍为淤积；在滩槽分配上，花园口至高村河段主槽年均淤积 0.04 亿 t，滩地年均淤积 0.83 亿 t，滩地淤积量大大高于主槽，河床虽有所抬高，但二级悬河的发展速度减缓。

1980 年 11 月至 1985 年 10 月这一时期来水丰，来沙小，水沙条件十分有利，下游河道连续 5 年发生冲刷，花园口至高村河段主槽年均冲刷 0.64 亿 t，滩地年均冲刷 0.19 亿 t，主槽冲刷量高于滩地冲刷量，二级悬河发展速度进一步趋缓。

3）二级悬河快速发展阶段（1985 年 11 月至 1999 年 10 月）。受人类活动及降雨等因素影响，1986 年后进入下游的水沙又发生了较大的变化，至 1999 年下游年均水量为 276 亿 m³，来沙量仅 7.6 亿 t。来水来沙主要表现呈枯水少沙特点，暴雨强度大的年份来沙量仍较大；小流量高含沙洪水机遇增多；洪峰流量小，小水持续时间长，断流天数多；年内水沙量分配变化大，汛期水量比例减小，沙量比例增大；来沙主要集中在 7、8 两月，9 月下旬至 10 月沙量特征接近非汛期。

这种水沙条件的长时期作用，使得下游游荡性河段横断面发生了很大的调整，其主要特点是：宽河道嫩滩淤积加重，在嫩滩上淤成一个新的滩唇，主槽宽度明显变窄，逐渐形成萎缩性枯水河槽。根据 1985 年及 1999 年汛后断面资料计算，各河段主槽的调整幅度不尽相同，花园口以上河段主槽平均缩窄 270m，滩唇下平均水深减小量不大，由 1985 年汛后的 2.4m 减为 2.0m；花园口至东坝头段，主槽平均缩窄 300m，滩唇下平均水深由 1985 年汛后的 2.6m 减为 1.8m；主槽变化幅度最大的为东坝头至高村段，主槽平均缩窄 630m，滩唇下平均水深由 1985 年汛后的 2.6m 减为 1.9m。

2000 年以后，随着小浪底水库的运用，尤其是 2002 年开始实施调水调沙以后，下游河槽呈持续冲刷状态，最小平滩流量由 2002 年的 1800m³/s 左右扩大到目前的 4200m³/s 左右，但由于多年来下游河槽持续过流小水，未经历过大洪水的冲刷塑造；滩地没有发生过大漫滩现象，未出现过全面的淤积抬升，因此河槽滩唇与堤根之间的横比降变化不大，下游河道二级悬河的局面并未得到根本扭转。

（2）水沙关系不协调是二级悬河形成的主要原因。20 世纪 90 年代前后，曾有一种观点认为，河道整治造成了黄河下游的二级悬河。长期的研究与观察分析认为，河道整治工程的建设和生产堤的存在，限制了河势摆动及漫滩洪水的范围，加快了二级悬河的发展速度，这是无疑的，但这并不是形成二级悬河的主要原因。黄河下游特殊的来水来沙条件是形成二级悬河的主要因素。

1) 有关基础研究。长期以来，国内外学者对冲积性河流的横向泥沙交换及黄河下游泥沙的纵横向分布规律进行了深入的研究，黄科院更是结合实际治黄工作，对黄河下游纵横断面的调整规律、水沙运移及交换特征等开展了大量的研究。认为含沙量横向分布在滩槽交界面附近变化最大，往滩槽两侧的变化逐渐减小，这是由滩槽交界面附近的水流结构所决定的。一方面，由于滩槽的相互作用，交界面附近的水流紊动较为强烈，紊动的横向脉动分量必然也较大，而且这种脉动分量也是在滩槽交界面附近最大，往滩槽两侧逐渐减小；另一方面，由于主槽的含沙量大于滩地含沙量，由主槽向滩地运动的水体所挟带的泥沙必然大于由滩地向主槽运动的水体所挟带的沙量。而交界面上滩槽水深的急剧变化，决定了沙量的不等量交换在滩槽交界面上达到最大，反映在泥沙横向分布上，就是该处的含沙量横向梯度最大，由交界面往滩槽两侧，随着紊动作用的减弱，这种沙量的不等量交换逐渐减小，含沙量横向分布逐渐趋缓。

黄河具有暴涨暴落的特征，但由于水沙调控能力的增强，洪水调控后进入下游河道的洪峰流量、频次都有所减小，漫滩洪水发生的概率也大大减小；即使发生漫滩洪水，滩地上的水深、流速也均明显小于主槽，挟沙能力必然小于主槽，而含沙量横向梯度的存在和上述滩槽水沙交换的特殊规律，必然造成近主槽滩地的淤积明显偏大，越往两侧淤积越小，二级悬河的形成与发展只是迟早与快慢的事。

2) 长时期不利的水沙系列组合对二级悬河的影响。江恩慧通过对水沙过程变化及河道纵横剖面调整过程的研究，认为横断面调整主要取决于不利的来水来沙条件。关于这一问题，从上述二级悬河的发展过程即可明了。为进一步说明该问题，又对典型断面的滩唇变化情况进行了分析。

花园口至东坝头河段，由于存在 1855 年铜瓦厢决口形成的老滩，从前述二级悬河的形成过程可以看出，河道的淤积主要发生在主槽与嫩滩，故这一河段长时期不利的水沙组合对二级悬河的影响可以通过主槽滩唇高程以及嫩滩与老滩相交处嫩滩滩边高程的变化来反映。图 2-40 所示为这一河段来童寨断面的变化情况。从图 2-40 中可以看出，滩唇高程的升高，主要发生在1964—1973 年和 1985 年以后这两个时期。前一时期为三门峡水库滞洪排沙运用期，经常出现"大水带小沙、小水带大沙"的不利水沙组合；后一时期为长期的枯水枯沙系列（但从水沙量上看，该时期水的减少更甚于沙量的减少，且经常出现小水带大沙和高含沙洪水）。从嫩滩滩边高程的变化看，这两个时期变化都较小；两种趋势发展的结果，使滩面横比降增大，二级悬河发展较快。在 1973—1985 年这一时期，由于三门峡水库的"蓄清排浑"控制运用，非汛期下泄清水，汛期排泄全年泥沙，加之该时期水量较丰，使下游河道呈现淤滩刷槽的特性，滩边高程增大，滩唇高程变化不大，二级悬河的发展有所减缓。

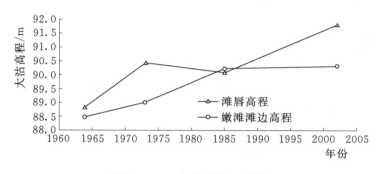

图 2-40　来童寨断面变化

东坝头至高村河段，河道横断面形态与上述不同，可以通过滩唇高程以及堤根高程的变化来反映。图 2-41 所示为马寨断面的变化情况。从图 2-41 中可以看出，其变化趋势与花园口至东坝头河段基本一致，但二级悬河的局面要严重得多，滩唇与堤根的高差为 2～3m。此外，1977 年这一河段的引洪放淤对减缓二级悬河是有利的，但 1985 年以后，主河槽的淤积又加大了二级悬河的滩槽高差。

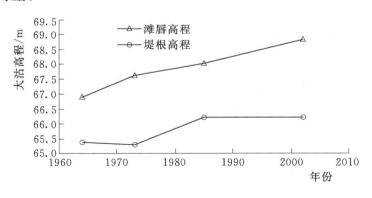

图 2-41　马寨断面变化

3）高含沙洪水对二级悬河的发展起到了推波助澜的作用。对黄河下游 1950—1977 年 18 场高含沙洪水的有关数据进行统计（表 2-13），高含沙洪水造成河道的淤积是非常严重的。18 场高含沙洪水的水量占 28 年总水量的 2.6%，沙量占总沙量的 18.2%，但淤积量却占 28 年总淤积量的 50.6%，尤其是 1970 年和 1977 年的高含沙洪水，淤积最为严重。

表 2-13　　黄河下游 1950—1977 年 18 场高含沙洪水特征值

洪水特征值	水量/10^8 m³	沙量/10^8 t	淤积量/10^8 t
1950—1977 年	12762.5	409.1	96.0
18 场高含沙洪水	330.7	74.3	48.6
1970 年 2 场高含沙洪水	35.17	9.26	6.52
1977 年 2 场高含沙洪水	45.53	15.36	9.94

同时在对高含沙洪水造床规律的研究中发现，高含沙洪水对二级悬河的发展起到了推波助澜的作用。非漫滩高含沙洪水近壁流区受河岸边壁阻力影响较大，流速较小，因而水流挟沙能力较小，不能挟带高含沙量随水流下行。Hinze 的水槽试验和黄科院的物理模型试验均发现，槽壁附近相对于其他流区有更多的不同尺度的涡旋，此处流速变幅较大，并有反向流速存在。正因为如此，边流区大量的泥沙不断在两岸边壁（坡）处沉积，河槽水面宽度逐渐减小，边坡坡度变陡，河槽变得相对窄深，水位呈抬升现象；由于窄深河槽的逐渐形成，水流流速增强，单宽流量集中，因而水流挟沙能力有所增强，河槽出现冲刷，水位相应降低；河床冲刷下切后，河槽变得更加窄深，床面粗化，水流与河槽变得不相适应，浑水水流挟沙能力降低，于是床面冲刷停止，淤积增加，水位抬高。

漫滩高含沙洪水的造床规律与非漫滩高含沙洪水有所不同。洪水漫滩后，过水断面突然增大，断面平均流速减小，水流挟沙能力降低，泥沙大量落淤，在滩沿处形成新的滩唇，增大了滩面横比降。在新滩唇形成之后，洪水漫滩范围明显减小，甚至仅在河槽中行洪，成为相对的非漫滩洪水，进而形成相对的窄深河槽。漫滩高含沙洪水造床作用强烈，河床自动调整迅速，其造床规律是：形成新滩唇，影响后续洪水的漫滩图形，从而塑造出相对窄深、同时又明显抬升的河床形态。

高含沙洪水期河道横断面调整是非常大的，洪峰前、后河相系数可相差几倍甚至几十倍。江恩慧等曾对大量资料进行回归分析，得出过水断面面积关系式为

$$A = BH = 0.073Q^{1.2} \times \frac{1}{[1 - S_V^{0.2}(0.4 - S_V)]^2} \tag{2-1}$$

由式（2-1）可以看出，在来流流量（Q）一定的前提下，含沙量（S_V）较小时，过洪断面面积（A）因河槽冲刷（水深 H 加大）、过洪宽度（B）大幅度减小而为一较小值；一般挟沙水流时，过洪断面面积则随含沙量增加而增加（主要是河槽宽度增加很大所致）；但含沙量大于 200kg/m³ 后，洪水逐渐呈高含沙水流特性，河槽因大量泥沙淤积而使过洪面积大大减小。另外，由式（2-1）也可看出，如果来水偏枯，造床流量减小，河槽过洪断面将大大减小，这也正是近些年黄河下游河床萎缩的原因所在。

总之，高含沙洪水虽然可以塑造出相对窄深的河槽，但这种结果是以前期河床的严重淤积为代价的。图 2-42 和图 2-43 为模型实测和原型实测断面结果，充分证明了上述观点。一场高含沙洪水基本在一两天之内就可以使主河槽明显淤窄，新滩唇突起，横比降加大。

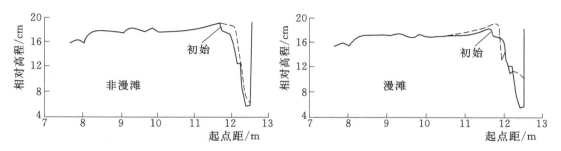

图 2-42　模型实测来童寨断面高含沙洪水前后断面形态图

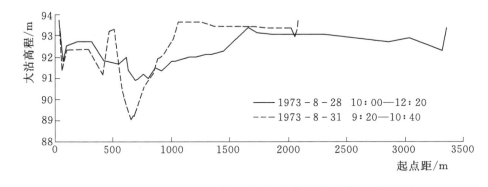

图 2-43　原型花园口断面高含沙洪水前后断面套绘图

（3）二级悬河的发展趋势预测。1996 年黄科院以 2000 年为设计水平年，以三门峡水库入库四站 1950—1975 年系列翻番成 50 年水沙过程，经小浪底水库调节后第 26～50 年正常运用期出库水沙系列作为模型试验的进口水沙控制条件，开展了"小浪底水库正常运用期花园口至东坝头河段河床演变试验研究"。

图 2-44 为试验中部分断面形态变化情况。从图 2-44 中可以看出，河道的淤积是非常严重的，其中河槽淤积最为明显，滩唇淤积高度达 1.5～2.5m，最大达 3.15m，大部分河段新滩唇高出 1855 年高滩 1～2.5m，横比降明显增大，二级悬河加剧，对本河段的防洪造成极大的威胁。

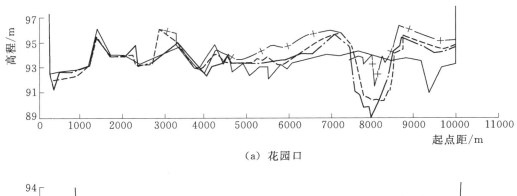

（a）花园口

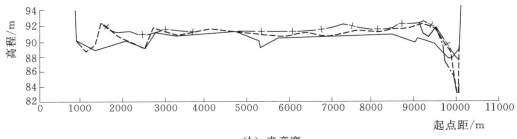

（b）来童寨

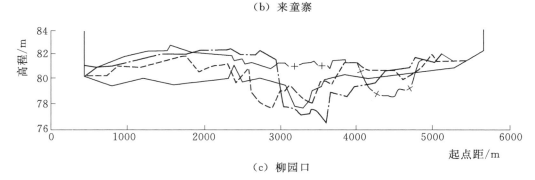

（c）柳园口

―― 1975 年 7 月 1 日　―――1988 年 10 月 1 日　―·―1990 年 7 月 9 日　―+―1999 年 9 月 14 日

图 2-44　1996 年花园口至东坝头河道模型试验典型断面形态变化

　　2010 年，黄科院总结分析了 2006—2009 年间开展的"小浪底水库拦沙后期防洪减淤运用方式下游河道实体模型试验研究"的 4 组长系列年模型试验成果，指出虽然经过历年调水调沙，黄河下游河槽的过流能力有了较大提高，但对黄河特殊的来水来沙条件来说，目前的河槽状况仍然不容乐观。在进行"无小浪底水库"调节的 1960—1964 年水沙系列实体模型试验中发现，由于来沙较多且水沙搭配不甚合理，造成上游河槽的快速回淤，平滩流量急剧减小。在施放 1964 年汛期 7100m³/s 的洪峰过程时，花园口附近的原阳高滩已开始大量漫滩，情形类似"96·8"洪水的漫滩情况。在小浪底水库进入拦沙后期或正常运用期后，一旦遇到上游来沙较大的情况，如果单纯依靠小浪底水库进行调节，下游已经形成的河槽有可能再次快速萎缩减小，2003 年小水大灾的局面将可能再次出现。

多组次的实体模型试验结果表明，在二级悬河较严重的兰东滩、习城滩、陆集滩、清河滩等河段，极易出现滚河和顺堤行洪等不利河势状况。因此，为确保黄河下游防洪安全，避免河势出现滚河等重大险情，急需加快二级悬河的治理力度，近期尤其要加强兰东滩、习城滩、陆集滩、清河滩等二级悬河治理。

2. 濮阳二级悬河治理试验工程

（1）试验工程主要内容。二级悬河程度的不断加剧，进一步增大了黄河下游的防洪负担。如前所述，2002 年 7 月黄河小浪底水库首次调水调沙试验期间，高村水文站 2930m³/s 流量的水位比"96·8"洪水同流量水位高出 0.55m 左右；高村断面下游濮阳滩区在流量不到 2000m³/s 时即发生漫滩，漫滩水流顺串沟直冲大堤，并在堤河低洼地带出现顺堤行洪，濮阳部分堤段堤根水深达 4～5m，堤防受到严重威胁。为加快推进二级悬河治理实践，2003 年，黄委组织实施了濮阳南小堤至彭楼河段二级悬河治理试验工程。试验工程主要包括三方面内容。

1）采用挖泥船和泥浆泵在双合岭断面上下（上游 2km、下游 3.2km）进行主河槽疏浚，疏浚河槽长 5.2km，疏浚总量为 200.05 万 m³。

2）利用疏浚泥沙，通过泥浆泵和加压泵的二级远程接力，把疏浚泥沙输送淤填至大堤 K75＋100～K83＋350 区间临河侧的堤河里，减轻漫滩后顺堤行洪对大堤的威胁，并改善当地群众的耕作条件。淤填堤河顶部高程比当地滩面高约 0.5m；淤面宽度以堤河实际宽度为准，在 97.2～245.8m 之间；为保证淤区的完整性，淤面高程纵比降与滩面纵比降一致，淤填总量为 200.05 万 m³。

3）淤堵万寨串沟，有效防止小水漫滩、拉沟成河的局面，淤堵长度 500m，淤填面积 0.134km²，淤填土方 20.15 万 m³。

（2）工程实施情况。经过充分准备，二级悬河试验工程于 2003 年 6 月 6 日开始（图 2-45）。在 2003 年汛期洪峰到来之前停工，共计完成浚沙 164.8 万 m³，并全部用于淤填堤河。汛期过后，2003 年 11 月 20 日挖泥船复工，12

图 2-45　二级悬河试验工程施工现场

月 5 日组合泵开始施工，到 12 月 15 日，又完成河道浚沙 35.25 万 m³，全部完成设计任务。本次试验工程总计浚沙 200.05 万 m³，其中船淤 150.42 万 m³，泵淤 49.63 万 m³。

万寨串沟口门淤堵于 2003 年 4 月 1 日开始准备，4 月 8 日正式开工，至 6 月 4 日共完成挖沙 20.15 万 m³，淤堵 500m 串沟沟口段。

（3）工程实施效果。通过 2004 年汛前调水调沙试验验证，试验工程在以下 4 个方面取得了较好的效果。

1）扩大了中水河槽面积，增大了主槽过洪能力。经计算，疏浚河段滩唇以下断面平均面积由 1106m² 增大为 1529m²，河槽平滩流量由 2244m³/s 增大为 2852m³/s，净增大流量 608m³/s。2000m³/s 水位平均降低 0.38m。

2）降低了主河槽的河底平均高程，减缓了二级悬河的发展。通过中水河槽疏浚和淤填堤河，主槽平均河底高程降低了 0.27m，堤河平均河底高程抬高 1.42m。滩地横比降有所减小，二级悬河形势得到改善。同时，在一定程度上减少了本河段小洪水漫滩、顺堤行洪、横河、斜河、滚河等发生的概率。

3）疏浚泥沙大部分为粗颗粒泥沙，有利于下游河段的冲刷。通过对淤填堤河泥沙的颗粒级配分析得出，无论船淤还是泵淤，淤填的泥沙

80％以上都为大于 0.05mm 的粗沙，且船淤的泥沙粒径大于泵淤。这表明，通过疏浚这样的粗泥沙，无论对本河段还是其下游河段的冲刷和减淤都是有利的。

4）试验工程的实施在一定程度上减小了"小水成灾"的可能，减轻了洪水对滩区人民的威胁。同时，淤填堤河还改善了滩区群众的交通条件，以及堤河附近的生态环境，使当地的生产生活得到较多实惠。

但是，由于试验工程规模较小，虽然对局部河段和短期内水位降低有一定作用，但对下游总体减淤效果不明显。因此，未来二级悬河治理仍应定位于"挖河疏浚与理顺河势"相结合，同时，注重"挖河疏浚"与广义上的"泥沙资源利用"相结合。此外，二级悬河治理试验工程淤填堤河的淤筑区位于习城滩区中部，淤筑后虽然消除了本河段的堤河，但因其上游堤河仍然存在，势必造成上游涝水难以下泄，因此大规模二级悬河治理工程应自上而下依次进行。

2.5.2　陆集滩引洪放淤工程

1. 滩区地形

陆集滩黄营至旧城滩区长 15km，宽 3～6km，耕地面积 7.8 万亩；村庄 64 个，人口 42485 人（图 2-46）。滩面两端窄、中间宽，地势西高东低，地面高程（黄海高程）为 48.00～52.00m，滩内有两条主要串沟，二级悬河比较发育。

2. 洪水进滩特点与行进路线

为了利用洪水淤临淤滩，逐步改善槽高、滩低、堤根洼的不利局面，1985 年 9 月对陆集滩黄营至旧城段进行了人工淤临淤滩试验。1985 年 9 月 17 日 16 时，花园口站出现 8100m³/s 洪峰，18 日 5 时在陆集滩上首生产堤破口放淤，到 10 月 23 日进水口门堵复为止，共放淤 36 天，实测最大流量 330m³/s，最小流量 82m³/s，引水含沙量 22～45kg/m³，淤区进水 6 亿 m³，滩区耕地被淹，所在滩的堤防全部偎水。该项目由县政府、乡政府结合当时的修防段共同组织实施。

引洪放淤是在汛期适当条件下利用滩区的串沟引水入滩。本次放淤引水口宽度为 80～90m，主要流路之一自口门向东北方向至近堤前张赵村东头，进滩水流偎堤后（偎堤起点黄营村）沿堤根洼地流向滩区下首。另外两股洪水沿宋楼南串沟和白庄串沟向滩内行进。其中宋楼南串沟长 4km、宽 100m、深 1.4m，从宋楼到前张庄；白庄串沟长 12km、宽 200m、深 1.2m，从白庄直到里菜园。滩内水面宽度近 2000m，利用陆集虹吸和于庄顶管排水。结束

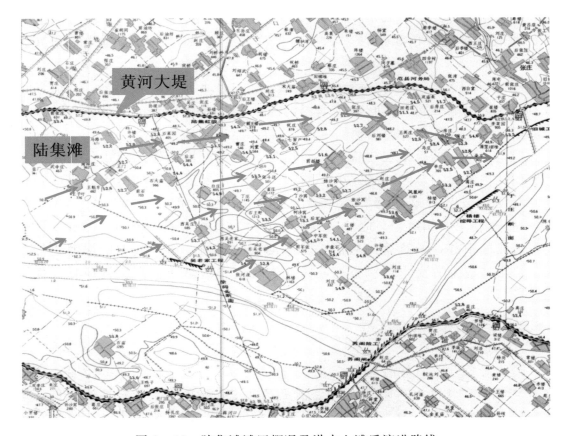

图 2-46　陆集滩滩区概况及洪水上滩后演进路线

时，对进水口门堵复，洪水回落后口门进水自行停止。

3. 放淤期间滩区水深分布及冲淤变化

堤根附近和串沟内，水深较大，越靠近滩唇，水深越浅；滩的上端水相对浅些、滩的下端水深较深。其中，滩上端堤根水深 1～3m，下端堤根水深 2～3.5m，最深达 4m 以上。

由于放淤期间，大河流量一直持续 4000m³/s 左右，水量较大，下游排水又比较顺畅，因而淤地、固堤效益十分显著，经测量和调查，相应大堤桩号 127+000～132+000 长 5km，宽 1km，淤深 2～3m，个别地点淤深 5m；132+000～135+000 长 3km，宽 700m，淤深 0.5～1.5m；桩号 135+000～140+000 长 5km，宽 300m，淤深 0.1～0.5m；总淤方量为 800 万～1000 万 m³，淤改耕地 1.8 万亩。

4. 淤滩工程的农作物等损失

档案中"淤临经费开支表"赔偿栏目中，赔偿数额 13.36 万元，其中挖压土地 500 亩，赔偿每亩 250 元，计 12.5 万元，砖窑厂、树木、坟墓等赔偿 0.86 万元。无公共设施赔偿项目和赔偿的具体明细说明。

经调查走访参与该项工作的当事人，当时农作物及有关基础设施没有进行赔偿。

2.5.3　国家滩区补偿政策实施情况

长期以来，由于黄河治理的特殊要求，黄河下游滩区一直没有明确其蓄滞洪区的地位。滩区蓄滞洪水后得不到相应补偿，导致滩区群众为了生存、发展需要，不断修建"生产堤"，致使洪水期滩、槽水沙交换受阻，加之上滩水沙演进自然规律使然，主河槽不断抬升，二级悬河迅速发展，防洪形势越来越严峻，滩区人民长期不能脱贫，生产发展与堤外相比差距越来越大。

鉴于黄河下游滩区具有蓄滞洪区的性质和功能，长期以来黄河下游滩区又表现为河道形态，黄委通过深入研究，提出了"稳定主槽，宽河固堤，调水调沙，政策补偿"的黄河下游河道治理方略，并认为政策补偿是解决防洪与滩区群众生产之间矛盾的有效途径。2004 年黄委分别向国家防总和水利部上报了《关于黄河下游滩区享受蓄滞洪区运用补偿政策的请示》，河南、山东两省政府也行文上报国务院要求滩区实行政策补偿。

国家领导人对此非常重视，按照回良玉副总理批示精神和国务院办公厅要求，水利部会同有关部门积极开展工作。2006 年成立了由水利部、发展和改革委员会、财政部、河南和山东两省及黄委组成的"黄河下游滩区运用补偿政策研究"联合工作组，并于 2006 年 9 月 22 日在北京召开了第一次工作会议，确定了黄河下游滩区补偿政策必要性专题研究内容，于 2006 年 10 月 31 日下发了"黄河下游滩区补偿政策专题研究工作大纲"。黄委于 2007 年 1 月成立了"黄河下游滩区补偿政策专题研究工作组"，对研究工作进行了总体部署。2007 年 3 月黄委防办印发了《黄河下游滩区实行蓄滞洪区补偿政策的必要性研究工作意见》，对工作进度进行了安排。2007 年 11 月，黄委提出研究报告，并上报有关部委。

在黄委研究成果基础上，财政部、发展改革委、水利部于 2012 年 12 月 18 日，联合发布《黄河下游滩区运用财政补偿资金管理办法》，决定对滩区内具有常住户口的居民，因滩区运用造成的一定损失，由中央财政和省级财政共同给予补偿。滩区内居民因滩区运用造成的一定损失，由中央财政和省级财政共同给予补偿，中央财政承担补偿资金的 80%，省级财政承担 20%，农作物损失按滩区所在地县级统计部门上报的前 3 年（不含运用年份）同季主要农作物年均亩产值的 60%～80%核定。居民住房损失按主体部分损失价值的 70％核定。居民住房主体部分损失价值，由滩区所在地的县级财政部门、水利部门会同有关部门确定。

诚然，国家对黄河下游滩区的淹没补偿政策为我们从更深层次探讨黄河下游的滩区治理与滩区经济发展模式提供了前提条件，但仍然存在较大矛盾。一方面，按照国家批复的黄河下游治理与洪水调度方案，滩区随时准备发挥滞洪沉沙作用；因此，不仅要严格控制各种大规模的基础设施建设，也不可能有人愿意冒着风险来投资，经济发展毫无保证，与周围的贫富差距日显突出；另一方面，滩区居住着大量居民，洪水一上滩，就会造成居民巨大的财产损失，而洪水上滩的淤滩刷槽作用和对黄河整体防洪减灾的正效益和长远效益又往往得不到地方政府和广大群众的理解，尤其是现在黄河中上游已经建成调控能力较强的水库群之后，各级政府和滩区群众对水库控制洪水的要求和期望越来越高。另外，群众自发或各级政府主导建设的标准各异的生产堤在发挥保护生产作用的同时，也影响着大洪水期滩区滞洪沉沙功能的正常发挥，而且管理难度极大。换句话说，目前的黄河下游滩区，尤其是宽滩区，既不能高效发展生产，又极难（除非万不得已）让洪水自由上滩。

第3章 宽滩区滞洪沉沙功效
研究边界条件设置

千百年来，黄河下游河道的不同治理策略或方案都与宽滩区治理模式紧密相关。对于宽滩区的治理，最具有影响力的是"宽河固堤"方案和"窄河束水攻沙"方案，围绕到底采用何种方案治理效果更好的问题，至今已持续争论了 2000 余年；民国时期国外学者恩格斯、方修斯等也加入这个大讨论，首次开展了黄河治理方案的实体模型试验，对黄河下游宽滩区的治理进行了学术层面对比研究。

黄河治理在持续不断的争论中前行。新中国成立后，按照"宽河固堤"的大格局，通过有计划地持续不断的系统治理，黄河下游初步形成了"上拦下排、两岸分滞"的防洪工程体系，在防灾、供水、灌溉和发电等方面都发挥了巨大的效益。但是，目前宽滩区的人口已达 140 余万，按现行滩区运行方案，宽滩区仍要时刻准备着发挥滞洪沉沙作用，致使滩区经济难以发展；特别是由于近期进入下游的水沙条件和防洪形势发生的重大变化，经济社会的发展也对下游防洪提出了更高的要求，黄河下游河道未来的治理方略再次受到广泛关注。基于对未来水沙条件变化趋势的不同估计，不同人提出了不同的黄河下游河道治理方案。绝大多数专家对目前的黄河下游河道整治方案持赞同态度，差异主要是下游宽河段的宽滩区治理模式与运行方案。

3.1 黄河下游滩区治理模式的历史演变

"宽河固堤"的原意是指把河流固定在由大堤约束的"河谷"内，利用分洪渠道分洪。大禹开九河分流，汉代贾让不与河争地，王景宽河固堤利用水门分流滞沙的思想就是在此条件下形成的。其中，王景的治理方案极具代表性。王景率卒十万，顺泛道主流"修堤筑堤，自荥阳东至千乘海口千余里"，数十年的洪水灾害得到平息。王景当时所做工程项目主要是修堤，堤距非常宽，两岸堤防之间有足够的面积可容纳洪水，"左右游波、宽缓而不迫"，河床淤积抬高极慢。王景治河的历史贡献，长期以来得到很高的评价，有王景治河千年无河患之说。

　　随着人口增长和对土地的开发利用，宽河分流分沙受到了限制，"窄河束水攻沙"的思想逐步应运而生。"束水攻沙"是把水流限制在主河槽内，提高水流流速，从而使水流保持较高的挟沙能力，防止泥沙淤积甚至冲刷河道。明朝的大臣潘季驯是这一策略最杰出的倡导者和实践者。他创造性地提出将堤防工程分为遥堤、缕堤、格堤、月堤（图 3-1），并论述了上述四类堤防的

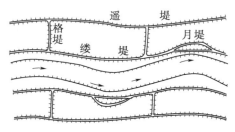

图 3-1　遥堤与缕堤布置图

不同作用及其相互关系："遥堤约拦水势，取其易守也。而遥堤之内复筑格堤，盖虑决水顺遥而下，亦可成河，故欲其遇格即止也。缕堤拘束河流，取其冲刷也。而缕堤之内复筑月堤，盖恐缕逼河流，难免冲决，故欲其遇月即止也。""缕堤即近河滨，束水太急，怒涛湍急，必致伤堤。遥堤离河颇远，或一里余，或二三里，伏秋暴涨之时，难保水不至堤，然出岸之水必浅。既远且浅，其势必缓，缓则堤自易保也。""防御之法，格堤甚妙。格即横也。盖缕堤既不可恃，万一决缕而入，横流遇格而止，可免泛滥。水退，本格之水仍复归槽，淤留地高，最为便益。"从以上论述可以看出，潘季驯对修建遥堤与缕堤的主张，实际上就是现今人们常说的"宽滩窄槽"的观点。

　　潘季驯利用其"宽滩窄槽""束水攻沙"的理论，对兰阳（注：今兰考县境内）以下河道进行了治理，扭转了嘉靖、隆庆年间黄河"忽东忽西，靡有定向"的混乱局面，取得了一个时期"河道安流"的成效。潘季驯的治河理论与实践对后世产生了很大影响，清代靳辅、陈潢在治河保漕运方面做出过较大成绩，但他们也是承袭潘季驯的治河主张和方法。

　　1855 年，黄河在铜瓦厢决口，黄河主河道从南向北移，并夺大清河。铜瓦厢黄河大改道后，清政府并未采取有力的措施对其进行治理，对于是挽河回徐、淮故道还是听任其由山东入海，没有形成统一的意见，因而大大延误了治理的期限，延长了受灾的时间，扩大了受灾的范围。当时的清政府正应对太平天国革命，无暇顾及河工。因而，在 20 年间，洪水在山东西南泛滥横流，直至光绪元年（1875 年）始在全线筑堤，使全河均由大清河于利津流入渤海，形成了今天黄河下游河道。

　　历史上，尽管束水攻沙的思想得到许多溢美之词，但从黄河决口的实际情况看，不如宽河分流滞沙的效果好。图 3-2 显示了过去 2000 多年来黄河每

百年决溢次数的变化曲线，主要根据《黄河水利史述要》和《黄河水利史研究》关于黄河较大规模的决溢记载整理得出，小规模的决溢没有计算在内。王景、王化云治黄的主导思想是宽河、分流、滞沙，就是让泥沙滞留下来或者不要被冲刷。而潘季驯和靳辅的主导思想是束水攻沙，就是不许泥沙淤积或者把淤积的泥沙冲起来。攻沙还是滞沙，两种方略一动一静、泾渭分明。从图3-2可见，王景治河后黄河数百年安澜；王化云主导治理黄河至今，黄河大堤汛期也没有发生溃决。潘季驯和靳辅治河，虽决溢次数减少，但只得黄河短暂安宁，十几年后黄河又迅速泛滥成灾，决溢次数甚至比以前更多。灾害来临，人们回忆潘季驯和靳辅治河时的短暂安澜，尤觉珍贵。特别是人民治黄以来黄河长期安澜，人们或多或少地渐渐淡漠了安全意识，抑或认为黄河本来就应该如此。

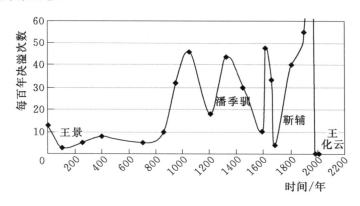

图3-2　2000多年来黄河每百年决溢次数

3.2　国外学者对黄河下游治理模式的讨论

国外学者对于是宽河滞沙还是束水攻沙的评论，起始于美国学者费礼门（Freeman）对潘季驯束水攻沙的赞扬。1922年，他发表"中国洪水问题"，并提出治河方案。他主张在黄河下游宽河道内，距现有堤脚800m修筑直线形新堤，并以间距大于6km的丁坝护之，以约束防护堤槽，逐渐刷深。费礼门的建议再次引发了世纪性的争论，即大堤是应该靠近河道还是像当时那样远离河道。

德国学者恩格斯（Engels）反对费礼门整治缩窄河床的主张，他认为宽堤具有储蓄洪水的作用。黄河的问题不在堤距过宽，而是没有固定的中水河床、主流摆动较大的缘故。他主张固定中水河槽，通过"之"字形河道冲深河道，形成深水河槽；进而保持宽滩，洪水期漫滩落淤，淤高滩地，清水归槽进一步冲刷河槽。

德国学者方修斯（Franzius）是恩格斯的学生，他认为黄河下游中水和低水河槽在两堤间任意游荡，高水河床太宽，滩地水浅落淤，但泥沙大多淤积在河床之内。他建议筑一道或两道新堤，堤距 650m，新堤不一定要与老堤同样高，也不要太坚固，超新堤标准洪水由新老堤间下泄。

恩格斯和方修斯师生二人争论不下，李仪祉建议试验解决争论。受中国经济委员会委托，1931 年恩格斯在德国累斯顿工业大学水工试验所进行黄河丁坝缩窄堤距试验，研究修筑丁坝以防护堤槽的丁坝间距、丁坝与堤岸的夹角及坝头的形式等。试验表明，堤距缩窄之后，河床在洪水时并不因此冲深，洪水位也未下降反而抬高，造成新的漫溢危险。鉴于试验用的是清水，床沙也与黄河不吻合。1932 年恩格斯使用黄河泥沙再次试验，试验结果表明，窄堤河槽泥沙输移较多。宽堤泥沙的横向移动较多，河槽的刷深与滩地的淤高也远胜于窄堤。恩格斯据此提出两种治河方案：一是固定中水河岸防止滩地的冲刷，继续施行护岸工程，使河槽刷深至相当深度，再筑较低的堤工，以缩窄滩地；二是用较高的堤工，以缩窄滩地，不固定中水河岸。河槽刷深较缓，中水河槽将在堤防间移动，可能威胁堤防，需相应加固。考虑到 1932 年试验的是直线河槽，1934 年，恩格斯采用"之"字形河道开展了第三次试验，分为宽窄两组。试验表明，窄堤方案洪水位增高，含沙量增大；滩地淤积减小，河槽冲深减小。宽堤试验中，在河槽弯曲处，从大堤大致并行河槽的堤防（简称翼堤），洪水时翼堤局部被水淹没，其结果，洪水位虽然增高，但因河槽逐年冲深，可逐步抵消洪水位的增高，预计经相当时期的自然塑槽，洪水位可望低落。根据此次试验，恩格斯提出实现宽堤的措施：加高堤防；以适当工程（如堵塞支流）创造中水河槽，并固定下来；根据河槽形势，修筑翼堤，适当修筑保滩工程。方修斯在他创办的汉诺佛水工试验所做过两次黄河试验，认为黄河之所以为患，在于其泄洪断面过宽，对低水河床塑造最为不利。缩窄堤防减少滩地后，洪水可大大刷深低水河床，并因此建议黄河选择适当堤段缩窄堤距。Yean（1999）认为，方修斯的试验缺少边界条件，因此和恩格斯的试验结果不符合。

3.3　黄河下游河道现行治理方略

1946 年，冀鲁豫解放区黄河水利委员会（简称"黄委"）成立，从此开启了人民治理黄河的新纪元。新中国成立以后，许多学者基于各自对黄河的认知，提出了许多很好的治河主张，极大地丰富了黄委的治河思想。如：蒋德麒认为水土保持是治黄之本；钱宁、张仁主张应集中治理粗泥沙来源区；汪胡桢主张修建拦泥库；吴以教提出黄河下游先期变清的思想；林一山则主张大放淤，把黄河水沙喝光吃尽；刘传鹏主张开辟分洪道解决黄河下游防洪问题；谢鉴衡提出遵循黄河下游纵剖面变化规律进行河道治理；张瑞瑾主张黄河下游实行"退堤宽滩窄槽"；方宗岱提出利用非牛顿体高含沙水流治理黄河；史念海主张在中游恢复植被，把下游悬河疏浚成地下河；叶青超主张黄河下游人工改道；黄万里主张分流淤灌治理黄河；刘善建主张通过调外面的水进行调水调沙；侯国本主张在河口地区"挖沙降河"等。

　　从20世纪50年代起，以王化云为代表的一代黄河人，在广泛吸纳前人和相关专家学者建议的基础上，提出了"上拦下排、两岸分滞"处理洪水，"拦、排、放、调、挖"处理泥沙的治河方略，使黄河治理由下游防洪转向全河系统治理。黄委按照这一方略，持续开展了大规模的黄河治理与开发，取得了显著的成效。

　　在总结以往治黄规划和实践经验的基础上，20世纪80年代以来黄委先后完成了几个有代表性的规划：一是1990年的《黄河治理开发规划》和1997年的《黄河治理开发规划纲要》；二是2000年《黄河的重大问题及其对策》和2002年的《黄河近期重点治理开发规划》；三是2013年国务院批复的《黄河流域综合规划》修编。

　　2002年7月，国务院批复的《黄河近期重点治理开发规划》，在坚持"上拦下排，两岸分滞"控制洪水的同时，把"拦、排、放、调、挖"泥沙综合处理措施修订为处理和利用泥沙。

　　小浪底水库建成运用后，进入下游的水沙条件和黄河下游的防洪形势发生了重大变化，经济社会的发展也对下游防洪提出了新的、更高的要求，新时期治水思路更加强调了可持续发展观，强调了人与自然的和谐相处，水库调度也正在由控制洪水向洪水管理转变。黄河下游滩区不仅具有一般滞洪区的滞洪、削峰作用，而且还具有一般滞洪区没有的沉沙功能，但由于历史的原因，一直未明确其蓄滞洪区的地位。黄河下游滩区蓄滞洪运用频繁，蓄滞洪水后得不到补偿，导致了滩区189万群众为了生存、发展需要，不断违章修建"生产堤"，致使洪水期滩、槽水沙交换受阻，主河槽不断抬升，二级悬河迅速发展，从而使黄河下游河槽形态已恶化到了历史上最危险的时期，"横河、斜河、滚河"发生几率大大增加，防汛形势十分严峻；同时，黄河下游滩区经济发展已严重滞后，生产水平与堤外相比差距越来越大，人与河的矛盾日益尖锐。

为此，黄委组织国内有关专家先后于 2004 年 2 月、3 月分别在北京和开封召开了两次研讨会，以谋求今后一个时期黄河下游河道的治理方略。专家们缘于对未来进入黄河下游河道水沙条件变化趋势的不同预估和判断，提出了黄河下游河道不同的治理方略。

一种观点认为，受自然因素和人类活动的影响，特别是干流水库的调蓄作用，再发生大洪水或特大洪水的几率甚小，进入黄河下游河道的洪水将以中常洪水为主，黄河下游已不再需要很宽的行洪河道，提出"窄河固堤"的方略。此种方略可使滩区 189 万人居住在河道之外，彻底免除洪灾之苦；另一种观点认为，黄河流域的降雨特性不会发生大的改变，流域下垫面的变化并不能导致产汇流规律的重大改变，骨干工程的调蓄也将受到使用寿命的影响，同时水土流失治理也将是一个相当漫长的过程。因此，未来进入黄河下游河道的洪水、泥沙不可能较大幅度减少，考虑滩区滞洪沉沙的需要，黄河下游河道治理仍应采取"宽河固堤"方略。

基于上述分析，总结专家们的意见，黄委确定在当前及今后一定时期黄河下游河道的治理方略为"稳定主槽、调水调沙、宽河固堤、政策补偿"。即黄河下游河道长年维持一个中水河槽，中小洪水演进或调水调沙过程在该河槽中进行，滩区不漫滩，滩区群众安居乐业；遇到大洪水或特大洪水，在黄河下游两岸标准化堤防约束下演进，淤滩刷槽，滩区群众以村台或以组织撤退形式保安全，对洪水造成的经济损失，由国家给予政策性补偿。2013 年国务院批复的《黄河流域综合规划（2012—2030 年）》，也明确了这一方略。

然而，近几年黄河来水来沙量的进一步减少，加之滩区群众脱贫致富的愿望更加强烈，社会对黄河下游滩区的运用模式再次引发强烈争议。以钱正英为代表，根据黄河近期水沙变化特点和滩区社会经济发展需求，提出在黄河下游滩区修建两道防护堤，解放一部分滩区，发展经济，同时减少中常洪水滩区的灾害损失。然而，防护堤的堤距、标准如何确定？修建防护堤后，遇到大洪水滩区能否满足滞洪沉沙的需要？滩区的综合减灾技术措施如何配置？等等，都需要进一步研究。

3.4　研究方案总体设计

根据前述近期学术界和黄委内部有关学者对黄河治理方向争论的主要焦

点问题，本书研究总体方案设置如下。

（1）宽滩区运用方案，包括 3 个：①无防护堤方案，即废除现状生产堤方案；②防护堤方案，即在河道内通过对现状生产堤改造或加固，形成两道新防护堤；③分区运用方案，即在防护堤方案的基础上，根据洪水大小开启不同滩区滞洪沉沙。

（2）水沙过程，包括 2 种：①为 50 年长系列水沙过程，年来沙量分别为 3 亿 t、6 亿 t、8 亿 t，主要用于准二维模型研究宽滩区不同运用方案下宽河段的冲淤变化、宽滩区的滞洪沉沙效果和对山东窄河段的影响，以及利用黄河泥沙配置模型研究宽滩区泥沙优化配置方案；②典型洪水过程，选取黄河下游"58·7"洪水和"77·8"洪水两种典型洪水过程，利用二维数学模型与实体模型试验开展宽滩区滞洪沉沙功效及灾情研究。

3.4.1　宽滩区运用方案

第一种运用方案：无防护堤方案，简称无堤方案；第二种方案：防护堤方案，简称有堤方案，分别开展了防护堤 6000m³/s、8000m³/s、10000m³/s 3 种标准情况下的对比研究；第三种方案：分区运用方案，即在防护堤方案下的分区运用，分别开展了运用 5 个滩区和 10 个滩区的对比研究，具体详述如下。

1. 无防护堤方案

该方案仍立足黄河特殊的来水来沙特性，遵循黄河下游防洪工程总体布置与调控格局，认为黄河下游两岸大堤之间的河道，无论是河槽还是滩区都是输送洪水泥沙的通道，坚持黄河滩区应发挥滞洪沉沙功能，落实国家近期颁布实施的滩区补偿政策，以目前黄河下游滩区治理方案及防洪安全策略为依托，通过调水调沙塑造和维持中水河槽，通过河道整治稳定主槽，实行宽河固堤滞蓄和排泄洪水，全面破除生产堤，为洪水提供广阔的行洪和容沙空间，充分发挥滩槽水沙交换作用，让河槽及滩区自由地自然行洪、滞洪、沉沙，对河槽及滩区实行一体化管理。

2. 防护堤方案

该方案与荷兰莱茵河的治理模式相似，基本以现状生产堤为基础，通过调整、改造、加固，建设成为防护堤，使其可以防御一定标准的洪水。当洪水流量低于该标准时，洪水在防护堤限制区内通行，当洪水流量大于该标准时，打开分洪口门，乃至破除或部分破除防护堤，洪水上滩滞洪、沉沙。防护堤方案工程布置如图 3-3 所示。

（1）防护堤方案基本思路。强化水库群调水调沙运用，调整出库水沙过

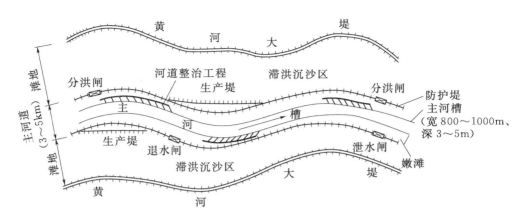

图 3-3　防护堤方案工程布置示意图

程，配合下游河道整治（稳定主河槽流路）和主河槽疏浚，形成一个与现有水沙条件相适应的宽 800~1000m、深 3~5m、平滩流量约为 4000m³/s 的主河槽。

（2）防护堤两岸堤距宽度与堤线布置。防护堤堤线布置主要考虑了国内大部分专家的意见，以及近年来有关河道治理研究成果、滩槽划分成果及现状生产堤情况等。国内专家有代表性的意见包括：①原全国政协副主席钱正英于 2006 年 6 月考察黄河下游时建议，下游防护堤的堤距为 3~6km；②2005年黄委开展的"黄河下游滩区治理模式和安全建设研究"成果提出，桃花峪至夹河滩 9km 左右、夹河滩至高村堤距 2~4km；③2005 年黄河水利科学研究院完成的"黄河下游滩槽划分方案研究"提出高村以上河段为 2.5~7km；④河南黄河河务局、黄科院开展的近期黄河下游宽河段河道整治方案中提出的河道整治规划治导线，高村以上设计河槽宽 2.5km；⑤2013 年黄委开展的"黄河下游河道改造与滩区治理方案研究"，黄河勘测设计规划有限公司提出并经专家论证确定的高村以上平均堤距 4.4km，高村至陶城铺河段平均堤距 2.5km。各家考虑问题的角度不同，使得堤距的确定存在一定差异，主要差异集中在高村以上河段。

表 3-1 统计了近年来有关研究成果，包括实测大断面淤积宽度、最大主流摆幅、现状条件下生产堤堤距，以及黄河下游滩槽划分办法研究和《黄河流域规划》黄河下游滩区综合治理规划等成果中防护堤距的相关数据。其中包括：①黄河下游河道"80%淤积宽度"是根据 1960—1999 年高村以上实测大断面及河道淤积泥沙的横向分布特点，研究计算断面淤积面积占全断面80%的平均河宽；②"主流最大摆幅"为 1960—1999 年高村以上河段主流最

大摆幅；③"现状生产堤堤距"为实测两岸近河主要生产堤之间平均距离；④"黄科院'滩槽分界线'"为黄河水利科学研究院"黄河下游滩槽划分办法研究报告"成果，按照河道整治规划修建的河道整治工程为基础，结合今后发生 $5000 \mathrm{m}^3/\mathrm{s}$ 流量洪水的水位边界线划分河槽与滩地，同时满足排洪河槽宽度和河势游荡摆动范围，确定了"一线二区"和"两线三区"方案；"一线二区"即滩槽界线为一线，二区指槽区和滩区；"两线三区"是在"一线二区"的槽区内划分黄区和红区，从而形成黄区、红区和滩区，即三区，其中红区为主行洪区，基本属嫩滩范围淹没后不予补偿；⑤"黄河流域规划'窄河固堤'堤线"，是《黄河流域综合规划修编》中黄河勘测规划设计有限公司综合考虑了国内专家的意见、近年来有关河道治理研究成果、滩槽划分成果、现状生产堤情况等因素提出了"窄河固堤"模式中两条堤线——防护堤1和防护堤2的位置；⑥在"黄河下游河道改造与滩区治理方案研究"中，黄河勘测规划设计有限公司对高村以上游荡性河段拟定两种堤线方案，第一种方案以河势演变对防护堤安全影响为主要考虑因素，第二种方案以满足河槽排洪要求为主要考虑因素，同时以主槽过流量在 80% 以上的排洪河宽为基础，对畸形河湾等不利河势采用工程措施加以消除，尽可能保持河道平顺。黄河规划设计有限公司对这两种方案堤线布置和堤线长度做了说明，并通过对比两方案在防护堤工程安全、河道形态、工程规模、护滩效益等方面的优劣，防护堤堤距推荐方案一，即高村以上平均堤距 4.4km，高村至陶城铺河段平均堤距 2.5km。

表 3-1　　　　　　　宽滩区防护堤堤距确定参考数据

方案	80%淤积宽度	主流最大摆幅	现状生产堤堤距	黄科院"滩槽分界线"		黄河流域规划"窄河固堤"		河道改造与滩区治理方案
				一线二区	两线三区	防护堤1	防护堤2	
平均宽度/km	4.31	3.50	4.03	3.33	2.85	3.22	2.70	4.40

注　表中各方案平均宽度是指铁谢至高村河段。

此外，黄河勘测规划设计有限公司开展了"黄河下游滩区综合治理关键技术研究"，结合滩槽划分成果，综合考虑河道整治规划治导线、排洪河槽宽度、历史河势演变、目前河势流路等因素提出了"低标准防护堤"堤线位置。2007—2008 年，黄河水利科学研究院在开展"黄河下游滩区分区运用滞洪沉沙效果实体模型试验研究"过程中，结合"黄河下游滩槽划分办法研究报告"，充分咨询吸纳专家意见，立足于尽量利用现有生产堤，确定了防护堤堤线位置。

综上所述，防护堤堤距必须考虑两个重要因素：一是河势演变，近几十年来黄河下游河道整治虽然取得了明显成效，但游荡性河段河势尚未完全得到控制，近年来局部河段主流线摆幅仍然较大；二是排洪能力，小浪底水库修建后，下游河道冲刷下切，但水库拦沙期过后，河道定会回淤，且近些年以来，黄河没来大洪水，未来气候复杂多变，来大洪水的可能性仍然存在，防护堤不能挤占主行洪通道，给山东窄河段防洪造成过大压力。从表 3-1 可以看出，在"黄河下游河道改造与滩区治理方案研究"过程中，充分吸纳了以往研究成果，推荐高村以上宽滩区平均堤距 4.4km，既为主流摆动留足了空间，也保证主槽过流量能力在 80% 以上。因此，本次研究防护堤间距采用"黄河下游河道改造与滩区治理方案研究"中的推荐方案，不再单独提出另一套方案，即高村以上平均堤距 4.4km，高村至陶城铺河段平均堤距 2.5km。

（3）防护堤防洪标准。表 3-2 分别给出了"黄河下游滩区分区运用滞洪沉沙效果实体模型试验研究报告"实体模型试验及数模计算、《黄河流域综合规划修编》中"窄河固堤"治理模式数模计算、"黄河下游河道改造与滩区治理方案研究"等成果中的防护堤堤顶高程，以及现状生产堤和控导工程等高程设计标准。

表 3-2　　　　　　　　　不 同 方 案 堤 顶 高 程

| 方案 | 分区运用 | | 黄河流域规划"窄河固堤" | 黄河下游滩区综合治理关键技术研究 | | | 现状生产堤 | 控导工程 | |
	模型试验	数模计算		低标准生产堤	分区运用	20 年一遇标准堤防		过去	现在
防御洪水 /(m³/s)	8000	8000	15000	5000	8000	20 年一遇洪水	滩地高程	4000	5000
超高/m	1	1	1.5	1	1.5	1.5	1	1	1
堤线范围	夹河滩至陶城铺	白鹤至艾山	白鹤至陶城铺	京广铁桥至陶城铺	京广铁桥至陶城铺河段面积大于 30km² 的 14 个滩区和长平滩	京广铁桥至陶城铺河段和长平滩（无人居住小滩和温孟滩除外）	京广铁桥至陶城铺	白鹤至艾山	白鹤至艾山

在黄河下游滩区补偿政策研究中，黄科院曾利用"小浪底至陶城铺"河

道动床模型开展了"黄河下游滩区分区运用滞洪沉沙效果实体模型试验",花园口至陶城铺河段防护堤高程,是按花园口站 2007 年现状通过 8000m³/s 洪水,并考虑分区运用影响后的相应水位,加 1m 超高进行设计;数模计算中也将防护堤按 8000m³/s 洪水标准控制,若下游控导工程低于防护堤高程,控导工程按防护堤标准加高。

《黄河流域综合规划修编》有关"窄河固堤"治理模式 165 年黄河下游冲淤及防洪情势变化数模计算中,下游窄河堤防的防御标准按花园口洪峰 15000m³/s 设防。

"黄河下游滩区综合治理关键技术研究"中,低标准生产堤防御标准选择 2000 年水平年 5000m³/s,堤顶超高采用 1.0m;分区运用防护堤、隔堤的防御标准选择 8000m³/s,相当于下游现状 20 年一遇洪水标准(花园口流量 12370m³/s),堤顶超高采用 1.5m;20 年一遇标准堤防防御标准采用 20 年一遇洪水(花园口流量 12370m³/s),相当于下游现状防御洪水标准(花园口流量 22000m³/s),堤顶超高采用 1.5m。

现状生产堤均为群众自发修筑,施工简单,且土质多为沙性土,质量较差,抗御洪水的能力很弱,一般情况生产堤出滩高度 1m。

控导工程过去 20 年一般采用的坝顶高程为 5000m³/s 对应水位加 1m 超高,近年来新修工程采用坝顶高程为 4000m³/s 对应水位加 1m 超高,相应过流能力约为 8000m³/s。

参考以往防护堤的设计标准,本次研究中防护堤防洪标准分别采用了 6000m³/s、8000m³/s 和 10000m³/s 等 3 种,堤顶超高均采用 1.5m。

(4)防护堤分洪方式。建设两道新防护堤形成一条宽 3~5km 可通行一定流量级洪水的相对"窄河道",使防护堤之间的河道可以相应输送 6000m³/s、8000m³/s、10000m³/s 的流量,防护堤内控制种植高秆稠密作物。分洪方式分两种,即有堤有闸,适时人工开启闸门分洪;有堤无闸,洪水自由漫堤入滩分洪。前者即是在防护堤上间隔一定距离修建分洪闸和退水闸,当花园口流量分别大于 6000m³/s、8000m³/s、10000m³/s 时,向新修的防护堤和黄河大堤之间的滩区分洪。

3. 分区运用方案

该方案与防护堤方案的堤线布置和设计标准完全一致,区别在于分洪的滩区数量。即当花园口断面发生超过防洪堤防护标准但又达不到超标准洪水时,为避免洪水"走一路淹一路"的现象出现,滩区分洪不再全部启用所有滩区的分洪闸门,而是根据洪水量级和洪水演进情况,分滩区相继开启相应的闸门，对分洪效果明显的滩区优先实施分洪。本次研究分别考虑了启用 5 个滩区和 10 个滩区两种分区运用方案，开展对比计算。其中，启用的 5 个滩区分别是原阳封丘滩、李庄长垣滩、兰东滩、习城滩和清河滩；启用的 10 个滩区除上述 5 个滩区外，还有开封滩、辛庄滩、左营滩、陆集滩和赵堌堆滩。

需要说明的是，本次研究的分区运用方案，参照黄河水利科学研究院 2007—2008 年开展的"黄河下游滩区分区运用滞洪沉沙效果实体模型试验研究"及其他洪水演进预报试验成果，滩区内横向路堤、渠堤等对洪水演进影响很大，且多会沿这些直接通往黄河大堤的横向隔堤形成顺堤流直冲大堤，对大堤的安全构成极大威胁，同时也为运行管理方便，不再在各个滩区内设横向隔堤，如果一旦发生大洪水确定运用某个或某几个滩区分洪，则全滩分洪运用，受灾群众按滩区淹没补偿政策给予补偿。这一点与以往有专家提出的分区运用概念略有不同。

3.4.2　水沙过程的选取

（1）长系列水沙过程。采用黄河勘测规划设计有限公司最新研究提出的经过小浪底水库调节后进入下游的 50 年水沙系列成果，选取"3 亿 t"方案、"6 亿 t"方案、"8 亿 t"方案 3 个基础水沙系列，分别称其为基础 3 亿 t 方案（JC-3 系列），基础 6 亿 t 方案（JC-6 系列），基础 8 亿 t 方案（JC-8 系列）。其中，JC-3 系列黄河下游的年平均来水量为 248.04 亿 m^3，年平均来沙量为 3.21 亿 t；JC-6 系列的年平均来水量为 262.84 亿 m^3，年平均来沙量为 6.06 亿 t；JC-8 系列的年平均来水量为 272.78 亿 m^3，年平均来沙量为 7.70 亿 t。

（2）典型洪水过程。典型洪水过程分别选取黄河下游"58·7"洪水和"77·8"洪水两个洪水过程。其中，"58·7"洪水是自 1919 年黄河有实测水文资料以来的最大洪水，"77·8"洪水为典型的高含沙大洪水过程。

在各专题研究过程中，准二维数学模型计算选取的是长系列水沙过程，二维模型与实体模型试验主要选取典型洪水过程，其中准二维数学模型在开展防护堤修建以后对宽河段河道冲淤和对山东窄河道防洪情势影响的分析计算时，基于 JC-8 系列又衍生出了两个系列。即水量不变，把沙量同倍比减小至 6 亿 t、3 亿 t，与 JC-8 系列共同组成了水量完全相同、沙量不同的三个系列作为对比研究，衍生的两个系列分别简称为 JC-8-6 系列和 JC-8-3 系列，详见第 5 章。

第4章　滩槽水沙交换机理及漫滩洪水与滩槽形态调整互馈机制

冲积河流下游河道的断面形态通常可以明显的区分主槽和滩地，河流学研究中，常将具有这种断面形态的河道称为复式河道。对复式河道的漫滩洪水造成的滩槽水沙交换过程、交换结果及其交换机理，有许多学者进行过相关的研究，研究手段包括模型试验、解析计算和数值模拟等。但这些研究成果多局限于对单一实验现象的解释，缺乏对滩槽水沙交换过程中各影响要素的系统对比与分析；更重要的是，考虑类似黄河下游宽滩区具有明显横比降对漫滩洪水水沙运移影响的研究成果还鲜有报道，现有研究多采用平底假设。而考虑滩地横比降的存在对大洪水期上滩水流流速和含沙量分布的影响，正是科学认识黄河下游典型二级悬河横断面发育和漫滩水流水沙运移特征的关键。本章从建立基本动量方程入手，首次从理论层面揭示黄河下游宽河段的滩槽水沙交换机理，给出了复式河槽上滩水流流速和含沙量分布的解析解，并通过实测资料和专门的水槽试验对解析解加以验证；继而综合实测资料、模型试验资料和理论研究结果，进一步阐释并验证了漫滩洪水水沙运移与滩槽淤积形态调整之间的互馈机制。本章的理论研究为深刻认识黄河下游二级悬河形成及发育机理，采取有针对性的黄河下游河道整治和滩区治理措施，提供了重要的理论支撑。

4.1　滩槽水沙交换机理已有研究成果概述

高含沙漫滩水流对滩地具有强烈的淤积作用，能迅速改变滩地的形态；滩地形态的改变又反作用于漫滩水流，影响漫滩水流的流速、含沙量和泥沙淤积的横向分布，进而反馈于横断面形态的调整。这正是高含沙漫滩水流滩槽水沙交换和横向造床与水沙运移互馈作用的内在机理所致。游荡性河段滩槽的冲淤演变规律十分复杂，与来水来沙条件、水流演进特点、复式断面的初始形态等密切相关，国内许多学者从不同角度对此开展过研究，都为从理论层面提示滩槽水沙交换机理奠定了基础。

4.1.1　赵业安等的研究成果

赵业安等认为，黄河下游河道平面外形呈宽窄相间的藕节状，收缩段与开阔段交替出现，下游滩地面积占河道总面积的 80%，滞洪淤沙作用很大。洪水漫滩后，由于滩槽阻力不同，滩槽水流发生交换，同时发生泥沙的横向交换。当水流从窄河段进入宽河段时，泥沙大量上滩，滩地淤积，而当水流从宽河段进入窄河段时，来自滩地的较清水流进入主槽，主槽冲刷，在几百公里长距离内均出现强烈的淤滩刷槽现象。例如 1958 年 7 月大洪水，滩地淤积 10.7 亿 t，主槽冲刷 8.6 亿 t；但当来沙量较大时，主槽也会发生淤积。一般情况下，可用来沙系数定性地判别滩槽冲淤情况。当来沙系数大于 $0.015\text{kg} \cdot \text{s}/\text{m}^6$ 时，滩槽均淤；小于 $0.015\text{kg} \cdot \text{s}/\text{m}^6$ 时，槽冲滩淤。通常在大漫滩洪水发生时会出现滩淤槽冲的现象，形成相对地高滩深槽，有利于河道稳定。但是，人们在长期实践中认识到，黄河下游的河南河段是典型的强游荡性河道，所谓滩、槽都是相对的，在 20 世纪 50—60 年代，为防洪而进行的河道整治工程建设，一个主要目的就是希望保持这种滩槽关系的相对稳定。

赵业安等还同时指出：在黄河泥沙还没有得到有效控制，下游河道淤积仍不能避免的情况下，只要不危及黄河下游的防洪安全，应该允许较大洪水在下游漫滩，同时尽可能避免不漫滩洪水，特别是要尽量避免平水期及非汛期的主槽淤积。

针对高含沙水流的造床过程，赵业安等进一步指出了高含沙水流流经宽浅散乱的游荡性河段，塑造窄深河槽的演变过程：涨水初期，洪水尚未漫滩，主槽大量淤积；随着洪水上涨，水流漫滩，嫩滩淤高，主槽缩窄，形成相对窄深河槽；在主槽缩窄、高滩深槽发展到一定程度后，大流量的高含沙水流使主槽发生强烈冲刷。在嫩滩淤积、主槽缩窄过程中，过水断面大幅度减小，是水位陡涨、水位涨率偏高的直接原因，如前期河槽淤积严重，则往往出现异常高水位；当已形成窄深河槽后，水流集中，流速加大，水流挟沙能力提高，主槽发生强烈冲刷，造成水位陡落，并进而使漫滩水流迅速回归主槽，造成滩地回归水与上游下泄洪水部分叠加，出现沙峰先于洪峰、甚至最大洪峰流量沿程增大的反常现象。

4.1.2　姚文艺等的研究成果

姚文艺等对 200 余场次洪水观测资料进行统计计算，并结合实体模型试验和数学模型计算等方法分析认为：塑造主槽的漫滩洪水存在最优值。即黄河下游河槽高效输沙和塑造主槽作用较大的平滩流量为 $4000\text{m}^3/\text{s}$，对应的洪水输送的临界含沙量为 $50kg/m^3$；对于不漫滩洪水，应按当时主槽的平滩流量控制，且平滩流量下的洪水流量过程以接近矩形波过程较好，峰前水量占洪水总水量的 25% 以上，洪水历时不小于 7 天；对于漫滩洪水，应控制洪峰流量大于平滩流量的 1.5 倍且大于洪水平均流量的 1.2 倍，同时应尽量控制洪水涨水期水量与洪水总水量之比不小于 0.5，并保持洪峰与沙峰同步运行，洪水历时不小于 7 天；洪水调控分组含沙量大小主要取决于悬沙及床沙的级配；洪水来沙系数的调控指标视洪水类型而异，不漫滩洪水为 $0.012kg \cdot s/m^6$，漫滩洪水为 $0.015kg \cdot s/m^6$，同时还应控制分组泥沙的来沙系数。

另外，侯志军等在开展了"82·8"型不同量级漫滩洪水淤滩刷槽系列模型试验后发现，漫滩洪水淤滩与刷槽之间有必然联系，滩地淤积量与主槽的冲刷量呈正相关关系，在同等水量、沙量条件下，滩槽冲淤量随洪峰流量的增大而明显增大。

4.1.3 齐璞等的研究成果

齐璞等研究认为，漫滩洪水淤滩与刷槽之间不存在联系。他在对原型 1958 年大洪水以及 1983 年、1985 年一般洪水期间河道断面冲淤变化和输沙特性以及花园口至东坝头河段双岸整治动床模型试验结果（该模型试验由齐璞、武彩萍等完成）进行分析后认为：在多沙河流上洪水漫滩必然会造成滩地淤积，并在滩唇形成自然堤，阻断滩槽水流交换；主槽的冲刷发生在涨水期，在落水期不管含沙量大小，河床均处于淤积状态。漫滩后的清水在滩地上流动缓慢，远远小于主槽水流的运动速度，因此漫滩水往往在落水期才能汇入主槽，且只能起到减少主槽淤积的作用，无法改变由于洪水的非恒定性形成的落水期河床必然淤积的状态。

4.1.4 许炯心的研究成果

一般认为，较低的含沙量是曲流形成的基本条件之一。许炯心从河流地貌研究入手，发现在黄土高原的宽谷型高含沙河流中，发育了形态完美的曲流；进而指出边界条件与高含沙水流的联合作用是这种曲流河床形成的根本原因。

（1）高含沙水流是高含沙曲流形成的主要动力因素。当年平均含沙量大于 $100kg/m^3$ 时，河流的河型一般均为弯曲型；若年平均含沙量为 $100\sim25kg/m^3$ 时，河流既可能出现弯曲型，又可能出现游荡型。通过点绘河流的弯曲系数与多年平均含沙量的关系表明，弯曲系数有随含沙量增大而增大的趋势。

（2）高含沙水流能否保持稳定输送，是高含沙型曲流形成的关键，而稳定输送的条件则取决于边界条件。由于高含沙水流的强烈侵蚀作用，使河底受到冲刷，滩槽高差（或滩坎高度）增大，对水流的约束增强，更能为高含沙水流提供稳定输送的条件。另一方面，原来较为宽浅的河床，若能受到高含沙量水流的频繁作用，则通过淤滩刷槽，也可以将断面改造得较为窄深。当高含沙水流的稳定输送能够得到保证时，这种窄深断面将会长期保存下去。研究表明由于高含沙水流作用，黄河中游河流的含沙量与滩坎高度之间，存在密切的正相关。

（3）高含沙水流的能量消耗率下降。对于非高含沙水流而言，挟运泥沙要将部分能量用于泥沙的悬浮，即作悬浮功，故含沙量越大，水流所需要的能耗水平也愈高。但若含沙量进一步增大而进入高含沙范畴时，则情况便大不相同。高含沙水流有着许多不同于非高含沙水流的特性。当含沙量增大到一定程度时，引起了沉速的减小，这使悬浮功变得很小，水流挟沙能力便可以大大提高，此时随着含沙量的增大，水流消耗的能量反而减小。

泾惠渠、洛惠渠和水槽试验的观测资料表明，随着含沙量的增大，所需要不淤流速也增大；但是含沙量超过某一临界值后，当含沙量继续增大时，不淤流速反而减小。这种临界点实质上意味着已经进入高含沙水流的范畴。这些实测资料表明，在高含沙水流情况下，水流只需具有较小的流速即可达成输沙平衡。即高含沙水流只需要较小的能耗或比降即可保证来沙的顺利输移。因此，在这种情况下，河流的调整将趋向于减小比降，此时通过增大弯曲系数（即增加河长）从而降低比降便成为一种可能的选择，这就解释了高含沙型曲流形成的内在机理。

（4）高含沙水流挟沙力可以大幅度提高。河流系统是一个具有某种平衡倾向性的开放系统，它具有自动调整的功能。当流域加诸于河道的来沙量一定时，河床将调整自身的形态，使其挟沙能力与来沙量保持一致，达成一定程度上的输沙平衡。由于高含沙水流特殊的运动及动力特性，使其挟沙能力大大提高，因而河床为了达到输沙平衡，只需要维持较小的比降即可。而黄土高原宽谷型曲流的河谷比降一般较大，这就需要通过增长流路来减少比降，于是在自动调整过程中便出现了弯曲河型。

4.1.5　胡春宏等的研究成果

根据黄河下游高村至杨集河段泥沙动床模型试验结果，戴清、胡春宏认为，断面响应与洪峰流量大小、历时、来沙系数及初始断面形态有关。大漫滩洪峰流量过后，滩地淤积，河槽冲刷，主槽明显展宽，面积增大，宽深比增加；一般漫滩洪峰流量过后，主槽展宽，含沙量较高时，河槽淤积，主槽面积减少、宽深比增加，含沙量较低时，河槽冲刷，主槽面积增大、宽深比减小；不漫滩洪峰流量过后，深泓高程有所抬升，含沙量较高时，面积减小，含沙量较低时，面积略有增大。恢复河道排洪输沙功能主要依靠漫滩洪水。含沙量较低的洪峰流量对弯顶断面和顺直断面主槽面积扩大的效果不同，前期断面形态也影响洪峰流量的塑造效果，当一般漫滩洪水洪峰期来水量增大、来沙系数减小时，有利于断面面积增大。

在以上研究的基础上，戴清、胡春宏等建立了典型断面形态参数对一般漫滩及不漫滩洪峰流量下水量、来沙系数等参数响应的经验关系式。

4.1.6　江恩慧等的研究成果

20 世纪 90 年代，随着黄河上中游地区来水来沙持续减少，使得黄河下游游荡性宽河段河床边界条件更加恶化，河床抬高，河槽萎缩。为此，江恩慧等持续多年开展了黄河下游物理模型试验研究，同时对原型资料进行了系统分析。

在"高含沙洪水造床规律及河相关系研究"中，对于高含沙洪水造床规律的总结分为漫滩高含沙洪水和非漫滩高含沙洪水两种情况。非漫滩高含沙洪水造床的主要特点是，滩唇高程变化不大，边壁发生贴边淤积，水面淤窄后使深泓处河床下切，最终形成窄深河槽；漫滩高含沙洪水造床作用强烈，河床自动调整迅速，当高含沙洪水漫滩后，形成了新滩唇，减少了后续洪水的漫滩水量，从而塑造出相对窄深同时又明显抬升的河床形态。研究发现，高含沙洪水对河道的破坏作用很大，而且一般含沙量洪水和高含沙洪水的交替出现，使得高含沙洪水初期所形成的高滩深槽难以为继，往往是窄深与宽浅河槽交替发生。

为此，江恩慧等对大量实测资料进行回归分析，认为在来流流量一定的前提下，含沙量较小时，过洪断面面积因河槽冲刷，过洪宽度大幅度减小而为一较小值；一般挟沙水流时，过洪断面面积则随着含沙量增加而增加（主要是河槽宽度增加很大所致）；但是含沙量大于 $200kg/m^3$ 后，洪水逐渐呈高含沙水流特性，河槽因大量泥沙淤积而是过洪面积大大减小。因此，如果来水偏枯，造床流量减小，河槽过洪断面将大大减小，这也正是 20 世纪 90 年代黄河下游河床萎缩的原因所在。

张红武、江恩慧等在"黄河高含沙洪水异常现象成因分析"中，对 1992 年 8 月发生在黄河中下游的高含沙洪水河床演变深入分析后也认为，高含沙洪水初期，深、浅槽及滩地一般都存在着明显的淤积，只是深槽淤得少一些，浅槽淤得多一些，滩地淤得更严重。由于断面上各处淤积厚度不一样，结果逐渐形成相对窄深的河槽，这时才使深槽由淤变冲，浅槽和滩地继续淤积抬升，进一步增加了河槽的窄深程度，所以说高含沙洪水对于河道总是不利的，应积极采取措施，尽量减少高含沙洪水在下游河道出现的频率。

4.1.7　陈立等的研究成果

陈立等在进行游荡性河段概化模型的试验中，通过分析漫滩高含沙水流滩、槽间水沙交换的主要形式，认为漫滩高含沙水流的滩、槽水沙交换是单向的，即进入滩地的泥沙总量多于返回主槽的泥沙，从而引起滩地持续淤积，且规模很大；滩、槽水沙交换除了量的交换外，还存在粒径级配的交换，即进入滩地的泥沙总比返回主槽的泥沙粗，正是由于这种滩、槽水沙的交换，滩地才不断淤高，滩唇得以形成，才会出现高含沙洪水水位异常升高、断面相对窄深的现象，这种高含沙水流水沙交换也使得水流沿程不断调整变化，以使水流挟沙力逐渐与含沙量相适应。

综上所述，针对漫滩水流的滩槽水沙交换已有了大量的研究基础，但多数成果是基于原型实测资料统计分析和模型试验结果所做出的定性研究，其结果既受资料本身的限制，也缺乏其背后物理机制的揭示和定量化的数学描述。随着黄河水沙情势的变化和断面形态的不断调整，原有原型和模型试验资料分析得出的漫滩水流淤滩刷槽的指标和阈值是否能够有效外延尚存疑问，漫滩水流和断面形态之间相互作用的物理机制也尚不清晰。这些问题都要求我们从理论层面上深入研究漫滩水流的滩槽水沙交换机理，进一步阐释并验证漫滩洪水水沙运移与滩槽淤积形态调整之间的互馈机制。这也是本章最重要的科学贡献。

4.2　考虑滩地横比降影响的滩槽水沙交换机理研究

在前人研究基础上，以水流微元为研究对象，从考虑侧向二次流惯性力的动量方程出发，建立复式断面流速横向分布模型，并基于该模型定量分析断面流速和含沙量的变化规律；进而探讨复式断面滩唇形成和横比降变化的物理机制，为黄河下游滩区运用和河道治理提供理论依据。

典型的复式河道概化断面如图 4 - 1 所示，根据对称性，只显示该河道断面的一半，可以看出在该复式断面中，由于横断面的突然变化，将整个复式河道断面划分为 4 个区域：区域 1 为主槽区（main channel，mc）；区域 2 和区域 4 为过渡斜坡区；区域 3 为滩地区（flood plain，fp）。

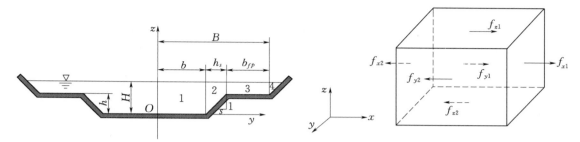

图 4-1　复式河道概化断面示意图　　　图 4-2　水流微元示意图

取复式断面中的任一水流微元如图 4-2 所示，控制体中心坐标为 (x, y, z)。其中 δ_x、δ_y、δ_z 分别为控制体的长度、宽度和高度。对 x 方向作受力分析，设作用在 6 个面上的应力分别为 f_{x1}、f_{x2}、f_{y1}、f_{y2}、f_{z1}、f_{z2}，则其各自的表达式为

$$f_{x1} = p_x + \frac{\delta x}{2}\frac{\partial p_x}{\partial x} \tag{4-1}$$

$$f_{x2} = p_x - \frac{\delta x}{2}\frac{\partial p_x}{\partial x} \tag{4-2}$$

$$f_{y1} = \tau_{yx} + \frac{\delta y}{2}\frac{\partial \tau_{yx}}{\partial y} \tag{4-3}$$

$$f_{y2} = \tau_{yx} - \frac{\delta y}{2}\frac{\partial \tau_{yx}}{\partial y} \tag{4-4}$$

$$f_{z1} = \tau_{zx} + \frac{\delta z}{2}\frac{\partial \tau_{zx}}{\partial z} \tag{4-5}$$

$$f_{z2} = \tau_{zx} - \frac{\delta z}{2}\frac{\partial \tau_{zx}}{\partial z} \tag{4-6}$$

以上式中：p_x 为 x 方向的压应力；τ_{yx}、τ_{zx} 分别为法线方向 y 和 z 的平面上 x 方向的雷诺切应力。因此，作用于水流微元上沿 x 方向的表面力 F_x 为

$$F_x = (f_{x1} - f_{x2})\delta y \delta z + (f_{y1} - f_{y2})\delta z \delta x + (f_{z1} - f_{z2})\delta x \delta y$$

$$= \left(\frac{\partial p_x}{\partial x} + \frac{\partial \tau_{yx}}{\partial y} + \frac{\partial \tau_{zx}}{\partial z}\right)\delta x \delta y \delta z \tag{4-7}$$

设 X 为单位体受的质量力在 x 方向的分量，则有

$$X = \rho g V J_b = \rho g J_b \delta x \delta y \delta z \tag{4-8}$$

式中：ρ 为水流密度；g 为重力加速度；J_b 为河底纵坡降。

根据牛顿运动定律 $F=ma$，即沿 x 方向的合力等于该方向的质量与加速度的乘积，有

$$X+F_x=ma=\rho\delta x\delta y\delta z\frac{\mathrm{d}U_x}{\mathrm{d}t} \qquad (4-9)$$

式中：U_x 为水流微元 x 方向的流速分量。

将式（4-7）和式（4-8）代入式（4-9），将流速在 x 方向的全导数展开，消去公因子，可得

$$\rho gJ_b+\frac{\partial p_x}{\partial x}+\frac{\partial p_{yx}}{\partial y}+\frac{\partial p_{zx}}{\partial z}=\rho\left(\frac{\partial U_x}{\partial t}+U_x\frac{\partial U_x}{\partial x}+U_y\frac{\partial U_x}{\partial y}+U_z\frac{\partial U_x}{\partial z}\right) \qquad (4-10)$$

假定各物理量沿 x 方向的变化较其他两个方向小得多，且随时间变化不大，可方程式（4-10）即为分析漫滩洪水流速分布动量方程的最终形式。

为简化研究，将方程式（4-10）简化为不受 x 方向影响的恒定流，则上述方程中含有 ∂x、∂t 项均可忽略，方程简化为

$$\rho gJ_b+\frac{\partial \tau_{yx}}{\partial y}+\frac{\partial \tau_{zx}}{\partial z}=\rho\left(U_y\frac{\partial U_x}{\partial y}+U_z\frac{\partial U_x}{\partial z}\right) \qquad (4-11)$$

将式（4-11）沿 z 方向积分，在断面横向变形不剧烈时，可得到如下全微分方程

$$\rho gHJ_b+\frac{\mathrm{d}H\,\overline{\tau}_{yx}}{\mathrm{d}y}-\tau_b\left(1+\frac{1}{s^2}\right)^{\frac{1}{2}}=\frac{\mathrm{d}H(\rho U_d V_d)}{\mathrm{d}y} \qquad (4-12)$$

式中：H 为横断面上不同位置的水深；τ_b 为床面剪切应力，取经验公式 $\tau_b=\frac{f}{8}\rho U_d^2$；$f$ 为阻力系数；U_d 为垂线平均流速沿 x 方向的分量；V_d 为垂线平均流速沿 y 方向的分量；$\overline{\tau}_{yx}$ 为雷诺剪切应力，$\overline{\tau}_{yx}=\rho\varepsilon_{yx}\frac{\mathrm{d}U_d}{\mathrm{d}y}$；$\varepsilon_{yx}$ 为节点横向涡黏系数，表达式为 $\varepsilon_{yx}=\lambda Hu_*$；$\lambda$ 为无量纲横向涡黏系数；u_* 为摩阻流速，又可表示为 $u_*=\left(\frac{f}{8}\right)^{0.5}U_d$；$s$ 为河道边坡坡度。将各因子表达式均代入方程式（4-12），可得

$$\rho gHJ_b+\frac{\mathrm{d}}{\mathrm{d}y}\left[\lambda\rho H^2\left(\frac{f}{8}\right)^{0.5}U_d\frac{\mathrm{d}U_d}{\mathrm{d}y}\right]-\frac{f}{8}\rho U_d^2\left(1+\frac{1}{s^2}\right)^{\frac{1}{2}}=\frac{\mathrm{d}H(\rho U_d V_d)}{\mathrm{d}y} \qquad (4-13)$$

式中：$\frac{\mathrm{d}H(\rho U_d V_d)}{\mathrm{d}y}$ 即为侧向二次流惯性力的梯度，记为 Γ。

Shiono 和 Knight（1991）的试验研究表明，$H(\rho U_d V_d)$ 作为二次流惯性

力，在主槽和滩地的交界处取得最大值，而之后向两边接近线性变化，因此其 y 方向的梯度近似为常数。故假设 Γ 在滩地和主槽分别为定值 Γ_{mc} 和 Γ_{fp}。故最终得到的方程形式即为

$$\rho g H J_b + \frac{d}{dy}\left[\lambda \rho H^2 \left(\frac{f}{8}\right)^{0.5} U_d \frac{dU_d}{dy}\right] - \frac{f}{8}\rho U_d^2 \left(1 + \frac{1}{s^2}\right)^{\frac{1}{2}} = \Gamma \qquad (4-14)$$

需要特别指出的是，式（4-14）中的待定系数，ρ、J_b 均为实测获得，f 为达西-韦斯巴赫阻力系数，以上参数的取值方法较为成熟，且不同取值并不影响方程式（4-14）的求解过程。而对于无因次横向涡黏系数 λ，目前还没有成熟的理论公式来计算，所以在实际应用中，一般根据实测资料分析建立 λ 的经验公式，因而 λ 的公式形式各异，取值范围变化也较大（表4-1）。

表 4-1 横向涡黏性系数统计表

作者	横向涡黏系数表达式	无量纲横向涡黏系数 λ 值		备 注
		主槽	滩地	
谢汉祥	$DU = \lambda h u_*$ $D = 4.8rh/mc$	0.3 左右	0.3 左右	λ 随谢才系数变化
王树东	$\varepsilon = \lambda h u_*$	7.5	7.5	
Shiono 和 Knight	$\varepsilon = \lambda h u_*$	0.07	$0.07(2Dr)^{-4}$	Dr 为滩槽水深比
周宜林	$\varepsilon = \lambda h u_*$ $\lambda = 0.134(1 + e \cdot y/b)/(1-e)$	0.1～0.28	0.13～0.71	b 为掺混宽度；e 是与水深、糙率有关的参数
吉祖稳	$\varepsilon = \lambda h u_*$ $\lambda = [\alpha(y - b_{mc})/b_0 + \beta]^2$	0.15～0.32	0.14～0.58	α、β 为参数；b_{mc}、b_0 分别为主槽半宽及滩槽交互区宽度

当 λ 为常数时，方程式（4-14）是常微分方程，有常规的解析解；当 λ 是 y 的一次函数时，方程式（4-14）虽然是变系数微分方程，但有常规解析解，也可以展开成幂级数用待定系数法求解；当 λ 是 y 的二次函数时，方程式（4-14）是二阶变系数常微分方程，没有常规解析解，可用待定系数法求其摄动解。

为了能够定性展示考虑横向二次流情况下流速横向分布，取 λ 为常数时，令 $U_d^2 = V$，则针对水深为常数的主槽或滩地断面区域，方程式（4-14）退化为包括 V 的二阶微分项、一次项和常数项的常规常微分方程，其形式变为

$$\frac{1}{2}\lambda \rho H^2 \left(\frac{f}{8}\right)^{0.5}\left(\frac{d^2 V}{dy^2}\right) - \frac{f}{8}\rho\left(1 + \frac{1}{s^2}\right)^{1/2} V = \Gamma - \rho g H J_b \qquad (4-15)$$

其解析解可分别表示为

$$U_\mathrm{d}=\left[A_1\mathrm{e}^{\gamma y}+A_2\mathrm{e}^{-\gamma y}+\frac{8gJ_\mathrm{b}H}{f}(1-\beta)\right]^{\frac{1}{2}} \qquad (4-16)$$

针对水深为线性变化的主槽和滩地的线性过渡区，方程需用待定系数法求解，其断面平均流速的横向分布为

$$U_\mathrm{d}^{(2)}=\left[A_3\xi^{\alpha_1}+A_4\xi^{-\alpha_1-1}+\omega\xi+\eta\right]^{\frac{1}{2}} \qquad (4-17)$$

以上式中：A_1、A_2、A_3、A_4 为积分常数；其他各项物理量的表达式为

$$\left.\begin{aligned}
\gamma&=\left(\frac{2}{\lambda}\right)^{\frac{1}{2}}\left(\frac{f}{8}\right)^{\frac{1}{4}}\frac{1}{H}\\[4pt]
\beta&=\frac{\Gamma}{\rho gJ_\mathrm{b}H}\\[4pt]
\alpha_1&=-\frac{1}{2}+\frac{1}{2}\left[1+\frac{s(1+s^2)^{\frac{1}{2}}}{\lambda}(8f)^{\frac{1}{2}}\right]^{\frac{1}{2}}\\[4pt]
\omega&=\frac{8J}{\dfrac{(1+s^2)^{\frac{1}{2}}}{s}\dfrac{f}{8}-\dfrac{\lambda}{s^2}\left(\dfrac{f}{8}\right)^{\frac{1}{2}}}\\[4pt]
\eta&=-\frac{\Gamma}{\rho\left[1+\left(\dfrac{f}{8}\right)\dfrac{1}{s^2}\right]^{\frac{1}{2}}}\\[4pt]
\xi&=\begin{cases}H-(y-b)/s & (y\geqslant b)\\ H+(y+b)/s & (y\leqslant -b)\end{cases}
\end{aligned}\right\} \qquad (4-18)$$

如将上述方法中的二次流项并入雷诺切应力项，并考虑各分区边缘交界面的流速应该相等，则对于对称性河道，可得

$$U_\mathrm{d}^{(1)}=\left[A_\mathrm{mc}\mathrm{e}^{\gamma_\mathrm{mc}y}+A_\mathrm{mc}\mathrm{e}^{-\gamma_\mathrm{mc}y}+\frac{8gJ_\mathrm{b}H_\mathrm{mc}}{f_\mathrm{mc}}\right]^{\frac{1}{2}}\quad\text{（主河槽）} \qquad (4-19)$$

$$U_\mathrm{d}^{(3)}=\left[A_\mathrm{fp}\mathrm{e}^{-\gamma_\mathrm{fp}y}+\frac{8gJ_\mathrm{b}H_\mathrm{fp}}{f_\mathrm{fp}}\right]^{\frac{1}{2}}\quad\text{（滩地）} \qquad (4-20)$$

积分常数的计算公式为

$$\left.\begin{aligned}
A_\mathrm{mc}&=\frac{8gS_0\gamma_\mathrm{fp}\left(\dfrac{H_\mathrm{fp}}{f_\mathrm{fp}}-\dfrac{H_\mathrm{mc}}{f_\mathrm{mc}}\right)}{(\gamma_\mathrm{fp}+\gamma_\mathrm{mc})(\mathrm{e}^{\gamma_\mathrm{mc}y_\mathrm{c}}+\mathrm{e}^{-\gamma_\mathrm{mc}y_\mathrm{c}})}\\[8pt]
A_\mathrm{fp}&=\frac{8gS_0\gamma_\mathrm{mc}\left(\dfrac{H_\mathrm{mc}}{f_\mathrm{mc}}-\dfrac{H_\mathrm{fp}}{f_\mathrm{fp}}\right)}{(\gamma_\mathrm{fp}+\gamma_\mathrm{mc})\mathrm{e}^{-\gamma_\mathrm{fp}y_\mathrm{c}}}
\end{aligned}\right\} \qquad (4-21)$$

式中

$$\gamma_{mc} = \left(\frac{2}{\lambda_{mc}}\right)^{\frac{1}{2}} \left(\frac{f_{mc}}{8}\right)^{\frac{1}{4}} \frac{1}{H_{mc}}, \quad \gamma_{fp} = \left(\frac{2}{\lambda_{fp}}\right)^{\frac{1}{2}} \left(\frac{f_{fp}}{8}\right)^{\frac{1}{4}} \frac{1}{H_{fp}}$$

$$\lambda_{mc} = 10^{(f_{mc}-0.02)/0.02}, \quad \lambda_{fp} = 10^{(f_{fp}-0.02)/0.02}$$

$$f_{mc} = 1.225 \left[\frac{0.3164^8 \upsilon^2}{128 g H_{mc}^3 J_b}\right]^{\frac{1}{7}} + 0.00325, \quad f_{fp} = 1.225 \left[\frac{0.3164^8 \upsilon^2}{128 g H_{fp}^3 J_b}\right]^{\frac{1}{7}} + 0.00325$$

$$(4-22)$$

以一组简化参数代入方程式（4-16），得到简化参数表见表4-2，采用 Matlab 软件求解其解析解。

表 4-2　　　　　　　　　　解析解赋值简化参数表

参数	水流密度 ρ /(kg/m³)	重力加速度 g /(m/s²)	水流的运动黏度 υ /(m²/s)	河道纵比降 J_b /%	主槽宽度 /m （对称取半）	滩区宽度 /m （对称取半）	主槽水深 /m
取值	1.4	9.81	1×10^{-6}	0.01	40	60	2

中国水利水电科学研究院的吉祖德等就滩区横比降为 0，漫滩水深固定的特例开展了复式河道流速、含沙量横向分布研究。在此，根据上述推导的滩槽流速横向分布的通解形式，即式（4-19）和式（4-20），根据滩区水深和横比降的不同来求解不同情形下漫滩洪水的流速分布情况。在固定滩区横比降为 0 时，比较滩区水深分别为 0.5m、0.75m 和 1m 等 3 种情形；在固定滩区水深为 0.5m 时，比较滩区横比降为 0、1‰和 2‰等 3 种情形，计算结果如图 4-3（a）和图 4-3（b）所示。

从上述理论解的图形分析可以看出，无论是滩区比降为 0 的复合断面河床，还是考虑滩区横比降存在的复式断面河床，河流的流速横向分布整体上均呈现从中央向两侧递减的趋势。当滩区水深减小时，这种衰减更呈现加快的趋势。这就从理论上解释了河流漫滩时，由于水深的突然减小而导致横向流速的大幅衰减，进而造成滩唇的严重淤积是不可避免的。

同时，从图 4-3（b）还可以看出，在横比降存在的情况下，流速横向分布的衰减程度存在着一定程度的恢复，但是流速衰减依然存在。在 2‰的比降条件下，上述理论解在堤根的流速相比无横比降情况下增加了 0.08m/s，但与主槽中心流速相比仍衰减了 0.28m/s。这就从理论上和实际算例上都表明，历史漫滩洪水在滩区形成的淤积横比降，对新的漫滩洪水的流速分布和淤积形态存在补偿性的正反馈，但这种自然的正反馈作用是有限的。或者说，这种正反馈效益还不能完全补偿流速的衰减与横比降的发育。因此，二级悬河在

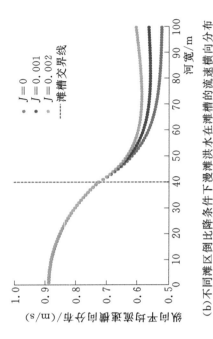

(b)不同滩区倒比降条件下漫滩洪水在滩槽的流速横向分布

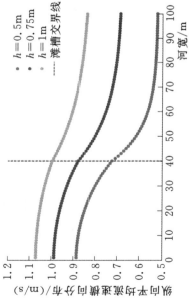

(a)不同水深条件下漫滩洪水在滩槽的流速横向分布

图 4-3　计算结果

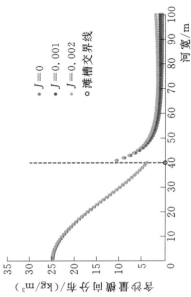

(b)不同滩区倒比降条件下漫滩洪水在滩槽的含沙量横向分布

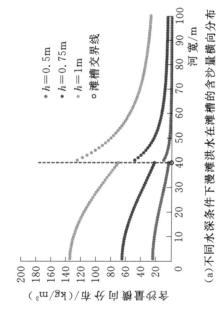

(a)不同水深条件下漫滩洪水在滩槽的含沙量横向分布

图 4-4　含沙量横向分布

自然状态下的发育速度会有减缓的趋势，但不可逆转，必须采用人工调节手段或工程措施才能有效改变目前黄河下游二级悬河的状态。

借鉴以重力理论为基础的维利卡诺夫悬移质含沙量公式，计算漫滩水流垂线平均含沙量横向分布，公式为

$$S = k\left(\frac{U_d^3}{gh\omega}\right)^\alpha \ln^\beta\left(\frac{h}{d_{50}}\right) \tag{4-23}$$

式中：S 为含沙量；U_d 为主槽或滩地流速；ω 为泥沙沉速；h 为水深；d_{50} 为悬沙中值粒径；k、α、β 为待定系数。

因此，一旦流速横向分布和水深横向变化规律确定，则含沙量沿横向的分布可以直接求解。这里仍借用图 4-1 给出的情景，取泥沙中值粒径为 0.1m，分别给出对应情景下含沙量横向分布，如图 4-4（a）和图 4-4（b）所示。

由图 4-4（a）和图 4-4（b）可知，漫滩洪水在滩槽交界处水深陡降，导致了流速拐点和含沙量极值点的出现。高含沙量即造成了滩唇部位的显著淤积，形成了主槽两岸天然的"防护堤"（国外文献多称为"自然堤"）。滩区水深越深，滩唇和整个滩区的淤积越严重。

而滩区横比降的存在则在客观上进一步增加了滩区的淤积，横比降越大，滩区的泥沙淤积越多，但滩唇的淤积状态受影响不大，主要的淤积量增加集中在堤根处。这在客观上再次体现了横比降的存在对"槽高、滩低、堤根洼"的二级悬河发育存在一定的自然抑制作用，但是总体上，滩唇会持续淤积抬高，横比降不断增大的过程在自然状态下仍然是不可逆的，必须采取人工干预措施，如人为的引洪淤滩、机械防淤等才能改变这种极其不利的河道形态。

4.3 滩槽水力泥沙因子横向分布的数值解与验证

4.3.1 滩槽水力泥沙因子槽向分布的数值解

实际计算中，无法给出方程式（4-14）的解析解，只能对断面水深作合理概化的基础上，用级数解法求方程式（4-14）的数值解。概化的断面仍分为主槽和滩地两个部分。在滩地上无因次横向涡黏性系数 λ 的分布被拟合成斜率不同的直线，即

$$\lambda = \alpha(y - y_0) + \beta \tag{4-24}$$

其中：

$$\alpha=\frac{2}{(1-\lg J)b_2}\left(1-\frac{n_1}{n_2}\right)^{\frac{1-\lg i}{2}}\left(1-\frac{h_2}{h_1}\right)$$

$$\beta=\frac{1}{1-\lg J}\frac{n_1}{n_2}\left(1-\frac{h_2}{h_1}\right)$$

式中：α、β 为系数；n_1 为主槽糙率；n_2 为滩地糙率；h_1 为主槽水深；h_2 为漫滩水深；b_2 为滩地宽度；y 为起点距；y_0 为滩槽交界处的起点距。

级数解法的核心思想是将没有常规解析解的垂向平均流速沿横向方向在 $y=0$ 处展开为幂级数，用待定系数法求其近似数值解，即设：

$$U_d(y)=\sum_{n=0}^{\infty}C_n y^n \qquad (4-25)$$

将式（4-25）代入式（4-14），经过系数比较和边界条件代入，最终得到式（4-14）的近似解：

$$U_d(y)=[C_0 F_1(y-y_0)+C_1 F_2(y-y_0)+F_3(y-y_0)]^{1/2} \qquad (y_0\leqslant y\leqslant y_b)$$
$$(4-26)$$

式中：y_b 为滩边处起点距；C_0、C_1 分别为待定系数。

F_1、F_2、F_3 各自的数学表达式如式（4-27）所示：

$$F_1(\xi)=1+\frac{B}{2A_4}\xi^2-\frac{A_3 B}{3A_4^2}\xi^3+\left(\frac{A_3^2 B}{4A_4^3}-\frac{A_2 B}{4A_4^2}+\frac{B^2}{24A_4^2}\right)\xi^4$$
$$+\left(-\frac{A_3^3 B}{5A_4^4}+\frac{2A_2 A_3 B}{5A_4^3}-\frac{A_3 B^2}{20A_4^3}-\frac{A_1 B}{5A_4^2}\right)\xi^5+\cdots$$

$$F_2(\xi)=\xi-\frac{A_3}{2A_4}\xi^2+\left(\frac{A_3^2}{3A_4^2}-\frac{A_2}{3A_4}+\frac{B}{6A_4}\right)\xi^3+\left(-\frac{A_3^3}{4A_4^3}+\frac{A_2 A_3}{2A_4^2}-\frac{A_3 B}{6A_4^2}-\frac{A_1}{2A_4}\right)\xi^4$$
$$+\left(\frac{A_3^4}{5A_4^4}-\frac{3A_2 A_3^2}{5A_4^3}+\frac{3A_3^2 B}{20A_4^3}+\frac{3A_1 A_3}{5A_4^2}+\frac{A_2^2}{5A_4^2}-\frac{7A_2 B}{60A_4^2}+\frac{B^2}{120A_4^2}\right)\xi^5+\cdots$$

$$F_3(\xi)=-\frac{D}{2A_4}\xi^2+\left(-\frac{C}{6A_4}+\frac{A_3 D}{3A_4^2}\right)\xi^3+\left(\frac{A_3 C}{8A_4^2}+\frac{A_2 D}{4A_4^2}-\frac{A_3^2 D}{4A_4^3}-\frac{BD}{24A_4^2}\right)\xi^4$$
$$+\left(-\frac{A_3^2 C}{10A_4^3}+\frac{A_3 C}{10A_4^2}-\frac{BC}{120A_4^2}+\frac{A_3^3 D}{5A_4^3}+\frac{A_3 BD}{20A_4^3}-\frac{2A_1 A_3 D}{5A_4^3}+\frac{A_1 D}{5A_4^2}\right)\xi^5$$
$$+\cdots$$

$$(4-27)$$

式（4-26）和式（4-27）中各项系数均由各类边界条件确定。

为了对比本研究中提出的级数解法的精度，采用经典的方法同样求得在规则断面、无因次横向涡黏性系数 λ 为定值的条件下，垂线平均流速的横向分布解析解如下：

$$U_d = \left\{ A_1 e^{\gamma y} + A_2 e^{-\gamma y} + \frac{8gJH}{f} \right\}^{1/2} \tag{4-28}$$

式中：$\gamma = \left(\dfrac{2}{\lambda}\right)^{1/2} \left(\dfrac{f}{8}\right)^{1/2} \dfrac{1}{H}$；$A_1$、$A_2$ 分别为待定系数。

本研究将采用级数解法求得的数值解和 Smono & Knight Model（SKM）方法求得的解析解共同与水槽试验结果进行对比。

类似地，在求解获得流速横向分布关系后，再采用式（4-23），即可获得含沙量的横向分布。

4.3.2 数值解的实测资料验证

滩地垂线平均流速横向分布的实测值与式（4-26）计算的垂线平均流速进行比较，如图 4-5～图 4-10 所示。

从图中可以看出，除了 1992 年 8 月 16 日 17 时花园口断面的滩地流速偏差比较大外，其他时刻计算值与实测值验证都比较好。其中，1992 年 8 月 16 日的花园口断面验证结果不太好的原因主要是，该断面左岸的双井工程上首路堤决口，造成该时刻断面含沙量出现突变，高达 300kg/m^3 以上，且由于断面形态变化剧烈，在测量过程中水深和流速也变化迅速。从图中还可以看出，流速的计算值与实测值在滩地中间位置吻合较好，在滩边处偏离较大，这就是以上所述滩边的实测水深与概化水深偏差较大之故。概化后的水深越符合实测水深，则流速计算值越符合实测值。

利用花园口和夹河滩断面 3 次含沙量实测资料对式（4-23）的计算值也进行了验证，如图 4-11～图 4-13 所示。从图中可以看出，实测值与式（4-23）的计算值吻合较好。从总体看来，式（4-23）的计算值与实测值的验证是比较理想的，可以用来计算滩地垂线平均含沙量横向分布。

从上述流速和含沙量的理论分析和计算结果来看，洪水漫滩的一瞬间，水深突然大幅度减小，造成了横向流速的突然大幅衰减；而水流含沙量与流速的高阶次方成正比，与水深成反比，在水深减小随之流速衰减的时刻，流速的衰减显然占到了优势地位。因此，含沙量的横向分布从滩唇到堤根也呈现了从大到小的变化趋势，从而造成了滩唇的严重淤积，并逐步形成严峻的二级悬河态势。

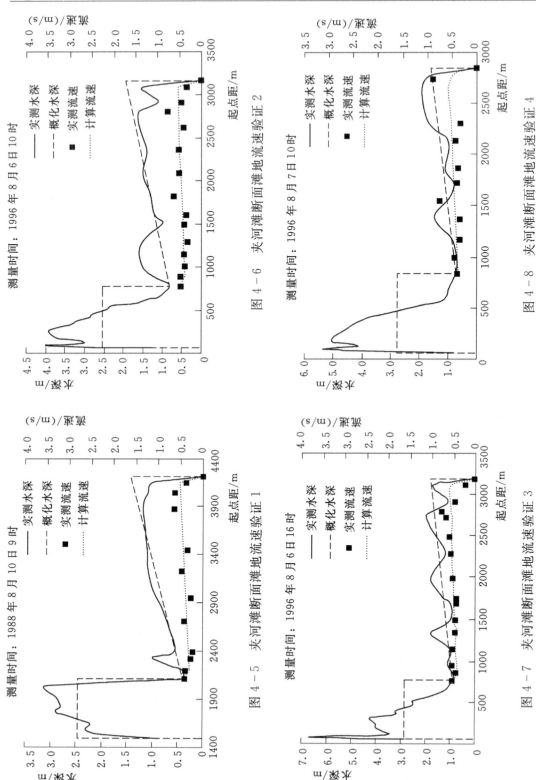

图 4-5　夹河滩断面滩地流速验证 1

图 4-6　夹河滩断面滩地流速验证 2

图 4-7　夹河滩断面滩地流速验证 3

图 4-8　夹河滩断面滩地流速验证 4

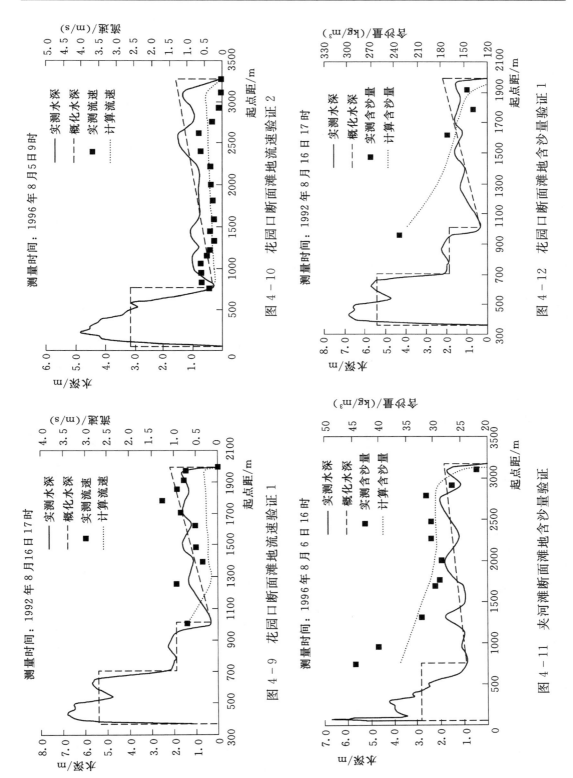

图 4－9 花园口断面滩地流速验证 1

图 4－10 花园口断面滩地流速验证 2

图 4－11 夹河滩断面滩地含沙量验证

图 4－12 花园口断面滩地含沙量验证 1

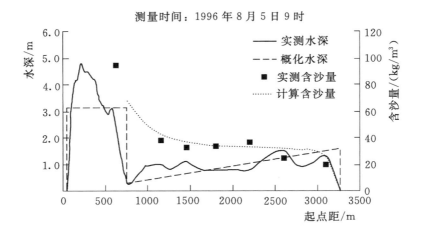

图 4-13　花园口断面滩地含沙量验证 2

4.3.3　数值解的模型试验资料验证

1. 模型试验概况

试验采用概化定床模型，流量由电磁流量计控制（图 4-14～图 4-16）。概化模型的主要设计参数见表 4-3。模型沙选用郑州热电厂粉煤灰，平均粒径为 0.028mm，中值粒径为 0.018mm。模型全长 29m，取 14m 处断面 CS14 为流速测量断面，断面 CS4、CS7、CS10、CS16、CS20、CS28 主槽中央各装一个水位测针，断面 CS12 主槽中央、滩地中央和滩边处各装一个水位测针。

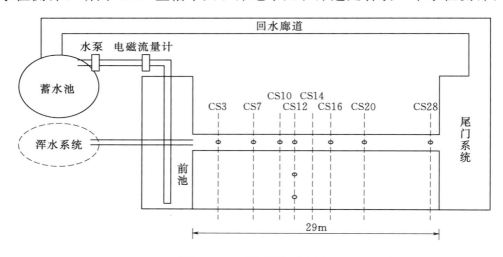

图 4-14　模型平面布置

试验水槽按照设计尺寸固化后，主槽表面用净水泥浆抹面而滩地采用喷浆处理增大糙率，使滩地糙率大于主槽糙率。试验时根据设计的水沙条件施放相应的水沙过程，试验中调整尾门，使滩唇水深和水面纵比降达到试验设计要求，等水流稳定后测量垂线平均流速的横向分布。

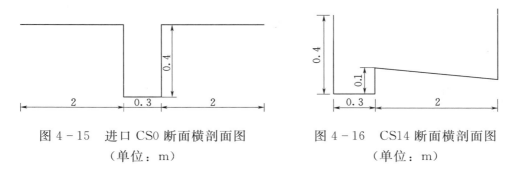

图 4-15　进口 CS0 断面横剖面图　　　　图 4-16　CS14 断面横剖面图
（单位：m）　　　　　　　　　　　　（单位：m）

表 4-3　　　　　　　　　　　概化模型主要设计参数表

模型长	纵比降	主槽糙率	主槽宽	滩槽高差	滩地横比降	滩地糙率	滩地宽
29m	0.1‰	0.011	0.3m	0.1m	0~10‰	0.013	2m

2. 试验资料验证

图 4-17～图 4-19 是漫滩洪水流速横向分布的模型试验资料验证图。试验考虑了横比降的影响，采用 0.0025、0.005 和 0.01 等 3 种横比降情景，分别计算了不同水深条件下（0.03m、0.05m 和 0.07m）的流速分布曲线。

从图 4-17～图 4-19 可以看出，相比实测断面，因为概化模型水槽的滩地比较规整，模型资料与计算值符合得很好。总的说来流速验证比较理想，说明式（4-14）可以用来进行漫滩水流垂线平均流速横向分布的计算。

类似地，图 4-20～图 4-22 给出了漫滩洪水含沙量横向分布的模型试验资料验证图。试验考虑了相同水深条件下（0.07m）不同横比降的影响，采用 0.0025、0.005 和 0.01 等 3 种横比降情景，分别计算不同平均含沙量条件下（50kg/m³、100kg/m³ 和 300kg/m³）的含沙量分布曲线。

从图 4-20～图 4-22 可以看出，模型资料与计算值符合得很好，无论流速还是含沙量分布，其模拟精度均要显著高于野外实测，这主要是由于模型断面形态规则，观测所得数据也更为精确、跟随性好。此外，级数解法求得的数值解和 SKM 方法得到的流速横向分布的解析解在水槽试验中均得到有效验证，其中级数解法求得的数值解表现要更优于理想条件下的 SKM 方法，从而进一步验证了理论分析的合理性与数值计算的适用性。

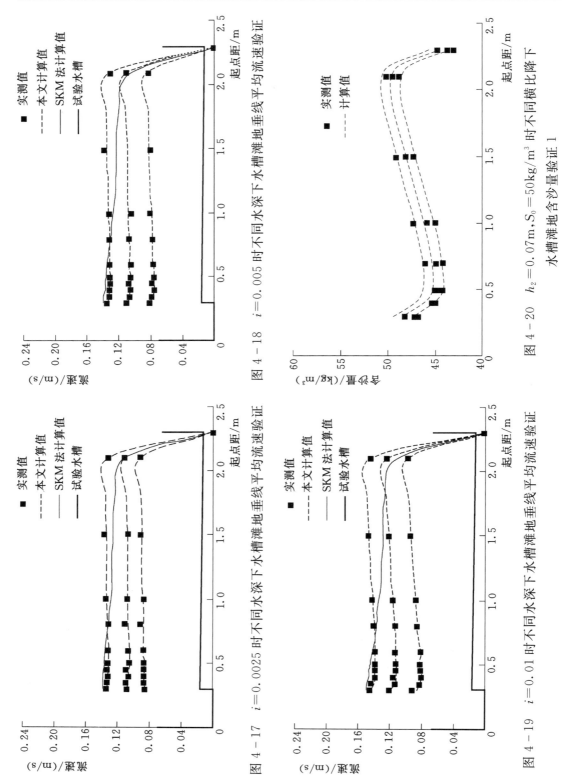

图 4-17　$i=0.0025$ 时不同水深下水槽滩地垂线平均流速验证

图 4-18　$i=0.005$ 时不同水深下水槽滩地垂线平均流速验证

图 4-19　$i=0.01$ 时不同水深下水槽滩地垂线平均流速验证

图 4-20　$h_2=0.07\text{m}$，$S_0=50\text{kg/m}^3$ 时不同横比降下水槽滩地含沙量验证 1

测量时间：1992 年 8 月 16 日 17 时

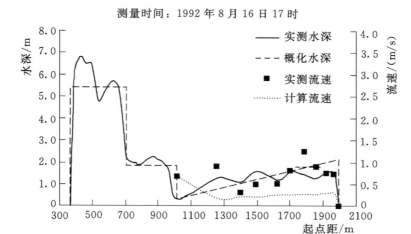

图 4 - 21　$h_2 = 0.07\text{m}$，$S_0 = 100\text{kg/m}^3$ 时不同横比降下
水槽滩地含沙量验证 2

测量时间：1996 年 8 月 5 日 9 时

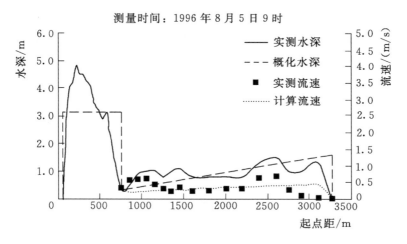

图 4 - 22　$h_2 = 0.07\text{m}$，$S_0 = 300\text{kg/m}^3$ 时不同横比降下
水槽滩地含沙量验证 3

4.4　滩槽淤积形态对漫滩洪水水力泥沙因子横向分布的反馈机制

上面分析了漫滩洪水的流速横向分布与垂向含沙量的横向分布规律，以此为基础即可得到对洪水上滩后泥沙在滩地上淤积分布规律的认识。本节从互馈的角度，通过模型试验，进一步论证滩区已经形成的淤积形态（滩面高程、滩地横比降）对后续漫滩洪水在流速分布、含沙量分布和淤积泥沙级配

变化方面的影响。

　　清水试验共做 15 个组次，滩地横比降为 5 种情况，分别为 0、0.0025、0.005、0.0075 和 0.01；每个滩地横比降条件下开展 3 个组不同滩唇水深的清水试验，滩唇水深分别为 0.03m、0.05m 和 0.07m。浑水试验共开展了 27 个组次，水槽滩地横比降为 3 种，分别为 0.0025、0.005 和 0.01。

4.4.1　滩地淤积形态对流速横向分布的影响

　　水流漫滩后，主槽流速减小，在滩地形成流速更小的滩地水流。由于滩槽之间的流速存在差异，使得水流在滩槽交界面处产生剪切力，剪切力使主槽流速减小，滩地流速增大。水流在滩槽交界面上发生动量交换和传递，并在交界面上产生次生流和漩涡，耗散大量的能量，从而改变各种水力参数在滩槽上的横向分布，其中包括垂线平均流速分布。影响漫滩水流垂线平均流速横向分布的因素很多，漫滩水深和滩地横比降是其中两个很重要的影响因素。

　　1. 漫滩水深对流速分布的影响

　　模型试验表明，当滩地无横比降时，随着漫滩水深的增加，滩地上垂线平均流速增加的幅度越来越小；漫滩水深还会影响掺混区的范围，漫滩水深越大，掺混区范围就越大，如图 4-23 所示。

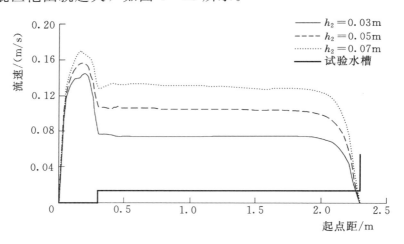

图 4-23　$i=0$ 时垂线平均流速横向分布

　　图 4-24～图 4-27 分别为滩地横比降为 0.0025、0.005、0.0075 与 0.01 时垂线平均流速横向分布图。从图中可以看出，漫滩水深增加会使垂线平均流速增加，与滩地没有横比降时一样，滩地垂线平均流速增加得快，主槽垂线平均流速增加得慢，滩地与主槽的垂线平均流速的差值随着漫滩水深的增加而减小，但流速差值减小的速度较快。

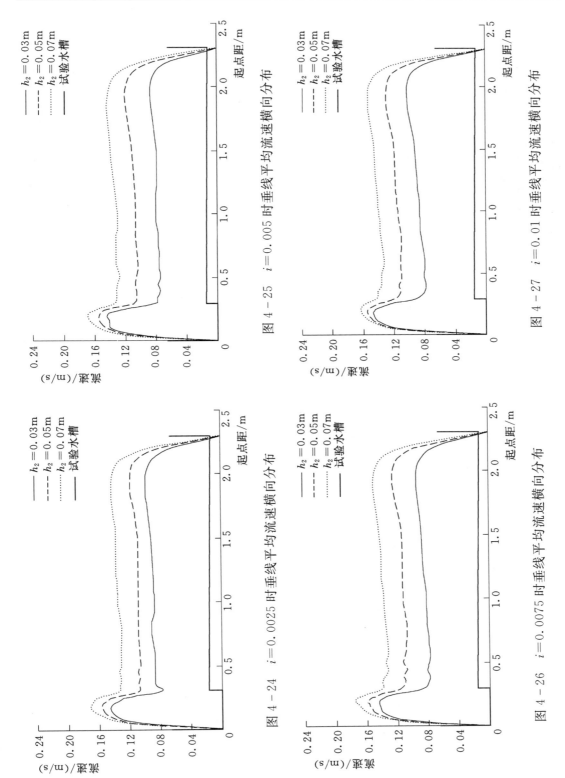

图 4 - 24 $i=0.0025$ 时垂线平均流速横向分布

图 4 - 25 $i=0.005$ 时垂线平均流速横向分布

图 4 - 26 $i=0.0075$ 时垂线平均流速横向分布

图 4 - 27 $i=0.01$ 时垂线平均流速横向分布

2. 滩地横比降对平均流速横向分布的影响

滩地横比降的存在会在水流漫滩初期会增大入滩水流流速；在水流漫滩稳定后，又会影响滩地垂线平均流速的横向分布。由于滩地横比降的存在，在远离主槽的方向滩地水深越来越大，垂线平均流速既受主槽流速的影响又受滩地水深变化的影响，因而垂线平均流速横向分布比没有滩地横比降时更复杂。图 4-28～图 4-30 是漫滩水深分别为 0.03m、0.05m 和 0.07m 时不同滩地横比降下垂线平均流速横向分布，从图中可以看出，在相同漫滩水深下，不同滩地横比降时，主槽内的垂线平均流速横向分布几乎不变，而滩地上垂线平均流速则有明显变化，且离主槽越远流速变化越大。滩地垂线平均流速随着滩地横比降增大而增大。

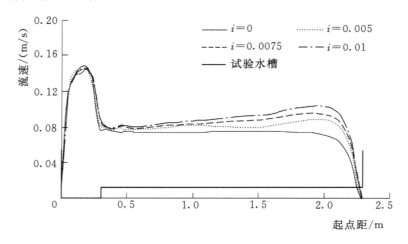

图 4-28　$h_2 = 0.03\text{m}$ 时垂线平均流速横向分布

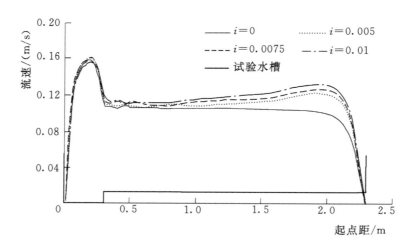

图 4-29　$h_2 = 0.05\text{m}$ 时垂线平均流速横向分布

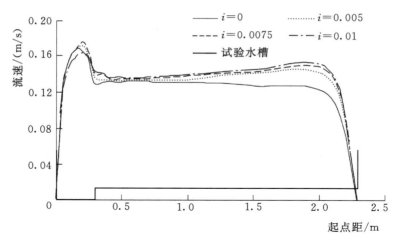

图 4-30 $h_2 = 0.07$m 时垂线平均流速横向分布

4.4.2 滩地横比降对水流平均含沙量横向分布的影响

试验结果表明，当漫滩水深较小，断面平均含沙量增大时，滩地横比降对垂线平均含沙量影响的显著性减小；当漫滩水深较大，断面平均含沙量增大时，滩地横比降对垂线平均含沙量影响的显著性增大。当断面平均含沙量不变，漫滩水深增大时，滩地横比降对垂线平均含沙量的影响显著性减小。说明断面平均含沙量越大，滩地横比降对垂线平均含沙量横向分布的影响作用越大；漫滩水深越大，滩地横比降对垂线平均含沙量横向分布的影响作用越小，这和之前分析的滩地横比降对流速横向分布的影响规律是一致的。试验结果如图 4-31～图 4-33 所示。

水流漫滩后滩槽间产生剧烈的紊动和动量交换，从而引起滩槽水沙交换。滩地流速和漫滩水流挟沙能力都远小于主槽，从主槽进入滩地的泥沙量大于

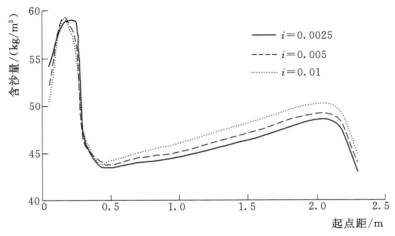

图 4-31 $h_2 = 0.03$m、$S_0 = 50$kg/m³ 时含沙量横向分布

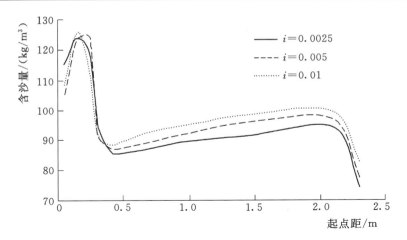

图 4-32　$h_2 = 0.03\text{m}$、$S_0 = 100\text{kg/m}^3$ 时含沙量横向分布

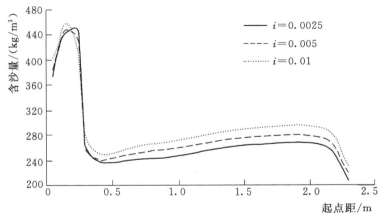

图 4-33　$h_2 = 0.03\text{m}$、$S_0 = 300\text{kg/m}^3$ 时含沙量横向分布

从滩地进入主槽的泥沙量，使得泥沙产生横向输移并在滩地大量落淤。从图 4-34～图 4-36 中可以看出，在相同的断面平均含沙量、漫滩水深较大时，滩地横比降越大，滩地泥沙淤积厚度越大，并且淤积后的滩地横比降减小越多。因为滩地横比降越大，则越远离主槽的滩地水深和流速越大，滩地垂线平均挟沙力越大，泥沙横向输移能力越强，进入滩地的泥沙就越多。含沙量越大，滩地横比降对泥沙淤积厚度分布影响也越大。这些结果再次验证了横比降存在对滩地水沙运移的正反馈调节作用。

4.4.3　滩地横比降对滩地落淤泥沙级配变化的影响

由于漫滩水流对泥沙的分选作用，使泥沙粒径分布有一定的规律性。对于同一纵断面，床沙的粒径较悬沙粒径大；主槽床沙和悬沙粒径较滩地床沙和悬沙粒径大；滩地上离滩槽交界面越近泥沙粒径越大（图 4-37～图 4-42）。

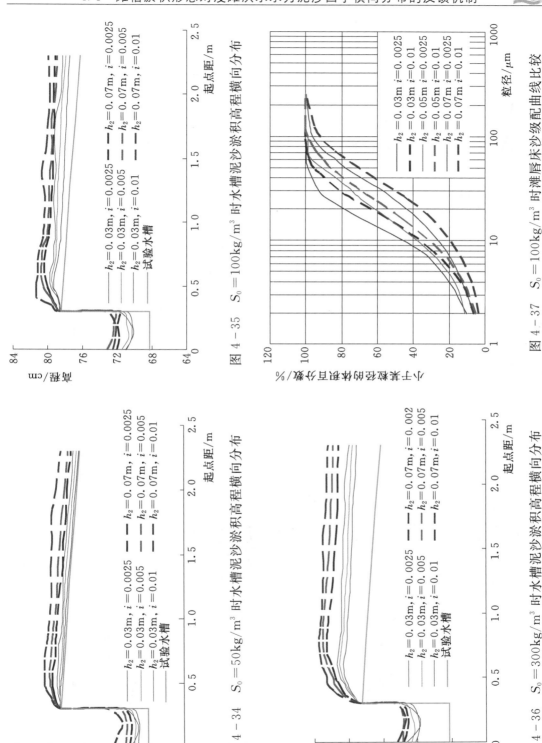

图 4 - 34 $S_0 = 50 \mathrm{kg/m^3}$ 时水槽泥沙淤积高程横向分布

图 4 - 35 $S_0 = 100 \mathrm{kg/m^3}$ 时水槽泥沙淤积高程横向分布

图 4 - 36 $S_0 = 300 \mathrm{kg/m^3}$ 时水槽泥沙淤积高程横向分布

图 4 - 37 $S_0 = 100 \mathrm{kg/m^3}$ 时滩唇床沙级配曲线比较

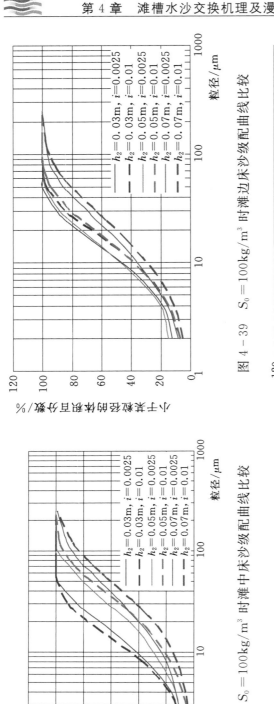

图 4-39　$S_0 = 100 \text{kg/m}^3$ 时滩边床沙级配曲线比较

图 4-38　$S_0 = 100 \text{kg/m}^3$ 时滩中床沙级配曲线比较

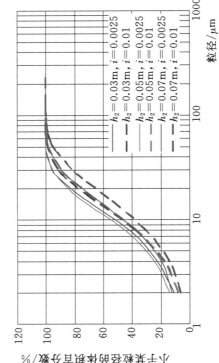

图 4-41　$S_0 = 100 \text{kg/m}^3$ 时滩中悬沙级配曲线比较

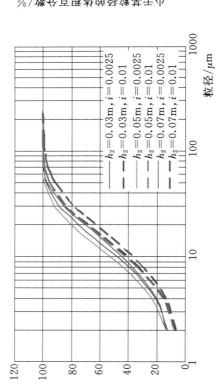

图 4-40　$S_0 = 100 \text{kg/m}^3$ 时滩唇悬沙级配曲线比较

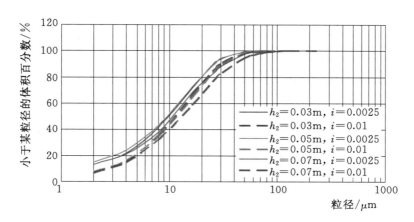

图 4-42 $S_0 = 100 \text{kg/m}^3$ 时滩边悬沙级配曲线比较

试验表明，滩地横比降对床沙级配的影响大于对悬沙的影响，对床沙级配的影响沿横向逐渐减小，对悬沙级配的影响先增大后减小。在漫滩水深相同时，滩地横比降越大，泥沙级配曲线越平缓，说明滩地横比降增大会增大滩地落淤泥沙的中值粒径和不均匀性；漫滩水深越大，滩地横比降对滩地落淤泥沙中值粒径和不均匀性影响越大。

4.5 讨论与启示

4.5.1 二级悬河的天然不可逆性与滩地横比降的有限正反馈作用

滩槽水沙交换在黄河下游漫滩洪水发生后是一个强烈的、频繁发生的水沙再分配过程。本章研究以水流微元为研究对象，从考虑侧向二次流惯性力的动量方程出发，建立了复式断面流速与含沙量横向分布模型，不仅从理论上印证了第2章针对黄河下游二级悬河形成过程与趋势预测进行的资料分析和模型试验成果，同时进一步诠释了复式断面滩槽形态与漫滩洪水水沙输移的互馈机制，实现了对滩槽水沙交换规律从定性认识到定量分析的跨越。分析结果表明以下几点。

（1）对于复式河道，无论滩区是否存在横比降，洪水漫滩后，由于水深的突然减小，必然导致横向流速的大幅衰减，进而造成滩唇的严重淤积，这从理论上解释了二级悬河的产生是不可避免的，且具有"天然不可逆性"。

（2）随着滩唇淤积的不断积累，滩地横比降逐渐增加，漫滩水流流速横向分布的衰减程度较无横比降时会有一定程度的减轻，但流速衰减的规律性依然存在，这就从理论上表明，历史漫滩洪水在滩区淤积形成的横比降，对新的漫滩洪水的流速分布和淤积形态存在补偿性的正反馈，但这种自然的正反馈作用是有限的；或者说，这种正反馈效益还不能完全补偿流速的衰减与横比降的发育。因此，二级悬河在自然状态下的发育速度会有减缓的趋势，但不可逆转，必须采用人工调节手段或工程措施才能有效改变目前黄河下游二级悬河的状态。

本次滩槽水沙交换机理的理论研究和对漫滩洪水水沙运移与滩槽形态调整的互馈机制等的深入探讨，为黄河下游的河道整治和滩区治理提供了重要的理论基础和依据。

4.5.2　漫滩洪水的积极意义与调节对策

从另一角度看，漫滩洪水并非只能给下游带来生态灾害，适当的洪水漫滩也能够有效改善滩区的生态环境。Junk 等（1989）和 Bayley（1991，1995）指出，周期性的洪水脉冲是河流滩区生态系统演化进程最主要的驱动力，是对河流和河滨生态系统的正常干扰，是健康河流系统的必要组成部分。洪水通过运移、侵蚀和堆积沉积物，重塑河道和滩地形态，塑造回水洼地，补充和促进了滩区湿地地表和地下水体的循环和更新，提高了表层土壤湿度，为其提供了营养物质进而维持了滩区较高的生物量（卢晓宁、邓伟，2005）。近年来，更多的学者针对洪水脉冲对滩区植被（Robertson 等，2001）、鱼类（Wantzen 等，2002）、水鸟（Roshiier 等，2002）、生物多样性（Bendix，1997；Pollock 等，1998；Deiller 等，2001）的影响开展了一系列研究，取得了丰富的成果。就黄河而言，下游漫滩洪水淤积而成的宽滩区广阔而肥沃，宜于耕种，因而也吸引了大量滩区居民世代在滩区开垦土地。

漫滩洪水必然造成"滩唇高，堤根洼"的滩区淤积形态，而小漫滩洪水（滩地水深较浅）时这种淤积形态的发育更为充分；相反，中大流量的漫滩洪水由于水深大，流速横向衰减慢，淤积量的横向分布也较小，漫滩洪水的分布更为和缓。如果兼顾漫滩洪水的生态效益，适当地选择较大流量的漫滩洪水上滩，对于河流的自然属性发挥是有益的。因此，江恩慧、李军华等曾经开展过"黄河水沙资源化之水沙两级调控"的探讨，提出了"水沙分级管理以缓解黄河下游二级悬河的建议。"通过人工调节手段实现黄河下游洪水两极化调控管理，滩区修建适当高度的防护堤，拦阻小漫滩洪水上滩，允许中大流量洪水在适当的时机以适当的方式漫滩，充分发挥洪水脉冲的生态效益和滩区的滞洪沉沙功能，是开展黄河下游河道综合治理非常值得考虑的洪水调控思路。

第5章　宽滩区不同运用方案对山东窄河段的影响

宽滩区不同运用方案必然会对本河段及其下游窄河段的河道冲淤变化和行洪能力产生不同的影响，而这种影响对于黄河下游总体防洪安全极为关键。在已有宽滩区治理模式的众多研究成果中，都或多或少考虑了其对下游窄河段的影响，但以定性分析居多。本章利用准二维数学模型，定量地分析了长系列年条件下，不同宽滩区运用方式对宽河段下游窄河段河道冲淤及防洪安全的影响等。

5.1　准二维洪水演进及冲淤演变数学模型概况

5.1.1　模型基本情况

本次研究采用黄科院自主开发的"多沙河流洪水演进与冲淤演变数学模型"，该模型参加了 1998 年、2001 年、2002 年由水利部国际合作与科技司、黄河水利委员会组织的黄河数学模型大比试，获得了同行专家的高度评价，2009 年荣获大禹水利科学技术奖一等奖。2011 年 12 月获得国家版权局计算机软件著作权登记证书（登记号：2011SR100615）。近年来，采用该模型开展了大量的洪水演进预报、河道冲淤演变预测、水库运用方式、河口治理等方面的研究工作，在小浪底水库调水调沙方案确定及黄河下游河道防洪与综合治理中发挥了重要作用。

5.1.2　模型主要特点及改进

模型计算选用的描述水流与泥沙运动的基本方程如下。

水流连续方程：

$$\frac{\partial A_i}{\partial t} + \frac{\partial Q_i}{\partial x} - q_{\mathrm{L}i} = 0 \tag{5-1}$$

水流运动方程：

$$\frac{\partial Q_i}{\partial t} + \frac{\partial}{\partial x}\left(\alpha_{1i}\frac{Q_i^2}{A_i}\right) + \alpha_{2i}\frac{Q_i}{A_i}q_{\mathrm{L}i} + gA_i\left(\frac{\partial Z_i}{\partial x} + \frac{Q_i^2}{K_i^2}\right) = 0 \tag{5-2}$$

泥沙连续方程：

$$\frac{\partial(A_i S_i)}{\partial t} + \frac{\partial(A_i V_i S_i)}{\partial x} + \sum_{j=1}^{m} K_{1ij}\alpha_{*ij} f_{1ij} b_{ij}\omega_{sij}(f_{1ij}S_{ij} - S_{*ij}) - S_{Li}q_{Li} = 0$$

$$(5-3)$$

河床变形方程：

$$\frac{\partial Z_{bij}}{\partial t} - \frac{K_{1ij}\alpha_{*ij}}{\rho'}\omega_{sij}(f_{1ij}S_{ij} - S_{*ij}) = 0 \qquad (5-4)$$

以上各式中：角标 i 为断面号；角标 j 为子断面号；m 为子断面数；Q 为流量；A 为过水面积；t 为时间；x 为沿流程坐标；Z 为水位；K 为断面流量模数；α_1 为动量修正系数；q_L、S_L 分别为河段单位长度侧向入流量及相应的含沙量；ω_s 为泥沙浑水沉速；S 为含沙量；S_* 为水流挟沙力；b 为子断面宽度；Z_b 为断面平均河床高程；f_1 为泥沙非饱和系数；K_1 为附加系数；α_* 为平衡含沙量分布系数。

f_1、K_1、ω_s、α_* 分别采用以下公式计算：

$$f_1 = \left(\frac{S}{S_*}\right)^{\left[0.1/\arctan\left(\frac{S}{S_*}\right)\right]} \qquad (5-5)$$

$$K_1 = \frac{1}{2.65}\kappa^{4.65}\left(\frac{u_*^{1.5}}{v^{0.5}\omega_s}\right)^{1.14} \qquad (5-6)$$

$$\omega_s = \omega_0(1 - 1.25S_V)\left[1 - \frac{S_V}{2.25\sqrt{d_{50}}}\right]^{3.5} \qquad (5-7)$$

$$\alpha_* = \frac{1}{N_0}\exp\left(8.21\frac{\omega_s}{\kappa u_*}\right) \qquad (5-8)$$

$$N_0 = \int_0^1 f\left(\frac{\sqrt{g}}{c_n C}, \eta\right)\exp\left[5.333\frac{\omega_s}{\kappa u_*}\arctan\sqrt{\frac{1}{\eta} - 1}\right]d\eta \qquad (5-9)$$

$$f\left(\frac{\sqrt{g}}{c_n C}, \eta\right) = 1 - \frac{3\pi}{8c_n}\frac{\sqrt{g}}{C} + \frac{\sqrt{g}}{c_n C}\left(\sqrt{\eta - \eta^2} + \arcsin\sqrt{\eta}\right) \qquad (5-10)$$

$$\kappa = 0.4 - 1.68(0.365 - S_V)\sqrt{S_V} \qquad (5-11)$$

以上各式中：κ 为浑水卡门系数；c_n 为涡团参数（$c_n = 0.375\kappa$）；u_* 为摩阻流速；v 为流速；ω_0 为非均匀沙在清水中的沉速；S_V 为体积比含沙量；C 为谢才系数；g 为重力加速度；η 为相对水深。

1. 模型主要特点

该模型通过引入附加系数 K_1 及泥沙非饱和系数 f_1，完善了河床变形方程和泥沙连续方程，使其更适用于多沙河流的水沙运动特性，大大提高了模型的可预测性。该模型已广泛应用于黄河干支流洪水演进与河床冲淤演变预测计算，使诸多复杂的水沙演进过程得到了成功复演，更重要的是许多预测成果已被后来的实测资料印证。另外，利用该数学模型，复演了 20 世纪 90 年代黄河下游漫滩洪水演进的异常表现及小浪底水库异重流排沙期黄河下游洪峰增值等许多异常特殊的洪水演进现象，科学地解释了这些异常现象发生的机理。

该模型水流挟沙力采用张红武公式，保证了该模型可较好地模拟黄河下游河道的输沙特性；河道糙率采用赵连军公式，该公式既能反映水力泥沙因子的变化对摩阻特性的影响，又能反映天然河道中各种附加糙率的影响。另外，模型还能进行悬移质泥沙与床沙交换、床沙粒径调整、悬移质含沙量沿横向分布、悬沙粒径沿横向分布、河槽在冲淤过程中河宽变化等方面的模拟计算。

2. 模型验证情况

该模型自建模以来，先后开展了黄河下游 1977 年、1982 年、1988 年、1992 年、1996 年等数场典型洪水的验证。由于该模型建立在水沙输移基本规律与河流泥沙动力学基本理论研究的基础上，采用的水沙要素计算公式具有坚实的理论基础，提出的参数表达式不受河段与河型限制，具有通用性，因此模型能够成功复演多沙河流各种水沙组合条件下洪水的水沙传播、沿程水位变化及河床冲淤变形时空分布等，预测结果具有较高的可靠性。

为进一步检验本数学模型在长时段水沙系列作用下对长河段的适应性和计算精度，以确认和展示其预测河流水沙演进及河床冲淤变化的可靠性，选用了两个冲刷系列（1960—1965 年三门峡水库下泄清水期与 1999—2002 年小浪底水库下泄清水期）与河道发生大幅度冲淤交替变化的 1976—1995 年系列进行了验证计算。

验证结果表明，该模型不仅可准确地反演河道连续冲刷期的河床变形过程、床沙冲刷粗化过程及床沙与悬沙交换过程和冲刷停止后的河道回淤过程，即使是遇到大沙年河道处于强烈淤积状态时，该模型也能准确模拟黄河下游河道的输沙特性及河床冲淤变形特点。该模型更详细的内容请参阅江恩慧、赵连军、张红武出版的《多沙河流洪水演进与冲淤演变数学模型研究及应用》一书。

5.1.3　模型改进

方案计算时涉及防护堤开闸向滩区分洪的问题，各分洪滩区需设计分洪口及退水口，因此模型在分洪口及退水口位置需增加分洪及退水功能。分洪运用时要考虑滩区内分洪量和落淤量双重因素。

1. 分洪口运用

依据当地水力条件判别分洪口是否开启，具体水力条件为

$$Z > Z_{防} \tag{5-12}$$

式中：Z 为大河水位；$Z_{防}$ 为设防水位。

当分洪口位置满足上述条件时，分洪口开启，分洪水沙量采用下式计算：

$$Q_f = \eta Q \tag{5-13}$$

$$S_f = S \tag{5-14}$$

式中：Q_f 和 S_f 分别为分洪口流量和含沙量；η 为分流比；Q 和 S 分别为分洪口大河流量和大河含沙量。

2. 退水口运用

当滩区内滞洪水深超过 0.1m，并且退水口处水位超过大河水位 0.05m，退水口开启。即开启条件为

$$H_{滞} > 0.1\text{m}, \quad 且满足 Z_{滞} - Z > 0.05\text{m} \tag{5-15}$$

式中：$H_{滞}$ 为滩区滞洪水深；$Z_{滞}$ 为滩区退水口处水位。

当分洪滩区满足上述条件时，退水口开启，退水流量为

$$Q_t = B_t(Z_{滞} - Z)v_t \tag{5-16}$$

由于本次计算的水沙过程为日均过程，洪峰流量为 $7728\text{m}^3/\text{s}$，水流漫滩的滞洪效用较强，经过滩区落淤，退水含沙量很低，可视为清水，即退水含沙量简化为

$$S_t = 0 \tag{5-17}$$

以上式中：Q_t、S_t 分别为退水口流量、含沙量；B_t 为退水口口门宽度；v_t 为退水口附近滩区流速。

5.2　准二维数学模型计算方案

准二维数学模型长系列分析研究的脉络架构参见图 5-1。即在现状河道条件下，分别针对宽滩区河段有、无防护堤两种运用方式，根据不同水沙系列、不同运用方式、防护堤不同建设标准等组合形成 15 个计算方案。另外，因设计水沙系列缺少大洪水，特开展了实测 "58·7" 洪水、调控 "77·8" 洪水模拟计算，分析两种不同漫滩洪水宽滩区不同运用方案对山东窄河段水沙演进过程的影响。

5.2.1　边界条件

"无防护堤" 运用方案

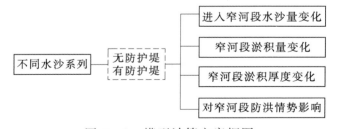

图 5-1　模型计算方案框图

的计算，与实体模型试验和二维数模计算条件完全一致，将现有生产堤全部破除，让洪水自由漫滩。有防护堤运用方案计算边界条件，也与实体模型试验和二维数模计算条件一致，高村以上平均堤距 4.4km，高村至陶城铺河段平均堤距 2.5km；防护堤的防洪标准分别设为 6000m³/s 和 10000m³/s 两种（以下简称为防护堤 6000、防护堤 10000）。

　　模型计算河段为铁谢至西河口。初始地形及初始床沙级配采用 2013 年汛前大断面及床沙组成资料，根据宽滩区不同运用方案，对初始地形分别概化为现状无防护堤地形（以下简称为"无防护堤"地形）、现状防护堤地形（以下简称为"防护堤"地形）两种不同断面条件。

　　防护堤高程，根据黄科院关于"2000 年黄河下游河道排洪能力分析"中的 6000m³/s 和 10000m³/s 流量水位设计值，采用直线内插法计算各断面对应 6000m³/s 和 10000m³/s 洪水位，然后再加上安全超高，即为本次防护堤各断面设计高程，见图 5-2。在地形概化时，如原地形高程高于本次防护堤设计高程，则采用原地形高程；否则，加高原地形高程至防护堤设计高程。考虑到本次计算水沙系列时间跨度比较大，河道累计冲淤幅度较大，在计算过程中每 10 年按照防护堤防洪标准流量水位变化值将防护堤的堤顶高程加高，如遇累计冲刷，即防护堤防洪标准流量水位降低时，防护堤的堤顶高程不变。

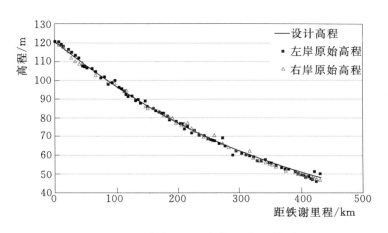

图 5-2　各断面堤线位置高程统计

　　初始出口水位流量关系采用西河口 2013 年设计水位流量关系。

5.2.2　宽滩区滞洪沉沙运用方案

1. 滞洪沉沙运用原则

　　因水沙系列的最大流量均不超过 10000m³/s，故计算过程中滞洪沉沙主要选择在宽河段面积较大滩区，宽河段中面积较小的滩区及窄河段滩区不考虑

第 5 章 宽滩区不同运用方案对山东窄河段的影响

其分洪滞洪沉沙作用；沁河口以上河段现状条件下的平滩流量达 6500～7100m³/s，小洪水漫滩概率大幅降低，同时为满足沁河洪水入黄要求，沁河口以上河段和沁河入黄口附近滩区也不考虑分洪滞洪沉沙作用。

2. 滞洪沉沙区布局

按照上述运用原则，结合各自然滩内的人口、滞洪沉沙区建成后的滞洪库容等因素，对京广铁桥至陶城铺河段面积大于 30km² 的自然滩经过防护堤围挡形成滞洪沉沙区。据此，京广铁桥至陶城铺河段自然滩共有 10 个可运用的滞洪沉沙区，左岸为原阳滩、原阳封丘滩、长垣滩、习城滩、陆集滩和清河滩，右岸为郑州滩、开封滩、兰考东明滩和鄄城左营滩。

3. 分退水闸门布置

分洪口与退水口的布置应根据现场地形、水流等条件以及对口门分、退水的具体要求确定，并应考虑分洪后有利于耕地的恢复，力求做到安全、经济，且能最大限度地发挥口门分洪、退洪的功能。分洪口尽量布置于河道的凹岸侧，且尽可能布置在滩区上首或控导工程上的引黄闸门处，分洪口轴线与河道中心线交角不宜超过 30°，以利于分洪，同时利于分洪闸及防护堤的安全。退水口地势要选择比分洪口更低的地方，以便滩区蓄水能顺利退出，且尽可能布置在滩区尾部或控导工程上的引黄闸门处。分、退水口位置详见表 5-1。

表 5-1 各滞洪沉沙区分洪、退水闸门布置

岸别	序号	滩区名称	分洪口位置	退水口位置
左岸	1	原阳滩	老田庵工程	毛庵工程
	2	原阳封丘滩	徐庄工程	大宫工程
	3	长垣滩	禅房工程	三合村工程上首
	4	习城滩	南小堤工程	彭楼工程上首
	5	陆集滩	邢庙险工下首	旧城工程（孙楼工程上首）
	6	清河滩	孙楼工程	梁路口工程下首堤防
右岸	1	郑州滩	九堡下延工程	黑岗口工程下首堤防
	2	开封滩	王庵工程	夹河滩工程
	3	兰考东明滩	蔡集工程上首	老君堂工程
	4	鄄城左营滩	芦井工程	滩区下端堤防

5.2.3 水沙过程

5.2.3.1 长系列水沙过程

长系列计算的进口水沙条件，采用黄河勘测规划设计有限公司（以下简称"黄河设计公司"）最新研究提出的经过小浪底水库调节后进入下游的 50 年水沙系列，下游沿程引水采用黄河流域水资源规划水量配置成果，并参考黄委批准

114

的黄河取水许可规定的逐河段引水计划逐月引水过程比例，以旁侧出流的方式引出。

黄河设计公司在设计水沙系列时，一是根据 1956—2000 年系列分别选取丰、平、枯水年份，并考虑未来工程及社会和其他因素的影响，组合排列形成代表性水沙系列；二是考虑近 10 多年来黄河水沙量明显减少的特点，又把 2000—2012 年实测资料组合排列为代表性水沙系列。设计水沙代表系列经四站（龙门、华县、河津、状头）至潼关河段的输沙计算及中游水库群（三门峡、小浪底、古贤水库）的水沙联合调节，得到进入下游水沙过程。中游水库群的水沙联合调节均不考虑水库的拦沙作用（即只考虑水库处于正常运用期的情况，水库拦沙期不包括在这个系列之内）。

3 个基础水沙系列具体组合如下。

（1）基础 3 亿 t 方案（简称 JC－3 系列）：直接选用 2000—2012 年实测 13 年系列连续循环 3 次＋2001—2011 年组成的 50 年系列。

（2）基础 6 亿 t 方案（简称 JC－6 系列）：在设计水平年水沙条件中，选取 1956—1999 年＋1977—1982 年 50 年系列。

（3）基础 8 亿 t 方案（简称 JC－8 系列）：在设计水平年水沙条件中，选取 1956—1999 年＋1977—1982 年 50 年系列。

同时，为进一步对比水量不变、沙量不同情况下黄河下游冲淤演变情况，本次研究又在 JC－8 方案的基础上，保持水量不变，将年均来沙量（7.70 亿 t）按比例分别缩减为 6.00 亿 t 和 3.00 亿 t，得到 JC－8－6 系列和 JC－8－3 系列。

图 5－3～图 5－5 点绘了 JC－3、JC－6 和 JC－8 等 3 个基础系列进入黄河

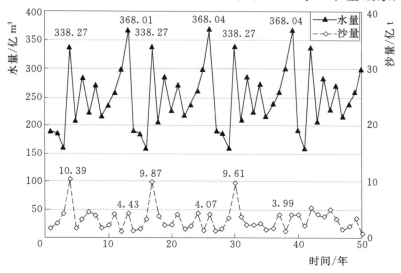

图 5－3　JC－3 系列进入黄河下游年水沙量

下游的年水沙量。从图中可以看出，JC-3 系列进入下游年最大水量为 368.04 亿 m³，最大沙量为 10.39 亿 t；JC-6 系列进入下游年最大水量为 491.94 亿 m³，最大沙量为 19.71 亿 t；JC-8 系列进入下游年最大水量为 510.58 亿 m³，最大沙量为 21.35 亿 t。

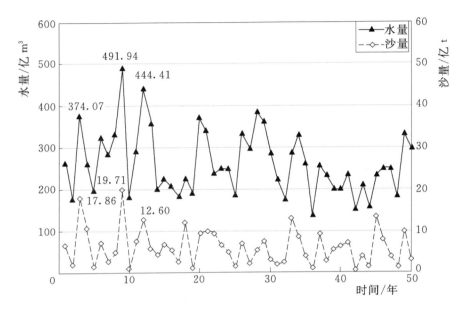

图 5-4　JC-6 系列进入黄河下游年水沙量

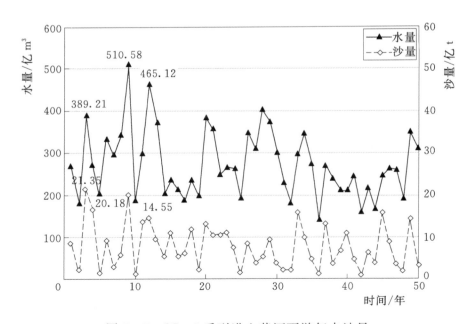

图 5-5　JC-8 系列进入黄河下游年水沙量

图 5-6 点绘了 JC-8-6 系列和 JC-8-3 系列进入黄河下游的年沙量。JC-8-6 系列进入下游年最大沙量为 16.63 亿 t；JC-8-3 系列进入下游年最大沙量为 8.32 亿 t。

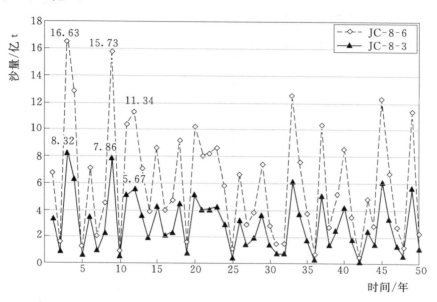

图 5-6　JC-8-6 系列和 JC-8-3 系列进入黄河下游年沙量

　　表 5-2 统计了 5 个水沙系列不同时段进入黄河下游年均水沙量。从表中可以看出，5 个系列进入黄河下游的年平均水量分别为 248.0 亿 m³、262.9 亿 m³、272.8 亿 m³、272.8 亿 m³、272.8 亿 m³；年平均沙量分别为 3.21 亿 t、6.06 亿 t、7.70 亿 t、6.00 亿 t、3.00 亿 t。相对 JC-8 系列，JC-8-6 和 JC-8-3 系列 50 年内进入黄河下游的泥沙分别减少 85.0 亿 t 和 235.0 亿 t。

表 5-2　　　　　　　各系列不同时段进入黄河下游年均水沙量统计

时段 /年	JC-3 系列		JC-6 系列		JC-8 系列			
	水量 /亿 m³	沙量 /亿 t	水量 /亿 m³	沙量 /亿 t	水量 /亿 m³	沙量/亿 t		
						JC-8	JC-8-6	JC-8-3
1～10	231.1	3.56	288.1	7.26	298.1	8.93	6.96	3.48
11～20	251.6	3.38	269.5	6.75	280.0	9.17	7.15	3.57
21～30	252.3	3.33	294.2	5.77	305.8	7.17	5.59	2.79
31～40	255.7	2.69	231.0	5.39	239.7	6.99	5.44	2.72
41～50	249.5	3.08	231.5	5.15	240.3	6.25	4.87	2.44
1～50	248.0	3.21	262.9	6.06	272.8	7.70	6.00	3.00

5.2.3.2　典型洪水过程

1. "58·7"洪水

为反映大漫滩洪水宽滩区不同运用方式下对窄河段水沙演进过程及防洪情势的影响，选取"58·7"洪水实测过程为典型漫滩洪水。"58·7"洪水小浪底及小花间支流实测水沙过程（1958年7月10—24日）如图5-7和图5-8所示。

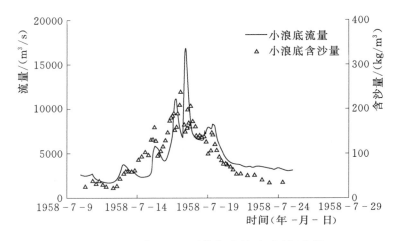

图5-7　"58·7"洪水小浪底水沙过程

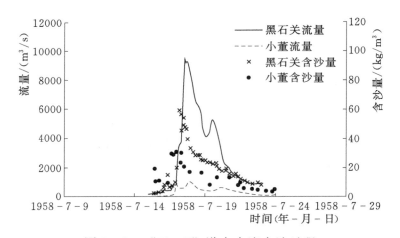

图5-8　"58·7"洪水支流水沙过程

2. "77·8"洪水

为反映漫滩几率较小情况下宽滩区河段不同运用方案下对窄河段水沙演进过程的影响，选取高含沙中常洪水——"77·8"洪水调控过程为典型洪水。"77·8"洪水小浪底站采用小浪底调控水沙过程（1977年8月1—14日），小浪底及支流水沙过程如图5-9所示。

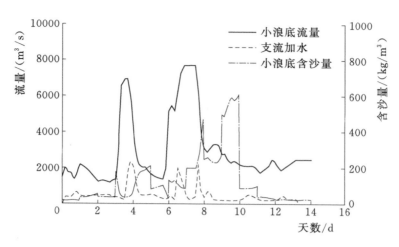

图 5-9 "77·8"洪水小浪底及支流水沙过程

为清晰起见，将计算方案及其边界条件汇总列入表 5-3 中。

表 5-3 准二维数模计算方案汇总表

序号	方案	地形条件	水沙条件	水沙条件说明
1	58·7 无防护堤	无防护堤	"58·7"洪水	"58·7"洪水是 1958 年 7 月 10—24 日实测水沙过程
2	58·7 防护堤 6000	防护堤 6000		
3	58·7 防护堤 10000	防护堤 10000		
4	77·8 无防护堤	无防护堤	"77·8"洪水	"77·8"洪水是调控水沙过程
5	77·8 防护堤 6000	防护堤 6000		
6	77·8 防护堤 10000	防护堤 10000		
7	JC-3 无防护堤	无防护堤	JC-3	"JC-3"系列是少水沙系列，50 年黄河下游的年平均来水量为 248.0 亿 m^3，年平均来沙量为 3.21 亿 t
8	JC-3 防护堤 6000	防护堤 6000		
9	JC-3 防护堤 10000	防护堤 10000		
10	JC-6 无防护堤	无防护堤	JC-6	"JC-6"系列是平水沙系列，50 年黄河下游的年平均来水量为 262.9 亿 m^3，年平均来沙量为 6.06 亿 t
11	JC-6 防护堤 6000	防护堤 6000		
12	JC-6 防护堤 10000	防护堤 10000		
13	JC-8 无防护堤	无防护堤	JC-8	"JC-8"系列是丰水沙系列，50 年黄河下游的年平均来水量为 272.8 亿 m^3，年平均来沙量为 7.70 亿 t。
14	JC-8 防护堤 6000	防护堤 6000		
15	JC-8 防护堤 10000	防护堤 10000		

序号	方　案	地形条件	水沙条件	水沙条件说明
16	JC-8-6 无防护堤	无防护堤		"JC-8-6"系列由"8亿t"水沙系列缩放的水沙系列，50年黄河下游的年平均来水量为272.8亿m³，年平均来沙量为6.00亿t
17	JC-8-6 防护堤6000	防护堤6000	JC-8-6	
18	JC-8-6 防护堤10000	防护堤10000		
19	JC-8-3 无防护堤	无防护堤		"JC-8-3"系列由"8亿t"水沙系列缩放的水沙系列，50年黄河下游的年平均来水量为272.8亿m³，年平均来沙量为3.00亿t
20	JC-8-3 防护堤6000	防护堤6000	JC-8-3	
21	JC-8-3 防护堤10000	防护堤10000		

5.3　宽滩区不同运用方案下宽河段的冲淤情况

典型洪水宽滩区不同运用方案下宽河段洪水演进及防洪情势影响，将在实体模型试验和二维数模计算章节中详细介绍，在此不再赘述，这里仅对长系列宽滩区不同运用方案下宽河段的滞洪沉沙和冲淤情况作一说明。

5.3.1　不同防护堤标准下宽滩区滞洪沉沙效果

JC-3和JC-8-3两个系列，黄河下游总体处于微冲微淤状态，其"防护堤"方案宽河段滩区无分洪，因此在对比不同防护堤宽河段滩区滞洪沉沙效果时仅对JC-6、JC-8和JC-8-6这3个系列做对比分析。

图5-10～图5-12分别点绘了不同防护堤标准下JC-6、JC-8和JC-8-6 3个系列宽河段滩区总分洪量、沉沙量和滞洪量，具体数据见表5-4。对比分析可以看出：

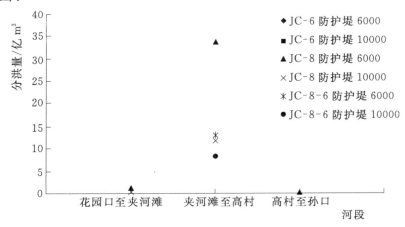

图5-10　不同系列宽河段滩区分洪量

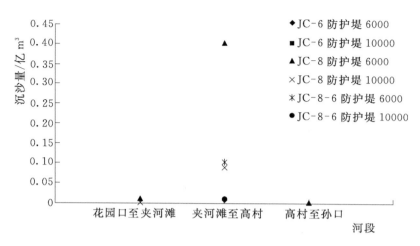

图 5-11 不同系列宽河段滩区沉沙量

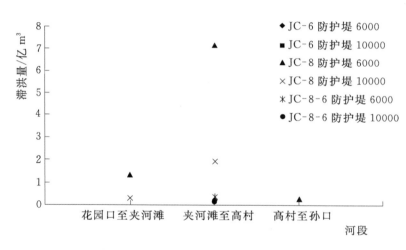

图 5-12 不同系列宽河段滩区滞洪量

（1）水量不变时，分洪概率随沙量的增加而增加。例如，JC-8 系列"防护堤 6000"方案在花园口至夹河滩、夹河滩至高村和高村至孙口等 3 个河段滩区均进行了分洪，JC-8-6 系列"防护堤 6000"则仅在夹河滩至高村河段滩区分洪。

（2）防护堤标准越高，宽滩区分洪概率越低。例如，JC-8 系列"防护堤 6000"方案在花园口至夹河滩、夹河滩至高村和高村至孙口等 3 个河段滩区均进行了分洪，"防护堤 10000"方案仅在花园口至夹河滩和夹河滩至高村两个河段滩区进行了分洪。

（3）防护堤标准越高，其滩区分洪量越少，相应沉沙量和滞洪量也越少。例如，JC-8-6 系列"防护堤 6000"方案分洪量、沉沙量和滞洪量分别

表 5 - 4　　　　　　不同系列不同地形下宽河段滩区滞洪沉沙情况

类　别	方　案	花园口至夹河滩	夹河滩至高村	高村至孙口
分洪量/亿 m³	JC - 6 防护堤 6000		8.307	
	JC - 6 防护堤 10000			
	JC - 8 防护堤 6000	1.327	33.833	0.277
	JC - 8 防护堤 10000	0.304	11.952	
	JC - 8 - 6 防护堤 6000		13.050	
	JC - 8 - 6 防护堤 10000		8.388	
沉沙量/亿 m³	JC - 6 防护堤 6000		0.010	
	JC - 6 防护堤 10000			
	JC - 8 防护堤 6000	0.009	0.403	0.002
	JC - 8 防护堤 10000	0.002	0.092	
	JC - 8 - 6 防护堤 6000		0.104	
	JC - 8 - 6 防护堤 10000		0.012	
滞洪量/亿 m³	JC - 6 防护堤 6000		0.195	
	JC - 6 防护堤 10000			
	JC - 8 防护堤 6000	1.327	7.192	0.277
	JC - 8 防护堤 10000	0.304	1.958	
	JC - 8 - 6 防护堤 6000		0.389	
	JC - 8 - 6 防护堤 10000		0.196	

为 13.050 亿 m³、0.104 亿 m³ 和 0.398 亿 m³，"防护堤 10000" 方案分洪量、沉沙量和滞洪量分别为 8.388 亿 m³、0.012 亿 m³ 和 0.196 亿 m³。

5.3.2　不同运用方案下宽河段河道冲淤情况

1. 冲淤量

图 5 - 13 点绘了不同地形边界条件下 JC - 3、JC - 6、JC - 8、JC - 8 - 6 和 JC - 8 - 3 等 5 个系列艾山以上宽河段冲淤量与进口来沙系数的关系，宽河段冲淤量具体数据参见表 5 - 5。

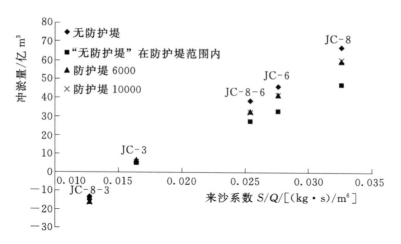

图 5-13 各系列艾山以上宽河段冲淤量与进口来沙系数关系

表 5-5 各系列艾山以上宽河段冲淤量对比

| 系 列 | 淤 积 量 | | | | (③－①)/① /% | (③－②)/② /% |
	无防护堤① /亿 m³	"无防护堤" 在防护堤范围 内②/亿 m³	防护堤 6000③ /亿 m³	防护堤 10000④ /亿 m³		
JC-3	6.336	5.298	5.984	5.984	－5.6	12.9
JC-6	46.423	33.165	41.486	41.491	－10.6	25.1
JC-8	67.326	47.346	59.965	60.072	－10.9	26.7
JC-8-6	38.051	27.572	32.535	32.554	－14.5	18.0
JC-8-3	－13.615	－14.123	－16.464	－16.464	20.9	16.6

可以看出，艾山以上宽河段总淤积量"防护堤"方案比"无防护堤"方案少，但防护堤范围内"防护堤"方案淤积量比"无防护堤"方案多。例如，JC-3、JC-8 系列"防护堤 6000"方案总淤积量分别为 5.984 亿 m³、59.965 亿 m³，"无防护堤"方案总淤积量分别为 6.336 亿 m³、67.326 亿 m³，"无防护堤"方案防护堤范围内分别淤积 5.298 亿 m³、47.346 亿 m³；"防护堤 6000"方案比"无防护堤"方案总淤积量分别少淤积 5.6%、10.9%，但防护堤范围内"防护堤 6000"方案比"无防护堤"方案分别多淤积 12.9%、26.7%。

不同防护堤标准，就设计的 5 个水沙系列而言，对宽河段冲淤量影响不大。或者说相同水沙系列不同防护堤标准下，宽河段总冲淤量基本相同。究其原因，主要是整个水沙系列均采用日均过程，最大流量也仅为 7728m³/s,

防护堤标准的高低对水流漫滩大小影响不大。例如，JC-8-6 系列"防护堤 10000"方案共淤积 32.554 亿 m³，"防护堤 6000"方案共淤积 32.535 亿 m³；JC-3 系列"防护堤 10000"方案和"防护堤 6000"方案均淤积 5.984 亿 m³。

宽河段冲淤量随年平均来沙系数的增大而增大。例如，JC-3、JC-6、JC-8 这 3 个基础系列的年平均来沙系数分别为 $0.016\text{kg}\cdot\text{s/m}^6$、$0.028\text{kg}\cdot\text{s/m}^6$、$0.033\text{kg}\cdot\text{s/m}^6$，其"防护堤 6000"方案总淤积量分别为 5.984 亿 m³、41.486 亿 m³、59.965 亿 m³。

为进一步比较来沙系数对冲淤量的影响，将基于 JC-8 系列的衍生系列 JC-8-6、JC-8-3（水量均为 272.8 亿 m³，沙量分别为 6.00 亿 t、3.00 亿 t）两个系列的冲淤量计算结果点绘于图 5-13 中。可以看出，尽管这两个系列的沙量分别与基础系列 JC-6、JC-3 相近，但由于水量大，相应的来沙系数（$0.013\text{kg}\cdot\text{s/m}^6$、$0.025\text{kg}\cdot\text{s/m}^6$）均小于基础系列，因此整体淤积量明显小于基础系列，同样反映了前述规律。例如，"防护堤 6000"方案的 JC-8-6、JC-8-3 两个系列总淤积量分别为 32.535 亿 m³、-16.464 亿 m³。其中，JC-8-3 宽河段由其他系列的淤积转为了冲刷。

2. 冲淤厚度

图 5-14 点绘了不同地形边界条件下 JC-3、JC-6、JC-8、JC-8-6 和 JC-8-3 等 5 个系列艾山以上宽河段 50 年淤积厚度与进口来沙系数关系，宽河段 50 年冲淤厚度具体数据参见表 5-6。

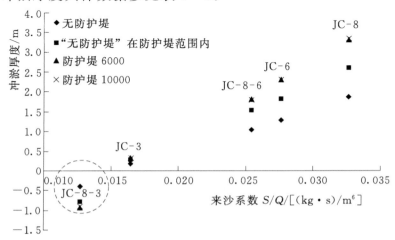

图 5-14　各系列艾山以上宽河段冲淤厚度与进口来沙系数关系

表 5 - 6 各系列 50 年冲淤厚度对比

系 列	无防护堤① /m	"无防护堤"在防护堤范围内②/m	防护堤6000③ /m	防护堤10000④ /m	③-① /m	③-② /m
JC - 3	0.18	0.29	0.33	0.33	0.15	0.04
JC - 6	1.28	1.84	2.30	2.30	1.02	0.46
JC - 8	1.86	2.63	3.33	3.34	1.47	0.70
JC - 8 - 6	1.05	1.53	1.81	1.81	0.76	0.28
JC - 8 - 3	−0.38	−0.78	−0.91	−0.91	−0.53	−0.13

艾山以上宽河段淤积厚度"防护堤"方案比"无防护堤"方案大。例如，JC - 3、JC - 8 系列"防护堤 6000"方案 50 年淤积厚度分别为 0.33m、3.33m，"无防护堤"方案淤积厚度分别为 0.18m、1.86m，"无防护堤"方案防护堤范围内淤积厚度分别为 0.29m、2.63m。"防护堤 6000"方案比"无防护堤"方案淤积厚度分别高 0.15m、1.47m，防护堤范围内"防护堤 6000"方案比"无防护堤"方案淤积厚度分别高 0.04m 和 0.70m。

与上述冲淤量分析结果相类似，对设计的 5 个系列而言，不同防护堤标准对宽河段冲淤量影响不大，相应不同防护堤标准下宽河段冲淤厚度变化也较小。例如，JC - 8 系列"防护堤 10000"方案淤积厚度 3.34m，"防护堤 6000"方案淤积厚度 3.33m；JC - 3 系列"防护堤 10000"方案和"防护堤 6000"方案淤积厚度均为 0.33m。

宽河段冲淤厚度随年平均来沙系数的增大而增大。例如，JC - 3、JC - 6、JC - 8 这 3 个基础系列的年平均来沙系数分别为 0.016kg · s/m⁶、0.028kg · s/m⁶、0.033kg · s/m⁶，其"防护堤 6000"方案淤积厚度分别为 0.33m、2.30m、3.33m。

进一步比较来沙系数对淤积厚度的影响，将基于 JC - 8 系列的衍生系列 JC - 8 - 6、JC - 8 - 3（水量均为 272.8 亿 m³，沙量分别为 6.00 亿 t、3.00 亿 t）两个系列的冲淤厚度计算结果点绘在图 5 - 14 中。可以看出，尽管这两个系列的沙量分别与基础系列 JC - 6、JC - 3 相近，但由于水量大，相应的来沙系数（0.013kg · s/m⁶、0.025kg · s/m⁶）分别小于基础系列，因此整体淤积厚度明显小于基础系列，同样反映了前述规律。例如，JC - 8 - 6、JC - 8 - 3 两个系列"防护堤 6000"方案的淤积厚度分别为 1.81m、−0.91m。其中，JC - 8 - 3 宽河段的冲淤厚度由其他系列的淤积厚度 0.18~3.33m 转变为冲刷深度 0.38~0.91m。

5.4 宽滩区不同运用方案对山东窄河段的影响

5.4.1 典型洪水不同运用方案对山东窄河段水沙演进的影响

1. "58·7" 洪水

图5-15~图5-16分别点绘了 "58·7" 洪水 "防护堤" 方案与 "无防护堤" 方案艾山和利津的水沙过程。表5-7统计了 "58·7" 洪水最大洪峰与最大沙峰 "防护堤" 方案与 "无防护堤" 方案的演进过程。

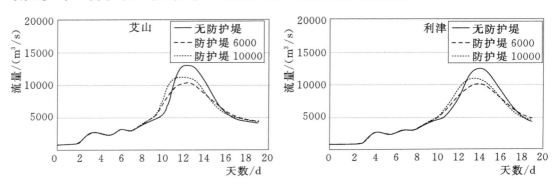

图5-15 "58·7" 洪水窄河段洪水过程对比

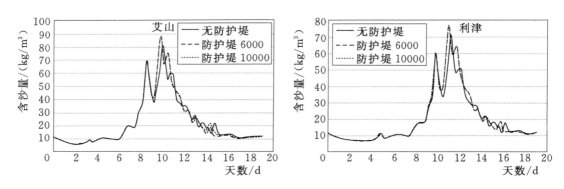

图5-16 "58·7" 洪水窄河段含沙量过程对比

（1）洪水过程。从峰型上看，艾山和利津断面，"防护堤" 方案洪峰靠后而 "无防护堤" 方案洪峰靠前。这与 "防护堤" 方案因防护堤的存在滩区退水相对 "无防护堤" 方案时间延长有关。

从最大洪峰流量来看，"58·7" 洪水 "防护堤" 方案均比 "无防护堤" 方案小，"防护堤6000" 方案与 "无防护堤" 方案差值在2366~2630m³/s；"防护堤10000" 方案均比 "防护堤6000" 方案大，两者差值在218~308m³/s。

表 5-7　　　　　　　　　　　"58·7"洪水水沙演进统计

方　案	水文站	洪峰/(m³/s)			沙峰/(kg/m³)		
		艾山	泺口	利津	艾山	泺口	利津
无防护堤	峰值①	13025	12829	12444	67.59	63.98	58.4
	峰值传播时间/h	21	15	30	10	12	19
	峰值传播累计时间②/h	113.5	128.5	158.5	79	91	110
	削峰率/%	5.1	1.5	3.0	5.5	5.3	8.7
	累计削峰率③/%	36.3	37.3	39.2	43.5	46.5	51.2
防护堤 6000	峰值④	10395	10320	10078	68.94	65.62	60.03
	峰值传播时间/h	9.5	9.5	28.5	9.5	12	18.5
	峰值传播累计时间⑤/h	118	127.5	156	77.5	89.5	108
	削峰率/%	1.1	0.7	2.3	6.2	4.8	8.5
	累计削峰率⑥/%	46.0	46.4	47.7	42.3	45.1	49.8
防护堤 10000	峰值⑦/(m³/s)	11212	11145	10930	68.94	65.62	60.02
	峰值传播时间/h	25.5	9.5	31	9.5	12	18.5
	峰值传播累计时间⑧/h	109	118.5	149.5	77.5	89.5	108
	削峰率/%	0.8	0.6	1.9	6.2	4.8	8.5
	累计削峰率⑨/%	42.0	42.4	43.5	42.3	45.1	49.8
无防护堤 —防护堤 6000	峰值差①-④/(m³/s)	2630	2509	2366	-1.35	-1.64	-1.63
	峰值时间差②-⑤/h	-4.5	1	2.5	1.5	1.5	2
	累计削峰率③-⑥/%	-9.7	-9.1	-8.5	-1.2	-1.4	-1.4
防护堤 10000 —防护堤 6000	峰值差⑦-④/(m³/s)	817	825	852	0	0	-0.01
	峰值时间差⑧-⑤/h	-9	-9	-6.5	0	0	0
	累计削峰率⑨-⑥/%	-4.0	-4.0	-4.2	0	0	0

初步分析认为"无防护堤"方案漫滩水流自由进出，洪水上滩和上滩水流回归主槽均不受限制；而"防护堤"方案水流进滩受到限制，分流后，水流再归槽也受到防护堤限制，进出都受限，因此相对"无防护堤"方案分流滩区下游的峰现时间要滞后一点，洪峰流量也会被削减一点。

从洪峰削峰率来看，艾山至利津河段"防护堤"方案比"无防护堤"方案小，高标准的"防护堤10000"方案比低标准的"防护堤6000"方案小。例如艾山至利津河段"无防护堤"方案洪峰削峰率为4.5%，"防护堤6000"方案该河段洪峰削峰率为3.0%，"防护堤10000"方案该河段洪峰削峰率为2.5%。

从洪峰传播时间来看，艾山至利津河段"防护堤"方案比"无防护堤"方案快。例如艾山至利津河段"无防护堤"方案洪峰传播时间为45h，"防护堤 6000"方案该河段洪峰传播时间为 38h,"防护堤 10000"方案该河段洪峰传播时间为 40.5h。

(2)沙峰过程。从沙峰含沙量来看,"58·7""防护堤 6000"方案与"防护堤 10000"方案基本相同,"58·7""无防护堤"方案与"防护堤"方案差别不大,两者差值在 $1.35 \sim 1.64 \mathrm{kg/m^3}$。

从沙峰削峰率来看,艾山至利津河段"无防护堤"方案沙峰削峰率为 13.6%,"防护堤"方案该河段沙峰削峰率为 12.9%,"防护堤"方案比"无防护堤"方案小 0.7%。

从沙峰传播时间来看,艾山至利津河段"无防护堤"方案沙峰传播时间为 31h,"防护堤"方案该河段沙峰传播时间为 30.5h,"防护堤"方案比"无防护堤"方案快 0.5h。

2. "77·8"洪水

图 5-17～图 5-18 分别点绘了"77·8"洪水"防护堤"方案与"无防护堤"方案艾山和利津的水沙过程。表 5-8 分别统计了"77·8"洪水最大洪峰与最大沙峰"防护堤"方案与"无防护堤"方案的演进过程。

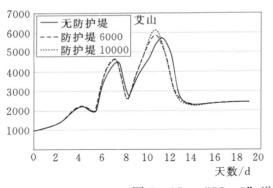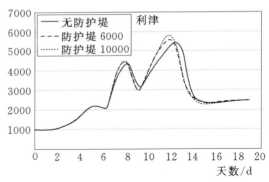

图 5-17 "77·8"洪水窄河段洪水过程对比

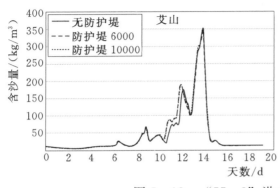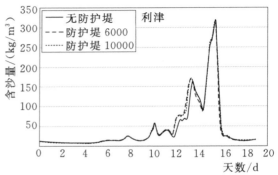

图 5-18 "77·8"洪水窄河段含沙量过程对比

表 5 - 8 "77·8" 洪水水沙演进统计

方 案	水文站	洪峰/(m³/s)			沙峰/(kg/m³)		
		艾山	泺口	利津	艾山	泺口	利津
无防护堤	峰值①	5703	5632	5447	349.46	336.77	318.56
	峰值传播时间/h	14	8.5	19	12	15	24
	峰值传播累计时间②/h	94	102.5	121.5	91.5	106.5	130.5
	削峰率/%	5.0	1.2	3.3	3.3	3.6	5.4
	累计削峰率③/%	30.3	31.2	33.4	26.9	29.6	33.4
防护堤 6000	峰值④	5841	5769	5573	339.66	327.34	309.91
	峰值传播时间/h	14.5	8	19.5	11.5	15	23.5
	峰值传播累计时间⑤/h	80.5	88.5	108	91	106	129.5
	削峰率/%	3.0	1.2	3.4	3.3	3.6	5.3
	累计削峰率⑥/%	28.8	29.7	32.0	29.0	31.6	35.2
防护堤 10000	峰值⑦/(m³/s)	6142	6040	5791	350.64	337.95	319.74
	峰值传播时间/h	12	8.5	20	11.5	15	24
	峰值传播累计时间⑧/h	79.5	88	108	91	106	130
	削峰率/%	4.4	1.7	4.1	3.3	3.6	5.4
	累计削峰率⑨/%	25.1	26.4	29.4	26.7	29.3	33.2
无防护堤 — 防护堤 6000	峰值差①-④/(m³/s)	−138	−137	−126	9.8	9.43	8.65
	峰值时间差②-⑤/h	13.5	14	13.5	0.5	0	0.5
	累计削峰率③-⑥/%	−1.5	−1.5	−1.4	2.1	2.0	1.8
防护堤 10000 — 防护堤 6000	峰值差⑦-④/(m³/s)	301	271	218	10.98	10.61	9.83
	峰值时间差⑧-⑤/h	−1.0	−0.5	0	0	0	0.5
	累计削峰率⑨-⑥/%	−3.7	−3.3	−2.7	−2.3	−2.2	−2.1

（1）洪水过程。从最大洪峰流量来看，"77·8"洪水洪峰均表现为"防护堤"方案比"无防护堤"方案略大，"防护堤 6000"方案与"无防护堤"方案差值不超 200m³/s；"防护堤 10000"方案均比"防护堤 6000"方案大，两者差值在 200～300m³/s。

从洪峰削峰率来看，艾山至利津河段洪峰削峰率"防护堤"方案比"无防护堤"方案大，"无防护堤"方案洪峰削峰率为 4.5%，"防护堤 6000"方案该河段洪峰削峰率为 4.6%，"防护堤 10000"方案该河段洪峰削峰率为 5.7%。

从洪峰传播时间来看，艾山至利津河段"无防护堤"方案洪峰传播时间为 27.5h，"防护堤 6000"方案该河段洪峰传播时间为 27.5h，"防护堤 10000"方案该河段洪峰传播时间为 28.5h，"防护堤 6000"方案与"无防护堤"方案基本相同，"防护堤 10000"方案比"防护堤 6000"方案慢 1.0h。

（2）沙峰过程。从沙峰含沙量来看，"77·8"洪水"无防护堤"方案与"防护堤"方案差别不太大，例如"无防护堤"方案与"防护堤 6000"方案差值在 8.65～9.80kg/m³；"防护堤 10000"方案与"防护堤 6000"方案，两者差值在 9.83～10.981kg/m³。

从沙峰削峰率来看，艾山至利津河段"防护堤"方案与"无防护堤"方案沙峰削峰率均为 8.8%。

从沙峰传播时间来看，艾山至利津河段"防护堤"方案比"无防护堤"方案传播速度差别不大，"无防护堤"方案沙峰传播时间为 39h，"防护堤 6000"方案该河段沙峰传播时间为 38.5h，"防护堤 10000"方案该河段沙峰传播时间为 39h。

5.4.2　长系列不同运用方案对进入山东窄河段水沙量的影响

图 5-12 点绘了不同地形边界条件下 JC-3、JC-6 和 JC-8 这 3 个基础系列进入窄河段累计水量。可以看出，"防护堤"方案与"无防护堤"方案进入窄河段水量差异不大。主要原因是因为计算系列为日均过程，洪峰流量均不是很大，最大流量仅为 7728m³/s，上滩分洪水量有限，有无防护堤对水流整体演进影响不显著。

图 5-19～图 5-21 分别点绘了不同运用方案下 JC-3、JC-6、JC-8、JC-8-6 和 JC-8-3 这 5 个系列进入艾山以下窄河段累计沙量变化过程，具体数据参见表 5-9 和表 5-10。从中可以看出：

（1）"防护堤"方案与"无防护堤"方案相比，进入窄河段的沙量表现为"防护堤"方案比"无防护堤"方案大，且防护堤标准越高进入窄河段的沙量越大，说明防护堤对水流的约束，的确可以增加输沙能力。例如，JC-8 系列下，"无防护堤"方案，进入艾山的总沙量是 251.1 亿 t，即宽河段的排沙比（艾山沙量与进入下游沙量的比值）为 65.2%；"防护堤 6000"方案，进入艾山的总沙量是 260.6 亿 t，即宽河段的排沙比为 67.7%；"防护堤 10000"方案，进入艾山的总沙量是 260.9 亿 t，即宽河段的排沙比为 67.8%。

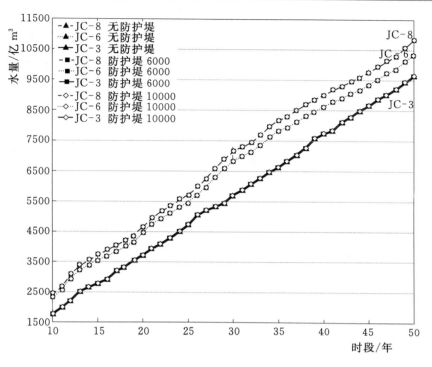

图 5-19　3 个基础系列进入艾山以下窄河段累计水量

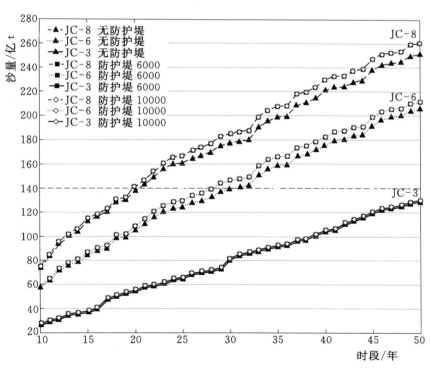

图 5-20　3 个基础系列进入艾山以下窄河段累计沙量

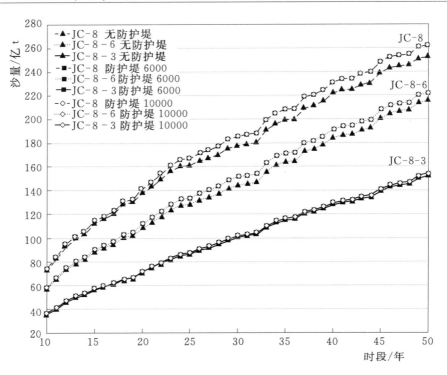

图 5-21　JC-8 系列及其衍生系列进入艾山以下窄河段累计沙量

表 5-9　　　　　　3 个基础系列各时段进入艾山以下窄河段沙量　　　　　单位：亿 t

时段/年	JC-3 系列			JC-6 系列			JC-8 系列		
	无防护堤	防护堤 6000	防护堤 10000	无防护堤	防护堤 6000	防护堤 10000	无防护堤	防护堤 6000	防护堤 10000
1~10	27.1	27.1	27.1	57.9	58.6	58.6	73.6	74.2	74.2
11~20	28.2	28.3	28.3	47.5	50.1	50.1	64.7	67.0	67.1
21~30	26.4	26.7	26.7	34.2	37.9	37.9	38.7	43.5	43.7
31~40	22.7	23.0	23.0	35.9	35.7	35.7	44.2	45.4	45.4
41~50	24.9	24.9	24.9	30.2	29.5	29.5	29.9	30.5	30.5
1~50	129.3	130.1	130.1	205.7	211.8	211.8	251.1	260.6	260.9

（2）"防护堤"方案与"无防护堤"方案均表现出，进入艾山以下窄河段的沙量的增量与水沙系列的总沙量成正比，体现了多来多排的特性。例如，JC-3 系列"防护堤 6000"方案进入艾山以下窄河段的沙量是 130.1 亿 t，JC-6 系列"防护堤 6000"方案进入艾山以下窄河段的沙量是 211.8 亿 t，JC-8 系列"防护堤 6000"方案进入艾山以下窄河段的沙量是 260.6 亿 t。JC-3、JC-6 和 JC-8 系列宽河段"防护堤 6000"方案比"无防护堤"方案分

表5-10   JC-8系列及其衍生系列各时段进入艾山以下窄河段沙量   单位：亿t

时段/年	JC-8系列			JC-8-6系列			JC-8-3系列		
	无防护堤	防护堤6000	防护堤10000	无防护堤	防护堤6000	防护堤10000	无防护堤	防护堤6000	防护堤10000
1～10	73.6	74.2	74.2	58.1	58.6	58.6	36.1	36.3	36.3
11～20	64.7	67.0	67.1	50.9	53.0	53.0	35.2	34.7	34.7
21～30	38.7	43.5	43.7	35.2	39.3	39.3	30.2	30.4	30.4
31～40	44.2	45.4	45.4	39.8	40.2	40.3	26.8	27.6	27.6
41～50	29.9	30.5	30.5	31.2	30.5	30.5	23.8	24.7	24.7
1～50	251.1	260.6	260.9	215.2	221.6	221.8	152.1	153.7	153.7

别多排0.7亿t、6.1亿t和9.5亿t。这正反映了防护堤修建以后正效益的一面。

（3）水量不变时，宽河段的排沙比随沙量的增加而减少。JC-8、JC-8-6和JC-8-3系列年均水量均为272.8亿m³，相应年均沙量分别为7.70亿t、6.00亿t和3.00亿t，"无防护堤"方案3个系列进入下游的沙量分别为251.1亿t、215.2亿t和152.1亿t，其宽河段的排沙比分别为65.2%、71.7%和101.1%。

综上所述，"防护堤"方案与"无防护堤"方案进入窄河段的水量差异不大；进入窄河段的沙量均为"防护堤"方案比"无防护堤"方案大，其增量与水沙系列的总沙量成正比；防护堤标准越高进入窄河段的沙量越大；水量不变时宽河段的排沙比随沙量的增加而减少。

5.4.3 长系列不同运用方案对窄河段河道冲淤的影响

1. 冲淤量

图5-22点绘了不同地形边界条件下JC-3、JC-6、JC-8、JC-8-6和JC-8-3等5个系列艾山以下窄河段淤积量与进口来沙系数关系，窄河段冲淤量具体数据参见表5-11。

表5-11   各系列艾山以下窄河段冲淤量对比

系列	无防护堤①/亿m³	防护堤6000②/亿m³	防护堤10000③/亿m³	(②-①)/①/%
JC-3	4.388	4.488	4.488	2.30
JC-6	9.397	10.761	10.762	14.50
JC-8	12.341	13.890	13.977	12.60
JC-8-6	8.392	10.311	10.324	22.90
JC-8-3	4.413	4.540	4.540	2.90

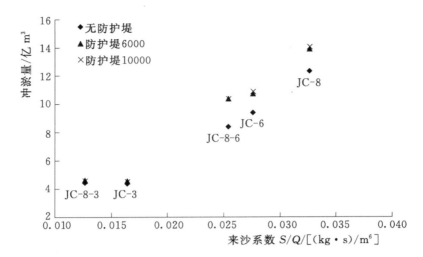

图 5 - 22　各系列艾山以下窄河段冲淤量与
进口来沙系数关系

窄河段淤积量"防护堤"方案均比"无防护堤"方案淤积量多。例如，JC - 6 系列"防护堤 6000"方案淤积量为 10.761 亿 m³，"无防护堤"方案淤积量为 9.397 亿 m³，"防护堤 6000"方案比"无防护堤"方案多淤积 14.5%。

不同防护堤标准，就设计的 5 个系列而言，对窄河段冲淤量影响不大。或者说相同水沙系列不同防护堤标准下，窄河段总冲淤量基本相同。究其原因，主要是整个水沙系列均采用日均过程，最大流量也仅 7728m³/s，防护堤标准的高低对水流漫滩大小影响不大，不同防护堤标准下宽河段总淤积量基本相同，进入艾山以下窄河段水沙基本相同。例如，JC - 8 - 6 系列"防护堤 10000"方案和"防护堤 6000"方案宽河段分别淤积 32.554 亿 m³ 和 32.535 亿 m³；该系列两方案进入窄河段水量基本相同，沙量分别为 221.8 亿 t 和 221.6 亿 t。因此，该系列"防护堤 10000"方案和"防护堤 6000"方案窄河段分别淤积 10.324 亿 m³ 和 10.311 亿 m³，两者基本一致。

窄河段冲淤量随年平均来沙系数的增大而增大。例如，JC - 3、JC - 6、JC - 8 这 3 个基础系列的年平均来沙系数分别为 0.016kg·s/m⁶、0.028kg·s/m⁶、0.033kg·s/m⁶，其"防护堤 6000"方案总淤积量分别为 4.488 亿 m³、10.761 亿 m³、13.890 亿 m³。

进一步比较来沙系数对冲淤量的影响，将基于 JC - 8 系列的衍生系列 JC - 8 - 6、JC - 8 - 3（水量均为 272.8 亿 m³，沙量分别为 6.00 亿 t、3.00 亿 t）两个系列冲淤量计算结果点绘在图 5 - 22 中。可以看出，这两个系列的沙量分别与基础系列 JC - 6、JC - 3 相近，相应进口来沙系数（0.013kg·s/m⁶、

0.025kg·s/m⁶）分别小于基础系列，JC－8－6系列的冲淤量明显小于JC－6系列，而3.00亿t的两个系列整体淤积量相差不大。

这里又将不同地形边界条件下JC－3、JC－6、JC－8、JC－8－6和JC－8－3等5个系列艾山以下窄河段淤积量与艾山来沙系数关系点绘于图5－23中。可以看出，点群关系基本呈一条直线。究其原因，主要是水流经过宽河段的自动调整后，到了艾山以下窄河段的水沙趋于协调，使得艾山以下河段河道冲淤与来沙系数关系更加密切。

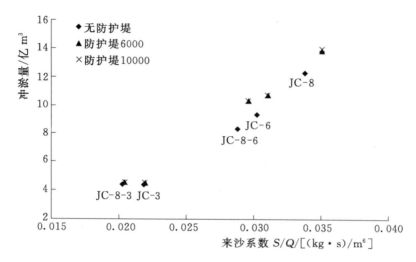

图5－23 各系列艾山以下窄河段冲淤量与艾山来沙系数关系

2. 冲淤厚度

图5－24点绘了不同地形边界条件下JC－3、JC－6、JC－8、JC－8－6和JC－8－3等5个系列艾山以下窄河段50年淤积厚度与进口来沙系数关系，窄河段50年冲淤厚度具体数据参见表5－12。

表5－12　　　　各系列艾山以下窄河段50年冲淤厚度对比

系列	无防护堤① /m	防护堤6000② /m	防护堤10000③ /m	②－① /m
JC－3	0.63	0.65	0.65	0.02
JC－6	1.36	1.55	1.55	0.19
JC－8	1.78	2.00	2.02	0.22
JC－8－6	1.21	1.49	1.49	0.28
JC－8－3	0.64	0.66	0.66	0.02

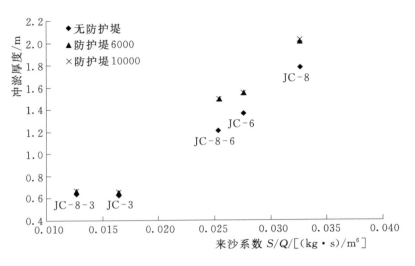

图 5 - 24　各系列艾山以下窄河段冲淤厚度与进口来沙系数关系

窄河段淤积厚度"防护堤"方案均比"无防护堤"方案大。例如，JC - 6 系列"防护堤 6000"方案淤积厚度为 1.55m，"无防护堤"方案淤积 1.36m，"防护堤 6000"方案比"无防护堤"方案淤积厚度大 0.19m。

依上述分析可知，就设计的 5 个系列而言，不同防护堤标准对窄河段冲淤量影响不大。相应不同防护堤标准下窄河段冲淤厚度变化也较小。例如，JC - 8 系列"防护堤 6000"方案与"防护堤 10000"方案淤积厚度分别为 2.00m 和 2.02m。JC - 3 系列"防护堤 6000"方案与"防护堤 10000"方案淤积厚度均为 0.66m。

窄河段淤积厚度随年平均来沙系数的增大而增大。例如，JC - 3、JC - 6 和 JC - 8 这 3 个基础系列的年平均来沙系数分别为 $0.016kg \cdot s/m^6$、$0.028kg \cdot s/m^6$ 和 $0.033kg \cdot s/m^6$，其"防护堤 6000"方案淤积厚度分别为 0.65m、1.55m 和 2.00m。

进一步比较来沙系数对冲淤厚度的影响，将基于 JC - 8 系列的衍生系列 JC - 8 - 6、JC - 8 - 3 两个系列（水量均为 272.8 亿 m³，沙量分别为 6.00 亿 t、3.00 亿 t）的冲淤厚度计算结果点绘在图 5 - 24 中。可以看出，这两个系列的沙量分别与基础系列 JC - 6、JC - 3 相近，相应进口来沙系数（$0.013kg \cdot s/m^6$、$0.025kg \cdot s/m^6$）分别小于基础系列，JC - 8 - 6 系列的淤积厚度明显小于 JC - 6 系列，而 3.00 亿 t 的两个系列整体淤积厚度相差不大。又将不同地形边界条件下 JC - 3、JC - 6、JC - 8、JC - 8 - 6 和 JC - 8 - 3 等 5 个系列艾山以下窄河段淤积量与艾山来沙系数关系点绘于图 5 - 25 中。可以看出，经过宽河段调整后的水沙到了艾山以下河段河道，冲淤与来沙系数关系趋于密切，因而点群关系也基本呈一条直线。

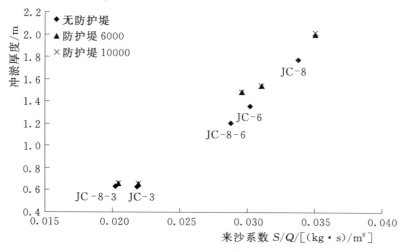

图 5-25 各系列艾山以下窄河段冲淤厚度与艾山来沙系数关系

5.4.4 长系列宽滩区不同运用方案对窄河段防洪情势的影响

由前述可知"防护堤6000"方案与"防护堤10000"方案总体冲淤量差别不大，因此本小节仅就"防护堤6000"方案与"无防护堤"方案分析比较，即本节所有"防护堤"方案均为"防护堤6000"方案数据。

1. 主河槽平滩面积比的变化

表5-13和表5-14汇总了艾山至泺口河段、泺口至利津河段5个水沙系列各时段主河槽平滩面积比变化情况。此处主河槽平滩面积比是指某时段末的主河槽平滩面积与时段初的主河槽平滩面积的比值。图5-26～图5-29分别点绘了艾山至泺口河段、泺口至利津河段5个水沙系列各时段主河槽平滩面积比与进口及艾山来沙系数的关系。

表 5-13　　　　　　艾山至泺口河段各时段主河槽平滩面积比

时段 /年	JC-3 系列		JC-6 系列		JC-8 系列		JC-8-6 系列		JC-8-3 系列	
	无防护堤	防护堤	无防护堤	防护堤	无防护堤	防护堤	无防护堤	防护堤	无防护堤	防护堤
1～10	0.989	0.988	0.796	0.795	0.802	0.801	0.846	0.845	0.992	0.992
11～20	0.936	0.937	0.781	0.774	0.727	0.725	0.789	0.782	0.938	0.934
21～30	0.990	0.986	0.889	0.848	0.876	0.843	0.918	0.876	1.000	0.989
31～40	0.934	0.914	0.824	0.812	0.749	0.743	0.813	0.801	0.950	0.942
41～50	0.958	0.949	0.838	0.837	0.748	0.742	0.797	0.813	0.966	0.944
1～50	0.820	0.792	0.381	0.355	0.286	0.270	0.397	0.377	0.854	0.815

表 5-14　　　　　　　　泺口至利津河段各时段主河槽平滩面积比

时段 /年	JC-3 系列		JC-6 系列		JC-8 系列		JC-8-6 系列		JC-8-3 系列	
	无防护堤	防护堤	无防护堤	防护堤	无防护堤	防护堤	无防护堤	防护堤	无防护堤	防护堤
1~10	0.957	0.956	0.769	0.794	0.744	0.745	0.788	0.787	0.954	0.953
11~20	0.892	0.895	0.760	0.768	0.709	0.702	0.762	0.764	0.905	0.900
21~30	0.984	0.98	0.922	0.886	0.978	0.952	1.016	0.975	1.017	1.009
31~40	0.984	0.977	0.869	0.850	0.839	0.836	0.871	0.870	0.959	0.946
41~50	0.987	0.977	0.935	0.893	0.954	0.951	0.922	0.920	1.003	0.990
1~50	0.816	0.800	0.438	0.410	0.413	0.396	0.490	0.469	0.845	0.810

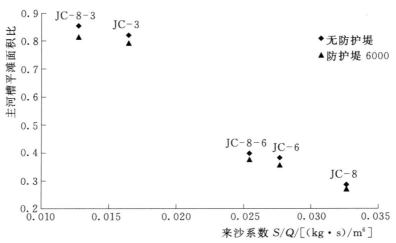

图 5-26　各系列艾山至泺口河段主河槽平滩面积比
与进口来沙系数关系

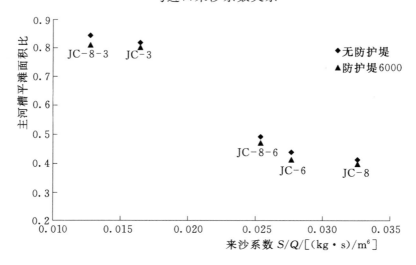

图 5-27　各系列泺口至利津河段主河槽平滩面积比
与进口来沙系数关系

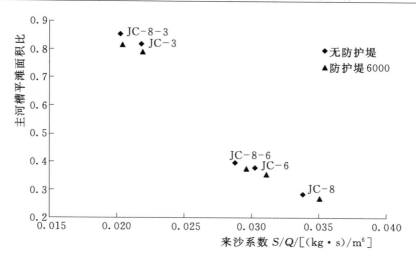

图 5-28 各系列艾山至泺口河段主河槽平滩
面积比与艾山来沙系数关系

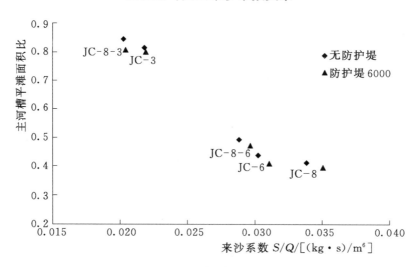

图 5-29 各系列泺口至利津河段主河槽平滩
面积比与艾山来沙系数关系

可以看出，艾山至泺口河段和泺口至利津河段 5 个水沙系列在各时段的主河槽平滩面积比均为"防护堤"方案比"无防护堤"方案小，至第 50 年时"防护堤"方案主河槽平滩面积为"无防护堤"方案的 90% 左右。例如，至第 50 年，JC-6 和 JC-8 系列艾山至泺口河段主河槽平滩面积仅分别为初始断面的 40%、30% 左右，"防护堤"方案艾山至泺口河段主河槽平滩面积分别是"无防护堤"方案的 93.1% 和 94.3%。

主河槽平滩面积比随来沙系数的增大而减小。例如，至第 50 年，JC-3、

JC－6 和 JC－8 系列"无防护堤"方案艾山至泺口河段主河槽平滩面积比分别为 0.576、0.381、0.286。说明 8 亿 t 泥沙造成河道的淤积还是比较严重的。

2．同流量水位变化

图 5－30～图 5－35 点绘了 JC－3、JC－6、JC－8、JC－8－6 和 JC－8－3 等系列艾山、泺口、利津 3 个断面各时段末 3000m³/s 水位与初始水位差，具体数据见表 5－15～表 5－17。

表 5－15　　　　　艾山各水沙系列 3000m³/s 水位与初始水位差　　　　单位：m

时间	JC－3 系列		JC－6 系列		JC－8 系列		JC－8－6 系列		JC－8－3 系列	
	无防护堤	防护堤	无防护堤	防护堤	无防护堤	防护堤	无防护堤	防护堤	无防护堤	防护堤
第 10 年	0.20	0.21	1.13	1.15	1.24	1.25	0.89	0.90	－0.26	－0.26
第 20 年	0.68	0.70	2.42	2.49	3.02	3.07	2.26	2.35	0.22	0.26
第 30 年	0.36	0.42	2.96	3.34	3.80	4.12	2.73	3.16	0.23	0.35
第 40 年	0.97	1.10	4.10	4.56	5.08	5.44	3.82	4.36	0.64	0.89
第 50 年	1.18	1.33	5.17	5.54	6.12	6.46	4.88	5.36	0.90	1.32

表 5－16　　　　　泺口各水沙系列 3000m³/s 水位与初始水位差　　　　单位：m

时间	JC－3 系列		JC－6 系列		JC－8 系列		JC－8－6 系列		JC－8－3 系列	
	无防护堤	防护堤	无防护堤	防护堤	无防护堤	防护堤	无防护堤	防护堤	无防护堤	防护堤
第 10 年	0.45	0.46	1.25	1.26	1.33	1.34	1.04	1.05	0.07	0.08
第 20 年	1.02	1.00	2.55	2.58	3.02	3.06	2.41	2.42	0.53	0.56
第 30 年	0.60	0.62	3.27	3.41	3.98	4.09	3.03	3.27	0.51	0.60
第 40 年	1.05	1.13	4.30	4.38	5.14	5.19	4.03	4.24	0.94	1.11
第 50 年	0.97	1.02	5.12	5.30	6.02	6.24	4.85	4.97	1.04	1.23

表 5－17　　　　　利津各水沙系列 3000m³/s 水位与初始水位差　　　　单位：m

时间	JC－3 系列		JC－6 系列		JC－8 系列		JC－8－6 系列		JC－8－3 系列	
	无防护堤	防护堤	无防护堤	防护堤	无防护堤	防护堤	无防护堤	防护堤	无防护堤	防护堤
第 10 年	0.12	0.12	0.71	0.71	0.72	0.73	0.60	0.60	0.21	0.21
第 20 年	0.25	0.24	1.25	1.26	1.48	1.50	1.21	1.21	0.45	0.48
第 30 年	0.43	0.46	1.12	1.14	1.41	1.43	1.04	1.10	0.24	0.25
第 40 年	0.45	0.50	1.27	1.38	1.57	1.71	1.27	1.42	0.37	0.40
第 50 年	0.37	0.41	1.40	1.52	1.65	1.83	1.39	1.56	0.34	0.35

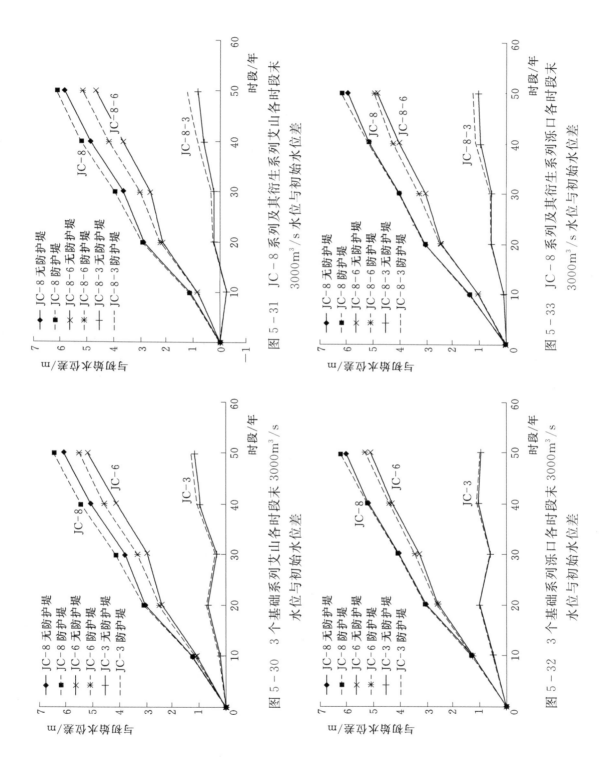

图 5 - 30 3 个基础系列艾山各时段末 3000m³/s 水位与初始水位差

图 5 - 31 JC - 8 系列及其衍生系列艾山各时段末 3000m³/s 水位与初始水位差

图 5 - 32 3 个基础系列泺口各时段末 3000m³/s 水位与初始水位差

图 5 - 33 JC - 8 系列及其衍生系列泺口各时段末 3000m³/s 水位与初始水位差

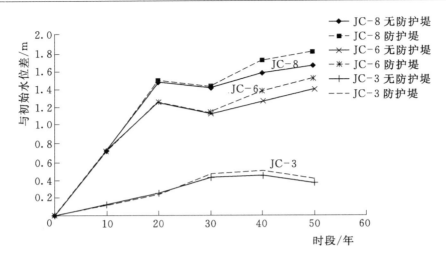

图 5 - 34　3 个基础系列利津各时段末
3000m³/s 水位与初始水位差

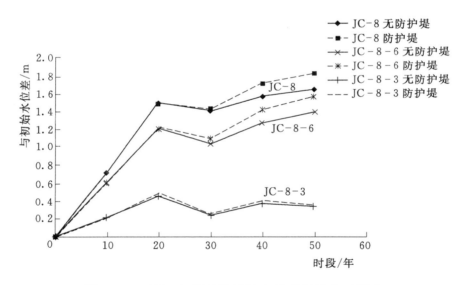

图 5 - 35　JC - 8 系列及其衍生系列利津各时段末
3000m³/s 水位与初始水位差

　　可以看出，艾山、泺口、利津等 3 个断面 3 个水沙系列在各时段末
3000m³/s 水位与初始水位比，均为"防护堤"方案比"无防护堤"方案高。

　　例如，第 50 年时，其中艾山断面 JC - 6 和 JC - 8 两个系列 3000m³/s 水位
"防护堤"方案比"无防护堤"方案分别高 0.37m 和 0.34m；泺口断面 JC - 6
和 JC - 8 两个系列 3000m³/s 水位"防护堤"方案比"无防护堤"方案分别高
0.18m、0.22m；利津断面 JC - 6 和 JC - 8 两个系列 3000m³/s 水位"防护堤"

方案比"无防护堤"方案分别高 0.12m、0.28m。

5.5 宽滩区不同运用方案对山东窄河段影响综合评述

通过对 5 个 50 年水沙系列和两个典型洪水在 3 个河道边界条件下，宽河段本身冲淤情况及对山东窄河段的影响计算结果对比分析，综合评述宽滩区不同运用方式对山东窄河段的影响得出以下几点。

（1）"防护堤"方案与"无防护堤"方案进入窄河段的总水量差异较小，但进入窄河段的沙量均比"无防护堤"方案大，其增量随水沙系列总沙量的增大而增大；对于相同的上游来水来沙条件，防护堤标准越高进入窄河段的沙量越大。JC-8 系列下"无防护堤"方案、"防护堤 6000"方案和"防护堤 10000"方案进入艾山的总沙量分别是 251.1 亿 t、260.6 亿 t 和 260.9 亿 t，宽河段排沙比分别为 65.2%、67.7% 和 67.8%；JC-3、JC-6 和 JC-8 系列宽河段"防护堤 6000"方案比"无防护堤"方案分别多排 0.7 亿 t、6.1 亿 t 和 9.5 亿 t。水量不变时宽河段排沙比随沙量的增加而减少。JC-8、JC-8-6 和 JC-8-3 系列"无防护堤"方案其宽河段排沙比分别为 65.2%、71.7% 和 101.1%，3 亿 t 方案基本可以实现宽河段的冲淤平衡。

（2）艾山以上宽河段总淤积量"防护堤"方案比"无防护堤"方案小，但防护堤范围内"防护堤"方案淤积量比"无防护堤"方案明显增大；宽河段冲淤量随年平均来沙系数的增大而增大。例如，JC-8 系列"防护堤 6000"方案比"无防护堤"方案总淤积量少淤积 10.9%，但防护堤范围内"防护堤 6000"方案比"无防护堤"方案多淤积 26.7%；JC-3、JC-6 和 JC-8 这 3 个基础系列"防护堤 6000"方案总淤积量分别为 5.984 亿 m³、41.486 亿 m³ 和 59.965 亿 m³。在大洪水稀少的条件下，对于两种不同防护堤标准，宽河段总冲淤量差别甚小。JC-8-6 系列"防护堤 10000"方案共淤积 32.554 亿 m³，"防护堤 6000"方案共淤积 32.535 亿 m³。

（3）艾山以下窄河段总淤积量"防护堤"方案比"无防护堤"方案大；窄河段冲淤量随年平均来沙系数的增大而增大，即来沙量越大，宽河段的"防护堤"方案对于艾山以下窄河段的增淤作用越明显；就计算的两个不同防护堤标准而言，窄河段总冲淤量差别显示不出来。例如，JC-6 系列"防护堤 6000"方案比"无防护堤"方案多淤积量 14.5%；JC-3、JC-6 和 JC-8 这 3 个基础系列"防护堤 6000"方案总淤积量分别为 4.488 亿 m³、10.761 亿 m³ 和 13.890 亿 m³；JC-8-6 系列"防护堤 10000"方案和"防护堤 6000"方窄河段分别淤积 10.324 亿 m³ 和 10.311 亿 m³，两者基本一致。

（4）虽然对于整个黄河下游而言，"防护堤"方案有利于减少淤积，但是其减少的主要是宽滩区上的淤积量，对于河槽来说淤积却有增无减。因为相对于"无防护堤"方案而言，淤积在防护堤范围外即滩区上的泥沙，当修建防护堤后，并不能全部被输送入海，一部分被淤积在河槽内，因而会增加河槽的淤积，特别是会增加艾山以下窄河段的淤积，且来沙量越大影响越严重。

（5）窄河段淤积厚度"防护堤"方案均比"无防护堤"方案大，且来沙量越大则差值越大；但同一水沙条件两个不同防护堤标准下窄河段的冲淤厚度差别不明显。例如，JC－3、JC－6 和 JC－8 这 3 个基础系列"防护堤 6000"方案分别比"无防护堤"方案淤积厚度高 0.02m、0.19m 和 0.22m。

（6）5 个水沙系列中有 3 个方案艾山以下主河槽平滩面积都在不断缩小，来沙越多河槽萎缩得越快；在同样的水沙条件下"防护堤"方案比"无防护堤"方案缩小得更多。由于艾山以下河段主河槽平滩面积的缩小和河床抬升，50 年后艾山站同流量水位明显抬升，来沙越多升得越多，同条件下"防护堤"方案水位高于"无防护堤"方案。50 年后"无防护堤"方案 5 个系列艾山站 3000m³/s 水位与初始水位差分别为 1.18m、5.17m、6.12m、4.88m 和 0.90m，"防护堤 6000"方案分别比"无防护堤"方案高 0.15m、0.37m、0.34m、0.48m 和 0.42m。

（7）对于大漫滩洪水，由于"防护堤"方案宽滩区分洪，窄河段"防护堤"方案沿程洪峰流量均比"无防护堤"方案小，"防护堤"方案洪峰传播速度比"无防护堤"方案快；对于非漫滩中常洪水，"防护堤"方案宽滩区基本不分洪，"防护堤"方案沿程洪峰流量均比"无防护堤"方案大，"防护堤 10000"方案与"防护堤 6000"方案差别不大，"防护堤"方案洪峰传播速度与"无防护堤"方案差别不大。

总之，通过对宽滩区"防护堤"和"无防护堤"两种不同运行方式的模拟计算分析，可以得出主要结论：宽滩区防护堤的修建增大了宽河段的水流输沙能力，同时又减少了泥沙淤积的空间，使得"防护堤"方案进入窄河段的沙量比"无防护堤"方案要大，其增量随来沙量的增加而增大；水量不变时宽河段排沙比随沙量的增加而减少；本次计算"防护堤 6000"和"防护堤 10000"两个方案防护堤标准较高，就设计的 5 个系列而言，大洪水稀少，最大流量也仅 7728m³，整个水沙系列分洪洪水出现概率不大，整个分洪水沙量相对整个水沙系列来水来沙而言比较小，两个不同防护堤标准下宽河段总淤积量相差很小，因而进入艾山以下窄河段水沙量差异也不大；相对于"无防护堤"方案，"防护堤"方案因为宽河段滩区沉沙效果的减弱，导致进入窄河段的沙量增加，必将会加大艾山以下窄河段的河道淤积，使河槽更加萎缩，河道平滩面积进一步减小，同流量水位抬升加快，给窄河段河道防洪带来不利影响。但是，从几个指标看，影响的程度并不十分严重，相差在10％以内。

第6章 宽滩区滞洪沉沙功效
二维数学模型模拟

为了深入研究不同运用方案下宽滩区滞洪沉沙功效变化，本章基于黄河数学模型攻关课题组研发的平面二维水流—泥沙数学模型，通过改善宽滩区复杂约束条件的数学模拟方法，开发防护堤溃决模拟功能模块（YRSSHD2D0112），采用"58·7"和"77·8"两场典型洪水，开展了黄河下游宽滩区滞洪沉沙数值模拟计算，并根据计算结果对比分析了下游宽滩区不同运用方案下宽滩区滞洪沉沙功效变化。

6.1 防护堤溃决模拟技术及二维水沙数学模型完善

6.1.1 二维水沙数学模型概况

本次计算采用的黄河数学模型攻关课题组研发的平面二维水流—泥沙数学模型（YRSSHD2D0112），经黄河水利委员会确定为黄河平面二维水流泥沙数学模型计算的指定软件，2010 年 9 月获得国家版权局计算机软件著作权登记证书（登记号：2010SR046631）；2014 年国家防汛抗旱总指挥办公室下发了"关于增加重点地区洪水风险图编制项目可选软件的通知"（办减〔2014〕38 号文），黄河数学模拟系统（YRNMS）正式入选重点地区洪水风险图编制项目软件名录，该系统即包含 YRSSHD2D0112 模型。

YRSSHD2D0112 模型的水沙控制方程采用守恒形式，紊流方程采用零方程模式，在无结构网格上对偏微分方程组进行有限体积的积分离散。模型分别利用 Osher 格式、LSS 格式、ROE 格式、Steger - Warming 格式计算对流通量。根据不同计算任务的精度要求分别实现一阶精度、二级精度的扩散通量矢量梯度计算。时间积分主要采用欧拉显格式、一阶欧拉隐格式或二阶梯形隐格式。离散后的代数方程组采用预测、校正法（显格式）或 Newton - SSOR 双层迭代法（隐格式）求解。

在泥沙基本理论方面，针对黄河泥沙运动规律解决了非均匀沙沉速、水流分组挟沙力、床沙级配、动床阻力等关键技术的应用问题，且泥沙构件的计算模式兼顾了基于不同理论背景的研究成果。

6.1.2　防护堤或生产堤溃决模拟技术

防护堤或生产堤的溃决对于洪水在下游河道的演进及泥沙冲淤变化会产生重要影响。结合黄河下游生产堤溃口调查和相关文献调研，给出了防护堤或生产堤溃口的经验判别指标，以瞬间全溃为基本模式，编制完成溃口模拟功能模块，并嵌入黄河下游二维模型。新修防护堤不设闸门方案按坚固墙处理，大洪水时自然漫堤。设闸门方案，分洪闸和退水闸的分退水模拟，按宽顶堰流实时计算，其他部位视水流情况，一旦受水流顶冲有发生溃决可能性时，按防护堤溃决模拟方式计算。

1. 冲决模式

考虑中常洪水期间洪水运动特征，防护堤或生产堤冲决（洪水顶冲作用）溃口模式较为常见。

据现场调查发现，大河如果出现横、斜河等畸形河弯，当水流以一定的流速（$v=1.8\text{m/s}$ 左右）顶冲（水流方向与生产堤之间的夹角为 $70°\sim 90°$）生产堤时，生产堤将有冲溃的危险。综合分析后确定防护堤或生产堤溃口判别条件：当水流流速在 1.8m/s 左右，且水流方向与防护堤或生产堤夹角在 $70°\sim 90°$ 时，防护堤或生产堤前水深超过 1.5m，就认为该段防护堤或生产堤发生溃口，即

$$\begin{cases} H>1.5\text{m} \\ v>1.8\text{m/s} \\ 70°<\theta<90° \end{cases} \tag{6-1}$$

式中：H 为水深；v 流速；θ 为水流方向与防护堤或生产堤夹角。

溃口宽度设定为 200m；溃口深度等于防护堤或生产堤高度。

2. 漫决模式

考虑大洪水期间洪水漫堤而引起的防护堤或生产堤溃决模式，当下游遭遇大洪水，本河段流量超过下游防护堤或生产堤安全泄洪能力而引起的突发性自然溃堤，简称漫决溃口。导致防护堤或生产堤漫决的主要因素是洪水位超高导致堤顶漫溢破坏，洪水漫过大堤，由于势能的增加，漫堤流速加大，使堤身破坏塌陷溃口。当防护堤或生产堤水位距生产堤堤顶小于 0.2m 时，即认为防护堤或生产堤漫决。

溃口宽度假定为过水后防护堤或生产堤全溃；溃口深度等于防护堤或生产堤高度。

6.1.3　模型测试与验证

YRSSHD2D0112 模型已针对水流模块、泥沙模块分别开展了丁坝扰流、溃坝以及非均匀沙挟沙力等模块测试，测试结果良好。

本次模型率定与验证，采用黄河水利科学研究院开展的"黄河下游滩区分区运用滞洪沉沙效果实体模型试验研究"的模型观测资料，分别利用"96·8"洪水无防护堤方案、有防护堤（运用兰东滩、习城滩、清河滩）方案试验数据进行了验证计算，模型计算结果与实体模型试验结果基本一致。

6.2　二维水沙数值模拟计算边界条件

6.2.1　宽滩区不同运用方案及边界条件

宽滩区运用方案与第 5 章准二维数学模型计算一样，二维模型的运用条件较为细化。

（1）无防护堤运用方案。以 2013 年河道边界地形为基础条件，全面破除生产堤。

（2）有防护堤运用方案。河道地形以 2013 年河道边界地形为基础条件，防护堤分 8000m³/s 和 10000m³/s 两种防护标准（以下简称为防护堤 8000、防护堤 10000），其中防护堤位置、堤间宽度、防护堤高程的设置见前述。

防护堤闸门设置：原阳封丘滩、开封滩和长垣滩，设两个分洪闸门，两个退水闸门；其他滩区均只设置一个分洪闸门、一个退水闸门。

分洪闸运用条件：当花园口断面发生超过 10000m³/s 洪水（10 年一遇）时，防护堤上闸门全部启用，方案计算中不考虑东平湖分洪。

（3）分区运用方案。与防护堤运用方案设置类似，区别在于当花园口断面发生超过 10000m³/s 洪水滩区开始运用时，不再全部启用所有滩区的分洪闸门，而是确定分洪运用的滩区开启相应闸门。本次研究主要考虑启用 5 个滩区和 10 个滩区两种分区运用方案，开展对比计算。其中，启用的 5 个滩区分别是原阳封丘滩、李庄长垣滩、兰东滩、习城滩、清河滩；启用的 10 个滩区除上述 5 个滩区外，还有开封滩、辛庄滩、李进士堂滩、陆集滩、蔡楼滩。

3 种宽滩区运用方案下的计算范围均为花园口至艾山河段。

6.2.2　计算水沙过程

本次计算的水沙过程分为黄河下游"58·7"洪水和"77·8"洪水两个洪水过程。其中，"58·7"洪水是自 1919 年黄河有实测水文资料以来的最大洪水，"77·8"洪水为典型的高含沙大洪水过程。模型进口断面为花园口水文站，这两场洪水花园口站的水沙过程如图6-1和图6-2所示。出口为艾山断面，该断面的水位—流量关系曲线采用了黄河水利科学研究院2013年排洪能力分析相关成果。

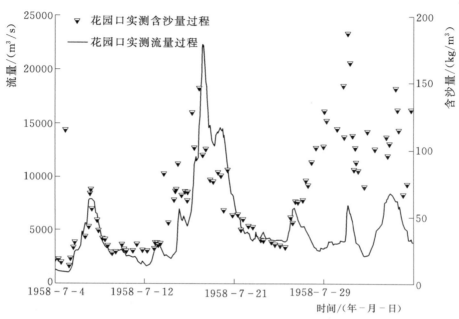

图6-1 黄河下游"58·7"洪水花园口站水沙过程

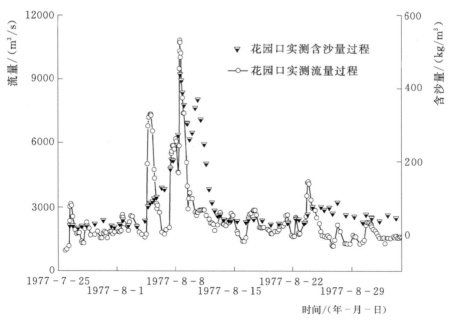

图6-2 黄河下游"77·8"洪水花园口站水沙过程

6.2.3 二维数学模型计算方案组合

针对上述黄河下游宽滩河段 3 种运用方案，结合两个典型洪水过程，本次计算共设置了 12 个计算方案如表 6-1 所列。

表 6-1 二维数学模型计算方案组合

序号	典型洪水过程	方案名称	边 界 条 件	备注
1		58·7 无防护堤	无防护堤方案	无防护堤
2		58·7 防护堤 8000-有闸	8000m³/s 防护堤标准，闸门全部开启，所有滩区参与分洪	有堤有闸
3		58·7 防护堤 10000-有闸	10000m³/s 防护堤标准，闸门全部开启，所有滩区参与分洪	
4	"58·7" 洪水	58·7 防护堤 8000-无闸	8000m³/s 防护堤标准，不设闸门	有堤无闸
5		58·7 防护堤 10000-无闸	10000m³/s 防护堤标准，不设闸门	
6		58·7 分区运用-5 滩	10000m³/s 标准防护堤，只运用 5 个滞洪量最大的滩区	分区运用
7		58·7 分区运用-10 滩	10000m³/s 标准防护堤，只运用 10 个滞洪量最大的滩区	
8		77·8 无防护堤	无防护堤方案	无防护堤
9		77·8 防护堤 8000-有闸	8000m³/s 防护堤标准，闸门全部开启，所有滩区参与分洪	有堤有闸
10	"77·8" 洪水	77·8 防护堤 10000-有闸	10000m³/s 防护堤标准，闸门全部开启，所有滩区参与分洪	
11		77·8 防护堤 8000-无闸	8000m³/s 防护堤标准，不设闸门	有堤无闸
12		77·8 防护堤 10000-无闸	10000m³/s 防护堤标准，不设闸门	

6.3 下游宽滩区不同运用方案滞洪沉沙功效对比

6.3.1 宽滩区不同运用方案对洪水演进的影响

1. 洪峰传播及削减率沿程变化情况

图 6-3 和图 6-4 分别给出了不同运用方案下 "58·7" "77·8" 沿程各站的洪峰流量、削峰率和洪峰流量沿程变化情况。可以看出，防护堤的修建对黄河下游大洪水的演进规律存在明显的影响；而且 "58·7" 大洪水，因洪水量级大，漫滩概率、漫滩水量、漫滩持续时间等均较 "77·8" 洪水大，对上、下游河段的影响程度存在明显的差异。同时，防护堤上设闸门与不设闸

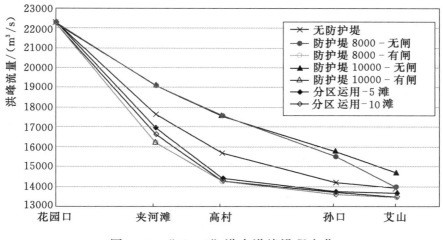

图 6-3　"58·7"洪水洪峰沿程变化

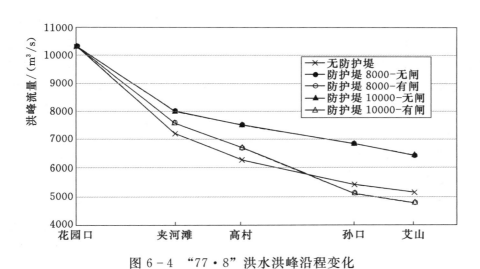

图 6-4　"77·8"洪水洪峰沿程变化

门，"58·7"大洪水与"77·8"洪水的演进过程也存在明显的不同。从图
6-3看，"58·7"洪水在不同运用方式下的沿程洪峰变化情况基本分3个
层次。最上面一组曲线分别为有堤无闸情况，中间一条曲线是无防护堤方
案，最下面一组曲线是有堤有闸情况下的不分区运用和分区运用的3种情
况。进一步分析：①有堤有闸和分区运用方案与无防护堤方案相比（第二组
曲线与第三组曲线相比），滩区的滞洪作用增加，沿程削峰率明显较大。主
要是因为无防护堤条件下，上滩洪水归槽路径较多，归槽水流能够快速与主
槽洪水汇合共同向下游演进；而有堤有闸条件下，洪水进入滩区后，只能通
过滩区下游的退水闸退回主槽，退水速度较慢，不能及时与主槽洪水汇合。

例如，有堤有闸和分区运用方案到高村站的削峰率均在 36％左右，高于无防护堤方案的削峰率 29.62％。②滩区运用数量的多少对洪水演进也存在不同程度影响（第三组曲线相互比），分区运用比有堤有闸全部滩区运用情况的削峰率减小，且 5 个滩区运用情况下比 10 个滩区运用的削峰率小，特别是在上首的夹河滩断面差异明显，其削峰率依次为 27％、25％和 24％，即有堤有闸全部滩区运用＞10 个滩区运用＞5 个滩区运用；高村、孙口和艾山断面这种差异相对减小，高村断面削峰率依次为 36％、36％和 35％，孙口断面削峰率依次为 39％、39％和 38％，艾山断面削峰率依次为 40％、40％和 39％。③在有堤无闸的运行方式下（第一组曲线分别与第二组、第三组曲线相比），由于洪水靠自然漫堤入滩（防护堤设置为不能破坏），漫滩水量减小，沿程洪峰削减率明显小于无防护堤情况，更小于有堤有闸和分区运用的情况。

"77·8"洪水，花园口洪峰流量仅 10300m³/s，因此洪水演进过程中有堤有闸的两种情况下，高村及以上河段滩区滞洪作用均小于无防护堤方案；洪水在快速向下游推进的同时，造成孙口及以下河段滩区的滞洪作用反大于无防护堤方案。如防护堤 8000 方案下，孙口站、艾山站洪峰流量分别为 5108m³/s、4813m³/s；无防护堤情况下，孙口站、艾山站洪峰流量分别为 5447m³/s、5164m³/s。有堤无闸的情况下，仅有极少量洪水通过漫堤进入滩区，滩区没有发挥滞洪作用，洪峰沿程削减量较小，整个河段的沿程洪峰流量均大于无防护堤方案和有堤有闸方案。

2. 孙口及艾山断面超万洪量

表 6-2 分别给出了不同运用方案下不同量级大洪水期孙口和艾山站超过 10000m³/s 的洪量。"58·7"洪水各方案在孙口和艾山均超过 10000m³/s，而"77·8"洪水各方案在孙口和艾山均未超过 10000m³/s。防护堤对孙口和艾山超万洪量的影响，与前述洪峰演进规律直接相关，上游滩区滞洪能力强，则削峰率大，孙口和艾山超万洪量就小；反之亦然。"58·7"洪水，有堤无闸运用方案下，孙口和艾山的超万洪量最大，8000m³/s 和 10000m³/s 标准防护堤，在孙口断面的超万洪量分别为 10.80 亿 m³ 和 11.27 亿 m³，在艾山断面的超万洪量分别为 7.65 亿 m³ 和 10.19 亿 m³，这两种运用方式均给东平湖蓄滞洪区带来较大分洪压力；但是 8000m³/s 相对 10000m³/s 有堤有闸运用方案而言，孙口和艾山的超万洪量，均有所减小，给艾山以下河段带来防洪压力也略有减小。

有堤有闸方案情况下，无论全部滩区运用还是分区运用方案，孙口和艾山的超万洪量均小于无防护堤方案，且运用滩区越多两站超万洪量越小，能够相对减小东平湖及以下河段防洪压力。

表 6 - 2 　　　　　　　　　　　各方案超万洪量统计表

方 案 名 称	超万洪量/亿 m³		方 案 名 称	超万洪量/亿 m³	
	孙口	艾山		孙口	艾山
58·7 无防护堤	8.68	7.40	77·8 无防护堤	0	0
58·7 防护堤 8000 - 无闸	10.80	7.65	77·8 无防护堤 8000 - 无闸	0	0
58·7 防护堤 8000 - 有闸	7.15	6.18	77·8 无防护堤 8000 - 有闸	0	0
58·7 防护堤 10000 - 无闸	11.27	10.19	77·8 无防护堤 10000 - 无闸	0	0
58·7 防护堤 10000 - 有闸	7.17	6.20	77·8 无防护堤 10000 - 有闸	0	0
58·7 分区运用 - 5 滩	7.46	6.97			
58·7 分区运用 - 10 滩	7.06	6.45			

3. 峰现时间差异

从图 6 - 5 来看，"58·7" 洪水，不同运用方式下的沿程峰现时间与洪峰沿程变化情况相类似，也基本分 3 个层次，但结构与其刚好相反。最上面一组曲线分别为有堤有闸情况下的不分区运用和分区运用 3 种情况，中间一条曲线是无防护堤方案，最下面一组曲线是有堤无闸情况。换句话说，有堤无闸运用方案的洪水演进速度整体快于无防护堤、有堤有闸和分区运用方案。

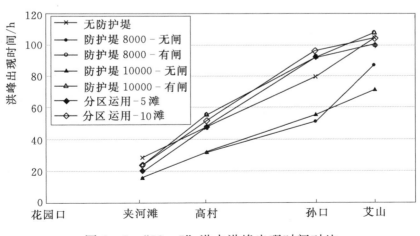

图 6 - 5 "58·7" 洪水洪峰出现时间对比

在有堤无闸运用方案下，高村以上河段，不同标准防护堤对演进速度影响不明显；高村以下河段，8000m³/s 标准防护堤，更能发挥滩区的滞洪作用，洪峰传播速度比 10000m³/s 标准防护堤情况下要慢些。其中，8000m³/s 和 10000m³/s 标准防护堤情况在无闸门时，洪峰从花园口到高村、到艾山的峰现时间分别为 32h、88h 和 32h、72h。

　　洪水演进速度与滩区的运用个数直接相关，运用滩区越多，洪水传播速度越慢。例如，有堤有闸与分区运用方案这两种情况相比，有堤有闸运用方案是将所有滩区的闸门全部打开分滞洪，且受闸门退水速度较慢的影响，整体洪峰的演进速度也最慢，但与防洪堤标准关系不太明显，8000m³/s 和 10000m³/s 标准防护堤洪峰到达艾山时间均为 108h；运用 10 个滩区和运用 5 个滩区，到达艾山站的时间分别为 104h 和 100h。

　　从图 6－6 来看，"77·8"洪水，在有堤有闸运用方案下，洪水传播速度快于无防护堤方案，与"58·7"洪水相反，主要是因为高村以上的两个主要滞洪滩区原阳滩和长垣滩，目前地形条件下的滩面较高，小流量洪水难以进滩，因此该河段滩区滞洪作用小，受滩槽高差大和防护堤对洪水的约束等因素共同作用，加快了洪水演进速度，使得洪水到达高村的时间大大缩短，有堤有闸运用方案和无防护堤方案下洪水到达高村的峰现时间分别为 40h 和 52h；但随着洪水向下游演进，滩区滞洪作用逐渐明显，到达艾山时两者之间的差值减小，分别为 100h 和 108h。有堤无闸运用方案下，整体洪水演进速度最快，高村以上河段洪峰演进速度与有堤有闸方案相当；高村以下河段，有堤无闸方案滩区没有上水，未发挥其滞洪作用，演进速度逐渐加快，与有堤有闸方案差值越来越大，到达孙口站的峰现时间比有堤有闸方案快 28h，到达艾山的峰现时间快 36h。

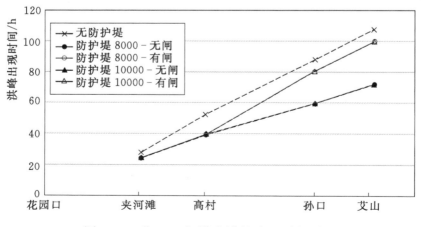

图 6－6　"77·8"洪水洪峰出现时间对比

6.3.2 宽滩区不同运用方案对沙峰传播及河道冲淤的影响

1. 沙峰传播及艾山断面含沙量变化情况

从图 6-7 和图 6-8 来看，"58•7"和"77•8"洪水，各方案的沿程沙峰含沙量均存在一个转折点，转折点以上沙峰快速衰减，转折点以下沙峰基本稳定，衰减量很小；防护堤不同运用方案对两场不同量级大洪水的沙峰传递规律的影响基本相同。其中，有堤无闸运用方案与无防护堤方案相同，转折点都在高村，只是前者各站含沙量均比无防护堤方案大，说明无防护堤方案高村以上的大漫滩使沙峰的衰减明显。其主要原因为，有堤无闸运用方案在高村以上基本没有漫滩，滩区滞洪沉沙作用较弱，使得高村站沙峰和洪峰衰减量均较小；高村以下由于堤距变窄，加之高村以上泥沙级配的调整、粗泥沙量的减少，水沙关系协调性增加，洪水输沙能力增强，从而使沙峰能够稳定向下游推进。

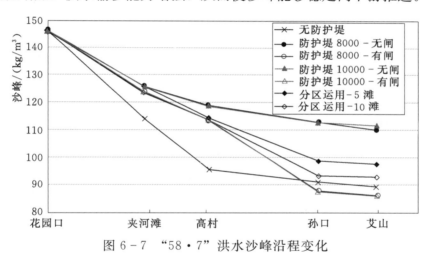

图 6-7 "58•7"洪水沙峰沿程变化

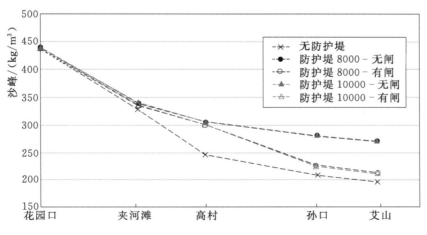

图 6-8 "77•8"洪水沙峰沿程变化

在有堤有闸和分区运用方案下，转折点向下推移至孙口，且沙峰的衰减量介于无防护堤方案和有堤无闸方案之间。主要是因为，有堤有闸和分区运用方案与无防护堤方案比，均减弱了高村以上河段滩区沉沙功能，使得高村站沙峰含沙量增大；与前述洪峰演进情况相应，洪水在高村至孙口段的大量上滩，使得沙峰在该河段持续快速衰减，直到孙口站水沙关系基本调整完成。与有堤无闸方案比，因有堤有闸和分区运用方案的上滩分洪量较大，沙峰的衰减也明显较大，因此艾山站的含沙量均小于有堤无闸方案。

　　从图 6 - 7 来看，"58·7"洪水，在有堤无闸运用方案下，孙口及以上河段，防护堤标准的不同没有对含沙量产生较大影响，到达艾山时两者相差不大，分别为 110kg/m³ 和 112kg/m³。该运用方案下，沙峰含沙量在演进过程中，均明显大于无防护堤、有堤有闸和分区运用方案，越向下游有堤无闸运用方案的沙峰含沙量偏大越多。其主要原因：一是防护堤修建以后，防护堤范围内行洪水量增加，上游洪水快速向下游推进过程中，洪水在其下游的滩区上滩水量明显增加，使得进入其下游滩区的泥沙量也相应增加，进而导致其下游滩区的落淤沙量增加；二是由于防护堤的存在，上滩水流归槽速度降低，滞洪时间延长，导致落淤沙量增加。孙口至艾山河段，沙峰衰减速度与无防护堤方案基本一致，衰减量都非常小。沙峰含沙量与滩区的运用个数也直接相关，运用滩区越多，沙峰含沙量沿程衰减越多。

　　从图 6 - 8 来看，"77·8"洪水，有堤无闸运用方案与无防护堤方案相比，夹河滩以上河段沙峰衰减量略小，没有明显差异；夹河滩至高村河段，高村站有堤无闸和无防护堤方案的含沙量分别为 305kg/m³ 和 247kg/m³，沙峰衰减率分别为 10% 和 25%，说明后者的滞洪沉沙效果优于前者；高村至艾山河段，艾山站二者含沙量分别为 272kg/m³ 和 197kg/m³，无防护堤方案的沙峰衰减率为 11%，与夹河滩到高村河段的衰减率基本相当，有堤无闸方案削峰率减小为 20%。夹河滩以上河段因洪水几乎没有上滩，因此有堤有闸运用方案与无防护堤方案相比，沙峰衰减量较小；夹河滩至高村河段，沙峰衰减明显小于无防护堤方案，夹河滩站有堤有闸和无防护堤方案的沙峰含沙量分别为 302kg/m³ 和 247kg/m³，衰减率分别为 11% 和 25%；高村至孙口河段，由于滩区的滞洪沉沙作用，沙峰衰减较大，孙口站有堤有闸和无防护堤方案的沙峰含沙量分别为 227kg/m³ 和 209kg/m³，衰减率分别为 25% 和 15%；孙口至艾山河段，沙峰衰减速度与无防护堤方案相当。

　　从图 6 - 9 和图 6 - 10 可以看出，"58·7"和"77·8"洪水，均是无防护堤方案的沙峰到达艾山断面最晚，总体沙量最小；有堤无闸运用方案沙峰到达最早，沙量总体最大；有堤有闸和分区运用方案的沙峰到达时间和总体沙量，均介于无防护堤方案和有堤无闸运用方案之间，且运用 5 个滩区的分区运用方案沙峰到达艾山断面时间早于运用 10 个滩区的分区运用方案。

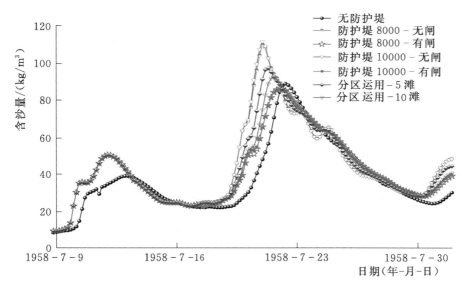

图 6-9　"58·7"洪水艾山断面含沙量变化过程

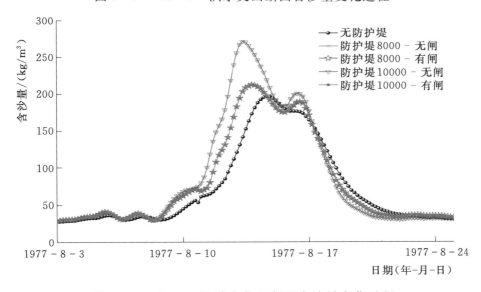

图 6-10　"77·8"洪水艾山断面含沙量变化过程

2. 沿程冲淤分布情况

模型计算结果表明，在不同量级洪水不同运用方案下，主槽、嫩滩、滩区沿程冲淤量，防护堤修建对不同部位的冲淤规律影响不尽相同。

从图 6-11 和图 6-12 来看，无论是"58·7"洪水还是"77·8"洪水，主槽冲刷量均是有堤无闸方案最小，无防护堤方案冲刷量最大，且主槽冲刷量与运用滩区个数成正比。究其原因，主要是因为无防护堤方案滩槽水沙交换最为自由，高含沙洪水大量进入滩区，使得泥沙在滩区落淤量较大，滩区水流在演进过程中水流含沙量逐步降低，低含沙洪水快速回归主槽，对主槽内高含沙洪水具有稀释作用，进而增加了主槽的冲刷量；有堤无闸方案，对洪水的约束力最强，洪水上滩和归槽均较为困难，导致泥沙在滩区的淤积量减少最多，从而主河槽内洪水含沙量最高，与前述沙峰演变过程相一致，导致其主槽冲刷量最小。有堤有闸运用方案介于二者之间。从有堤有闸和分区运用相比，运用滩区个数越多，滩槽间的水沙交换越充分，越能反映大洪水"淤滩刷槽"的自然特性。由此可见，只有充分淤滩才能更好地刷槽。

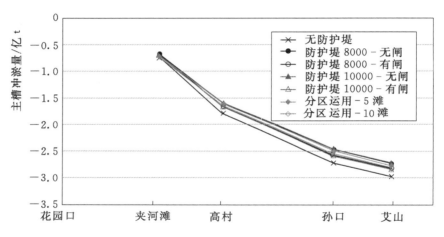

图 6-11　"58·7"洪水主槽冲淤量沿程变化

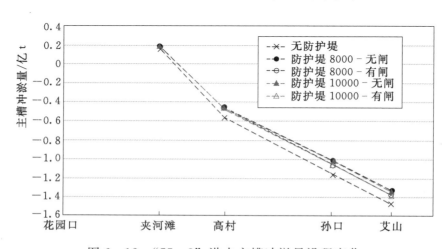

图 6-12　"77·8"洪水主槽冲淤量沿程变化

从图 6-13 和图 6-14 来看，无论是"58·7"洪水还是"77·8"洪水，嫩滩的淤积量由小到大依次为无防护堤方案、有堤无闸方案、分区运用方案和有堤有闸方案。可见，无论采用何种防护堤运用方案，均会一定程变地增加嫩滩的淤积量。

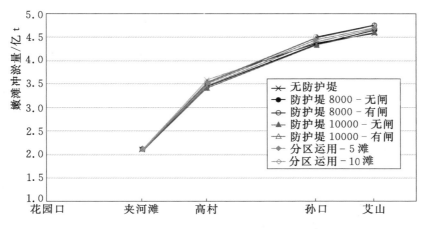

图 6-13 "58·7"洪水嫩滩冲淤量沿程变化

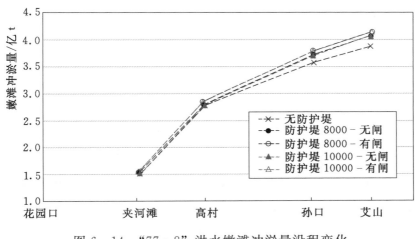

图 6-14 "77·8"洪水嫩滩冲淤量沿程变化

从图 6-15 和图 6-16 来看，无论是"58·7"洪水还是"77·8"洪水，滩区的淤积量由大到小分为 3 个层次，依次为无防护堤方案、有堤有闸方案和分区运用方案、有堤无闸方案。可见，无论采用何种防护堤运用方案，均会减小滩区的淤积量；且就有堤有闸方案和分区运用方案比，运用滩区越少，滩区淤积量减少越多。

6.3.3 宽滩区不同运用方案的滞洪功能对比

表 6-3 以及图 6-17 和图 6-18 分别给出了不同运用方案下不同量级大

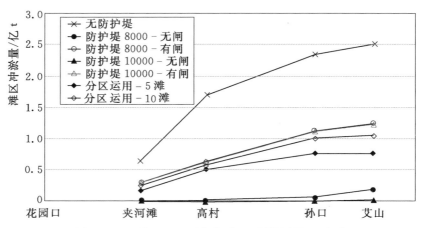

图 6-15　"58·7"洪水滩区冲淤量沿程变化

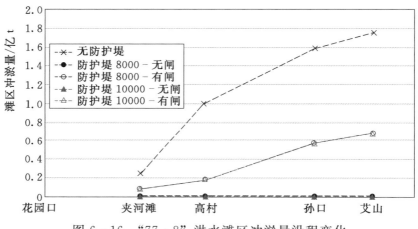

图 6-16　"77·8"洪水滩区冲淤量沿程变化

洪水期沿程各站滞洪量沿程变化。可以看出，无论是"58·7"洪水还是"77·8"洪水，虽然滩区滞洪量存在差异，但均是无防护堤方案滩区滞洪量最大，有堤无闸方案滞洪量最小，且滩区总滞洪量与滩区运用个数成正比。从滞洪量差异看，与上述洪峰、沙峰、滩区淤积量变化规律相同，也呈 3 个层次，从大到小依次为无防护堤方案、有堤有闸方案和分区运用方案、有堤无闸方案。

表 6-3　　　　　　　各方案滩区滞洪量沿程分布情况统计表

方 案 名 称	滞　洪　量/亿 m³			
	夹河滩	高村	孙口	艾山
58·7 无防护堤	6.53	14.07	24.15	27.37
58·7 防护堤 8000 -无闸	0	0	0.56	3.09
58·7 防护堤 8000 -有闸	4.05	8.58	17.80	20.64
58·7 防护堤 10000 -无闸	0	0	0.02	0.43

续表

方 案 名 称	滞 洪 量/亿 m³			
	夹河滩	高村	孙口	艾山
58·7 防护堤 10000-有闸	4.05	8.58	17.78	20.56
58·7 分区运用-5 滩	2.18	7.01	12.35	12.35
58·7 分区运用-10 滩	3.56	8.28	16.10	17.04
77·8 无防护堤	0.83	4.16	8.74	10.15
77·8 防护堤 8000-无闸	0	0	0	0
77·8 防护堤 8000-有闸	0.54	1.18	5.38	6.57
77·8 防护堤 10000-无闸	0	0	0	0
77·8 防护堤 10000-有闸	0.54	1.18	5.38	6.57

从图 6-17 来看，"58·7"洪水，有堤无闸运用方案下，艾山以上河段 8000m³/s 和 10000m³/s 标准防护堤的滞洪量分别为 3.09 亿 m³ 和 0.43 亿 m³，而无防护堤方案滞洪量为 27.37 亿 m³。可见，有堤无闸运用方案滩区滞洪量远小于无防护堤方案；同时，总体上 8000m³/s 标准防护堤方案滩区的滞洪作用大于 10000m³/s 标准防护堤方案。

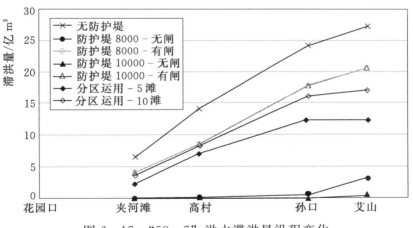

图 6-17 "58·7"洪水滞洪量沿程变化

有堤有闸运用方案，滩区滞洪量依然整体小于无防护堤方案，艾山以上河段 8000m³/s 和 10000m³/s 标准防护堤滞洪量分别为 20.64 亿 m³ 和 20.56 亿 m³，无防护堤方案滞洪量为 27.37 亿 m³，减少滞洪量将近 7 亿 m³，其中高村及以上河段滞洪量减少 5.49 亿 m³，可见该运用方案对高村以上河段滞洪量影响较大。究其原因，主要是有堤有闸方案洪水只能通过进水闸门进入滩区，减少了洪水上滩路径，使上滩水量大幅减少，沉沙量减少较多，使得该河段滩区没能较好地发挥面积大、滞洪沉沙能力强的作用。高村以下河段，滩区面积相对较小，该运用方案与无防护堤方案相比，滞洪量略小，差别不明显。分区运用方案，其滞洪量整体小于有堤有闸方案和无防护堤方案，且运用 5 个滩区滞洪量小于运用 10 个滩区，可见运用滩区个数越多滞洪量越大。

从图 6-18 来看，"77·8"洪水，在有堤无闸方案下，滩区未上水，滩区没有发挥滞洪作用；有堤有闸运用方案与无防护堤方案相比，整体滞洪量偏小，艾山以上河段滞洪量偏小 3.58 亿 t，其中仅高村以上河段就偏小 2.98 亿 t，可见，该方案主要对高村以上滩区的滞洪量影响最大，与"58·7"洪水定性一致，定量略小。

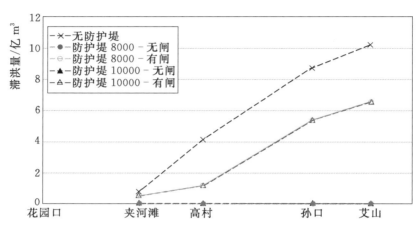

图 6-18　"77·8"洪水滞洪量沿程变化

6.3.4　宽滩区不同运用方案的沉沙功能对比

表 6-4 以及图 6-19、图 6-20 分别给出了不同运用方案下不同量级大洪水期滩区沉沙量和沿程变化。可以看出，无论是"58·7"洪水还是"77·8"洪水，虽然滩区沉沙量存在差异，均是无防护堤方案沉沙量最大，有堤无闸方案沉沙量最小，且滩区的总沉沙量与滩区运用数量成正比。从沉沙量差异看，与上述滞洪量变化规律相同，也呈 3 个层次，从大到小依次为无防护堤方案、有堤有闸方案和分区运用方案、有堤无闸方案。

表 6-4　　　　　　　　各方案滩区沉沙量沿程分布情况统计表

方 案 名 称	沉 沙 量/亿 t			
	花园口至夹河滩	花园口至高村	花园口至孙口	花园口至艾山
58·7 无防护堤	0.63	1.69	2.35	2.50
58·7 防护堤 8000 - 无闸	0	0	0.04	0.17
58·7 防护堤 8000 - 有闸	0.29	0.62	1.12	1.24

续表

方案名称	沉沙量/亿 t			
	花园口至夹河滩	花园口至高村	花园口至孙口	花园口至艾山
58·7 防护堤 10000 –无闸	0	0	0	0.03
58·7 防护堤 10000 –有闸	0.29	0.62	1.12	1.23
58·7 分区运用–5 滩	0.17	0.51	0.76	0.76
58·7 分区运用–10 滩	0.26	0.59	1.01	1.06
77·8 无防护堤	0.23	1.00	1.60	1.76
77·8 防护堤 8000 –无闸	0	0	0	0
77·8 防护堤 8000 –有闸	0.08	0.17	0.57	0.67
77·8 防护堤 10000 –无闸	0	0	0	0
77·8 防护堤 10000 –有闸	0.08	0.17	0.57	0.67

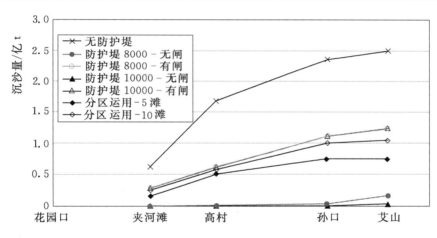

图 6–19　"58·7"洪水滩区沉沙量沿程变化

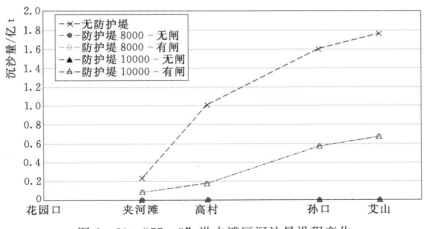

图 6–20　"77·8"洪水滩区沉沙量沿程变化

从图 6-19 来看，"58·7"洪水，有堤无闸运用方案下，艾山以上河段 8000m³/s 和 10000m³/s 标准防护堤运用方案的沉沙量分别为 0.17 亿 t 和 0.03 亿 t，而无防护堤方案艾山以上河段沉沙量为 2.50 亿 t。可见，有堤无闸运用方案滩区沉沙量远小于无防护堤方案；同时，与前述洪水漫滩情况相辅相成的是，8000m³/s 标准防护堤的滩区沉沙作用也大于 10000m³/s 标准防护堤情况。

有堤有闸运用方案下，滩区沉沙量依然整体小于无防护堤方案，且高村以上河段沉沙量比无防护堤方案偏小最多，沉沙量分别为 0.62 亿 t 和 1.69 亿 t，偏小 1.07 亿 t。究其原因，主要是有堤有闸方案洪水只能通过进水闸门进入滩区，减少了洪水上滩路径，使上滩水量大幅减少，从而沉沙量减少较多，使得该河段滩区没能较好地发挥面积大、滞洪沉沙能力强的作用。高村以下河段，滩区面积相对较小，该运用方案与无防护堤方案相比，沉沙量略小，差别不太明显。分区运用方案的沉沙量整体小于有堤有闸方案和无防护堤方案，且运用 5 个滩区沉沙量小于运用 10 个滩区时的沉沙量。可见，运用滩区个数越多，沉沙量越大。

从图 6-20 来看，"77·8"洪水，有堤无闸运用方案下，滩区未上水，滩区没有发挥沉沙作用。有堤有闸运用方案与无防护堤方案相比，整体沉沙量偏小，艾山以上河段沉沙量偏小 1.10 亿 t，其中高村以上河段沉沙量就偏小 0.83 亿 t。可见，该方案对高村以上滩区的沉沙量影响最大，与"58·7"洪水定性一致，定量略小。

表 6-5 分别给出小河头、董楼、雷口 3 个断面滩区横比降和断面形态参数

表 6-5　　　　　　　　　典型断面形态参数统计表

方 案 名 称	小河头		董 楼		雷 口	
	滩区横比降/‰	$\sqrt{B}/h$	滩区横比降/‰	$\sqrt{B}/h$	滩区横比降/‰	$\sqrt{B}/h$
58·7 无防护堤	8.09	6.48	7.08	7.29	16.78	5.61
58·7 防护堤 8000-无闸	8.23	6.79	7.33	7.62	17.93	5.67
58·7 防护堤 8000-有闸	8.14	6.61	7.39	7.5	17.19	5.57
58·7 防护堤 10000-无闸	8.23	6.79	7.47	7.83	18.40	5.93
58·7 防护堤 10000-有闸	8.14	6.61	7.38	7.5	17.18	5.56
58·7 分区运用-5 滩	8.23	6.79	7.35	7.55	18.01	5.83
58·7 分区运用-10 滩	8.13	6.62	7.39	7.51	17.87	5.85
77·8 无防护堤	7.67	7.37	7.09	8.10	17.57	5.29
77·8 防护堤 8000-无闸	7.85	7.77	7.52	8.67	18.97	5.65
77·8 防护堤 8000-有闸	7.79	7.62	7.45	8.44	17.84	5.24
77·8 防护堤 10000-无闸	7.85	7.7	7.52	8.67	18.97	5.65
77·8 防护堤 10000-有闸	7.79	7.62	7.45	8.44	17.84	5.24

$\sqrt{B/h}$。小河头断面位于花园口至夹河滩河段，其右岸是开封滩；董楼断面位于高村至孙口河段，其左侧为习城滩；雷口断面位于孙口至艾山河段，其左侧为打渔陈滩。初始地形条件的滩区横比降分别为 6.85‰、6.61‰、15.48‰，断面形态参数 $\sqrt{B/h}$ 分别为 7.54、10.90、7.78。无论是"58·7"洪水还是"77·8"洪水，无论是宽河段还是窄河段，不同滩区运用方案均使滩区横比降增加，河道宽深比增加，导致二级悬河和防洪形势更为严峻，相对而言无防护堤方案比所有防护堤方案的增加值小。

6.3.5 宽滩区淹没面积

表6-6、表6-7和图6-21、图6-22分别给出了不同运用方案下不同量级大洪水期沿程淹没面积、淹没水深和沿程变化。可以看出，无论是"58·7"洪水还是"77·8"洪水，滩区淹没面积变化趋势与滩区滞洪量基本一致，无防护堤方案滩区淹没面积最大，有堤无闸方案淹没面积最小，且滩区总淹没面积与滩区运用个数成正比。

表6-6 各方案滩区淹没面积沿程分布情况统计表

方 案 名 称	淹 没 面 积/km²			
	夹河滩	高村	孙口	艾山
58·7 无防护堤	450	834	1174	1239
58·7 防护堤 8000 -无闸	0	0	41	102
58·7 防护堤 8000 -有闸	347	670	975	1039
58·7 防护堤 10000 -无闸	0	0	10	28
58·7 防护堤 10000 -有闸	347	670	971	1034
58·7 分区运用-5 滩	194	522	684	684
58·7 分区运用-10 滩	286	611	860	879
77·8 无防护堤	149	510	828	889
77·8 防护堤 8000 -无闸	0	0	0	0
77·8 防护堤 8000 -有闸	119	224	482	535
77·8 防护堤 10000 -无闸	0	0	0	0
77·8 防护堤 10000 -有闸	119	224	482	535

表6-7 各河段平均淹没水深

方 案 名 称	平 均 淹 没 水 深 /m			
	花园口至夹河滩	花园口至高村	花园口至孙口	花园口至艾山
58·7 无防护堤	1.45	1.69	2.06	2.21
58·7 防护堤 8000 -无闸	0	0	1.37	3.03
58·7 防护堤 8000 -有闸	1.17	1.28	1.83	1.99

续表

方 案 名 称	平 均 淹 没 水 深 /m			
	花园口至夹河滩	花园口至高村	花园口至孙口	花园口至艾山
58·7 防护堤 10000 -无闸	0	0	0.20	1.54
58·7 防护堤 10000 -有闸	1.17	1.28	1.83	1.99
58·7 分区运用-5 滩	1.12	1.34	1.81	1.81
58·7 分区运用-10 滩	1.24	1.36	1.87	1.94
77·8 无防护堤	0.56	0.82	1.06	1.14
77·8 防护堤 8000 -无闸	0	0	0	0
77·8 防护堤 8000 -有闸	0.45	0.53	1.12	1.23
77·8 防护堤 10000 -无闸	0	0	0	0
77·8 防护堤 10000 -有闸	0.45	0.53	1.12	1.23

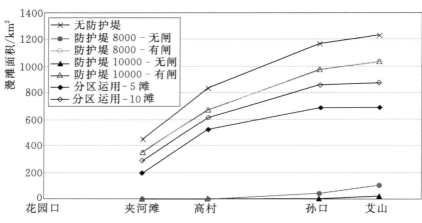

图 6-21　"58·7" 洪水滩区淹没面积沿程变化

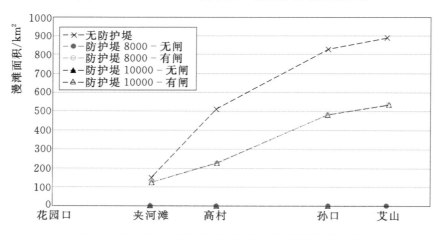

图 6-22　"77·8" 洪水滩区淹没面积沿程变化

从图 6-21 来看，"58·7" 洪水，有堤无闸运用方案下，艾山以上河段

8000m³/s 和 10000m³/s 标准防护堤的淹没面积分别为 102km² 和 28km²，而无防护堤方案淹没面积为 1239km²。可见，有堤无闸运用方案滩区淹没面积远小于无防护堤方案，能够对滩区起到很好的保护作用，但从前述可以看出其滞洪沉沙效果最差；同时，总体上 8000m³/s 标准防护堤对滩区的保护作用小于 10000m³/s 标准防护堤，但滞洪沉沙效果前者优于后者。

有堤有闸运用方案，滩区淹没面积依然整体小于无防护堤方案，艾山以上河段，8000m³/s 和 10000m³/s 标准防护堤淹没面积分别为 1039km² 和 1034km²，平均淹没水深均为 1.99m，无防护堤方案淹没面积和平均淹没水深分别为 1239km² 和 2.21m，减少淹没面积近 200km²，降低淹没水深 0.22m，其中高村以上河段，淹没面积减少 164km²，降低淹没水深 0.41m。可见，该运用方案对高村以上河段起到保护作用较大，但滞洪沉沙效果较差。究其原因，主要是有堤有闸方案洪水只能通过进水闸门进入滩区，加之目前地形条件下的主槽过流能力大，使上滩水量大幅减少，从而减小了淹没面积，降低了受灾损失。高村以下河段，滩区面积相对较小，该方案与无防护堤方案相比，淹没面积略小，差别不明显。分区运用方案下，其淹没面积整体小于有堤有闸运用方案和无防护堤方案，且运用 5 个滩区淹没面积小于运用 10 个滩区，运用滩区个数越多淹没面积越大。

从图 6-22 来看，"77·8" 洪水，有堤无闸运用方案下，滩区未上水，使滩区避免了洪水灾害；有堤有闸运用方案与无防护堤方案相比，整体淹没面积偏小，艾山以上河段淹没面积小 354km²，平均淹没水深增加 0.09m，其中仅高村以上河段淹没面积小 286km²，平均淹没水深降低 0.29m。可见，该运用方案对高村以上滩区的保护作用最大，与 "58·7" 洪水定性一致。

6.4 下游宽滩区滞洪沉沙效果和淹没损失可视化展示平台

利用 ArcGIS Engine 和 VB2005. NET 技术，建成了黄河下游宽滩区滞洪沉沙效果和淹没损失可视化展示平台，如图 6-23 所示。开发实现了黄河下游不同滩区运用方案下二维数学模型计算成果海量数据的存储管理，断面水沙特征、特定区域输沙特征、矢量场和标量场的可视化显示和查询以及淹没损失的计算和可视化显示。

6.4.1 模型输入输出标准接口组件

本研究采用二维数学模型为 FORTRAN 语言编写，FORTRAN 语言具有清楚的结构层次、强大的数值计算与数学分析能力，广泛应用于数学与工程计算。而 FORTRAN 语言的一个不足之处是进行可视化编程难度大。可视化编程是现代计算与分析软件设计的重要发展方向之一，直接关系到应用程序的使用效果，这一弱点制约了 FORTRAN 语言的应用。

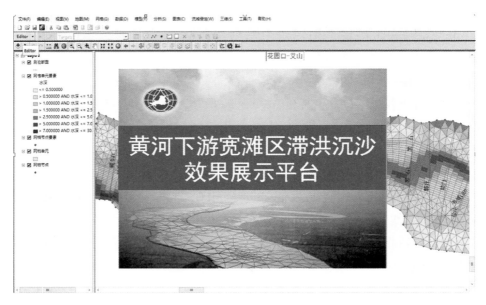

图 6-23　黄河下游宽滩区滞洪沉沙效果展示平台界面

VB 以其能迅速、有效地编制优良的交互界面的设计性能，越来越广泛地应用于 Windows 环境下的可视化界面设计。VB 具有简单、易学、易用的特点；而 VB 的缺点在于运算速度慢，不适合进行大型数值计算。在开发黄河中下游水沙输移模型系统的过程中，为了满足黄河中下游水沙输移模型可视化系统和数学模型输入输出标准化的需要，主要工作集中在对原有数学模型程序加以改进，将原有数学模型程序改进为动态链接库。由主控界面对数学模型 DLL 加以调用，并结合上述开发模型数据库、输入输出标准化接口子程序等技术来实现其模拟过程的可视化显示，其中将数学模型程序改进为 DLL 的主要原因在于，在长期使用 FORTRAN 语言进行数学模型程序计算的过程中，积累了大量较低版本的 FORTRAN 语言程序，与现有的开发工具兼容性不好，因而有必要对原有数学模型加以升级以满足模型可视化的需要，充分发挥数学模型程序在科学计算方面的优势。

为了对数学模型各个模块的输入输出进行标准化，开发了一套标准的创建、输入、输出数据的 FORTRAN 库子程序，通过 Visual FORTRAN 6.0 生成一个静态链接库文件 YRCC2DLIB.LIB，这一个文件可以提供给用户使用。用户在利用 Visual FORTRAN 6.0 编制数学模型程序时，为了调用 YRCC2DLIB.LIB 库子程序，用户可将 YRCC2DLIB. LIB 文件存放在一个目录内，如 C：\ YRCC2DLIB \ 文件目录，用户在 Visual FORTRAN 6.0 桌面系统内打开 Project 后，请选择 Tool→Option 菜单命令，会弹出一个对话框，在这个对话框内选择 Directories 选项卡，然后将 Library 文件目录分别加上 C：\ YRCC2DLIB \ 。下一步单击 Setting 按钮，会跳出一个对话框，选择 Link 选项卡，接着在 Object/Library modules 文本框中，输入 YRCC2DLIB. Lib 文件即可实现与用户程序自动连接。

6.4.2 模型数据库的创建与存取

模型数据库主要是通过数学模型中各个模块的 FORTRAN 程序进行创建和调用。具体模型数据库内容及创建方法如下。

1. 网格数据文件

网格数据文件可通过 Create_Grid、Write_Grid 和 Read_Grid 这 3 个子程序实现创建、写入和读入网格数据。网格数据内容见 Write_Grid、Read_Grid 子程序输入输出参数说明；网格数据文件名后缀为 GRD，如网格数据文件名为 YRCC2D‑Node Flow Sediment，则全名称为 YRCC2D‑Node Flow Sediment. GRD，用于二维水沙数学模型。

2. 网格节点水流泥沙数据文件

网格节点水流泥沙数据文件可通过 Create_Flow Sediment_Grid、Write_Flow Sediment_Node、Read_Flow Sediment_Node 这 3 个子程序实现创建、写入和读入网格节点水流泥沙数据。网格节点水流泥沙数据内容见 Write_Flow Sediment_Node、Read_Flow Sediment_Node 子程序输入输出参数说明；不同时间的网格节点水流泥沙数据应按递增顺序存放，同一个时间内应按网格节点顺序存放各个节点的水流泥沙数据；网格节点水流泥沙数据文件名后缀为 DAT，如网格数据文件名为 YRCC2D‑Node Flow Sediment，则网格节点水流泥沙数据文件名称为 YRCC2D‑Node Flow Sediment. DAT，用于二维水沙数学模型。

3. 网格节点时间序列数据文件

网格节点时间序列数据文件可通过 Create_Date Time、Write_Date Time 和 Read_Date Time 这 3 个子程序实现创建、写入和读入网格节点时间序列数据。网格节点时间序列数据内容应包括网格节点水流泥沙数据对应的时间序列数据，且存放记录为时间递增序列。每一个记录字段为时间，激活逻辑值两项，见 Write_Date Time、Read_Date Time 子程序输入输出参数说明；网格节点时间序列数据文件名后缀为 DEF，如网格数据文件名为 YRCC2D‑

Node Flow Sediment，则网格节点时间序列数据文件名称为 YRCC2D - Node Flow Sediment. DEF，用于二维水沙数学模型。

4. 断面信息数据文件

断面信息数据文件可通过 Create _Section Station、Write _Section Station 和 Read _Section Station 这 3 个子程序实现创建、写入和读入断面信息数据文件。断面信息数据内容见 Write _Section Station、Read _Section Station 子程序输入输出参数说明；断面信息数据文件名后缀为 SEC，如断面信息数据文件名为 YRCC2D -Section Flow Sediment，则断面信息数据文件名称为 YRCC2D - Section Flow Sediment. SEC，用于一维、二维水沙数学模型。

5. 断面水流泥沙数据文件

断面水流泥沙数据文件可通过 Create _Flow Sediment _Section、Write _Flow Sediment _Section 和 Read _Flow Sediment _Section 这 3 个子程序实现创建、写入和读入网格节点水流泥沙数据。断面水流泥沙数据内容见 Write _Flow Sediment _ Section、Read _Flow Sediment _Section 子程序输入输出参数说明；不同时间的断面水流泥沙数据应按递增顺序存放，同一个时间内应按断面信息存放顺序存放各个断面的水流泥沙数据；断面水流泥沙数据文件名后缀为 DAT，如断面信息数据文件名为 YRCC2D -Section Flow Sediment，则断面水流泥沙数据文件名称为 YRCC2D -Section Flow Sediment. DAT，用于一维、二维水沙数学模型。

6. 断面属性数据文件

断面属性数据文件可通过 Create _Section Data、Write _Section Data Type 和 Read _Section Data Type 这 3 个子程序实现创建、写入和读入断面属性数据。断面属性数据内容见 Write _Section Data Type、Read _Section Data Type 子程序输入输出参数说明；断面属性数据时间序列应与断面水流泥沙数据时间序列数据相同，不同时间的断面属性数据应按递增顺序存放，同一个时间内应按断面信息存放顺序存放各个断面的断面属性数据；断面属性数据文件名后缀为 SDT，如断面信息数据文件名为 YRCC2D -Section Flow Sediment，则断面属性数据文件名称为 YRCC2D -Section Flow Sediment. SDT，用于一维、二维水沙数学模型。

7. 断面时间序列数据文件

断面时间序列数据文件可通过 Create _ Date Time、Write _ Date Time、Read _ Date Time 这 3 个子程序实现创建、写入和读入网格节点时间序列数据。断面时间序列数据内容应包括断面水流泥沙数据对应的时间序列数据，且存放记录为时间递增序列。每一个记录字段为时间，激活逻辑值两项，见Write_Date Time、Read_Date Time 子程序输入输出参数说明；断面时间序列数据文件名后缀为 DEF，如断面信息数据文件名为 YRCC2D-Section Flow Sediment，则断面时间序列数据文件名称为 YRCC2D-Section Flow Sediment. DEF，用于一维、二维水沙数学模型。

6.4.3　可视化功能模块研发

1. 创建网格图层和编辑、输出网格数据

创建网格窗口主要用于新建网格图层数据，输入数据主要有网格数据文件、高程数据文件和糙率数据文件。另外，如果网格在地理空间投影上有坐标偏移，还可以通过参数控制其偏移量，如图 6-24 所示。

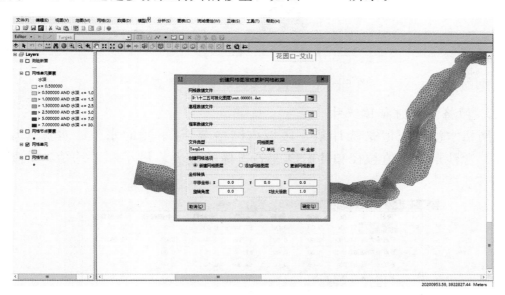

图 6-24　创建网格

编辑网格节点数据窗口可用于查询选定区域内的网格节点高程、水位、糙率统计值。

输出模型地形窗口，输出当前工程的整体网格或部分网格特征属性文件。输出文件包括网格数据文件、拓扑数据文件和糙率数据文件，如果该数据文件在地理空间坐标上存在一定偏移，还可以通过该窗体调整修改。

2. 断面水力要素变化过程查询

图 6-25 所示为利用系统定点查询功能查询的断面水力要素变化过程，该功能可以查询到任意断面的水位、流量、河宽、水深、悬移质中值粒径、累计冲淤厚度等水力要素随时间的变化过程，可以直接进行打印输出，并且可

以将数据输出到 Excel 数据表内,方便进一步分析工作,还可根据需要设置查询时间的序列。

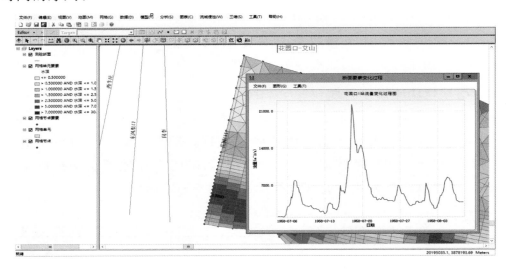

图 6-25　断面水力要素变化过程查询

3. 网格水沙特征值统计

网格水沙特征值是统计某一区域内网格节点/单元的水位、水深、流速、高程、含沙量、中值粒径和冲淤厚度等指标的最大、最小和平均值,如图 6-26 所示。

项目	水位	水深	流速	高程	含沙量	中值粒径	冲淤厚度
节点最小值	57.43	0.00	0.00	57.43	0.00	0.00	0.00
节点最大值	77.19	0.00	0.00	77.19	0.00	0.00	0.00
节点平均值	67.591	0.00	0.00	67.591	0.00	0.00	0.00
单元最小值	59.00	0.00	0.00	59.00	0.00	0.00	0.00
单元最大值	77.00	0.00	0.00	77.00	0.00	0.00	0.00
单元平均值	67.642	0.00	0.00	67.642	0.00	0.00	0.00

图 6-26　网格水沙特征值统计

4. 基于 GIS 二维流速场功能开发

流速矢量场可视化是水流可视化的重要内容,以网格节点可视化为例,一个节点包含水流在 X、Y 两个方向的流速,其大小和正负值决定了该节点的流速分布,若干个节点的流速分布即为流速场,如图 6-27 所示。在 ArcEngine 9.2 中没有流速场符号化的组件，但可以通过自定义组件对 Symbol、Marker Symbol 的扩展来实现，其自定义组件 Vector Marker Symbol 是一个实体类，实现了 IU、IV、Iarrow Angle 和 Iarrow Size 接口，用于流速数据输入，如图 6-28 所示。

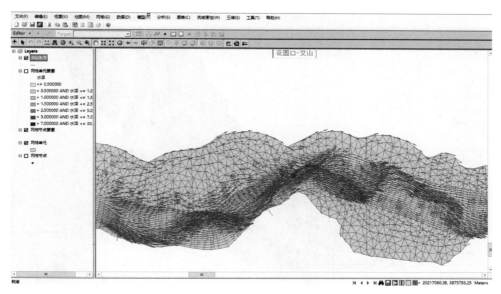

图 6-27 流场可视化

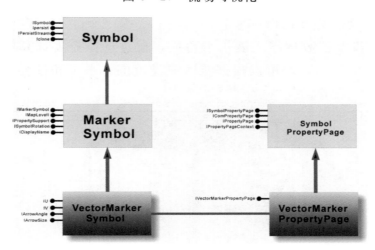

图 6-28 流场符号的 Arc Engine 实现

5. 基于 GIS 等值面图

等值面指在地图上通过表示一种现象的数量指标的一些等值点的曲面，如等水深面、等水温面。等值面法宜用于表示黄河水沙连续分布而逐渐变化的现象，并说明这种现象在地图上任一点的数值或强度。等值面的数值间隔原则上最好是一个常数，以便判断现象变化的急剧或和缓。等值面间隔的大小首先决定于现象的数值变化范围,变化范围越大,间隔也越大;反之亦然。如果根据等值面分层设色,颜色应由浅色逐渐加深,或由冷色逐渐过渡到暖色,这样可以提高地图的表现力,图 6-29 所示为洪水淹没水深的渲染效果。

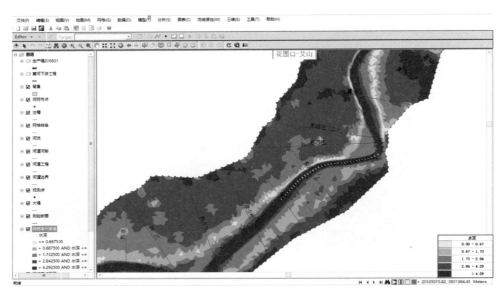

图 6-29 淹没水深等值面渲染效果

6. 滩区淹没损失可视化

将滩区淹没范围数据导入展示平台后,通过选择需要计算的滩区和淹没损失指标(图 6-30),便可以根据滩区淹没范围、水深和社会经济基础数据

图 6-30 选择输出淹没损失指标

统计滩区淹没损失（图 6-31），并可以将计算结果输出成文本或 Excel 文件，并可以显示淹没损失分布情况（图 6-32）。

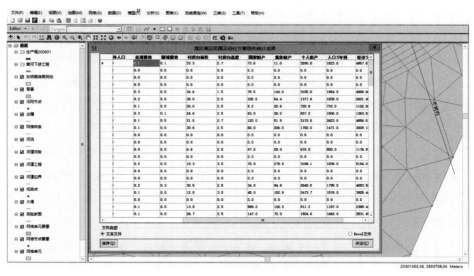

图 6-31　淹没损失计算结果

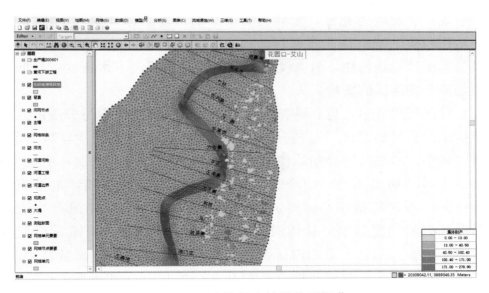

图 6-32　淹没损失结果的可视化

6.5　宽滩区滞洪沉沙功效二维模型模拟研究结果综合评述

本章利用二维水沙数学模型对滩区不同运用方案下黄河下游河道水沙演进、河道冲淤、滞洪沉沙效果、宽滩区灾情等进行了全面的对比分析，建成了下游宽滩区滞洪沉沙效果和淹没损失可视化展示平台。总体上，与无防护堤方案相比，修建防护堤后，无论何种运用方式，均对滩区起到一定保护作用，降低了洪水上滩概率，减小了滩区淹没面积；但同时，也降低了滩区滞洪沉沙功能，增加了嫩滩淤积量，减少了主槽冲刷量和防洪堤以外老滩区的淤积量。

（1）有堤无闸运用方案，完全靠洪水自然漫顶入滩，上滩水量较小，因而与无防护堤方案相比，沿程洪峰衰减量减小，峰现时间提前，使得孙口和艾山超万洪量明显增大，严重增加了东平湖和艾山以下窄河道的防洪压力；相应地，沙峰衰减量也有所减小，峰现时间提前，主槽冲刷量、嫩滩和滩区淤积量均减小，使到达艾山站的沙量总体增大，这势必会增加山东窄河道的淤积；宽滩区的滞洪沉沙功能明显减弱，滩区滞洪量和沉沙量均显著减小，滩区淹没面积也明显减小，整体灾情损失自然减小，但高村以下滩区的入滩水流退水缓慢，该河段的灾情损失较大。

（2）有堤有闸方案，与有堤无闸运用方案相比，沿程洪峰衰减量增加，峰现时间滞后，使得孙口和艾山超万洪量明显减少，降低了东平湖和艾山以下山东窄河道的防洪压力；主槽冲刷量、嫩滩和滩区淤积量均增大，槽冲滩淤的自然规律表现较为充分，使到达艾山站的沙量总体减少，显然对山东窄河道的淤积和防洪安全是比较有利的；滩区的滞洪沉沙功能也相应增强，滩区滞洪量和沉沙量均增加，但淹没面积增大，且受闸门退水速度较慢的影响，必然增加整个宽滩区的灾情损失。

（3）分区运用方案，与有堤有闸运用方案（全部滩区参与分滞洪）相比，因为滩区运用数量的减少，总的分洪量和入滩的沙量随之减少，因而沿程洪峰衰减量减小，峰现时间提前，使得孙口和艾山超万洪量增加，增加了东平湖和孙口下游的防洪压力；沙峰衰减量减少，峰现时间提前，主槽冲刷量、嫩滩和滩区淤积量均减小，使到达艾山沙量总体增加；运用滩区个数减少，滩区的滞洪沉沙功能减弱，总体滞洪量和沉沙量均减少，但淹没面积减小，使受灾损失减少。总之，运用滩区个数越多，洪峰和沙峰衰减量越大，洪峰和沙峰到达各站的峰现时间越晚，孙口和艾山的超万洪量越小，东平湖和孙口下游的防洪压力越小。

（4）利用 ArcGIS Engine 和 VB 2005.NET 技术，建成了黄河下游宽滩区滞洪沉沙效果和淹没损失可视化展示平台，实现了二维数学模型计算成果海量数据的存储管理、断面水沙特征、特定区域输沙特征、速度矢量场和标量场的可视化显示和查询，并可以根据数学模型计算淹没范围，对不同滩区淹没损失进行计算和可视化显示。

第7章　宽滩区不同运用方案
运用效果实体模型检验

本章主要介绍基于黄河下游小浪底至陶城铺河道大型实体模型，采用"58·7"洪水，分别开展无防护堤与有防护堤两种宽滩区运用方案下滩区滞洪沉沙的试验成果。通过两种典型边界条件下试验成果的对比分析，综合评价了宽滩区不同运用方案的运用效果。

7.1　实体模型试验概况

7.1.1　模型基本情况

黄河小浪底至陶城铺河道模型，模拟河道总长 476km。模型水平比尺为 1：600，垂直比尺为 1：60。模型除包括黄河干流外，还模拟了伊洛河、沁河两条支流的入汇情况。该模型依据黄河水利科学研究院多年动床模型试验经验、遵循黄河动床模型相似律设计。选取郑州热电厂粉煤灰作为模型沙。利用该模型先后完成过小浪底水库运用方式研究、小浪底至苏泗庄河段河道整治模型试验研究、小浪底水库 2000 年运用方案研究、小浪底汛期洪水演进预报模型试验、黄河下游防洪规划治导线检验与修订、黄河下游游荡性河道河势演变规律及整治方案研究等多项重大治黄科研，是黄河下游治理科学研究最有效的研究手段之一。基于该模型开展的治黄重大项目"黄河下游游荡性河道河势演变规律及整治方案研究"获得了 2010 年大禹水利科学技术一等奖。

7.1.2　初始边界条件

两组试验初始河床边界条件一样，均采用 2013 年汛前地形，不同的是在滩区设置防护堤与否。无防护堤方案试验，滩区所有生产堤全部拆除，仅保留村镇、植被及其他工农业设施；有防护堤方案试验，防护堤标准按 $8000m^3/s$ 布设，防护堤上分别设置分洪与退水口门。详述如下。

1. 河床边界条件

模型初始地形采用 2013 年汛前地形，依据小浪底至陶城铺河段实测的

206 个大断面制作。滩地、村庄、植被状况按 1999 年航摄、2000 年调绘的 1:10000 黄河下游河道地形图塑制，并结合现场查勘情况给予修正。初始河势也均参考 2013 年汛前河势，与初始地形相应的河道整治工程按 2013 年现状工程布设。河道内的生产堤、路堤、渠堤，根据试验方案需要，除保留一些重要路堤和渠堤之外，其余全部予以破除。试验还考虑小浪底水库运用以后河床冲刷床沙粗化问题，初始床沙级配按 2013 年最新测验成果控制。

2. 防护堤布设

防护堤采用的是 8000m³/s 设防标准，高程根据相应位置 2000 年 8000m³/s 水位加 1.5m 超高；若控导工程与防护堤相连，并且该控导工程的防洪标准低于防护堤时，则将控导工程按防护堤标准加高。

3. 分洪口设置

口门的位置及尺寸根据滩区面积大小及河势演变情况，并参照以往项目组开展的黄河下游滩区分区运用滞洪沉沙效果实体模型试验研究（以下简称"滩区分区运用模型试验"）的口门设置方案进行优化布置。进退水口规模的确定充分考虑滩区面积大小、河势演变情况以及实施的可操作性；进水口位置应有利于超量洪水按规划进入滩区；退水口位置应有利于适时流畅地退水。进水口、退水口所有闸门在试验初始即全部打开，让其自然漫滩分洪、退水。防护堤及进、退水口位置见表 7-1。

表 7-1　　　　　　　　　滩区防护堤位置及进、退水口布置

滩　名		防　护　堤　位　置	距小浪底距离/km	进水口尺寸/m	退水口尺寸/m
左岸	张王庄至沁河滩	神堤断面至官庄峪断面	66.4	500	500
	原阳Ⅰ滩	京广铁桥至马庄控导工程	115.4	500	500
	原阳Ⅱ滩	马庄工程后至辛寨断面	127.7	500	500
	原阳封丘滩	辛寨断面至樊庄断面	136.7	500	500
	长垣一滩	东坝头断面至周营上延 CS350	235.1	500	500
	长垣二滩	周营下首 CS360 至 CS389	273.5	500	500
	习城滩	南小堤下首 CS408 至吉庄险工 CS457	307.2	500	500
	辛庄滩	彭楼 CS462 至李桥 CS476	350.0	200	200
	（李庄、陆集）滩	李桥 CS482 至孙楼上首 CS510	370.0	300	300
	清河滩	孙楼下首 CS513 至梁路口下首 CS533	392.4	400	400
	梁集滩	枣包楼上首 CS545 至张堂险工 CS563	432.1	100	100
	赵桥滩	张堂险工 CS565 至张庄入黄闸 CS574	445.5	100	100

续表

滩 名		防 护 堤 位 置	距小浪底距离/km	进水口尺寸/m	退水口尺寸/m
右岸	郑州滩	上端为九堡险工，下端为黑岗口闸	437.2	400	400
	开封滩	柳园口断面至下端为三义寨闸	197.4	500	500
	兰东滩	CS317 至老君堂工程后 CS365	240.0	500	500
	东明西滩二	桥口险工后至 CS411	301.1	100	100
	葛庄滩	安庄 CS452 至老宅庄上首 CS463	345.0	100	100
	(旧城士堂、李进士堂) 滩	桑庄险工下首至郭集下首老门庄处	360.0	300	300
	蔡楼滩	程那里下首 CS532 至路那里上首 CS550	412.4	300	300
	(代庙、银山) 滩	十里堡后 CS558 至陶城铺 CS576	442.6	100	100

注 兰东滩、习城滩和清河滩为本次试验所选的主要观测滩区。

7.1.3 水沙条件

结合黄河目前实际情况并经专家咨询，确定了试验洪水过程。两种运用方案试验均施放了两个水沙过程。第一个水沙过程，考虑小浪底水库运用后黄河下游河道夹河滩以上冲刷严重，河槽过大的现实状况，在制作好的初始地形上，施放的是黄河设计公司设计的 6 亿 t 水沙系列中经过小浪底水库调控后的"58·7"洪水过程（简称为调控"58·7"洪水过程）；该洪水过程经过小浪底水库调控后进入下游的洪水不超过 8000m³/s，含沙量却高达 480.5kg/m³，以此过程对河道进行自然初始塑造，以缓解河槽过洪能力过大而影响滩区滞洪沉沙效果的显现。第二个水沙过程是在第一个水沙过程试验后的地形上，施放未经小浪底水库调控的"58·7"实际洪水过程（简称为未调控"58·7"洪水过程）。

"58·7"洪水经小浪底水库调控后水沙过程如图 7-1 和表 7-2 所示。"58·7"未调控洪水水沙过程见图 7-2、图 7-3 和表 7-3。（文中"小"指黄河"小浪底"站；"黑"指伊洛河"黑石关"站；"武"指沁河"武陟"站）。

本书主要研究的是滩区的滞洪沉沙效果，必须有一定量级的水沙过程和进滩水沙量；同时根据黄河水利委员会防汛部门的分析，局地极端事件导致黄河发生大洪水的可能仍然较大。因此，在现状地形条件下先施放调控"58·7"洪水过程，让河道有一定程度回淤，然后再施放"58·7"天然洪水过程，这样既对比了经小浪底水库调控和未调控两种水沙过程滩区滞洪沉沙效果，又对比了滩区不同运用方式下滞洪沉沙的差异。

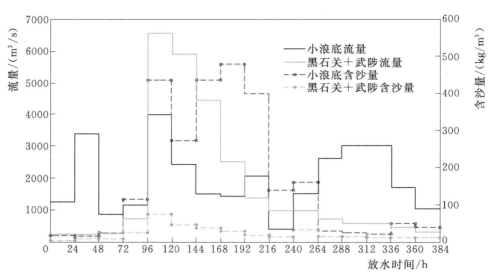

图 7-1 进口水沙过程线图（小浪底水库调控后"58·7"洪水）

表 7-2 模型进口水沙过程表（小浪底水库调控后"58·7"洪水）

级数	原型日期	放水累计时间 /h	小浪底		黑石关+武陟		小黑武 流量 /(m³/s)
			流量 /(m³/s)	含沙量 /(kg/m³)	流量 /(m³/s)	含沙量 /(kg/m³)	
1	7月10日	0	1252	17.4	248	3.7	1500
2	7月11日	24	3410	15.8	234	8.2	3644
3	7月12日	48	866	24.3	281	8.2	1146
4	7月13日	72	1158	113.1	723	24.9	1881
5	7月14日	96	4000	436.1	6581	72.4	10581
6	7月15日	120	2426	272.2	5930	47.5	8356
7	7月16日	144	1484	436.4	4461	38.0	5945
8	7月17日	168	1419	480.5	2504	28.7	3923
9	7月18日	192	2070	398.7	1381	20.5	3451
10	7月19日	216	400	138.8	993	14.9	1393
11	7月20日	240	1496	161	976	32.7	2472
12	7月21日	264	2619	30.1	722	15.9	3341
13	7月22日	288	3007	24.1	607	14.7	3614
14	7月23日	312	3024	21.7	588	11.8	3611
15	7月24日	336	1715	50.9	466	10.3	2181
16	7月25日	360	1040	41.9	326	10.3	1365
结束时间/h					384		
总水量/亿 m³		50.46			总沙量/亿 t		5.67

注 小黑武＝小浪底＋黑石关＋武陟。

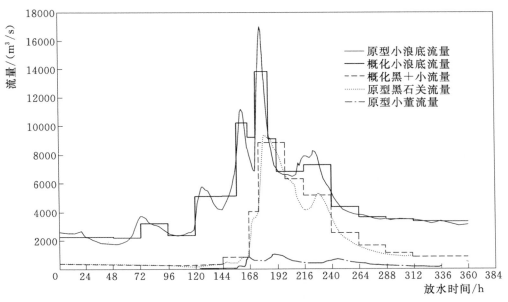

图 7-2 进口流量过程线图 (未调控 "58·7" 洪水)

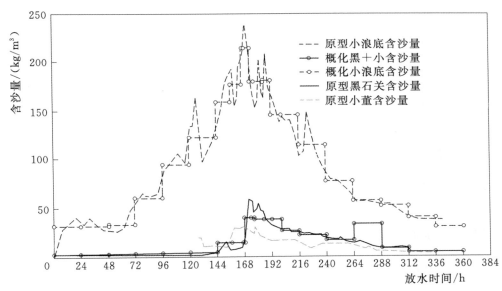

图 7-3 进口含沙量过程线图 (未调控 "58·7" 洪水)

表 7-3 模型进口水沙过程表 (未调控 "58·7" 洪水)

级数	原型日期	放水累计时间 /h	概化小浪底		概化黑＋小 流量 /(m³/s)	小黑小	
			流量 /(m³/s)	含沙量 /(kg/m³)		含沙量 /(kg/m³)	流量 /(m³/s)
1	7 月 10 日	0	2279	31.9	374	3.0	2653
2	7 月 11 日	24	2279	31.9	371	3.0	2650

级数	原型日期	放水累计时间 /h	概化小浪底		概化黑＋小 流量 /(m³/s)	小黑小	
			流量 /(m³/s)	含沙量 /(kg/m³)		含沙量 /(kg/m³)	流量 /(m³/s)
3	7月12日	48	2227	33.4	315	3.0	2542
4	7月13日	72	3230	60.7	281	3.0	3511
5	7月14日	96	2385	94.3	267	3.0	2652
6	7月15日	120	5123	121.6	300	4.3	5423
7		144	5150	158.9	824	14.5	5974
8	7月16日	157	10248	177.1	824	14.5	11072
9		167	9246	214.7	824	14.5	10070
10		168	9246	214.7	4030	40.0	13276
11	7月17日	174	13855	179.6	4030	40.0	17885
12		176	13855	179.6	8902	38.5	22757
13		185	9139	181.7	8902	38.5	18041
14	7月18日	192	6848	145.2	8902	38.5	15750
15		200	6848	145.2	6302	26.6	13150
16	7月19日	216	7308	114.8	5153	22.2	12461
17	7月20日	240	4383	77.6	2539	17.2	6922
18	7月21日	264	3652	57.6	1620	33.3	5271
19	7月22日	288	3503	52.3	1134	8.8	4638
20	7月23日	312	3365	39.6	831	5.2	4196
21	7月24日	336	3340	30.0	827	5.0	4167
结束时间/h					360		
总水量/亿 m³		84.7		总沙量/亿 t		7.12	

注　小黑小＝小浪底＋黑石关＋小董。

7.1.4　试验控制

1. 进口控制

模型施放过程中进口清水流量利用电磁流量计控制，进口含沙量利用孔口箱进行控制。即事先在加沙池中准备含沙量为 500kg/m³、级配符合要求的高含沙浑水，试验过程中根据每级流量所需的含沙量确定孔口箱浑水流量。与此同时，由电磁流量计控制的清水流量根据浑水流量相应折减。

2. 尾门控制

模型尾门控制系统位于陶城铺险工以下约 1km 处，控制水尺位于陶城铺险工 7 号坝坝头。对尾门水位的控制，试验中采取模型下段杨楼至丁庄护滩河段实测水面线，采用同比降外延的方法进行推算，一般以模型尾部段不出现明显壅水和降水为原则。推算出的陶城铺险工的水位，作为尾门水位的控制值，通过尾门水位控制系统自动控制。

7.2 宽滩区不同运用方案对水沙演进的影响

7.2.1 洪水演进和滞洪削峰情况分析

1. 洪峰传播及削峰率对比分析

表 7-4 所列为调控和未调控 "58·7" 洪水宽滩区两种不同运用方案模型试验沿程各站的洪峰流量和削减率变化情况。可以看出，未调控 "58·7" 洪水，因洪水量级大，漫滩概率、漫滩水量、漫滩持续时间等，均较调控 "58·7" 洪水大，即是说洪峰流量越大，洪水上滩滞洪作用越强，沿程洪峰的削减率越大。例如，调控 "58·7" 洪水，小黑小最大流量为 $10581\mathrm{m^3/s}$，无防护堤方案和防护堤方案花园口至孙口洪峰削减率分别为 31.8% 和 30.6%；未调控 "58·7" 洪水，小黑小最大流量为 $22757\mathrm{m^3/s}$，而且是在调控 "58·7" 洪水后的地形基础上施放的，河槽已回淤，河道过流能力有所减小，洪水漫滩范围增大，洪峰沿程削减率较调控 "58·7" 洪水明显增加，无防护堤方案和防护堤方案花园口至孙口洪峰削减率分别达到 55.4% 和 44.9%。

表 7-4　　　　　"58·7" 洪水模型试验洪峰流量沿程变化情况

洪水类型		小黑小 /(m³/s)	花园口 /(m³/s)	削减率 /%	夹河滩 /(m³/s)	削减率 /%	高村 /(m³/s)	削减率 /%	孙口 /(m³/s)	削减率 /%	花园口至孙口 削减率 /%
调控	无防护堤	10581	10150	4.1	8756	13.7	7978	8.9	6925	13.2	31.8
	防护堤	10581	10200	3.6	8824	13.5	8049	8.8	7081	12.0	30.6
未调控	无防护堤	22757	19465	14.5	16356	16.0	13487	17.5	8689	35.6	55.4
	防护堤	22757	19530	14.2	16552	15.2	14041	15.2	10750	23.4	44.9

注 小黑小＝小浪底＋黑石关＋小董。1958 年沁河入黄控制站是小董站。

防护堤的修建对黄河下游大洪水的演进特征存在一定影响。总体看防护堤方案的洪峰沿程削减率均小于无防护堤方案（图 7-4）。其中，调控 "58·7" 洪水和未调控 "58·7" 洪水，有防护堤情况下的花园口至孙口洪峰削减率分别为 30.6%、44.9%，而无防护堤情况下花园口至孙口洪峰削减率分别

为 31.8%、55.4%，分别减小 0.8%、18.95%。

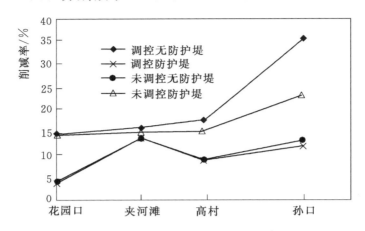

图 7-4　"58·7"洪水两种运用方案洪峰削减率沿程变化

不同洪水量级情况下，上下游河段的洪水演进特征也存在差异，其中花园口以上和高村以下两河段的洪峰削减率明显表现为未调控"58·7"洪水比调控"58·7"洪水大得多。花园口以上河段洪峰削减率大的原因在于洪水量级的显著增大，使洪水在该河段与调控"58·7"洪水比出现大面积漫滩；高村以下河段洪峰削减率大的原因，除本身洪峰量级大漫滩严重的自然原因外，上游现行河槽过洪能力的增加使得水流快速向下游推进下压，进一步增加了高村以下河段的漫滩程度。这一特点在近 10 年来的不同模型试验中均不同程度地出现。

在此应该说明的是，受模型缩尺的影响和测量手段的制约，在模型试验过程不可能抓测到实时最大洪峰，本章所有模型试验实测流量数据均为相应时段平均值。

2. 洪峰演进时间对比分析

表 7-5 所列为滩区两种运用方案下洪峰演进时间对比。可以看出，防护堤的修建对大洪水演进过程中沿程各站的峰现时间存在一定影响；且不同洪水条件对上下游河段洪峰演进过程中沿程各站峰现时间的影响存在差异。具体表现为：①两种滩区运用方案下，未调控"58·7"洪水总的洪峰演进时间都大于调控"58·7"洪水；②调控"58·7"洪水，防护堤方案总的洪峰演进时间较无防护堤方案长；而未调控"58·7"洪水，防护堤方案总的洪峰演进时间反比无防护堤方案短；③防护堤方案，在未调控"58·7"洪水条件下，各河段洪峰演进时间均较无防护堤方案短；而在调控"58·7"洪水条件下，高村以上河段防护堤方案下的洪峰演进

时间较无防护堤方案短，高村以下河段调控"58·7"洪水防护堤方案洪峰演进时间反较无防护堤方案长。洪峰演进时间表现出的这些特征与不同洪水条件下、宽滩区不同运用方案的洪水演进、漫滩滞洪、滩区退水归槽等因素的自然规律密切相关。

表 7 - 5　　　　　"58·7"洪水模型试验滩区两种运用方案下
洪峰演进时间对比　　　　　　　单位：h

洪 水 类 型		洪 峰 演 进 时 间				
		小浪底至花园口	花园口至夹河滩	夹河滩至高村	高村至孙口	花园口至孙口
调控	无防护堤	26	19	13	21	79
	防护堤	25	16	11	38	90
未调控	无防护堤	26	38	40	54	158
	防护堤	26	14	32	26	98

调控"58·7"洪水，小黑小最大流量为 $10581 \mathrm{m}^3/\mathrm{s}$，前期河槽平滩流量较大，水流主要在主河槽行走，洪峰演进时间短，对防护堤方案来说，由于水流集中下泄，加之防护堤围挡，水流大量涌向高村以下河道，使得高村以下漫滩范围明显大于无防护堤方案，因而造成高村至孙口河段的洪峰演进时间较无防护堤方案延长。无防护堤与防护堤方案下，小浪底至孙口洪峰传播时间分别为 79h 和 90h，从小浪底至花园口、夹河滩、高村和孙口各站传播时间无防护堤方案依次为 26h、19h、13h 和 21h；防护堤方案下分别为 25h、16h、11h 和 38h。这一现象与"96·8"洪水在高村上下河段前峰漫滩滞洪严重，直到第二个洪峰到来后才在孙口断面出现当年峰值的情况（二峰合一），非常相似。

未调控"58·7"洪水，小黑小最大流量为 $22757 \mathrm{m}^3/\mathrm{s}$，峰高量大，初始地形为调控"58·7"洪水后地形，河槽回淤，因而漫滩范围大，相应洪峰演进时间较调控"58·7"洪水延长；对防护堤方案来说，由于沿程防护堤围挡，水流集中，洪峰演进速度快，因而洪峰演进时间较无防护堤方案短。无防护堤与防护堤方案下小浪底至孙口洪峰传播时间分别为 158h 和 98h，从小浪底至花园口、夹河滩、高村和孙口各站传播时间无防护堤方案依次为 26h、48h、30h 和 54h；防护堤方案依次为 26h、14h、32h 和 26h。

3. 洪峰峰型演化对比分析

图 7 - 5～图 7 - 8 所示为不同洪水条件下两种运行方案沿程各站流量变化

过程。从图中看出，一是大洪水条件下各站流量过程沿程变化较大；二是防护堤的修建对流量过程演变的影响。小浪底水库调控"58·7"洪水，宽滩区不同运用方案下流量沿程变化见图7-5和图7-6。

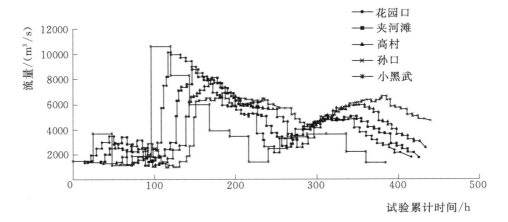

图 7-5　调控"58·7"洪水模型流量沿程变化图（无防护堤）

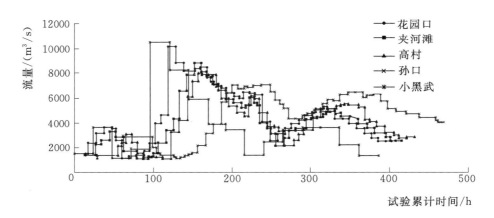

图 7-6　调控"58·7"洪水模型流量沿程变化图（防护堤）

两种运用方案下都表现为河道沿程淤积，且以主槽淤积为主；由于前期河道平滩流量较大，因而调控"58·7"洪水漫滩范围较小，洪峰沿程演进衰减小，高村以下窄河段相对漫滩范围大，高村至孙口河段滩地滞蓄—释放洪水功能强大，造成孙口站出现附加洪峰汇入的现象，孙口站洪峰变异，后期出现一个与"96·8"洪水类似的延滞小洪峰。防护堤方案由于沿程围堤阻挡，高村以上滩地均未上水，导致高村至孙口河段漫滩滞蓄—释放洪水量较无防护堤方案大，孙口洪峰变异较无防护堤方案明显，后期出现的延滞小洪峰也比无防护堤模式大，且峰型较胖。

未调控"58·7"洪水，无防护堤与防护堤方案模型试验沿程流量变化见图7-7和图7-8。

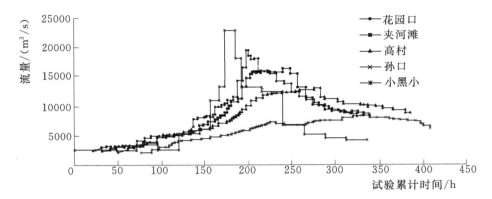

图7-7　未调控"58·7"洪水模型流量沿程变化（无防护堤）

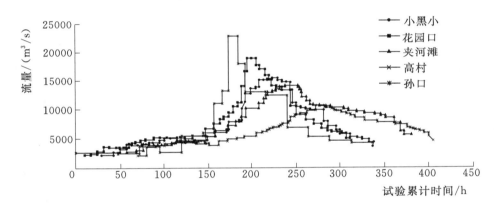

图7-8　未调控"58·7"洪水模型流量沿程变化（防护堤）

未调控"58·7"洪水，峰高量大，加上前期调控"58·7"洪水试验河槽淤积，洪水漫滩范围较大，洪峰沿程衰减的较大，大量漫滩水流使高村、孙口两站洪峰严重变形，且无防护堤方案与防护堤方案在流量过程上也表现出明显的不同。无防护堤方案，洪峰时花园口至夹河滩和高村以上滩区漫滩范围大，洪峰期间这两个河段的滩区相继蓄滞—释放洪水，其下出口处夹河滩、高村洪峰出现一个小的延滞洪峰；高村至孙口河段滩区漫滩范围、上滩水量进一步加大，孙口站洪峰的峰现时间后推，量级也明显减小。防护堤方案，由于沿程防护堤围挡，洪峰期间夹河滩以上漫滩范围小，夹河滩以下尽管漫滩范围比无防护堤方案大，但主河槽洪水的快速向下游推进，使得高村、孙口站的洪峰比无防护堤方案提前出现，且洪峰流量也明显较大，孙口站的洪峰流量出现了超过10000m³/s的现象。

4. 水量沿程变化对比分析

表 7-6 所列为 4 组试验花园口、夹河滩、高村和孙口断面水量及沿程水量损失统计。大洪水条件下滩区滞洪作用明显，沿程水量损失大。调控"58·7"洪水漫滩范围小，总水量损失少，未调控"58·7"洪水漫滩范围大，水量损失自然增加，调控"58·7"洪水无防护堤方案和防护堤方案花园口至孙口河段总水量损失率分别为 16.3% 和 11.2%，未调控"58·7"洪水二者尽管分河段有一定差异，但到孙口站的总损失率基本一致，均为 34.2%。

表 7-6　　"58·7"洪水宽滩区两种运用方案下沿程各断面水量及损失统计

试 验 条 件		小黑小水量/亿 m³	花园口断面		夹河滩断面		高村断面		孙口断面		花园口至孙口损失率/%
			水量/亿 m³	损失率/%	水量/亿 m³	损失率/%	水量/亿 m³	损失率/%	水量/亿 m³	损失率/%	
调控	无防护堤	50.5	50.0	0.9	49.4	1.3	47.0	4.9	41.9	10.9	16.3
	防护堤	50.5	49.6	1.8	49.3	0.6	48.5	1.6	44.1	9.2	11.2
未调控	无防护堤	84.7	79.3	6.4	73.2	7.7	62.4	14.8	52.2	16.3	34.2
	防护堤	84.7	80.9	4.5	76.3	5.7	67.2	11.9	53.2	20.8	34.2

防护堤的修建对上下游河段各站水量损失的影响与洪水量级关系密切，而且上下游漫滩滞洪效应存在明显的关联性。调控"58·7"洪水，由于防护堤的围挡，高村以上基本没漫滩，因而花园口至孙口河段的总水量损失防护堤方案小于无防护堤方案；未调控"58·7"洪水，两种方案总水量损失基本一致，但不同河段水量损失两种方案有差异，无防护堤方案高村以上漫滩范围大、高村以下漫滩范围小，而防护堤方案高村以上漫滩范围小、高村以下漫滩范围大，因而高村以上河段无防护堤方案沿程水量损失大于防护堤方案，高村以下河段无防护堤方案沿程水量损失小于防护堤方案。

7.2.2　沙峰传播情况分析

图 7-9 和图 7-10 分别给出了无防护堤和防护堤两种方案在调控"58·7"洪水和未调控"58·7"洪水的沙峰传播情况。可以看出，防护堤的修建对黄河下游大洪水高含沙的沿程演进规律有明显影响；且不同洪水和含沙量量级情况下上下游河段沙峰的传播过程存在差异。

从图 7-9 看，调控"58·7"洪水在宽滩区不同运用方案下的沙峰传播特征体现在 3 个方面。总体讲，沙峰沿程衰减较大，究其原因主要因为调控"58·7"洪水条件下的进口小浪底站洪峰流量最大仅为 4000m³/s，对应含沙量达 436.1kg/m³，最大含沙量为 480.5kg/m³，所对应流量为 1419m³/s，典

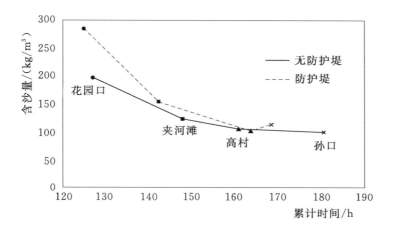

图 7-9 调控"58·7"洪水两种运用方案沙峰传播

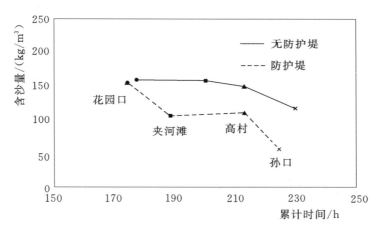

图 7-10 未调控"58·7"洪水两种运用方案沙峰传播

型的小水带大沙,大量泥沙淤积在主河槽;二是沿程各站的沙峰均表现为防护堤方案较无防护堤方案高,且沙峰传播速度较无防护堤方案快,这是因为调控"58·7"洪水条件下,洪水本身峰低量小,漫滩范围小,加之防护堤阻挡,嫩滩淤积量大,大洪水基本在主河槽中行走,因而造成沙峰含沙量高且传播时间短;三是两种滩区运用方案下都表现出沙峰衰减较大的河段在夹河滩以上河段,由于夹河滩以上河段淤积量较大,因而沙峰至夹河滩河段含沙量大幅衰减,夹河滩以下河段由于上游河段的大量淤积,且洪水基本不出主河槽,因而含沙量沿程变化量减小。

从图 7-10 看,未调控"58·7"洪水在不同运用方案下的沙峰传播过程表现出 4 个特征:①无防护堤方案沙峰沿程衰减小,防护堤方案衰减大;

②无防护堤方案沙峰较防护堤方案高，这主要是无防护堤方案大洪水是自然漫滩过程，而防护堤方案由于防护堤的阻挡，大洪水从口门进入滩地的水沙滞留时间延长，从退水口退至主河槽的清水稀释了主槽水流，造成下游含沙量降低；③两种运用方案下沙峰衰减较大的河段不一致，无防护堤方案沙峰衰减较大的河段在高村至孙口河段，而防护堤方案沙峰衰减较大的河段在花园口至夹河滩河段和高村至孙口河段，高村至孙口河段衰减量尤为大；④沙峰传播时间总体上防护堤方案较无防护堤方案短，但高村站沙峰传播时间较无防护堤延后。

7.2.3　河道冲淤变化分析

1. 冲淤量对比

表 7-7 和表 7-8 分别给出了两种运用方案下调控"58·7"洪水和未调控"58·7"洪水滩槽冲淤量对比情况。可以看出，防护堤的修建对滩槽冲淤特征存在明显影响；不同洪水条件对上下游河段冲淤的影响也存在差异。

表 7-7　　　调控"58·7"洪水两种运用方案下滩槽冲淤统计表

滩区运用方案	河　段	淤　积　量/亿 t					滩区淤积量占全断面百分比/%	各河段占总冲淤量百分比/%
		主槽①	嫩滩②	滩区③	滩地②+③	全断面①+②+③		
无防护堤	铁谢至花园口	0.492	0.07	0.027	0.097	0.589	4.6	25.9
	花园口至夹河滩	0.822	0.275	0.032	0.307	1.129	2.8	49.6
	夹河滩至高村	0.191	0.07	0.032	0.102	0.293	10.9	12.9
	高村至孙口	0.119	0.028	0.101	0.129	0.248	40.7	10.9
	孙口至陶城铺	0.001	0.007	0.008	0.015	0.016	50.0	0.7
	铁谢至陶城铺	1.626	0.450	0.200	0.649	2.275	8.8	100.0
防护堤	铁谢至花园口	0.520	0.025	0.062	0.087	0.607	10.2	28.4
	花园口至夹河滩	0.311	0.202	0.008	0.210	0.521	1.5	24.3
	夹河滩至高村	0.241	0.156	0.008	0.164	0.405	2.0	18.9
	高村至孙口	0.049	0.143	0.059	0.202	0.251	23.5	11.7
	孙口至陶城铺	0.298	0.045	0.014	0.059	0.357	3.9	16.7
	铁谢至陶城铺	1.419	0.571	0.151	0.722	2.141	7.1	100.0

注　嫩滩是指主槽之外防护堤以内滩地；滩区是指防护堤与大堤之间滩地；滩地是指嫩滩与滩区之和。

表7-8　　　未调控"58·7"洪水两种运用方案下滩槽冲淤统计表

滩区运用方案	河　段	淤　积　量/亿 t					滩区淤积量占全断面百分比/%	各河段占总冲淤量百分比/%
		主槽①	嫩滩②	滩区③	滩地②+③	全断面①+②+③		
无防护堤	铁谢至花园口	−0.369	0.351	0.100	0.451	0.083	120.5	3.7
	花园口至夹河滩	−0.266	0.487	0.218	0.705	0.439	49.7	19.8
	夹河滩至高村	−0.129	0.400	0.530	0.930	0.801	66.2	36.1
	高村至孙口	−0.364	0.245	0.966	1.211	0.847	114.0	38.2
	孙口至陶城铺	−0.003	0.048	0.006	0.054	0.052	11.5	2.3
	铁谢至陶城铺	−1.131	1.531	1.820	3.351	2.221	81.9	100.0
防护堤	铁谢至花园口	−0.515	0.23	0.008	0.238	−0.277	−2.9	−18.0
	花园口至夹河滩	−0.283	0.711	0.127	0.838	0.555	22.9	36.0
	夹河滩至高村	−0.571	0.707	0.324	1.031	0.460	70.4	29.9
	高村至孙口	−0.533	0.702	0.492	1.194	0.661	74.4	42.9
	孙口至陶城铺	−0.146	0.177	0.11	0.287	0.141	78.0	9.2
	铁谢至陶城铺	−2.048	2.527	1.061	3.588	1.540	68.9	100.0

注　嫩滩是指主槽之外防护堤以内滩地；滩区是指防护堤与大堤之间滩地；滩地是指嫩滩与滩区之和。

从表中看出，两个水沙过程情况下的总淤积量，防护堤方案均较无防护堤方案小。调控"58·7"洪水，由于峰低量小，且含沙量高，漫滩范围小，泥沙大部分淤积在主槽里，两种运用方案的总淤积量差异较小，分别为2.141亿 t 和2.275亿 t；未调控"58·7"洪水，峰高量大，主槽得以冲刷，滩地淤积，防护堤方案由于防护堤对水流的约束，输沙能力增强，主槽冲刷量增大，尽管滩地淤积量略大于无防护堤方案，但总淤积量明显小于无防护堤方案，无防护堤方案和防护堤方案全断面淤积量分别为2.221亿 t 和1.540亿 t。

从纵向各河段冲淤量分布看（图7-11），调控"58·7"洪水，由于小浪底最大流量为4000m³/s，最大含沙量高达480.5kg/m³，小黑小最大流量为10581m³/s，漫滩范围较小，因而大部分泥沙淤积在主槽内。无防护堤方案下，夹河滩以上河段的淤积量明显较大，夹河滩以下河段的淤积量较小。防护堤方案下，受防护堤的影响，花园口至夹河滩河段淤积量明显小于无防护堤方案，由于泥沙向下输移量增加，夹河滩以下河段淤积量较无防护堤方案增大。

未调控"58·7"洪水，小浪底最大流量为13855m³/s，最大含沙量为214.7kg/m³，小黑小最大流量为22757m³/s，峰高量大，加之受目前地形条

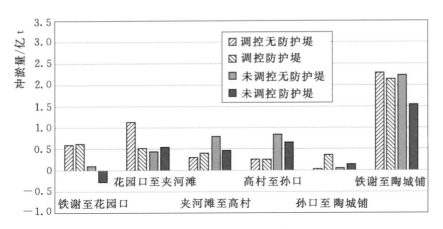

图 7 - 11　不同洪水条件下两种运用方案各河段冲淤量分布情况

件影响，花园口以上河段水流相对集中，主河槽过流能力明显较大，水流快速向下游演进造成夹河滩以下河段淤积量明显增大。从图 7 - 11 可以清楚地看出，无防护堤情况下，夹河滩以上河段，特别是铁谢至花园口河段的淤积量明显减小；而夹河滩至孙口河段，由于上游水流的快速下推，造成夹河滩以下广大滩区的漫滩范围显著增加，因而淤积量明显增大。有防护堤情况下，由于花园口以上河段发生冲刷，使得花园口至夹河滩河段淤积量略大于无防护堤方案；夹河滩至孙口河段淤积量明显小于无防护堤方案。

从横断面冲淤量分布看（图 7 - 12），未调控"58·7"洪水明显表现出大洪水期强烈的"槽冲滩淤"的自然现象；防护堤的修建对冲淤横向分布的影响也较大。无防护堤方案，调控"58·7"洪水，主槽大量淤积（无防护堤和有防护堤主槽淤积量分别为 1.626 亿 t 和 1.419 亿 t），防护堤堤外滩区淤积量

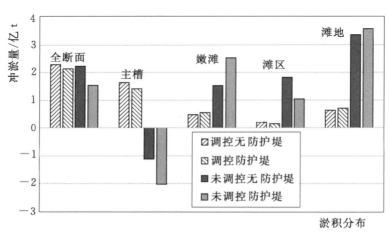

图 7 - 12　不同洪水条件下两种运用方案横断面冲淤量分布

相对较小，且嫩滩淤积量较防护堤堤外部分的滩区淤积量大（无防护堤和防护堤嫩滩分别为 0.450 亿 t 和 0.571 亿 t）；未调控 "58·7" 洪水，主槽冲刷量较大，滩地淤积量整体明显增加。防护堤方案，调控 "58·7" 洪水主槽淤积量小于无防护堤方案；未调控 "58·7" 洪水主槽冲刷量明显大于无防护堤方案（无防护堤和防护堤主槽冲刷量分别为 −1.131 亿 t 和 −2.047 亿 t）。两种洪水条件下，嫩滩淤积量和滩区总淤积量均大于无防护堤方案；防护堤堤外部分的滩区淤积量，防护堤方案小于无防护堤方案（无防护堤和防护堤老滩区淤积量分别为 1.820 亿 t 和 1.061 亿 t）。

2. 断面形态调整

（1）主槽形态特征变化。表 7-9 所列为不同洪水条件下滩区不同运用方案各河段主槽形态特征。从表中可以看出，一是洪水量级和含沙量量级不同，对主槽形态特征影响特别大；二是防护堤的修建对黄河下游主槽形态调整也存在一定影响。

表 7-9　　　　　　　"58·7" 洪水两种运用方案下各河段主槽形态特征统计表

主槽形态	河段		铁谢至花园口	花园口至夹河滩	夹河滩至高村	高村至孙口	孙口至陶城铺
主槽平均河宽 B/m	无防护堤	调控	1398	1376	1088	675	615
		未调控	1462	1378	1158	751	640
	防护堤	调控	1413	1415	1160	698	673
		未调控	1494	1427	1164	729	694
	无防护堤—防护堤	调控	−15	−39	−72	−23	−58
		未调控	−32	−49	−6	22	−54
主槽平均深度 H/m	无防护堤	调控	3.11	2.84	3.40	3.53	3.71
		未调控	3.61	3.78	3.67	3.82	3.65
	防护堤	调控	2.81	2.71	3.35	3.66	2.74
		未调控	3.45	3.55	4.41	4.23	3.5
	无防护堤—防护堤	调控	0.30	0.13	0.05	−0.13	0.97
		未调控	0.16	0.23	−0.74	−0.41	0.15
$\sqrt{B}/H$	无防护堤	调控	13.60	14.37	10.61	7.91	6.90
		未调控	11.49	10.94	10.77	8.17	7.12
	防护堤	调控	14.44	15.41	10.71	7.88	9.49
		未调控	12.13	11.64	8.62	7.23	7.79
	无防护堤—防护堤	调控	−0.84	−1.04	−0.10	0.03	−2.59
		未调控	−0.64	−0.70	2.15	0.94	−0.67

对于调控"58·7"洪水，无防护堤方案主槽淤积量大于防护堤方案，而主槽平均宽度总体小于防护堤方案，主槽平均深度则大于防护堤方案，因而平均河相系数 $\sqrt{B}/H$ 小于防护堤方案；且不同河段平均河相系数 $\sqrt{B}/H$ 两种运用方案表现不同，游荡性河段差别较大，高村至孙口过渡性河段差别较小，孙口以下河段差别较大。这也正是河床演变滞后效应的反映。

未调控"58·7"洪水，主槽冲刷，主槽平均宽度和深度无防护堤方案主槽冲刷量小于防护堤方案，无防护堤方案主槽平均宽度总体稍小于防护堤方案；主槽平均深度夹河滩以上和孙口以下河段大于防护堤方案，夹河滩至孙口河段小于防护堤方案，因而平均河相系数 $\sqrt{B}/H$ 夹河滩以上和孙口以下河段小于防护堤方案，夹河滩至孙口河段大于防护堤方案，且夹河滩至高村河段差别较大，花园口以上和孙口以下河段差别较小。

（2）横断面形态变化。表 7－10 所列为两种运用方案下调控"58·7"洪水和未调控"58·7"洪水滩槽冲淤厚度对比情况。可以看出，不同洪水条件对滩槽冲淤分布影响存在差异；且防护堤的修建对横断面形态调整也存在明显的影响。

表 7－10　"58·7"洪水模型试验嫩滩和滩地平均淤积厚度统计表　　单位：m

淤积分布	调控"58·7"洪水		未调控"58·7"洪水	
	无防护堤	防护堤	无防护堤	防护堤
主槽	0.18	0.16	−0.13	−0.23
嫩滩	0.03	0.04	0.19	0.32
滩地	0.02	0.02	0.08	0.09

注　滩地包括嫩滩和防护堤与大堤之间的滩区。

不同洪水条件下滩槽冲淤表现不同，调控"58.7"洪水表现为滩槽同淤，未调控"58.7"洪水表现为槽冲滩淤。调控"58.7"洪水在两种运用方案情况下，淤积主要发生在槽内，滩地淤积量小，无防护堤和防护堤在两种运用方案下主槽淤高分别为 0.18m 和 0.16m，滩地淤高均为 0.02m；未调控"58.7"洪水，由于峰高量大，两种运用方案主槽均表现为冲刷，滩地表现为淤积，无防护堤和防护堤两种运用方案主槽冲刷分别为 −0.13m 和 −0.23m，滩地淤高分别为 0.08m 和 0.09m。

因此，防护堤的修建对横断面形态调整有明显影响。防护堤的存在束窄了水流，增大了河道输沙能力。但是，仔细分析发现，槽冲滩淤对河道形态的改善并不像人们想象的那么明显，由于防护堤对水沙的阻挡，使防护堤内嫩滩淤积量大，防护堤外滩区淤积量较少。这显然对二级悬河的发育是极其不利的，持续发展的结果将进一步加大二级悬河的危险性。

很明显，调控"58·7"洪水，由于峰低量小，大部分泥沙淤积在主槽，无防护堤方案主槽平均淤积厚度较防护堤方案大；未调控"58·7"洪水，峰高量大，槽冲滩淤，由于防护堤对水流的约束，防护堤方案主槽平均冲刷深度较无防护堤方案大。两种洪水条件下宽滩区防护堤方案滩地的淤积均主要发生在嫩滩上，相对而言无防护堤方案对缓解二级悬河的发育是有利的。

7.3 宽滩区不同运用方案的滞洪沉沙效应

试验过程中对兰东滩、习城滩和清河滩3个典型滩区进行了详细观测，还对全部18个滩区的淹没面积、淹没历时、滞洪量、沉沙量、淤积厚度、滩区沉沙量占总淤积量百分比、堤根平均淤厚和滩区平均横比降变化等评价指标进行了统计分析，为客观评价宽滩区不同运用方案下滞洪沉沙功效提供了依据。

7.3.1 滩区淹没情况对比

表7-11所列为调控"58·7"洪水两种运用方案下各河段滩区淹没面积情况统计，图7-13所示为调控"58·7"洪水两种运用方案下18个滩区的淹没面积分布。从图表中可以看出：

表 7-11　　　　　　　调控"58·7"洪水两种运用方案下
各河段滩区淹没面积统计表

河　段	滩区总面积/km²	无防护堤方案		防护堤方案	
		淹没面积/km²	淹没面积占河段总面积/%	淹没面积/km²	淹没面积占河段总面积/%
京广铁桥至东坝头	600.74	29.76	5.0		
东坝头至高村	430.75	11.09	2.6		
高村至孙口	329.62	55.80	16.9	26.42	8.0
合　计	1361.10	96.62	7.1	26.43	1.9

（1）由于洪峰量级小，两种运用方案下滩区淹没总面积均较小，但在相对值上，无防护堤方案下淹没面积明显大于防护堤方案。前者18个滩区中有14个滩区漫滩上水，淹没面积为99.45km²，占滩区总面积的7.1%；防洪堤方案下18个滩区中仅有4个滩区漫滩上水，淹没面积为26.43km²，占滩区总面积的1.9%。

（2）两种运用方案的滩区淹没情况沿程变化差别较大。无防护堤方案京

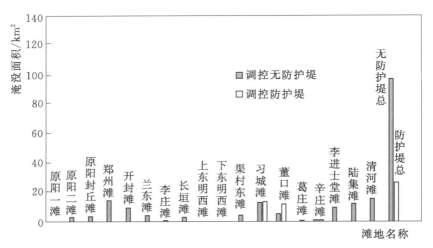

图 7-13 调控 "58·7" 洪水滩区淹没面积分布

广铁桥至东坝头河段滩区淹没面积为 $29.76km^2$，占该河段滩区总面积的 5.0%；东坝头至高村河段，滩区淹没面积为 $11.09km^2$，占该河段滩区总面积的 2.6%；高村至孙口河段，滩区淹没面积为 $55.8km^2$，占该河段滩区总面积的 16.9%，淹没比例明显大于高村以上河段。防护堤方案高村以上未漫滩，漫滩滩区全部集中在高村至孙口河段，滩区淹没面积为 $26.42km^2$，占该河段滩区总面积的 8.0%。

（3）两种运用方案下均漫滩上水的滩区有习城滩、董口滩和辛庄滩 3 个滩区。其中，习城滩在两种运用方案中漫滩面积均较大，无防护堤方案淹没面积为 $12.82km^2$，防护堤方案淹没面积为 $13.32km^2$（图 7-14 和图 7-15）。

图 7-14 调控 "58·7" 洪水习城滩漫滩情况
（无防护堤）

图 7-15 调控"58·7"洪水习城滩漫滩情况（防护堤）

表 7-12 所列为未调控"58·7"洪水在两种运用方案下各河段滩区淹没面积统计，图 7-16 所示为两种运用方案下 18 个滩区的淹没面积分布。从以下图表中可以看出：

表 7-12 未调控"58·7"洪水两种运用方案下各河段滩区淹没面积统计表

河 段	滩区总面积 /km²	无防护堤方案		防护堤方案	
		淹没面积 /km²	淹没面积占河段总面积/%	淹没面积 /km²	淹没面积占河段总面积/%
京广铁桥至东坝头	600.74	371.35	61.8	153.33	25.5
东坝头至高村	430.75	217.89	50.6	192.37	44.7
高村至孙口	329.62	254.42	77.2	274.63	83.3
合 计	1361.10	843.67	62.0	620.33	45.6

（1）由于洪峰量级大，两种运用方案下滩区淹没总面积都较大，且无防护堤方案下淹没面积明显大于防护堤方案。无防护堤方案下 18 个滩区全部漫滩上水，淹没总面积为 843.67km²，占滩区总面积的 62.0%；防护堤方案下 18 个滩区中有 17 个滩区漫滩上水，仅渠村东滩未上水，滩区淹没总面积为 620.33km²，占滩区总面积的 45.6%。

（2）两种运用方案滩区淹没情况沿程分布的差别较大。无防护堤方案各河段淹没面积百分比差别不大，其中京广铁桥至东坝头河段，滩区淹没面积为 371.35km²，占该河段滩区总面积的 61.8%；东坝头至高村河段，滩区淹没面积为 217.89km²，占该河段滩区总面积的 50.6%；高村至孙口河段，滩

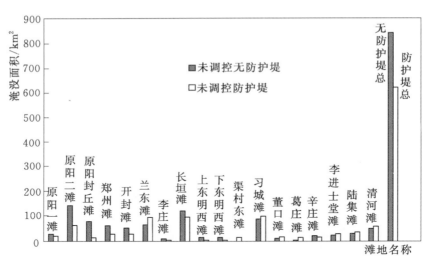

图 7-16　未调控 "58·7" 洪水滩区淹没面积分布

区淹没面积为 254.42km²，占该河段滩区总面积的 77.2%。防护堤方案各河段淹没面积百分比差别较大，自上而下逐渐增大，其中京广铁桥至东坝头河段，滩区淹没面积为 153.33km²，占该河段滩区总面积的 25.5%；东坝头至高村河段，滩区淹没面积为 192.37km²，占该河段滩区总面积的 44.7%；高村至孙口河段，滩区淹没面积为 274.63km²，占该河段滩区总面积的 83.3%。

（3）无防护堤方案中淹没面积在 60km² 以上的滩区从大至小依次为原阳二滩、长垣滩、习城滩、原阳封丘滩、兰东滩和郑州滩；防护堤方案中淹没面积在 60km² 以上的滩区从大至小依次为习城滩、长垣滩、兰东滩、原阳二滩和清河滩（图 7-17～图 7-24）。

总体上，京广铁桥至东坝头河段，无防护堤方案下的滩区淹没面积大于防护堤方案；东坝头至高村河段，两种运用方案滩区淹没总面积差别不大，但不同滩区淹没面积差别较大，滩区漫滩范围与其上游河段漫滩程度相关，如右岸兰东滩，受京广铁桥至东坝头河段漫滩范围影响，无防护堤方案下该河段漫滩范围大，兰东滩漫滩范围小，下游东明西滩受其影响，漫滩范围较大。防护堤方案则与之相反，京广铁桥至东坝头漫滩范围小，兰东滩漫滩范围大，其下游上东明西滩漫滩范围小；高村至孙口河段无防护堤方案滩区淹没面积小于防护堤方案，这是由于防护堤的约束，东坝头以上河段滩区淹没范围减小，相应滞洪量较少，尽管在东坝头至高村河段两种运用方案的漫滩范围差别不大，但进入高村以下河段的洪水量防护堤方案明显大于无防护堤方案，因而高村以下漫滩面积和滩地淹没水深远远大于无防护堤方案。

图 7-18　未调控"58·7"洪水洪峰时左岸
原阳封丘滩漫滩情况（无防护堤）

图 7-20　未调控"58·7"洪水洪峰时左岸长垣滩和
右岸兰东滩漫滩情况（无防护堤）

图 7-17　未调控"58·7"洪水洪峰时左岸
原阳二滩漫滩情况（无防护堤）

图 7-19　未调控"58·7"洪水洪峰时右岸郑州滩
漫滩情况（无防护堤）

199

图 7-22　未调控"58·7"洪水洪峰时右岸郑州滩漫滩情况（有防护堤）

图 7-24　未调控"58·7"洪水洪峰期习城滩漫滩情况（有防护堤）

图 7-21　未调控"58·7"洪水洪峰时左岸习城滩漫滩情况（无防护堤）

图 7-23　未调控"58·7"洪水洪峰期左岸长垣滩和右岸兰东滩漫滩情况（有防护堤）

本次试验的初始河床为 2013 年汛前地形，沿程河槽平滩流量差别较大（图 7-25），花园口、夹河滩、高村、孙口各站平滩流量分别为 6900m³/s、6500m³/s、5800m³/s 和 4300m³/s，高村以上河槽平滩流量大，主河槽过流能力也大，高村以下平滩流量小，尤其孙口站流量在 4300m³/s 时就出槽；实际"58·7"洪水，花园口、夹河滩、高村、孙口各站平滩流量分别为 5620m³/s、6000m³/s、5500m³/s 和 6000m³/s，沿程河槽平滩流量比较均衡。由此，在现状地形上施放"58·7"洪水，高村以下漫滩范围会出现大于实际"58·7"洪水的漫滩情况，且滩区防护堤方案下由于防护堤对水流的约束，高村以上漫滩范围小，水流集中下泄，高村以下主河槽显然承受不了过多的集中下泄水流，势必会出现漫滩范围大于滩区无防护堤方案的情况，

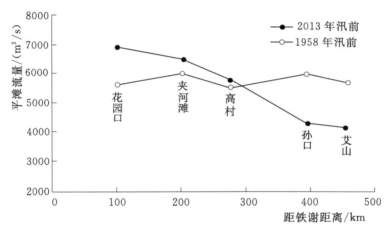

图 7-25 2013 年与 1958 年沿程各站平滩流量对比

7.3.2 滩区滞洪效果对比分析

表 7-13 和图 7-26 分别为调控"58·7"洪水两种运用方案下各河段滩区滞洪量统计和 18 个滩区的滞洪量对比情况，可以看出以下几点。

表 7-13 调控"58·7"洪水两种运用方案下各河段滩区滞洪量统计表

河 段	滩区总面积 /km²	无防护堤方案		防护堤方案	
		滞洪量 /亿 m³	滞洪量占总滞洪量百分比/%	滞洪量 /亿 m³	滞洪量占总滞洪量百分比/%
京广铁桥至东坝头	600.74	0.756	9.3	0	0
东坝头至高村	430.75	2.625	32.3	0	0
高村至孙口	329.62	4.749	58.4	4.450	100
合 计	1361.10	8.130	100.0	4.450	100

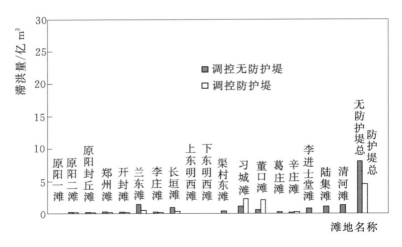

图 7-26　调控"58·7"洪水滩区滞洪量分布

（1）防护堤方案滞洪总量小于无防护堤方案。由于防护堤方案仅高村以下 4 个滩区漫滩上水，而无防护堤方案 18 个滩区中有 14 个滩区漫滩上水，防护堤方案滞洪总量明显小于无防护堤方案。调控"58·7"洪水，滩区无防护堤方案下滩区总滞洪量为 8.130 亿 m^3，防护堤方案下滩区总滞洪量为 4.450 亿 m^3，仅为无防护堤方案滞洪总量的 54.7%。

（2）滩区滞洪量沿程分布差异较大。无防护堤方案下，京广铁桥至夹河滩河段滞洪量为 0.756 亿 m^3，占总滞洪量的 9.3%；东坝头至高村河段滞洪量为 2.625 亿 m^3，占总滞洪量的 32.3%；高村至孙口河段滞洪量为 4.749 亿 m^3，占总滞洪量的 58.4%。防护堤方案下京广铁桥至高村河段滩区未漫滩；漫滩滩区全部集中在高村至孙口河段，滞洪量为 4.450 亿 m^3，占总滞洪量的 100.0%，该河段滞洪量与无防护堤方案下该河段滞洪量接近。

表 7-14 和图 7-27 所示为未调控"58·7"洪水两种运用方案下各河段滩区

表 7-14　　未调控"58·7"洪水两种运用方案下各河段滩区滞洪量统计表

河　段	滩区总面积 /km²	无防护堤方案		防护堤方案	
		滞洪量 /亿 m³	滞洪量占总滞洪量 百分比/%	滞洪量 /亿 m³	滞洪量占总滞洪量 百分比/%
京广铁桥至东坝头	600.74	6.57	24.2	4.62	16.7
东坝头至高村	430.75	10.87	40.1	9.08	32.9
高村至孙口	329.62	9.66	35.6	13.92	50.4
合　计	1361.10	27.10	100.0	27.62	100.0

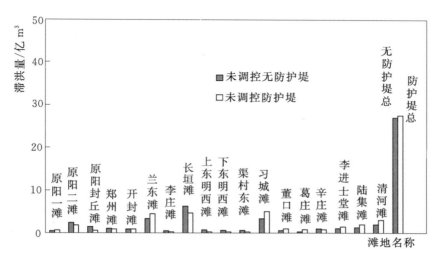

图 7-27 未调控"58·7"洪水滩区滞洪量分布

滞洪量统计和 18 个滩区的滞洪量对比情况。可以看出，两种运用方案下滞洪总量差别不大，但各河段分布不同，具体如下。

（1）防护堤方案滞洪总量大于无防护堤方案。未调控"58·7"洪水，无防护堤方案下滩区总滞洪量为 27.10 亿 m³，防护堤方案下滩区总滞洪量为 27.62 亿 m³。

（2）滩区滞洪量沿程分布差异较大。无防护堤方案下，京广铁桥至夹河滩河段滞洪量为 6.57 亿 m³，占总滞洪量的 24.2%；东坝头至高村河段滞洪量为 10.87 亿 m³，占总滞洪量的 40.1%；高村至孙口河段滞洪量为 9.66 亿 m³，占总滞洪量的 35.6%。防护堤方案下，京广铁桥至夹河滩河段滞洪量为 4.62 亿 m³，占总滞洪量的 16.7%；东坝头至高村河段滞洪量为 9.08 亿 m³，占总滞洪量的 32.9%；高村至孙口河段滞洪量为 13.92 亿 m³，占总滞洪量的 50.4%。

通过对比两种洪水量级下 18 个滩区总滞洪量发现，两种运用方案下的总滞洪量具有明显不同的特点，调控"58·7"洪水（较小洪水量级）下，无防护堤方案明显大于有防护堤方案，这与无防护堤方案漫滩 14 个滩区，而防护堤仅漫滩 4 个滩区直接相关；未调控"58·7"洪水（较大洪水量级）时，两种运用方案差别不大。在滞洪量的沿程分布上，调控"58·7"洪水，无防护堤方案下滩区滞洪量自上而下逐渐增大，高村至孙口河段滞洪量最大；防护堤方案下高村以上河段滩区不漫滩，但高村以下漫滩滞洪量较大。未调控"58·7"洪水，无防护堤方案下各河段滞洪量差别不大，京广铁桥至东坝头河段稍小，东坝头至高村河段最大；防护堤方案滞洪量自上而下逐渐增大，高村至孙口河段滞洪量最大。防护堤方案下两种洪水量级高村至孙口河段滞洪量都较大，原因主要有两个方面，一方面现状情况下高村以上平滩流量大，高村以下平滩流量小，漫滩范围大；另一方面与防护堤阻挡进入滩区水量不能迅速回归主河道有关。

7.3.3　滩区沉沙效果对比分析

表 7-15 和图 7-28 所示为调控"58·7"洪水两种运用方案下各河段滩区沉沙量统计和 18 个滩区的沉沙量情况。可以看出以下几点。

表 7-15　　　　　　　　调控"58·7"洪水两种运用方案下
各河段滩区沉沙量统计表

河　段	滩区总面积/km²	无防护堤方案		防护堤方案	
		沉沙量/亿 t	沉沙量占总沉沙量百分比/%	沉沙量/亿 t	沉沙量占总沉沙量百分比/%
京广铁桥至东坝头	600.74	0.025	29.1		
东坝头至高村	430.75	0.009	10.5		
高村至孙口	329.62	0.052	60.5	0.058	100.0
合　计	1361.10	0.086	100.0	0.058	100.0

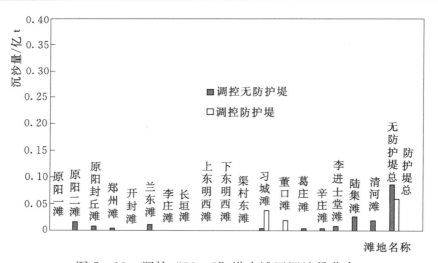

图 7-28　调控"58·7"洪水滩区沉沙量分布

（1）滩区沉沙总量，无防护堤方案明显大于防护堤方案。无防护堤方案下滩区总沉沙量为 0.086 亿 t；防护堤方案下滩区总沉沙量为 0.058 亿 t。

（2）滩区沉沙量沿程分布，两种运用方案差别较大。无防护堤方案下京广铁桥至东坝头河段沉沙量为 0.025 亿 t，占总沉沙量的 29.1%；东坝头至高村河段沉沙量为 0.009 亿 t，占总沉沙量的 10.5%；高村至孙口河段沉沙量为 0.052 亿 t，占总沉沙量的 60.5%。防护堤方案下高村以上河段滩区未漫滩，因而无沉沙量，滩区沉沙全部集中在高村至孙口河段，沉沙量为 0.058 亿 t，占总沉沙量的 100.0%。两种运用方案下均是高村至孙口河段滩区沉沙量大。

（3）滩区平均淤积厚度，无防护堤方案小于防护堤方案。根据滩区总沉沙量和淹没面积计算，无防护堤方案下滩区淤积平均厚度为 0.06m，防护堤方案下滩区淤积平均厚度为 0.16m，这是由于防护堤只有 4 个滩区漫滩沉沙，平均厚度因而较大。

表 7-16 和图 7-29 所示为未调控"58·7"洪水两种运用方案下各河段滩区沉沙量统计和 18 个滩区的沉沙量情况，其数值明显大于调控"58·7"洪水，但其分布特点有所不同。

表 7-16　　　　未调控"58·7"洪水两种运用方案下
各河段滩区沉沙量统计表

河 段	滩区总面积 /km²	无防护堤方案		防护堤方案	
		沉沙量 /亿 t	沉沙量占总沉沙量百分比/%	沉沙量 /亿 t	沉沙量占总沉沙量百分比/%
京广铁桥至东坝头	600.74	0.220	18.0	0.169	18.5
东坝头至高村	430.75	0.237	19.4	0.276	30.2
高村至孙口	329.62	0.765	62.6	0.469	51.3
合　　计	1361.10	1.222	100.0	0.914	100.0

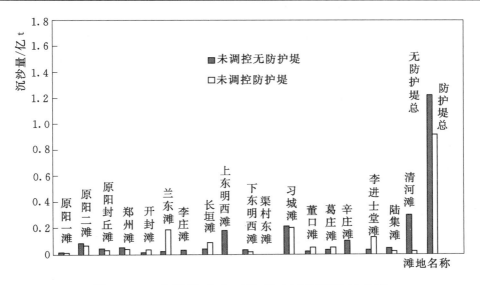

图 7-29　未调控"58·7"洪水滩区沉沙量分布

（1）在滩区沉沙总量方面，无防护堤方案大于防护堤方案，无防护堤方案下滩区总沉沙量为 1.222 亿 t；防护堤方案下滩区总沉沙量为 0.914 亿 t。

（2）在滩区沉沙量沿程分布方面，同样是高村至孙口河段沉沙量最大。无防护堤方案下京广铁桥至东坝头河段沉沙量为 0.220 亿 t，占总沉沙量的 18.0%；东坝头至高村河段沉沙量为 0.237 亿 t，占总沉沙量的 19.4%；高村至孙口河段沉沙量为 0.765 亿 t，占总沉沙量的 62.6%。防护堤方案下京广铁桥至东坝头河段沉沙量为 0.169 亿 t，占总沉沙量的 18.5%；东坝头至高村河段沉沙量为 0.276 亿 t，占总沉沙量的 30.2%；高村至孙口河段沉沙量为 0.469 亿 t，占总沉沙量的 51.3%。

（3）在滩区平均淤积厚度方面，无防护堤方案略小于防护堤方案。根据滩区总沉沙量和淹没面积计算，无防护堤方案下滩区淤积平均厚度为 0.10m，防护堤方案下滩区淤积平均厚度为 0.11m。

7.4　宽滩区不同运用方案对防洪情势的影响

7.4.1　沿程最高洪水位变化

1. 调控"58·7"洪水沿程最高洪水位变化

表 7-17 所列为调控"58·7"洪水试验铁谢、花园口、夹河滩、高村和孙口水文站两种运用方案下的最高洪水位统计情况。从表中可看出，防护堤方案与无防护堤方案相比，铁谢水位低 0.08m，花园口水位高 0.02m，夹河滩水位和高村水位分别低 0.07m 和 0.05m，孙口水位高 0.64m。总的来说，两种运用方案下最高洪水位在高村以上相差不多，高村以下防护堤方案最高水位明显大于无防护堤方案，这主要是调控"58·7"洪水峰低量小，在防护堤的沿程围挡下，高村以上漫滩水量较少，进入高村以下的水量明显大于无防护堤方案，因此造成高村以下窄河段洪水位明显抬高。

表 7-17　　调控"58·7"洪水试验沿程各站最高洪水位统计表

洪水位	站名	铁谢	花园口	夹河滩	高村	孙口
最高洪水位/m	无防护堤	116.80	94.46	77.37	62.59	47.92
	防护堤	116.72	94.48	77.30	62.54	48.58
防护堤－无防护堤差值/m		−0.08	0.02	−0.07	−0.05	0.64

2. 未调控"58·7"洪水沿程最高洪水位变化

表 7-18 所列为未调控"58·7"洪水试验铁谢、花园口、夹河滩、高村

和孙口水文站在两种运用方案下的最高洪水位统计情况。从表中可看出，防护堤方案与无防护堤方案相比，铁谢水位高0.08m，花园口水位高0.06m，夹河滩水位低0.11m，高村水位高0.05m，孙口水位高1.10m。最高洪水位变化特点与调控"58·7"洪水相同，都是在高村以上相差不多，高村以下防护堤方案最高水位明显高于无防护堤方案，主要原因是由于防护堤的围挡及上下游平滩流量的差异，造成防护堤方案进入高村以下的水量明显大于无防护堤方案，进而造成高村以下窄河段洪水位明显抬高。

表7-18   未调控"58·7"洪水试验沿程各站最高洪水位统计表

洪水位	站名	铁谢	花园口	夹河滩	高村	孙口
最高洪水位/m	无防护堤	120.83	95.89	78.40	63.97	48.85
	防护堤	120.95	95.95	78.29	64.02	49.95
防护堤－无防护堤差值/m		0.08	0.06	−0.11	0.05	1.10

7.4.2 典型滩区水位变化对比

从7.4.1节分析知，两种运用方案对高村以下河道的最高洪水位影响较大，为进一步了解两种运用方案对高村以下滩区水位的影响情况，表7-19统计了高村以下两个典型滩区在未调控"58.7"洪水时不同运用方案的水位涨幅情况。从表中可看出，紧邻高村水文站的习城滩，断面CS442以上无防护堤与防护堤方案水位涨幅差别不大，断面CS442以下防护堤方案水位涨幅较无防护堤方案高1.29m；清河滩位置较为靠下，防护堤方案滩区水位涨幅明显大于无防护堤方案，其中CS516断面高出2.98m，CS524断面高出3.21m，CS533断面高出2.13m。

表7-19   未调控"58·7"洪水滩区两种运用方案下水位涨幅统计表

滩区名称	断面号	无防护堤/m	防护堤/m	防护堤－无防护堤差值/m
习城滩	CS419	1.85	1.75	0.10
	CS442	1.88	1.36	0.55
	CS458	2.46	3.75	1.29
清河滩	CS516	0.45	3.43	2.98
	CS524	1.62	4.83	3.21
	CS533	1.63	3.76	2.13

由此分析得出，防护堤方案对下游窄河段滩区防洪安全的影响较大。即受防护堤的影响，滩区位置越靠下，滩区滞洪量越大，滩区水位越高，对滩区防洪安全和经济发展影响越大。

7.4.3　典型滩区水流流场分布对比分析

为分析黄河下游滩区在大洪水条件下洪水上滩并沿堤河顺堤行洪的流场特征，本次试验在兰东滩区布置一套 VDMS 系统，用来监测滩区水流漫滩后流场分布情况，通过对比两种运用方案下试验过程中流场变化，可以更加清晰地分析防护堤对兰东滩上滩洪水在滩地演进的影响（监控设备只能监测出流速和水深大的水流，对于停滞水则基本没有光点显示）。

通过未调控 "58·7" 洪水宽滩区两种运用方案下兰东滩上滩洪水演进矢量图的对比（图 7 - 30），可从两个方面对比滩区流场分布。一是进入滩区水流方向，无防护堤方案下滩区水流进入滩区是在蔡集工程以上至杨庄、东坝头险工以下区域呈扇形发散的方式，而防护堤方案是从蔡集工程以上进口与主河槽几乎呈垂直方向进入滩区，同时水流也从滩区下端倒灌入滩进入滩地；二是水深、流速和流场范围，滩区两种不同运用方案下水流进入滩区后都是沿横向流向大堤，然后顺堤行洪，滩区无防护堤方案较防护堤方案水深和流速小，能够测出水流流速的动水淹没范围主要在 CS335 油房寨断面渠堤以上靠近堤根的部分，只有极少水流突破渠堤，所以显示出流场范围小，而防护堤方案洪水从上下两口门上滩，上游口门上滩洪水行进到堤根仍有较大动能，突破了油房寨断面处的渠堤，动水淹没范围涵盖了整个兰东滩靠近堤根的范围，王高寨至六合集断面之间（CS343～CS347）为上下两股上滩洪水的交汇

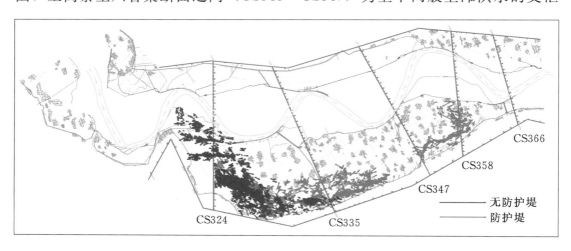

图 7 - 30　未调控 "58·7" 洪水试验兰东滩流场分布

处，此处的水流流速非常低，流向散乱，矢量测量图上基本没有光点显示，但静水淹没范围较大。

7.4.4 典型滩区顺堤行洪流速和水深变化

为了解滩区的顺堤行洪流速和水深变化情况，未调控"58·7"洪水试验对兰东滩、习城滩和清河滩3个滩区的堤根不同部位流速和水深进行了观测，从表7-20中可以看出：

（1）兰东滩无防护堤方案堤根平均水深0.99m，最大水深1.39m；防护堤方案堤根平均水深1.28m，最大水深1.50m，分别较无防护堤方案高0.29m、0.11m。

（2）习城滩无防护堤方案堤根平均水深1.20m，最大水深2.0m；防护堤方案堤根平均水深1.84m，最大水深2.28m，分别较无防护堤方案高0.64m、0.28m。

（3）清河滩无防护堤方案堤根平均水深3.08m，最大水深5.35m；防护堤方案堤根平均水深3.50m，最大水深5.40m，分别较无防护堤方案高0.42m、0.05m。

（4）兰东滩、习城滩和清河滩无防护堤方案平均顺堤行洪流速分别为1.09m/s、1.04m/s 和 0.92m/s；防护堤方案下平均顺堤行洪流速分别为1.31m/s、1.26m/s 和 0.98m/s，分别较无防护堤方案高0.29m/s、0.22m/s、0.06m/s。

表 7-20   未调控"58·7"洪水两种运用方案下滩区顺堤行洪流速及水深变化

滩区名称	测点编号	时间 /h	无防护堤方案		防护堤方案		防护堤－无防护堤 水深差值 /m
			流速 /(m/s)	水深 /m	流速 /(m/s)	水深 /m	
兰东滩	1	206	1.36	0.80	1.82	1.20	0.40
	2	209	0.83	0.65	0.69	0.90	0.25
	3	219	0.84	0.74	0.78	1.32	0.58
	4	222	1.99	1.37	2.57	1.50	0.13
	5	233	0.44	1.39	0.68	1.50	0.11
	平均		1.09	0.99	1.31	1.28	0.29
	最大		1.99	1.39	2.57	1.50	0.11

滩区名称	测点编号	时间/h	无防护堤方案		防护堤方案		防护堤－无防护堤水深差值/m
			流速/(m/s)	水深/m	流速/(m/s)	水深/m	
习城滩	1	250	1.19	0.67	1.70	1.44	0.77
	2	253	0.45	0.63	0.56	1.20	0.57
	3	257	1.42	1.35	1.44	2.28	0.93
	4	258	1.26	2.00	1.66	2.10	0.10
	5	260	0.87	1.36	0.95	2.16	0.80
	平均		1.04	1.20	1.26	1.84	0.64
	最大		1.42	2.00	1.70	2.28	0.28
清河滩	1	339	0.60	0.83	0.16	1.80	0.97
	2	343	1.56	5.35	1.79	5.40	0.05
	3	346	0.96	1.76	1.08	2.40	0.64
	4	349	0.76	3.48	0.87	3.60	0.12
	5	352	0.71	3.97	0.95	4.30	0.33
	平均		0.92	3.08	0.98	3.50	0.42
	最大		1.56	5.35	1.79	5.40	0.05

总体上，防护堤方案下 3 个典型滩区堤根水深和流速都大于无防护堤方案，且滩区位置越靠下，淹没水深越大。由此可见，防护堤方案漫滩洪水对下游堤防造成威胁大于无防护堤方案。同时，由于滩区漫滩水滞留时间长，防护堤也面临滩区漫滩水和主河槽水腹背受敌的不利局面。

7.5　宽滩区不同运用方案模型试验效果综合评述

基于小浪底至陶城铺河道动床模型，对滩区不同运用方案下黄河下游水沙演进、河道冲淤、滞洪沉沙效果、防洪形势及二级悬河状况等进行了全面对比分析，主要得出以下认识。

（1）对水沙演进的影响。未调控"58·7"洪水较调控"58·7"洪水洪峰沿程削减率大、传播时间长、水量损失大和沙峰沿程衰减小且传播时间长；防护堤方案较无防护堤方案洪峰沿程削减率小，沙峰沿程衰减大，调控"58·7"洪水洪峰传播时间长于无防护堤方案，未调控"58·7"洪水则较无防护堤方案传播时间减少。

（2）对河道冲淤的影响。调控"58·7"洪水，防护堤和无防护堤方案总淤积量分别为 2.141 亿 t 和 2.275 亿 t、主槽淤积量分别为 1.419 亿 t 和 1.626 亿 t、嫩滩淤积量分别为 0.571 亿 t 和 0.450 亿 t；未调控"58·7"洪水，防护堤和无防护堤方案总淤积量分别为 1.540 亿 t 和 2.221 亿 t、嫩滩淤积量分别为 2.527 亿 t 和 1.531 亿 t、主槽冲刷量分别为－2.048 亿 t 和－1.131 亿 t。

（3）对滞洪沉沙效果的影响。调控"58·7"洪水，无防护堤方案下 18 个滩区中有 14 个滩区漫滩上水，淹没面积、滞洪总量和沉沙总量分别为 96.65km²、8.130 亿 m³ 和 0.086 亿 t；防护堤方案下 18 个滩区中仅有 4 个滩区漫滩上水，淹没面积、滞洪总量和沉沙总量分别为 26.42km²、4.450 亿 m³ 和 0.058 亿 t。未调控"58·7"洪水，无防护堤方案下 18 个滩区全部漫滩上水，淹没总面积、滞洪总量和沉沙总量分别为 843.67km²、27.10 亿 m³ 和 1.222 亿 t；防护堤方案下 18 个滩区中有 17 个滩区漫滩上水，滩区淹没面积、滞洪总量和沉沙总量分别为 620.33km²、27.62 亿 m³ 和 0.914 亿 t。

（4）对防洪形势的影响。"58·7"洪水模型试验中，最高洪水位高村以上两种运用方案相差不大，孙口洪水位两种运用方案差别较大，防护堤方案最高洪水位发生时间较无防护方案堤短，增加了下游窄河段的防洪压力。调控"58·7"洪水孙口最高洪水位防护堤方案较无防护方案堤高 0.64m；未调控"58·7"洪水运用情况下，孙口最高洪水位防护堤方案较无防护方案堤高 1.10m。

（5）对二级悬河情势的影响。对调控"58·7"洪水和未调控"58·7"洪水试验所有大断面的统计结果表明，防护堤方案嫩滩平均淤高较无防护堤方案明显偏大，滩区横比降变大。防护堤方案，调控"58·7"洪水嫩滩平均淤高 0.04m，滩地平均淤高 0.02m；未调控"58·7"洪水嫩滩平均淤高 0.32m，滩地平均淤高 0.09m。无防护堤方案，调控"58·7"洪水嫩滩平均淤高 0.03m，滩地平均淤高 0.02m；而未调控"58·7"洪水嫩滩平均淤高 0.19m，滩地平均淤高 0.08m。

因此，就模型试验结果看，中常洪水条件下，防护堤方案的滞洪沉沙效果优于无防护堤方案，滩区淹没损失小（无防护堤方案 14 个滩区漫滩，防护堤方案仅 4 个滩区漫滩，且均在高村以下河段），但嫩滩淤积量大，且高村以下窄河段漫滩情况较无防护堤方案严重，二级悬河及防洪形势均较无防护堤方案严峻。大洪水条件下，无防护堤方案的滞洪沉沙效果优于防护堤方案，嫩滩淤积量小于防护堤方案，虽仍存在高村以下窄河段漫滩严重状况，但较防护堤方案有所减轻，无防护堤方案下的二级悬河及防洪形势均较防护堤方案有所缓解。

目前小浪底水库的运用方式，大部分滩区相当长时间不会上水，但未来仍有出现极端天气事件的可能，特别是小花间无控制区发生大洪水的可能性仍然较大，洪水一旦漫滩必将对滩区人民的生命财产安全构成极大威胁，尤其会对高村以下窄河段河道冲淤造成较大影响。在目前水资源日趋紧张、土地日渐减少的状况下，如何合理运用滩区是必须认真思考的问题。如果采取宽滩区无防护堤方案，从长远考虑，滩区人口应全部外迁，做到一劳永逸。近期建议在人口外迁条件不允许情况下，可在地势高的地方建村台，保证大洪水时人民生命财产安全；同时注重发挥黄河下游滩区淹没补偿政策对黄河下游滩区治理的积极作用。

第8章 宽滩区滩槽泥沙
优化配置及效果

宽滩区滩槽水沙优化配置，是有效控制黄河下游水沙灾害、充分发挥泥沙资源性作用等工程实践的基础和前提，对实现兴利与除害、治河与治沙的有机结合，促进社会与经济发展，维护生态环境安全具有深远意义。本章通过实测资料分析、理论研究成果综合和滩区综合治理工程规划等，提出了宽滩区水沙优化配置途径、配置单元和配置能力，结合泥沙配置多目标层次分析，确定了滩槽泥沙优化配置的约束方程和综合目标函数，建立了泥沙优化配置数学模型和河道水沙数学模型。并根据黄河下游宽滩区运用方案、漫滩洪水过程、滩槽水沙交换机理、配置单元和配置能力，通过宽滩区水沙优化配置数学模型进行滩槽水沙优化配置，在综合评价滩槽泥沙优化配置方案的社会、生态和经济效益的基础上，提出未来滩槽水沙配置和可能的宽滩区运用方案。

8.1 黄河下游滩槽泥沙配置的主要影响因素分析

根据黄河下游的来水来沙特点和河道冲淤演变特性分析可知，对滩槽水沙交换及其冲淤分布产生直接影响的水沙过程主要为漫滩洪水。为了研究不同漫滩洪水对滩槽水沙变化及其冲淤空间分布的影响，需要对影响滩槽水沙变化及其冲淤分布的关键影响因素进行分析。从前面的分析结果可知，漫滩洪水对河道滩槽冲淤产生影响的因素主要包括洪水漫滩程度、洪水含沙量、洪水水沙过程及河道边界条件等。研究采用灰色关联分析法对漫滩洪水的水量（W）、沙量（S）、来沙系数（S_a/Q_a）、洪峰涨落度（Z_Q）和沙峰涨落度（Z_S）等 5 个影响参数进行关联度分析。

8.1.1 灰色关联分析法

灰色系统理论是我国学者邓聚龙教授于 1982 年提出的，灰色系统是部分信息已知而部分信息未知的不确定性系统。灰色系统理论是在所要考察和研究的信息不完全的情况下，通过已知信息来研究和预测未知领域，从而达到了解整个系统的目的。灰色关联分析是灰色系统分析的一项主要内容，它是以行为因子序列的几何接近度，分析并确定因子间的影响程度或因子对主行为的贡献测度而进行的一种分析方法。灰色关联分析法可在不完全的信息中，通过一定的数据处理，在随机的因素序列间找出它们之间的关联性，发现主要矛盾，找到主要特征和主要影响因素。

灰色关联分析法是根据因素之间发展态势的相似或相异程度来衡量因素之间关联程度的方法，使用灰色关联度表达因子之间的影响程度。利用灰色关联分析计算关联度的基本方法如下。

（1）关联系数。设主因子数列和各比较因子数列分别为

$$X_0(t) = \{X_0(1), X_0(2), \cdots, X_0(n)\} \tag{8-1}$$

$$X_i(t) = \{X_i(1), X_i(2), \cdots, X_i(n)\} \tag{8-2}$$

$$\Delta i(t) = |X_0(t) - X_i(t)| \tag{8-3}$$

$$\Delta(i)_{\min} = \min |X_0(t) - X_i(t)| \tag{8-4}$$

$$\Delta(i)_{\max} = \max |X_0(t) - X_i(t)| \tag{8-5}$$

其中，$t = 1, 2, \cdots, n$。则 $X_0(t)$ 与 $X_i(t)$ 的灰关联系数为

$$\zeta_i = \frac{\Delta(i)_{\min} + \varphi}{\Delta i + \varphi} \tag{8-6}$$

其中，$\varphi = \rho \Delta(i)_{\max}$；$\Delta(i)_{\min}$ 第 i 个子因子与主因子差的最小值；$\Delta(i)_{\max}$ 第 i 个子因子与主因子差的最大值；ρ 为分别率，$0 < \rho < 1$，本书分辨率取 0.5。

（2）关联度。由于灰关联系数仅表示各个时刻数据间的灰关联程度，为对整个数据序列间进行比较，对灰关联系数作均值化处理得出关联度 γ，关联度越大的数列对参考数列的相关程度越大。

8.1.2　滩槽水沙变化及其冲淤演变的关键影响因子分析

根据已统计的漫滩洪水资料，分别将大漫滩洪水和一般漫滩洪水的 5 项洪水参数因子与各自对应的滩槽全年、汛期的冲淤量进行灰色关联分析，得到不同河段不同漫滩程度洪水的滩槽冲淤量与 5 项参数因子的相关性权重值，列于表 8-1～表 8-3。

由表 8-1～表 8-3 可见，对于花园口至高村河段大漫滩洪水来说，不同影响因子对滩地年冲淤量的影响程度从高到低分别为来沙系数（S_a/Q_a）、沙量（S）、水量（W）、沙峰涨落度（Z_S）、洪峰涨落度（Z_Q），其主要因素为来沙系数、来沙量和水量；滩地汛期冲淤量的影响程度从高到低分别为来沙系数（S_a/Q_a）、沙量（S）、水量（W）、沙峰涨落度（Z_S）、洪峰涨落度（Z_Q），其主要

表 8 - 1　　花园口至高村河段滩槽冲淤量与洪水参数的关联度

洪 水 参 数		滩 地		主 槽	
		汛期	全年	汛期	全年
大漫滩	$W/亿\ m^3$	0.696	0.706	0.819	0.777
	$S/亿\ t$	0.705	0.734	0.845	0.804
	S_a/Q_a	0.705	0.739	0.799	0.775
	Z_Q	0.692	0.686	0.758	0.722
	Z_S	0.696	0.698	0.752	0.718
一般漫滩	$W/亿\ m^3$	0.725	0.709	0.698	0.656
	$S/亿\ t$	0.772	0.753	0.814	0.753
	S_a/Q_a	0.755	0.730	0.801	0.742
	Z_Q	0.710	0.689	0.690	0.650
	Z_S	0.671	0.630	0.610	0.568

表 8 - 2　　高村至艾山河段滩槽冲淤量与洪水参数的关联度

洪 水 参 数		滩 地		主 槽	
		汛期	全年	汛期	全年
大漫滩	$W/亿\ m^3$	0.719	0.720	0.660	0.772
	$S/亿\ t$	0.707	0.708	0.653	0.752
	S_a/Q_a	0.709	0.709	0.632	0.726
	Z_Q	0.592	0.593	0.572	0.636
	Z_S	0.659	0.661	0.603	0.646
一般漫滩	$W/亿\ m^3$	0.798	0.671	0.719	0.770
	$S/亿\ t$	0.798	0.677	0.712	0.744
	S_a/Q_a	0.665	0.574	0.605	0.619
	Z_Q	0.707	0.602	0.652	0.681
	Z_S	0.707	0.608	0.652	0.689

表 8 - 3　　艾山至利津河段滩槽冲淤量与洪水参数的关联度

洪 水 参 数		滩 地		主 槽	
		汛期	全年	汛期	全年
一般漫滩	$W/亿\ m^3$	0.739	0.737	0.722	0.762
	$S/亿\ t$	0.693	0.692	0.750	0.736
	S_a/Q_a	0.523	0.523	0.676	0.591
	Z_Q	0.597	0.596	0.713	0.675
	Z_S	0.728	0.726	0.747	0.766

影响因素为来沙系数、来沙量和水量。与此对应，主槽年冲淤量的影响程度从高到低分别为沙量（S）、水量（W）、来沙系数（S_a/Q_a）、洪峰涨落度（Z_Q）、沙峰涨落度（Z_S），其主要影响因素为沙量、水量和来沙系数；主槽汛期冲淤量的影响程度从高到低分别为沙量（S）、水量（W）、来沙系数（S_a/Q_a）、洪峰涨落度（Z_Q）、沙峰涨落度（Z_S），其主要影响因素为沙量、水量和来沙系数。

对于花园口至高村河段一般漫滩洪水来说，滩地年冲淤量的影响程度从高到低分别为沙量（S）、来沙系数（S_a/Q_a）、水量（W）、洪峰涨落度（Z_Q）、沙峰涨落度（Z_S），其主要影响因素为沙量、来沙系数和水量；滩地汛期冲淤量的影响程度从高到低分别为沙量（S）、来沙系数（S_a/Q_a）、水量（W）、洪峰涨落度（Z_Q）、沙峰涨落度（Z_S），其主要影响因素为沙量、来沙系数和水量。与此对应，主槽年冲淤量的影响程度从高到低分别为沙量（S）、来沙系数（S_a/Q_a）、水量（W）、洪峰涨落度（Z_Q）、沙峰涨落度（Z_S），其主要影响因素为沙量、来沙系数和水量；滩地汛期冲淤

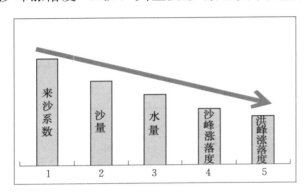

图 8-1 花园口至高村河段大漫滩洪水
参数对滩地冲淤的影响程度

量的影响程度从高到低分别为沙量（S）、来沙系数（S_a/Q_a）、水量（W）、洪峰涨落度（Z_Q）、沙峰涨落度（Z_S），其主要影响因素为沙量、来沙系数和水量（图 8-1～图 8-10）。

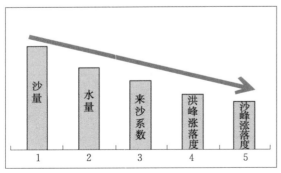

图 8-2 花园口至高村河段大漫滩洪水
参数对主槽冲淤的影响程度

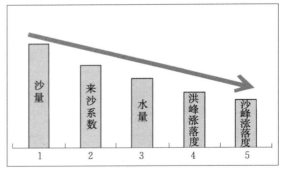

图 8-3 花园口至高村河段一般漫滩洪水
参数对滩地冲淤的影响程度

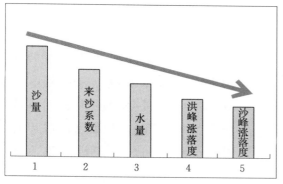

图 8-4 花园口至高村河段一般漫滩洪水
参数对主槽冲淤的影响程度

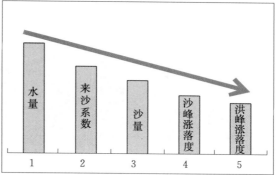

图 8-5 高村至艾山河段大漫滩洪水
参数对滩地冲淤的影响程度

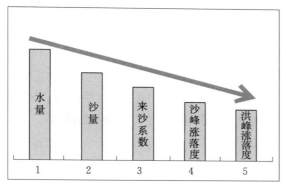

图 8-6 高村至艾山河段大漫滩洪水
参数对主槽冲淤的影响程度

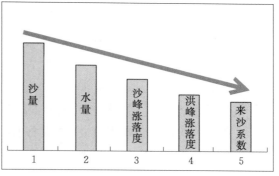

图 8-7 高村至艾山河段一般漫滩洪水
参数对滩地冲淤的影响程度

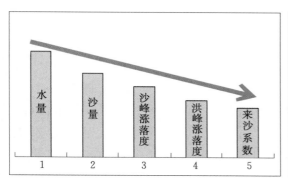

图 8-8 高村至艾山河段一般漫滩洪水
参数对主槽冲淤的影响程度

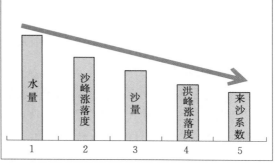

图 8-9 艾山至利津河段一般漫滩洪水
参数对滩地冲淤的影响程度

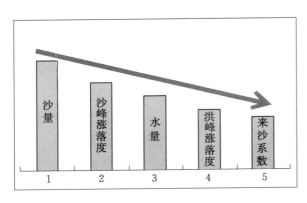

图8-10　艾山至利津河段一般漫滩洪水
参数对主槽冲淤的影响程度

综上所述，对于花园口至高村河段的大漫滩洪水而言，从全年或汛期不同时段的滩槽冲淤变化来看，滩地冲淤变化的主要影响因素为来沙系数、来沙量和水量，主槽冲淤变化的主要因素为沙量、水量和来沙系数；对于花园口至高村河段一般漫滩洪水而言，滩地冲淤变化的主要影响因素为沙量、来沙系数和水量，主槽冲淤变化的主要影响因素也为沙量、来沙系数和水量。通过相同的方法对高村至艾山河段和艾山至利津河段分别进行统计分析可以得出，对于高村至艾山河段大漫滩洪水而言，滩地冲淤变化的主要影响因素为水量和来沙系数，主槽冲淤变化的主要影响因素为水量和沙量；对于高村至艾山河段一般漫滩洪水而言，滩地冲淤变化的主要影响因素为沙量和水量，主槽冲淤变化的主要影响因素也为水量和沙量。对于艾山至利津河段一般漫滩洪水而言，滩地冲淤变化的主要影响因素为水量和沙峰涨落度，主槽冲淤变化的主要影响因素也为沙量和沙峰涨落度。由此可见，在不同漫滩程度的洪水作用下，黄河下游不同河段主槽和滩地冲淤变化的主要影响因素为洪峰水量、沙量和来沙系数，但主要影响因素的影响程度和次序因河段不同而有所差别，这表明黄河下游滩槽冲淤变化除了水沙条件等主控因素之外，河道边界条件对滩槽冲淤分布也具有一定程度的影响。

8.2　黄河下游宽河段泥沙配置方法

8.2.1　配置层次分析

黄河下游宽河段泥沙配置首先要明确配置总目标、子目标、评价指标、配置措施、配置方式和配置约束条件等问题，黄河下游宽河段泥沙配置层次分析就是解决这些问题的技术途径。黄河下游宽河段泥沙配置方法采用多目标层次分析方法，提出的黄河下游宽滩区河段泥沙多目标优化配置各指标之间的层次结构如表8-4所列。由表可见，黄河下游宽滩区河段泥沙多目标优化配置结构层次主要包括总目标层、子目标层、配置措施层和配置方式层等。

表 8 - 4 **黄河下游宽河段泥沙空间多目标优化配置层次分析表**

层　　次	层　次　分　析　内　容	
总目标	黄河泥沙空间优化配置	
子目标	技术子目标 （维持主河槽过流能力和减小水沙灾害）	经济子目标 （节省经济投入）
评价指标	河道平滩流量、二级悬河高差和河道排沙比等	滩区放淤投入、淤筑村台投入和挖沙固堤投入等
水沙条件	黄河下游的水沙量和水沙系列过程	
配置措施	拦、排、放、调、挖	
配置方式	河道输沙、引水引沙、滩区放淤、河槽冲淤、洪水淤滩、挖沙固堤、淤筑村台	
配置能力	各种配置途径在一定条件下的安置泥沙潜力、泥沙配置能力和经济投入指标	
配置模型	黄河下游泥沙多目标优化配置数学模型和河道水沙动力学数学模型	
配置模式	泥沙优化配置不同配置措施和配置方式组合的各种模式	
配置方案	各种水沙条件的泥沙优化配置方案及其效果评价	
配置优先序	提出不同河段各种配置方式的泥沙配置比例和顺序	

　　黄河下游宽河段泥沙配置目标就是针对泥沙配置总目标及子目标，根据黄河下游的水沙条件（包括水沙量和水沙系列过程），统筹考虑采用"拦、排、放、调、挖"等配置措施，结合水资源的合理配置，通过河道输沙、引水引沙、滩区放淤、河槽冲淤、洪水淤滩、挖沙固堤和淤筑村台等 7 种配置途径优化配置黄河下游宽河段的泥沙；分析各种配置途径在一定条件下的安置泥沙潜力、泥沙配置能力和经济投入指标；结合配置层次重要性排序专家调查，采用层次分析数学方法确定配置综合目标函数，根据各种水沙条件关系和泥沙配置能力确定配置约束条件，建立黄河下游宽河段泥沙多目标优化配置数学模型；提出黄河下游宽河段泥沙空间优化配置的各种模式，结合黄河下游宽河段泥沙多目标优化配置数学模型和河道水沙数学模型计算，提出各种水沙条件的泥沙优化配置方案，通过比较配置方案的综合目标函数、河道平滩流量和经济投入大小并进行方案评价，提出黄河下游宽河段泥沙空间优化配置的可行方案，最终提出不同河段各种配置途径的泥沙配置比例和顺序。

8.2.2 泥沙配置目标

1. 配置总目标

　　黄河下游宽河段泥沙配置是黄河泥沙空间优化配置的一部分，黄河泥沙空间优化配置的总目标是：从全河的角度，通过分析河道输沙、干支流水库拦截泥沙、在黄河不同河段可利用的滩区和河口安置泥沙、引沙淤田淤堤等泥沙处理的技术途径、安置能力和经济投入，从宏观层面上提出有利于黄河重点河段主河槽过流能力的长期维持、能够使入黄泥沙致灾效应最小且经济可行的泥沙空间优化配置模式，为构建黄河水沙调控体系的工程布局、确保黄河下游防洪安全等提供决策支持。

泥沙空间优化配置是多目标优化配置问题，黄河泥沙空间优化配置总目标理论上包括社会、经济和生态多个子目标，在目前技术经济条件下，从黄河下游治理现实出发，可以将黄河下游泥沙空间优化配置的子目标概括为技术和经济两个子目标。

2. 技术子目标

技术子目标主要关注长期维持主河槽过流能力和减小水沙灾害，技术子目标通过河道平滩流量、二级悬河高差和河道排沙比等下一级评价指标，反映主河槽萎缩、二级悬河、小水大灾、河道排洪输沙能力下降、黄河入海排沙少、泥沙灾害凸现等问题。

黄河河道主河槽冲淤比例偏大、主河槽萎缩、排洪能力下降是黄河泥沙空间分布存在的主要问题之一，河道平滩流量是反映河道主河槽过流能力的重要标志。二级悬河高差指标可以作为黄河泥沙配置长期维持主河槽排洪输沙过流能力及使入黄泥沙致灾最小的评价指标之二。入海排沙比指标可作为黄河泥沙配置长期维持主河槽排洪输沙过流能力及使入黄泥沙致灾最小的评价指标之三。

3. 经济子目标

经济子目标主要通过滩区放淤投入、挖沙固堤投入、淤筑村台投入和排沙入海投入（主要包括河道治理和堤防治理的投入）等评价指标，反映泥沙配置方案、解决泥沙配置合理经济投入问题。泥沙配置方案的经济投入总量由各配置方式的配置沙量和配置单位沙量的经济投入指标计算，而确定处理单位沙量的经济投入指标难度也是很大的，要根据工程投资和概预算，换算为现状经济条件的经济投入，按现状经济条件的经济投入除以处理泥沙量，得到统一标准的单位沙量经济投入指标。

由于泥沙配置方案的经济投入总量不仅取决于各种配置途径的配置单位沙量经济投入指标，还取决于各种配置途径的配置泥沙量，泥沙配置方案的经济投入总量计算公式为

$$Y_Z = \sum Y_j W_{Sj} \tag{8-7}$$

式中：Y_z 为泥沙配置方案的经济投入总量，亿元；Y_j 为各配置途径的单位沙量经济投入指标，元/t；W_{Sj} 为各配置途径的配置沙量，亿 t。

8.2.3 配置措施和方式

1. 配置措施

黄河泥沙空间优化配置是通过"拦、排、放、调、挖"等各种措施合理安排和综合利用泥沙。对于黄河下游而言，小浪底等水库的"拦"是通过拦沙减轻黄河下游多余泥沙的灾害，小浪底等中游水库群的"调"是通过调水调沙以改善黄河下游河道的输水输沙能力。在黄河下游宽河段，主要通过"排、放、挖"改善黄河下游的主河槽萎缩、二级悬河、小水大灾、河道排洪输沙能力下降状况。

2. 配置方式

考虑黄河下游宽河段的泥沙自然输移特性和人工措施的差别，按泥沙黄河下游宽河段的最终空间归属地划分，主要包括河道输沙、引水引沙、滩区放淤、河槽冲淤、洪水淤滩、挖沙固堤和淤筑村台等 7 种配置方式处理黄河下游宽河段的泥沙。

（1）河道输沙。考虑处理泥沙能力和节省经济投入，河道输水输沙是黄河下游泥沙配置的主要途径。充分利用河道输沙能力排沙入海，通过河口综合治理和合理规划河口流路，充分利用泥沙资源合理造陆，改善黄河口湿地环境，抵御海洋动力侵蚀，维持河口稳定。

（2）引水引沙。引水必然会引出一部分泥沙，结合引黄沉沙淤堤及大堤外低洼地区引沙放淤，改造渠系提高输沙能力，利用粉沙黏土可以达到淤灌肥田、改土治碱和减轻淤积三重功效。过度的引水引沙不利于河流健康发展，也不利于灌区的生态环境，引出的泥沙作为建筑材料利用也是改善灌区生态环境的重要措施。

（3）滩区放淤。滩区放淤通过有计划的引洪放淤和机械放淤，治理二级悬河，近期滩区放淤包括堤河淤填、串沟淤堵、洼地淤填和村塘淤填等。

（4）河槽冲淤。黄河水沙不协调的特点决定黄河主河槽冲淤难以避免，维持稳定的输水输沙主河槽是黄河泥沙空间优化配置的重要途径之一，通过水库调水调沙改善下游的河槽冲淤状况，长期维持河槽的输水输沙能力。在此，主河槽冲淤主要是结合河道输水输沙能力研究，通过河道水沙动力学数学模型计算主河槽冲淤量来进行。

（5）洪水淤滩。洪水淤滩方式主要是指汛期洪水自然漫滩淤沙，虽然汛期洪水自然漫滩淹没耕地和村庄，洪水漫滩带来灾害损失，但对于具有宽阔滩区的黄河下游，洪水漫滩淤滩可以护滩固堤，提高滩区土壤肥力，结合滩区综合治理，利用滩区滞洪淤沙，治理黄河下游的二级悬河，并通过淤滩刷槽提高河道输水输沙能力。本书研究洪水淤滩是通过河道水沙动力学数学模型计算汛期洪水自然漫滩淤沙量，将人工放淤淤滩与洪水自然淤滩分开研究。

（6）挖沙固堤。通过机械挖沙和船淤方式，合理利用泥沙加固堤防，挖沙固堤包括控导工程淤背、机淤固堤等。

（7）淤筑村台。采用机械挖河和船淤方式，利用泥沙淤筑村台、淤改沙荒地等，改善滩区群众的防洪安全状况和沙荒地的生态环境。

需要说明的是，本次研究没有将河道采砂和泥沙建筑材料利用作为独立的泥沙优化配置方式。在政策分析基础上，预测近期年利用黄河泥沙制砖数量为 60 亿块标准砖，考虑 30％的孔洞率，预测近期可利用黄河泥沙约 600 万 m^3/年，随着远期建筑市场的稳定，利用泥沙量可稳定在 400 万 m^3/年左右。

8.2.4　配置单元和能力

1. 配置单元

黄河泥沙空间优化配置还要合理确定泥沙空间配置单元，针对黄河泥沙空间各个配置单元和各种配置途径，根据来水来沙条件，结合泥沙空间多目标优化配置数学模型和河道水沙数学模型计算，研究确定水沙配置变量。泥沙空间配置单元越多，水沙配置变量越多，数学模型计算越复杂，计算难度就越大。因此，确定合理的泥沙配置单元也是黄河泥沙空间优化配置的基础。黄河下游泥沙配置是从小浪底水库出库开始，结合第 2 章介绍的黄河下游宽河段的滩槽特点和控制水文站情况，划分配置河段为 3 个河段：小浪底至花园口（窄滩游荡河段）、花园口至高村（宽滩游荡河段）、高村至陶城铺（宽滩过渡河段），以艾山水文站为出口控制水文站。配置单元的分界点均采用黄河下游的重要水文站。黄河下游宽河段泥沙配置单元和水沙配置变量如表 8-5 所列。

表 8-5　　黄河下游宽河段泥沙配置单元和水沙配置变量分析表

水沙条件	进入黄河下游的年水量和年沙量及水沙系列过程								
配置方式	河道输沙		引水引沙		滩区放淤	河槽冲淤	洪水淤滩	挖沙固堤	淤筑村台
配置单元	输水量	输沙量	引水量	引沙量	放淤量	冲淤量	淤滩量	挖沙量	淤筑量
小浪底至花园口河段	W_{11}	S_{11}	W_{21}	S_{21}	S_{31}	S_{41}	S_{51}	S_{61}	S_{71}
花园口至高村河段	W_{12}	S_{12}	W_{22}	S_{22}	S_{32}	S_{42}	S_{52}	S_{62}	S_{72}
高村至艾山河段	W_{13}	S_{13}	W_{23}	S_{23}	S_{33}	S_{43}	S_{53}	S_{63}	S_{73}

水沙条件是指进入黄河下游的年水量 G_W 和年沙量 G_S 及水沙系列过程，黄河下游宽河段的泥沙配置方式主要包括滩区放淤、淤筑村台、挖沙固堤、引水引沙、洪水淤滩、河槽冲淤及河道输沙等 7 种，结合黄河下游宽河段的滩槽特点和控制水文站情况划分的 3 个配置河段，共 21 个配置单元。黄河水沙配置变量和各单元的配置途径基本一致，水沙配置变量主要包括河道输水量（W_{11}、W_{12}、W_{13}）、河道输沙量（S_{11}、S_{12}、S_{13}）、引水量（W_{21}、W_{22}、W_{23}）、引沙量（S_{21}、S_{22}、S_{23}）、滩区放淤沙量（S_{31}、S_{32}、S_{33}）、河槽冲淤沙量（S_{41}、S_{42}、S_{43}）、洪水淤滩沙量（S_{51}、S_{52}、S_{53}）、挖沙固堤沙量（S_{61}、S_{62}、S_{63}）和淤筑村台沙量（S_{71}、S_{72}、S_{73}）。

2. 配置潜力和能力

黄河泥沙空间优化配置中很重要的一个环节是确定黄河泥沙配置的潜力与能力。泥沙安置潜力是各单元某种配置方式理论上可以安置泥沙的潜在总量，泥沙配置能力是各单元在一定水沙条件下某种配置方式可以实现的配置泥沙量。

（1）河道输沙能力。考虑处理泥沙能力和节省经济投入，河道输水输沙是黄河下游泥沙配置的主要途径。充分利用河道输沙能力排沙入海，通过河口综合治理和合理规划河口流路，充分利用泥沙资源合理造陆，改善黄河口湿地环境，抵御海洋动力侵蚀，维持河口稳定。河道输沙能力主要由来水来沙条件和河道边界条件决定，需要通过河道水沙动力学数学模型计算来确定。小浪底水库运用前后黄河下游各站的河道输沙能力见表 8-6。

表 8-6　　　　小浪底水库运用前后黄河下游各站的河道输沙能力　　单位：亿 t/年

潜 力 与 能 力	花园口	高村	艾山	利津
1986—1999 年河道输沙能力	6.841	5.08	5.08	3.98
2000—2012 年河道输沙能力	1.04	1.43	1.57	1.38

（2）引水引沙能力。引水必然会引出一部分泥沙，引水引沙对减少黄河泥沙起到了一定的作用，但由于其同时消耗了大量的水资源且退水入黄的比例较小，总体来说对黄河减淤具有一定的负面影响。引黄灌溉供水设施，基本上是以"多引水、少引沙"为目的，在引水口布置、引水时机等方面尽量避免泥沙入渠，造成在分流的同时引沙比较小。近年来，一些灌区为了引用清水，利用漏斗排沙等技术将泥沙重新排入黄河，"引水不引沙"的做法更是加重了黄河输沙的负担，对河道减淤非常不利。对于引水引入的泥沙，人们

在长期的生产实践和研究过程中，已经实现或提出了多种可行的渠系泥沙利用方法，积累了丰富的经验，如浑水灌溉、淤改土地、建材加工、淤筑相对地下河等。建议进一步加强对引水引沙利用泥沙技术的研究推广和政策扶持，提高泥沙利用的价值，变"被动引沙"为"主动引沙"，在引水的同时增大引沙量。另外，还应加强农村节水灌溉、城市节水措施、中水回用等的技术研究和推广应用力度，逐步减少引黄水量，减轻下游河道淤积并增加河道生态用水量。黄河下游宽河段的引水引沙能力由各河段引水量及来水含沙量决定，根据黄河下游的水资源规划计算黄河下游宽河段的引水量和引沙能力。黄河下游宽河段的引水量约为 44.18 亿 m³，未来 50 年黄河下游宽河段的引水量和不同时期的引水量和引沙能力见表 8-7，其中 2051—2062 年的引水引沙能力和 2031—2050 年相同。

表 8-7　　　　　　　　　黄河下游宽河段的引水量和引沙能力

潜 力 与 能 力	小浪底至花园口河段	花园口至高村河段	高村至艾山河段
引水量/(亿 m³/年)	6.11~4.00	12.09~11.74	25.98~26.84
2013—2020 年引沙能力/(亿 t/年)	0.05	0.10	0.24
2021—2030 年引沙能力/(亿 t/年)	0.09	0.19	0.41
2031—2050 年引沙能力/(亿 t/年)	0.06	0.18	0.40
2051—2062 年引沙能力/(亿 t/年)	0.06	0.18	0.40

（3）滩区放淤潜力和能力。黄河下游滩区放淤采用引洪淤滩与挖河淤滩措施，达到泥沙处理与利用相结合、主河槽与淤滩同步治理的目的。下游滩区放淤以确保黄河防洪安全为前提，重点解决二级悬河严重的河段。黄河水利科学研究院等利用基于 GIS 的空间分析等方法，计算了黄河下游滩区放淤潜力和能力。黄河下游宽河段的滩区放淤潜力较大，合计可达到 35.59 亿 t，短期内黄河下游滩区放淤实施全滩淤筑有一定困难，因此仅考虑堤河淤筑、串沟淤筑、坑塘淤筑、洼地淤筑、控导工程淤背和沙荒地淤改等，短期滩区放淤能力约为 13.65 亿 t。黄河下游宽河段的滩区放淤潜力和能力如表 8-8 所列。

表 8-8　　　　　　黄河下游宽河段的滩区放淤潜力和能力　　　　　　单位：亿 t

潜 力 与 能 力	小浪底至花园口河段	花园口至高村河段	高村至艾山河段
滩区放淤潜力	1.26	23.65	10.68
短期放淤能力	1.26	4.07	8.32

（4）河槽冲淤能力。黄河水沙不协调的特点决定黄河主河槽冲淤难以避免，维持稳定的输水输沙主河槽是黄河泥沙空间优化配置的重要途径和主要目的之一，通过水库调水调沙可改善下游的河槽冲淤，长期维持河槽的输水输沙能力。河槽冲淤能力是结合河道输水输沙研究，通过河道水沙动力学数学模型计算河槽冲淤量来确定。小浪底水库运用前后黄河下游宽河段的河槽冲淤能力见表 8-9。

表 8-9　　　　小浪底水库运用前后黄河下游宽河段的河槽冲淤能力　单位：亿 t/年

潜 力 与 能 力	小浪底至花园口河段	花园口至高村河段	高村至艾山河段
1986—1999 年河槽冲淤能力	0.282	0.857	0.261
2000—2012 年河槽冲淤能力	−0.383	−0.547	−0.319

（5）洪水淤滩能力。洪水淤滩主要是指汛期洪水自然漫滩淤沙，虽然汛期洪水自然漫滩淹没耕地和村庄，洪水漫滩带来灾害损失，但对于具有宽阔滩区的黄河下游，洪水漫滩淤滩可以护滩固堤，提高滩区土壤肥力，结合滩区综合治理，利用滩区滞洪淤沙，治理黄河下游的二级悬河，并通过淤滩刷槽提高河道输水输沙能力。黄河下游宽河段的洪水淤滩能力主要由来水流量及含沙量决定，需要通过河道水沙动力学数学模型计算汛期洪水自然漫滩淤沙能力。小浪底水库运用前后黄河下游宽河段的洪水淤滩能力见表 8-10。

表 8-10　　　　小浪底水库运用前后黄河下游宽河段的洪水淤滩能力　单位：亿 t/年

潜 力 与 能 力	小浪底至花园口河段	花园口至高村河段	高村至艾山河段
1986—1999 年淤滩能力	0.157	0.366	0.115
2000—2012 年淤滩能力	0.013	0.036	0.024

（6）挖沙固堤潜力和能力。根据黄河下游近期标准化堤防建设规模，截至 2007 年年底，黄河下游尚余 442.6km 堤防需要按照 80~100m 的淤背宽度标准进行加固，通过标准化堤防建设可利用黄河泥沙 2.06 亿 m³。根据防洪规划安排，黄河下游远期挖沙固堤总挖沙量为 7.02 亿 m³，其中陶城铺以上 0.72 亿 m³，陶城铺至渔洼 5.10 亿 m³，河口段 1.20 亿 m³。因此，黄河下游加固大堤利用泥沙的体积为 9.08 亿 m³，相应的泥沙利用潜力为 11.8 亿 t。黄河下游宽河段的挖沙固堤潜力为 3.90 亿 t，未来 50 年黄河下游宽河段的挖沙固堤潜力和不同时期的能力见表 8-11，其中 2051—2062 年的挖沙固堤能力和 2031—2050 年相同。

表 8 - 11　　　　　　　　　黄河下游宽河段的挖沙固堤潜力和能力

潜 力 与 能 力	小浪底至花园口河段	花园口至高村河段	高村至艾山河段
挖沙固堤潜力/亿 t	0.660	1.140	2.100
2013—2020 年固堤能力/(亿 t/年)	0.030	0.045	0.075
2021—2030 年固堤能力/(亿 t/年)	0	0	0.060
2031—2050 年固堤能力/(亿 t/年)	0.015	0.030	0.030
2051—2062 年固堤能力/(亿 t/年)	0.015	0.030	0.030

（7）淤筑村台潜力和能力。由于淤筑村台标准要求高，对改善滩区群众的生产生活条件和防洪安全起重要作用，本专题将淤筑村台单独作为一种配置方式对待。通过机械挖沙和船淤措施，结合防洪规划和滩区安全建设，利用泥沙淤筑村台，改善滩区群众的防洪安全。黄河水利科学研究院等在"十一五"支撑计划项目期间研究了黄河下游各河段的淤筑村台潜力和能力，黄河下游宽河段的淤筑村台潜力约为 3.64 亿 t，短期黄河下游宽河段的淤筑村台能力按淤筑潜力的 60% 计算约为 2.21 亿 t，黄河下游宽河段的淤筑村台潜力和能力见表 8 - 12。

表 8 - 12　　　　　　黄河下游宽河段的淤筑村台潜力和能力　　　　　　单位：亿 t

潜力与能力	小浪底至花园口河段	花园口至高村河段	高村至艾山河段
淤筑村台潜力	0.06	2.45	1.13
短期淤筑能力	0.06	1.47	0.68

8.2.5　配置模型

泥沙配置模型由河道水沙动力学模型和泥沙多目标优化配置模型组成，其中河道水沙动力学模型为泥沙多目标优化配置模型提供河道滩槽冲淤量、引水引沙量、河道输沙量和平滩流量等重要配置指标；泥沙多目标优化配置模型方程由综合目标函数和配置约束条件构成，在各种水沙约束条件及河道配置模式条件下，计算最优的泥沙配置方案。

1. 河道水沙动力学模型

（1）水力因素计算。由于沿黄河两岸工农业生产和日常生活所需的大量水资源来自于黄河，致使黄河下游沿程水量损失明显。考虑到黄河下游这种流量沿程变化的特点，对其一维恒定非均匀流的水流运动方程进行了改造。

连续方程：

$$\frac{\partial Q}{\partial x} - q_x = 0 \qquad (8-8)$$

动量方程：

$$\frac{\partial H}{\partial x} + \frac{1}{2g}\frac{\partial}{\partial x}\left(\frac{Q}{A}\right)^2 + \frac{1}{g}\frac{Q}{A^2}q_x + \frac{n^2 Q^2}{A^2 R^{4/3}} = 0 \qquad (8-9)$$

式中：Q 为流量，$\mathrm{m^3/s}$；x 为沿水流方向的参考距离，m；q_x 为沿程单位长度侧向取水量或汇入水量，$\mathrm{m^3/(s \cdot m)}$，取水为负，汇入为正；H 为水位，m；g 为重力加速度，$\mathrm{m/s^2}$；A 为过水面积，$\mathrm{m^2}$；R 是水力半径，m；n 为曼宁糙率。

与一般一维水流动量方程不同的是，式（8-9）增加了由于沿程水流入汇（取水）而引起的附加比降，即左边的第三项。可以看出，当引水时会增加水面比降，而有支流入汇时水面比降会减缓，这与实际情况是一致的。

（2）输沙计算。输沙计算是模型的核心部分，在获得足够的水流因子信息的条件下，分别对泥沙浓度、悬沙和床沙级配调整以及河床变形进行计算。

1）含沙量计算。对于均匀泥沙而言，一维恒定非均匀流含沙量沿程变化的方程：

$$\frac{\mathrm{d}s}{\mathrm{d}x} = -\frac{\alpha\omega}{q}(S - S^*) \qquad (8-10)$$

当泥沙为非均匀沙时，其分组泥沙在水流中的运动仍然遵从式（8-10）所描述的规律。如果假定分组挟沙能力沿程线性变化，对式（8-10）进行积分并求和可得到不平衡非均匀沙的含沙量计算公式，即

$$S = S_j^* + (S_{j-1} - S_{j-1}^*)\sum_{l=1}^{L} P_{l,j-1}\mathrm{e}^{-\frac{\alpha\omega_l \Delta x}{q}} + S_{j-1}^*\sum_{l=1}^{L} P_{l,j-1}\frac{q}{\alpha\omega_l \Delta x}(1 - \mathrm{e}^{-\frac{\alpha\omega_l \Delta x}{q}})$$

$$- S_j^*\sum_{l=1}^{L} P_{l,j}\frac{q}{\alpha\omega_l \Delta x}(1 - \mathrm{e}^{-\frac{\alpha\omega_l \Delta x}{q}}) \qquad (8-11)$$

式中：S 为悬移质含沙量，$\mathrm{kg/m^3}$；S^* 为水流挟沙力，$\mathrm{kg/m^3}$；P_l 为悬移质级配；L 为混合沙按粒径分组数；ω_l 为第 l 组粒径泥沙沉速，$\mathrm{m/s}$；q 为单宽流量，$\mathrm{m^3/s}$；α 为恢复饱和系数。

从式（8-11）可知，当地含沙量不等于当地挟沙能力，这正是不平衡输沙的体现；当地含沙量是由当地挟沙能力和级配、上游来流的含沙量、挟沙能力和级配共同决定的。

2）悬移质级配。悬移质级配计算分冲刷和淤积两种情况，当为淤积

时，有

$$P_{l,j} = P_{l,j-1}(1-\lambda_j)^{\left(\frac{\omega_l}{\omega_{r,j}}\right)^\theta - 1}\tag{8-12}$$

其中

$$\lambda_j = \frac{S_{j-1}Q_{j-1} - S_jQ_j}{S_{j-1}Q_{j-1}}\tag{8-13}$$

冲刷时悬移质级配变化公式：

$$P_{l,i,j} = \frac{1}{1-\lambda_{i,j}}\left(P_{l,i,j-1} - \frac{\lambda_{i,j}}{\lambda_{i,j}^*}R_{l,i-1,j}\lambda_{i,j}^{*\frac{\omega_l}{\omega_{r,i,j}}}\right)\tag{8-14}$$

其中

$$\lambda_{i,j}^* = \frac{\Delta h_{i,j}'}{\Delta h_0 + \Delta h_{i,j}'}\tag{8-15}$$

式中：i 为计算时段；R_l 为床沙级配；λ^* 为冲刷百分数；$\Delta h_{i,j}'$ 为虚冲"厚度"；Δh_0 为扰动"厚度"，相当于河床单位平方米面积内 1t 重量的泥沙所对应的厚度，约 0.8m 左右。r、i、j 仍然由 $\sum\limits_{l=1}^{L} P_{l,i,j} = 1$ 试算求得。

3）淤积物级配。淤积物级配是指本时段由悬移质淤积后形成新鲜床沙的级配，其方程可写为

$$R_l = \frac{V_l}{\sum V_l} = \frac{Q_{j-1}P_{l,j-1}S_{j-1} - Q_jP_{l,j}S_j}{Q_{j-1}S_{j-1} - Q_jS_j}\tag{8-16}$$

式中：V_l 为第 l 组粒径淤积物重量；其他符号意义同前。

4）床沙质级配。在有冲淤发生的情况下，床沙表层级配的变化既要考虑原有床沙级配，也要考虑新淤积床沙的级配或新冲起悬沙的级配。因此，表层床沙级配计算公式可写为

$$R_{l,j} = \frac{(Q_{j-1}S_{j-1}P_{l,j-1} - Q_jS_jP_{l,j})\Delta t + 0.5\Delta h_j'\rho'\Delta x_{j-1}(B_j + B_{j-1})R_{l,j}^0}{(Q_{j-1}S_{j-1} - Q_jS_j)\Delta t + 0.5\Delta h_j'\rho'\Delta x_{j-1}(B_j + B_{j-1})}\tag{8-17}$$

式中：$R_{l,j}$ 为床沙表层级配；t 为计算冲淤变形的时间步长，s；ρ' 为床沙干容重，kg/m³；$R_{l,j}^0$ 是上时段末表层床沙级配；其他符号意义同前。

5）床沙柱状分层调整。在河床冲淤变形计算开始前，对可冲床沙厚度进行分层处理，并给定各层的床沙级配。当有冲淤发生时，床沙柱状分层将根据冲淤强度进行调整。冲刷时，分两种情况调整柱状分层和顶层级配。当冲

刷强度不大，顶层床沙够冲时，柱状层数不变，只需修正顶层级配，其他各层级配不变；当冲刷强度较大，顶层床沙不够冲时，次层床沙参与冲刷，柱层减少，顶层和次层床沙参与级配调整，其他各层级配不变。淤积时，也分两种情况调整分层和级配。当淤积强度不大，新淤积物与前一时段末顶层厚度之和小于标准层厚度时，柱状层数不变，只需调整顶层床沙级配；当淤积强度较大时，新鲜淤积物与原顶层之和大于标准层厚度时，柱状层数增加，新增加的标准层及顶层级配需要调整，其他各层不变。

6）河床变形。河道输沙能力的沿程变化必然会带来河床变形，当已知进出口断面的输沙率、输沙时间、断面间距等，即可以计算两个断面间的河床冲淤面积，即

$$\Delta\alpha_{i,j} = \frac{Q_{i,j-1}S_{i,j-1} - Q_{i,j}S_{i,j}}{\rho'\Delta x_j}\Delta t_i \tag{8-18}$$

式中：ρ' 为淤积物干容重；Δt_i 为冲淤时间；其他符号意义同前。

当 $\Delta\alpha_{i,j}$ 为正时，是淤积；当 $\Delta\alpha_{i,j}$ 为负时，是冲刷。

由于本数学模型是一维的，从理论上说模型不能解决冲淤量如何在断面分布问题。目前，在修正断面变形时只能采用经验方法，在众多的经验方法中，沿湿周分布的方法是一个比较符合实际也容易被接受的一个方法。其具体实施步骤为：当淤积时，淤积物等厚沿湿周分布；当冲刷时，分两种情况修正。当水面河宽小于稳定河宽时，断面按沿湿周等深冲刷进行修正；当水面宽度大于稳定河宽时，只对稳定河宽以下的河床进行等深冲刷修正，稳定河宽以上河床按不冲处理。

（3）输沙能力计算。无论对于低含沙水流还是高含沙水流，其挟沙能力公式的一般形式均可表示为

$$S^* = K\rho_s\left(\frac{\rho}{\rho_s - \rho}\right)^m\left(\frac{U^3}{gh\omega}\right)^m \tag{8-19}$$

式中：K 为系数；ρ 和 ρ_s 分别为浑水和泥沙容重。对于低含沙水流（如含沙量小于 50kg/m^3），其浑水容重和泥沙在浑水条件下的沉降速度分别近似等于清水容重和清水时的泥沙沉降速度，因此低含沙水流挟沙能力公式可写为

$$S_0^* = K\rho_s\left(\frac{\rho_0}{\rho_s - \rho_0}\right)^m\left(\frac{U^3}{gh\omega}\right)^m = k_0\left(\frac{U^3}{h\omega_0}\right)^m \tag{8-20}$$

式中：S_0^* 为低含沙水流挟沙能力；ρ_0 和 ω_0 分别为清水容重和清水时的泥沙沉速。

考虑到水流中泥沙含量对浑水容重和沉降速度的影响，以及当含沙量进一步增加时，必须考虑泥沙颗粒周围一层难以分离的薄膜水对泥沙颗粒体积

的影响，挟沙能力公式可写为

$$S^* = k_0 \left(1 + \frac{\rho_s - \rho_0}{\rho_0 \rho_s} \frac{S}{\beta}\right)^m \frac{1}{\left(1 - \frac{S}{\beta \rho_s}\right)^{(k+1)m}} \left(\frac{U^3}{h\omega_0}\right)^m \qquad (8-21)$$

式中：k_0 为沉降速度修正指数，一般情况下 $k_0 = 7.0$；$\beta = \left(\frac{D}{D+2\delta}\right)^3$，其中 D 为泥沙颗粒粒径；δ 为薄膜水厚度，可取为 4×10^{-7} m。在实际计算时，式 (8-21) 右边项中的含沙量 S 可取为挟沙能力 S^*，为 0.5。

从式 (8-21) 可以看出：①含沙水流的挟沙能力不仅与水力因子（如 U、h）和泥沙因子（如 ω_0）有关，而且也受上游来流含沙量的影响；②对于低含沙水流（如 $S < 50 \text{kg/m}^3$），挟沙能力受上游含沙量影响甚微，但随着含沙量的增加，挟沙能力受来流含沙量的影响渐趋明显，而且含沙量越高挟沙能力越大，这正是高含沙水流多来多排的缘故；③式 (8-21) 可以作为一般水流的挟沙能力公式，既可以用于低含沙水流也可以用于高含沙水流，只是因为当含沙量很低的时候由于挟沙能力几乎不受含沙量影响，所以才采用形式比较简单的式 (8-20) 来计算低含沙水流的挟沙能力。

（4）数学模型率定和验证。利用黄河下游 1988—1997 年实测资料对数学模型进行了率定，再利用黄河下游 1999—2008 年实测资料对模型进行了验证。现将率定和验证情况介绍如下。

1）数学模型率定。率定计算的进口断面为铁谢，根据实测资料给定流量和含沙量过程以及悬移质级配。出口断面为利津，根据实测资料给定相应的水位过程。率定结果与实测冲淤量的比较如图 8-11 所示，计算的河道冲淤过程和冲淤量都与实测资料符合良好，数学模型能够反映黄河下游河道的冲淤情况。

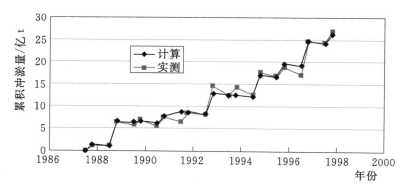

图 8-11 黄河下游冲淤量的数学模型计算与实测比较（1987—1997 年）

2）数学模型验证。数学模型经过上述实测资料率定后，又利用小浪底水库运用以来的 1999 年 10 月至 2008 年 10 月的实测水沙和冲淤量资料，对数学模型进行了验证计算。图 8-11 给出了黄河下游 1999—2008 年小浪底水库运用以来河道冲淤的数学模型计算成果，数学模型计算结果与实测冲淤过程符合良好。

从图 8-12 可以看出，自小浪底水库运行以来，由于下泄水流的含沙量很低，黄河下游发生累积性冲刷。自 1999 年 11 月至 2008 年 10 月，下游河道累积冲刷泥沙 16.6 亿 t，年均冲刷量 1.84 亿 t。汛期和非汛期皆处于冲刷状态，其中 2003 年汛期冲刷最大，达 3.26 亿 t。此外，根据《中国河流泥沙公报》知，1999 年 11 月至 2008 年 10 月，小浪底水库累积淤积泥沙约 24.2 亿 m^3，干容重若按照 $1.3 \sim 1.35 t/m^3$ 计算，则泥沙淤积总重量约为 32 亿 t。可见，小浪底水库每淤积 2 亿 t 泥沙，下游河道可冲刷 1 亿 t 泥沙。

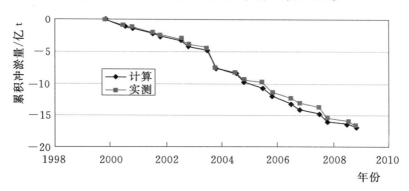

图 8-12 黄河下游铁谢至利津河段冲淤量的数学模型计算
与实测比较（1999—2008 年）

上述河道水沙动力学模型率定和验证计算的情况表明，模型计算值与实测值符合良好，反映了黄河下游河道冲淤情况，可以用于计算黄河下游河道的泥沙冲淤与泥沙配置。

2. 泥沙多目标优化配置模型

泥沙多目标优化配置模型方程由综合目标函数和配置约束条件构成，在各种水沙约束条件及河道配置模式条件下，求解优化配置模型得到一个最优的泥沙配置方案。

综合目标函数可表示为

$$F(x) = \sum_{j=1}^{n} \beta_j X_j = \max \tag{8-22}$$

配置约束条件可表示为

$$\sum_{j=1}^{n} a_{ij} X_j \leqslant b_i \quad 或 \quad \geqslant b_i、= b_i \quad (i=1,2,\cdots,m) \qquad (8-23)$$

式中：$F(x)$ 为综合目标函数；β_j 为综合目标函数的权重系数 β_j；X_j 为泥沙配置变量；n 为泥沙配置变量个数；b_i 为各约束条件的水沙资源约束量；a_{ij} 为各约束条件的水沙系数；m 为配置约束条件个数。

（1）综合目标函数。采用层次分析数学方法构造泥沙空间优化配置的综合目标函数。利用层次数学分析方法，对各配置层次的组成元素进行两两比较，由 9 标度法得到判断矩阵，求判断矩阵最大特征值对应的归一化权重系数特征向量，通过逐层的矩阵运算方法求各决策变量的权重系数 β_j，构造综合目标函数的形式为

$$F(x) = \sum_{j=1}^{n} \beta_j X_j \qquad (8-24)$$

1）子目标层 B 对于总目标层 A 的权重系数。参考各子目标对总目标的重要性排序专家调查结果，对于黄河下游泥沙空间优化配置的总目标，技术子目标（长期维持主河槽过流能力、入黄泥沙致灾最小）比经济子目标（节省经济投入）更为重要。由 9 标度法可得到子目标层 B 对于总目标层 A 的判断矩阵，如表 8-13 所列。

表 8-13　　　　　　子目标层 B 对于总目标层 A 的判断矩阵表

黄河下游泥沙空间优化配置总目标 A	技术子目标 B_1	经济子目标 B_2
技术子目标 B_1	1	2
经济子目标 B_2	1/2	1

求出上述二阶正互反矩阵的最大特征值 $\lambda_{max} = 2$，这个二阶正互反矩阵为完全一致矩阵，故这个判断矩阵的一致性可接受。最大特征值对应的归一化权重系数特征向量为

$$W = [0.6667，0.3333] \qquad (8-25)$$

权重系数特征向量 W 表示，技术子目标（长期维持主河槽过流能力、入黄泥沙致灾最小）对于黄河下游泥沙空间优化配置总目标的权重系数为 0.6667，经济子目标（节省经济投入）对于黄河下游泥沙空间优化配置总目标的权重系数为 0.3333。

2）配置方式层 C 对于技术子目标 B_1 的权重系数。对于长期维持主河槽

过流能力、入黄泥沙致灾最小的技术子目标，参考专家调查结果确定各配置方式的排序为河道输沙、滩区放淤、河槽冲淤、挖沙固堤、洪水淤滩、淤筑村台、引水引沙。由 9 标度法可得到配置方式层 C 对于技术子目标 B_1（长期维持主河槽过流能力、入黄泥沙致灾最小）的判断矩阵，如表 8-14 所列。

表 8-14　　配置方式层 C 对于技术子目标 B_1 的判断矩阵表

技术子目标 B_1 （长期维持主河槽过流能力、入黄泥沙致灾最小）	河道输沙 C_1	引水引沙 C_2	滩区放淤 C_3	河槽冲淤 C_4	洪水淤滩 C_5	挖沙固堤 C_6	淤筑村台 C_7
河道输沙 C_1	1	7	2	3	5	4	6
引水引沙 C_2	1/7	1	1/6	1/5	1/3	1/4	1/2
滩区放淤 C_3	1/2	6	1	2	4	3	5
河槽冲淤 C_4	1/3	5	1/2	1	3	2	4
洪水淤滩 C_5	1/5	3	1/4	1/3	1	1/2	2
挖沙固堤 C_6	1/4	4	1/3	1/2	2	1	3
淤筑村台 C_7	1/6	2	1/5	1/4	1/2	1/3	1

求出上述 7 阶正互反矩阵的最大特征值 $\lambda_{\max}=7.1955$，求一致性指标为

$$\text{C.I.}=\frac{7.1955-7}{7-1}=0.0326$$

$n=7$，R.I.$=1.32$，可得一致性比率为

$$\text{C.R.}=\frac{0.0326}{1.32}=0.0247<0.1$$

故配置方式层 C 对于技术子目标 B_1 的判断矩阵具有满意的一致性。对应的归一化权重系数特征向量为

$$\boldsymbol{u}_1=[0.3543,0.0312,0.2399,0.1587,0.0676,0.1036,0.0448] \qquad (8-26)$$

式（8-26）即表示，对于技术子目标 B_1（长期维持主河槽过流能力、入黄泥沙致灾最小），挖沙固堤 C_1 的权重系数为 0.3543，引水引沙 C_2 的权重系数为 0.0312，滩区放淤 C_3 的权重系数为 0.2399，河槽冲淤 C_4 的权重系数为 0.1587，洪水淤滩 C_5 的权重系数为 0.0676，淤筑村台 C_6 的权重系数为 0.1036，河道输沙 C_7 的权重系数为 0.0448。

3）配置方式层 C 对于经济子目标 B_2 的权重系数。对于节省经济投入的经济子目标，参考专家调查结果确定各配置方式的排序为河槽冲淤、洪水淤滩、河道输沙、挖沙固堤、引水引沙、滩区放淤、淤筑村台。由 9 标度法可得

到配置方式层 C 对于经济子目标 B_2（节省经济投入）的判断矩阵，如表 8-15 所列。

表 8-15　　　　配置方式层 C 对于经济子目标 B_2 的判断矩阵表

经济子目标 B_2（节省经济投入）	河道输沙 C_1	引水引沙 C_2	滩区放淤 C_3	河槽冲淤 C_4	洪水淤滩 C_5	挖沙固堤 C_6	淤筑村台 C_7
河道输沙 C_1	1	3	4	1/3	1/2	2	5
引水引沙 C_2	1/3	1	2	1/5	1/4	1/2	3
滩区放淤 C_3	1/4	1/2	1	1/6	1/5	1/3	2
河槽冲淤 C_4	3	5	6	1	2	4	7
洪水淤滩 C_5	2	4	5	1/2	1	3	6
挖沙固堤 C_6	1/2	2	3	1/4	1/3	1	4
淤筑村台 C_7	1/5	1/3	1/2	1/7	1/6	1/4	1

求出上述 7 阶正互反矩阵的最大特征值 $\lambda_{max}=7.1955$，求一致性指标为

$$\mathrm{C.\,I.}=\frac{7.1955-7}{7-1}=0.0326$$

$n=7$，$\mathrm{R.\,I.}=1.32$，可得一致性比率

$$\mathrm{C.\,R.}=\frac{0.0326}{1.32}=0.0247<0.1$$

故配置方式层 C 对于经济子目标 B_2 的判断矩阵具有满意的一致性。对应的归一化权重系数特征向量为

$$\boldsymbol{u}_2=[0.1587,0.0676,0.0448,0.3543,0.2399,0.1036,0.0312] \qquad (8-27)$$

式（8-27）即表示，对于经济子目标 B_2（节省经济投入），河道输沙 C_1 的权重系数为 0.1587，引水引沙 C_2 的权重系数为 0.0676，滩区放淤 C_3 的权重系数为 0.0448，河槽冲淤 C_4 的权重系数为 0.3543，洪水淤滩 C_5 的权重系数为 0.2399，挖沙固堤 C_6 的权重系数为 0.1036，淤筑村台 C_7 的权重系数为 0.0312。

4）配置方式层 C 对于总目标层 A 的综合权重系数。由配置方式层 C 对于技术子目标 B_1 和经济子目标 B_2 的权重系数特征向量，可以得到合成特征矩阵 $U(2\times 7)$：

$$\boldsymbol{U}=\begin{bmatrix} 0.3543 & 0.0312 & 0.2399 & 0.1587 & 0.0676 & 0.1036 & 0.0448 \\ 0.1587 & 0.0676 & 0.0448 & 0.3543 & 0.2399 & 0.1036 & 0.0312 \end{bmatrix}$$

技术子目标 B_1 和经济子目标 B_2 对于黄河泥沙空间优化配置总目标 A 的权重系数特征向量 $\boldsymbol{W}$ 为

$$\boldsymbol{W}=[0.6667,0.3333]$$

由特征矩阵 $\boldsymbol{U}$ 和特征向量 $\boldsymbol{W}$ 可得到各配置方式 C 层对于黄河泥沙空间优化配置总目标 A 的综合权重系数向量为

$$\boldsymbol{\beta}=w_U=[0.2891,0.0433,0.1749,0.2239,0.1250,0.1036,0.0403]$$

$$(8-28)$$

式（8-28）即表示，对于黄河下游泥沙空间优化配置总目标 A，河道输沙 C_1 的权重系数为 0.2891，引水引沙 C_2 的权重系数为 0.0433，滩区放淤 C_3 的权重系数为 0.1749，河槽冲淤 C_4 的权重系数为 0.2239，洪水淤滩 C_5 的权重系数为 0.1250，挖沙固堤 C_6 的权重系数为 0.1036，淤筑村台 C_7 的权重系数为 0.0403。在目前黄河治理的现状条件下，无论对于长期维持主河槽过流能力、入黄泥沙致灾最小的技术子目标，还是对于节省经济投入的经济子目标，河槽冲刷有利，河槽淤积不利，河槽冲淤 C_4 对应的权重系数采用负值，将综合权重系数代入式（8-28）可构造综合目标函数为

$$F(W_{Si})=0.2891W_{S输沙}+0.0433W_{S引沙}+0.1749W_{S放淤}-0.2239W_{S河槽}$$
$$+0.1250W_{S淤滩}+0.1036W_{S固堤}+0.0403W_{S村台} \qquad (8-29)$$

式（8-29）作为黄河下游泥沙空间优化配置模型的综合目标函数，综合权重系数的绝对值大小也可反映各配置方式对于黄河下游泥沙空间优化配置总目标的综合排序为河道输沙、河槽冲淤、滩区放淤、洪水淤滩、挖沙固堤、引水引沙、淤筑村台。综合排序反映了黄河下游泥沙处理和配置的优先顺序，基本符合黄河下游泥沙综合治理的客观认识。

综合目标函数的物理意义不是各种泥沙配置方式配置泥沙的比例，而是反映各种泥沙配置方式对于黄河下游泥沙空间优化配置总目标的贡献作用大小，综合权重系数的大小排序为河道输沙、河槽冲淤、滩区放淤、洪水淤滩、挖沙固堤、引水引沙、淤筑村台。这种排序也反映了各种泥沙配置方式对于黄河下游泥沙空间优化配置总目标的贡献敏感度。黄河实测水沙空间分布分析表明，河道输沙能力最大，对改善黄河下游泥沙空间配置的贡献最大；其次是河槽冲淤，改善河槽冲淤是达到长期维持主河槽过流能力、入黄泥沙致灾最小技术子目标的实现途径；目前洪水淤滩困难，滩区（人工、机械）放淤是减轻入黄泥沙致灾、改善黄河泥沙分布的重要方式，滩区（人工、机械）放淤对改善黄河泥沙空间配置的贡献比洪水淤滩的贡献大。虽然目前挖沙固堤处理泥沙能力较小，但挖沙固堤直接利用泥沙改善堤防安全；引水引沙是工农业生活引水需要引起的结果，黄河下游引水引沙量较大，但引水平均含沙量一般低于河道水流平均含沙量，引水过度通常造成河流输水输沙能力降

低，引水引沙对改善黄河泥沙空间配置的贡献小于挖沙固堤的贡献；对于通过淤筑村台解决滩区群众的防洪安全有各种不同意见，有的专家主张有计划地将滩区群众迁出滩区，淤筑村台要求较高，投入较大，目前淤筑村台处理泥沙能力较小，可以认为其贡献最小。

（2）配置约束条件。综合目标函数是受配置约束条件制约的，泥沙优化配置方案受配置约束条件控制，通过深入分析各种泥沙配置方式，根据其泥沙配置能力，确定泥沙多目标优化配置数学模型的约束条件，包括来水来沙条件约束、滩槽冲淤量约束、引水引沙能力约束、滩区放淤能力约束、挖沙固堤能力约束、淤筑村台能力约束、河道输水输沙约束等。

1）来水来沙条件约束。泥沙优化配置是在一定来水来沙总量和水沙过程条件下进行，来水来沙条件是指进入黄河下游的水沙总量及其水沙过程条件，包括各配置单元的水沙量及其水沙过程。采用的来水来沙条件包括 3 个 50 年水沙系列（2013 年 7 月至 2062 年 6 月，见 6.2 节），代表丰、平、枯 3 种来水来沙条件。黄河下游的来水总量 G_W 等于引水量 $W_{引水}$ 加河道输水量 $W_{输水}$ 之和，黄河下游的来沙总量 G_S 等于河槽冲淤量 $W_{S河槽}$、洪水淤滩沙量 $W_{S滩区}$、引水引沙量 $W_{S引沙}$、滩区放淤沙量 $W_{S放淤}$、挖沙固堤沙量 $W_{S固堤}$、淤筑村台沙量 $W_{S村台}$ 和河道输沙量 $W_{S输沙}$ 之和，可以得到以下水沙总量约束条件为

$$G_W = W_{引水} + W_{输水} \tag{8-30}$$

$$G_S = W_{S河槽} + W_{S滩区} + W_{S引沙} + W_{S放淤} + W_{S固堤} + W_{S村台} + W_{S输沙} \tag{8-31}$$

2）滩槽冲淤量约束。在泥沙多目标优化配置数学模型的河槽及滩区冲淤量计算过程中，各配置单元的滩槽冲淤量和河道平滩流量通过河道水沙动力学数学模型计算确定，滩槽冲淤量约束为

$$W_{S河槽} = NL_{S河槽} \tag{8-32}$$

$$W_{S滩区} = NL_{S滩区} \tag{8-33}$$

式中：$W_{S河槽}$ 和 $W_{S滩区}$ 分别为河槽冲淤量和洪水淤滩沙量，亿 t；$NL_{S滩区}$ 和 $NL_{S河槽}$ 为滩槽冲淤能力，亿 t，由河道水沙动力学模型根据水沙过程计算确定。

3）引水引沙能力约束。由于工农业和生活用水需要必须引水，引水会携带出一部分泥沙，黄河下游实测资料分析表明，引水日平均含沙量约等于河道水流日平均含沙量，可按河段进出口断面日平均含沙量计算，由于黄河下游汛期河道水流含沙量大，汛期引水量相对较少，而非汛期河道水流含沙量小，非汛期引水量相对较多，导致引水年平均含沙量一般低于河道水流的年

平均含沙量。过量引水不利于河道输水输沙，甚至导致河道功能性断流，危及河流健康。因此，必须合理确定引水量及引水引沙能力约束，并采取其他措施（人工放淤和挖泥疏浚等）处理泥沙，弥补引水导致的河流输沙能力降低问题。多沙河流引水引沙能力是比较大的，应特别重视灌区泥沙资源的综合利用，依据规划引水分配方案确定各配置单元的规划引水量，确定引水引沙能力约束为

$$W_{S引沙i} = \frac{W_{引水i}S_{引水i}}{1000} \tag{8-34}$$

式中：$W_{S引沙i}$ 为配置单元的引水引沙量，亿 t；$W_{引水i}$ 为配置单元的规划引水量，亿 m^3；$S_{引水i}$ 为配置单元的引水年平均含沙量，kg/m^3，由河道水沙动力学模型根据引水过程计算确定。

4）滩区放淤能力约束。黄河下游滩区放淤采用引洪淤滩与挖河淤滩措施，下游滩区放淤以确保黄河防洪安全为前提，重点解决二级悬河严重的河段。根据黄河下游各河段的滩区放淤能力，确定滩区放淤能力约束为

$$W_{S放淤i} = k_{fi}W_{Si-1} \leqslant NL_{S放淤i} \tag{8-35}$$

式中：$W_{S放淤i}$ 为配置单元的滩区放淤沙量，亿 t；k_{fi} 为配置单元的滩区放淤沙量占来沙量 W_{Si-1} 的比例；$NL_{S放淤i}$ 为配置单元的滩区放淤能力，亿 t。

5）挖沙固堤能力约束。根据黄河下游标准化堤防建设规划，研究未来不同时期黄河下游各河段的挖沙固堤能力，确定挖沙固堤能力约束为

$$W_{S固堤} \leqslant NL_{S固堤} \tag{8-36}$$

式中：$W_{S固堤}$ 为挖沙固堤量，亿 t；$NL_{S固堤}$ 为挖沙固堤能力，亿 t。

6）淤筑村台能力约束。根据黄河下游滩区安全建设规划，研究未来不同时期黄河下游各河段的淤筑村台能力，确定淤筑村台能力约束为

$$W_{S村台} \leqslant NL_{S村台} \tag{8-37}$$

式中：$W_{S村台}$ 为淤筑村台量，亿 t；$NL_{S村台}$ 为淤筑村台能力，亿 t。

7）河道输水输沙约束。由各配置单元的水量平衡，各配置单元的出口年输水量 $W_{输水i}$ 等于进口年输水量 $W_{输水i-1}$ 加区间来水量 $W_{区间i}$，再减去单元引水量 $W_{引水i}$，即

$$W_{输水i} = W_{输水i-1} + W_{区间i} - W_{引水i} \tag{8-38}$$

由各配置单元的沙量平衡，配置单元出口年输沙量 W_{Si} 等于进口年输沙量 $W_{S输沙i-1}$ 加区间来沙量 $W_{S区间i}$，再减去配置单元的河槽冲淤量 $W_{S河槽i}$、洪水淤

滩沙量 $W_{\text{S滩区}i}$、引水引沙量 $W_{\text{S引沙}i}$、滩区放淤沙量 $W_{\text{S放淤}i}$、挖沙固堤沙量 $W_{\text{S固堤}i}$ 和淤筑村台沙量 $W_{\text{S村台}i}$，即

$$W_{\text{S输沙}i}＝W_{\text{S输沙}i-1}＋W_{\text{S区间}i}－W_{\text{S河槽}i}－W_{\text{S滩区}i}－W_{\text{S引沙}i}－W_{\text{S放淤}i}－W_{\text{S固堤}i}－W_{\text{S村台}i}$$

$$(8-39)$$

　　综上所述，结合黄河下游水资源配置和河道综合治理，通过河道输沙、引水引沙、滩区放淤、河槽冲淤、洪水淤滩、挖沙固堤和淤筑村台等 7 种方式优化配置和合理利用泥沙。结合泥沙优化配置层次重要性排序专家调查，采用层次分析数学方法，通过各配置层次判断矩阵计算，构造泥沙优化配置的综合目标函数，根据来水来沙条件约束、滩槽冲淤量约束、引水引沙能力约束、滩区放淤能力约束、挖沙固堤能力约束、淤筑村台能力约束和河道输水输沙约束等，确定黄河下游泥沙优化配置的约束条件，建立黄河下游泥沙多目标优化配置数学模型。

8.3　黄河下游宽滩区泥沙配置方案

8.3.1　计算配置方案组合

　　在现状河道条件下，考虑防护堤和滩区放淤等组合，提出黄河下游宽河段泥沙配置的 4 个配置基本方案，根据枯、平、丰 3 个水沙系列，形成 12 个计算配置方案组合。

　　1. 配置基本方案

　　结合黄河下游宽河段的实际情况和今后治理的具体措施，在现状河道条件下，考虑修建防护堤和滩区放淤治理等组合，综合分析认为，黄河下游宽河段泥沙优化配置可概括为以下 4 个配置基本方案。

　　（1）基本方案 1：现状河道条件下以河道输沙为重点的配置模式。该模式是在现状河道条件下，不考虑滩区（人工）放淤治理二级悬河，结合小浪底水库调控运用和河道综合治理，塑造与维持下游稳定的中水河槽，并通过小浪底水库调控运用，充分利用河道输水输沙能力，有计划地进行河口造陆，维持黄河口流路稳定，同时结合引水利用泥沙，通过挖沙固堤等建设标准化堤防。

　　（2）基本方案 2：建防护堤条件下以河道输沙为重点的配置模式。该模式是考虑修建防护堤，改善滩区的防洪安全，不考虑滩区（人工）放淤治理二

级悬河,通过小浪底水库调控运用,塑造与维持下游稳定的中水河槽,充分利用河道输水输沙能力,有计划地进行河口造陆,维持黄河口流路稳定,同时结合引水利用泥沙,通过挖沙固堤等建设标准化堤防。

(3)基本方案3:现状河道条件下进行滩区放淤治理的配置模式。该模式是在现状河道条件下,考虑滩区(人工)放淤治理二级悬河,通过小浪底水库调控运用,结合下游二级悬河和滩区综合治理,有计划地进行滩区(人工)放淤,并结合小浪底水库调控运用和河道综合治理,塑造与维持下游稳定的中水河槽,充分利用河道输水输沙能力及河口造陆能力,维持黄河口流路稳定,同时结合引水利用泥沙,通过挖沙固堤等建设标准化堤防。

(4)基本方案4:建防护堤条件下进行滩区放淤治理的配置模式。该模式是在修建防护堤条件下,还考虑滩区(人工)放淤治理二级悬河,通过小浪底水库调控运用,结合下游二级悬河和滩区综合治理,有计划地进行滩区(人工)放淤,并结合小浪底水库调控运用和河道综合治理,塑造与维持下游稳定的中水河槽,充分利用河道输水输沙能力及河口造陆能力,维持黄河口流路稳定,同时结合引水利用泥沙,通过挖沙固堤等建设标准化堤防。

2. 计算水沙系列

配置方案计算采用的水沙系列长度为 2013—2062 年共 50 年,包括少、平、丰 3 个水沙系列,分别称为水沙系列 1、水沙系列 2 和水沙系列 3。

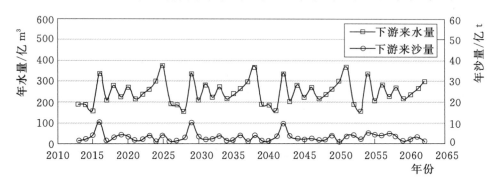

图 8-13 水沙系列 1 黄河下游年来水来沙量过程

(1)水沙系列 1。水沙系列 1 黄河下游年来水来沙量过程如图 8-13 所示,是枯水沙系列,2013—2062 年黄河下游的年平均来水量为 248.04 亿 m³,年平均来沙量为 3.21 亿 t,其中黄河干流小浪底站的年平均水量为 222.50 亿 m³,年平均沙量为 3.20 亿 t;支流伊洛河黑石关站和沁河武陟站合计的年平均水量为 25.54 亿 m³,年平均沙量为 0.01 亿 t。

（2）水沙系列 2。水沙系列 2 黄河下游年来水来沙量过程如图 8-14 所示，是平水沙系列，2013—2062 年黄河下游的年平均来水量为 262.84 亿 m³，年平均来沙量为 6.06 亿 t，其中黄河干流小浪底站的年平均水量为 234.74 亿 m³，年平均沙量为 5.93 亿 t；支流伊洛河黑石关站和沁河武陟站合计的年平均水量为 28.10 亿 m³，年平均沙量为 0.13 亿 t。

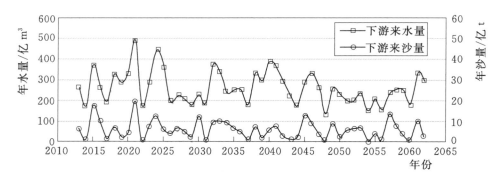

图 8-14　水沙系列 2 黄河下游年来水来沙量过程

（3）水沙系列 3。水沙系列 3 黄河下游年来水来沙量过程如图 8-15 所示，是丰水沙系列，2013—2062 年黄河下游的年平均来水量为 272.78 亿 m³，年平均来沙量为 7.70 亿 t，其中黄河干流小浪底站的年平均水量为 244.68 亿 m³，年平均沙量为 7.57 亿 t；支流伊洛河黑石关站和沁河武陟站合计的年平均水量为 28.10 亿 m³，年平均沙量为 0.13 亿 t。

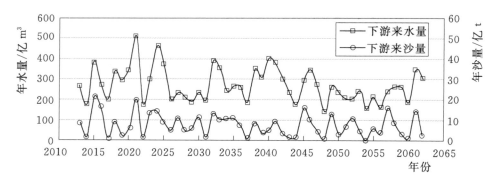

图 8-15　水沙系列 3 黄河下游年来水来沙量过程

3. 计算方案组合

针对上述黄河下游宽河段泥沙优化配置的 4 个配置基本方案，结合 3 个水沙系列，形成黄河下游宽河段泥沙优化配置的 12 个计算配置方案，12 个计算配置方案对应的配置基本方案和水沙条件如表 8-16 所列。

表 8-16　　　　　　　　　12 个计算配置方案汇总表

序号	计算方案	基本配置方案	水沙条件	水沙条件说明
1	方案 1-1	基本方案 1		
2	方案 2-1	基本方案 2	水沙系列 1	水沙系列 1 是少水沙系列，2013—2062 年黄河下游的年平均来水量为 248.04 亿 m^3，年平均来沙量为 3.21 亿 t
3	方案 3-1	基本方案 3		
4	方案 4-1	基本方案 4		
5	方案 1-2	基本方案 1		
6	方案 2-2	基本方案 2	水沙系列 2	水沙系列 2 是平水沙系列，2013—2062 年黄河下游的年平均来水量为 262.84 亿 m^3，年平均来沙量为 6.06 亿 t
7	方案 3-2	基本方案 3		
8	方案 4-2	基本方案 4		
9	方案 1-3	基本方案 1		
10	方案 2-3	基本方案 2	水沙系列 3	水沙系列 3 是丰水沙系列，2013—2062 年黄河下游的年平均来水量为 272.78 亿 m^3，年平均来沙量为 7.70 亿 t
11	方案 3-3	基本方案 3		
12	方案 4-3	基本方案 4		

8.3.2　配置方案计算结果

针对 4 个配置基本方案，采用黄河下游泥沙优化配置数学模型进行了各时期泥沙优化配置方案的计算，方案配置时间为 2013—2062 年共 50 年，包括 2013—2020 年、2021—2030 年、2031—2050 年和 2051—2062 年 4 个时期。

1. 水沙系列 1 配置方案计算结果

该系列不同时期各泥沙优化配置方案计算结果如表 8-17 所列。

（1）方案 1-1。方案 1-1 是现状河道条件下以河道输沙为重点的配置模式，2013—2062 年黄河下游各河段不同配置方式的年均水沙量见表 8-18，方案 1-1 不同时期黄河下游各种配置方式的年均沙量对比见图 8-16。2013—2062 年黄河下游年平均引水引沙量为 0.588 亿 t/年，滩区放淤沙量为 0，挖沙固堤沙量为 0.308 亿 t/年，淤筑村台沙量为 0.083 亿 t/年，河槽冲淤沙量为 -0.274 亿 t/年，洪水淤滩沙量为 0.086 亿 t/年，河道输沙入海沙量为 2.419 亿 t/年，河道输沙入海沙量占来沙量的 75%。

方案 1-1 黄河下游各河段的平滩流量变化见图 8-17，由于水沙系列 1 的来沙少，黄河下游主河槽总体冲刷，各河段平滩流量有所增大，黄河下游的平滩流量由 2013 年的 4814m^3/s 增大到 2062 年的 5536m^3/s，下游河道最小平滩流量为 4632m^3/s，小浪底至花园口河段和花园口至高村河段的平滩流量大于高村至艾山河段和艾山至利津河段。

表 8-17　水沙系列 1 不同时期各泥沙优化配置方案计算结果统计

配置方案	配置年份	来水量/亿 m³	来沙量/亿 t	引水引沙/亿 t	滩区放淤/亿 t	挖沙固堤/亿 t	淤筑村台/亿 t	河槽冲淤/亿 t	洪水淤滩/亿 t	河道输沙/亿 t	输水量/亿 m³	引水量/亿 m³	最小平滩流量/(m³/s)
方案 1-1	2013—2020	232.28	3.99	0.734	0	0.571	0.083	0.045	0.128	2.432	122.04	110.24	4632
	2021—2030	245.94	3.29	0.626	0	0.700	0.083	-0.443	0.032	2.297	140.22	105.72	4721
	2031—2050	251.49	2.84	0.534	0	0.120	0.083	-0.451	0.064	2.488	147.04	104.45	5085
	2051—2062	254.54	3.23	0.548	0	0.120	0.083	-0.052	0.140	2.396	150.09	104.45	5413
	2013—2062	248.04	3.21	0.588	0	0.308	0.083	-0.274	0.086	2.419	142.40	105.63	4632
方案 2-1	2013—2020	232.28	3.99	0.738	0	0.571	0.083	0.028	0.125	2.448	122.04	110.24	4615
	2021—2030	245.94	3.29	0.636	0	0.700	0.083	-0.509	0.034	2.351	140.22	105.72	4706
	2031—2050	251.49	2.84	0.541	0	0.120	0.083	-0.509	0.064	2.538	147.04	104.45	5113
	2051—2062	254.54	3.23	0.557	0	0.120	0.083	-0.114	0.128	2.460	150.09	104.45	5721
	2013—2062	248.04	3.21	0.595	0	0.308	0.083	-0.328	0.083	2.468	142.40	105.63	4615
方案 3-1	2013—2020	232.28	3.99	0.734	0.142	0.571	0.083	-0.044	0.128	2.379	122.04	110.24	4662
	2021—2030	245.94	3.29	0.626	0.162	0.700	0.083	-0.551	0.022	2.253	140.22	105.72	4747
	2031—2050	251.49	2.84	0.534	0.269	0.120	0.083	-0.639	0.044	2.426	147.04	104.45	5151
	2051—2062	254.54	3.23	0.548	0.190	0.120	0.083	-0.183	0.120	2.357	150.09	104.45	5421
	2013—2062	248.04	3.21	0.588	0.208	0.308	0.083	-0.416	0.071	2.367	142.40	105.63	4662
方案 4-1	2013—2020	232.28	3.99	0.738	0.143	0.571	0.083	-0.061	0.125	2.394	122.04	110.24	4646
	2021—2030	245.94	3.29	0.636	0.163	0.700	0.083	-0.618	0.024	2.306	140.22	105.72	4733
	2031—2050	251.49	2.84	0.541	0.272	0.120	0.083	-0.699	0.042	2.478	147.04	104.45	5180
	2051—2062	254.54	3.23	0.557	0.190	0.120	0.083	-0.246	0.106	2.424	150.09	104.45	5732
	2013—2062	248.04	3.21	0.595	0.210	0.308	0.083	-0.472	0.067	2.417	142.40	105.63	4646

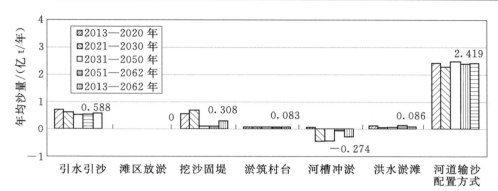

图 8-16 方案 1-1 不同时期黄河下游各种配置方式的年均沙量对比

表 8-18 **2013—2062 年方案 1-1 黄河下游各河段不同**

配置方式的年均水沙量

配 置 河 段	引水引沙 /亿 t	滩区放淤 /亿 t	挖沙固堤 /亿 t	淤筑村台 /亿 t	河槽冲淤 /亿 t	洪水淤滩 /亿 t	河道输沙 /亿 t	输水量 /亿 m³	引水量 /亿 m³	最小平滩流量 /(m³/s)
小浪底至花园口河段	0.046	0	0.010	0.001	−0.081	0.015	3.218	243.34	4.69	6588
花园口至高村河段	0.114	0	0.021	0.049	−0.096	0.008	3.123	231.49	11.85	6943
高村至艾山河段	0.119	0	0.052	0.023	−0.053	0	2.982	204.69	26.80	4791
艾山至利津河段	0.275	0	0.220	0.010	−0.066	0.003	2.539	149.15	55.55	4632
黄河口区	0.033	0	0.005	0	0.022	0.060	2.419	142.40	6.74	4632
下游合计	0.588	0	0.308	0.083	−0.274	0.086	2.419	142.40	105.63	4632
沙量百分比	18%	0%	10%	3%	−9%	3%	75%			

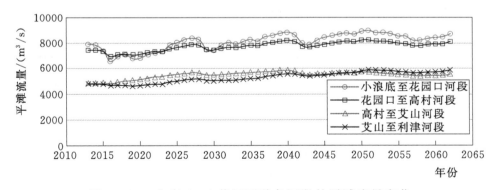

图 8-17 方案 1-1 黄河下游各河段的平滩流量变化

（2）方案 2-1。方案 2-1 是建防护堤条件下以河道输沙为重点的配置模式，2013—2062 年黄河下游各河段不同配置方式的年均水沙量见表 8-19，方案 2-1 不同时期黄河下游各种配置方式的年均沙量对比见图 8-18。2013—2062 年黄河下游年平均引水引沙量为 0.595 亿 t/年，滩区放淤沙量为 0 亿 t/年，挖沙固堤沙量为 0.308 亿 t/年，淤筑村台沙量为 0.083 亿 t/年，河槽冲淤沙量为 −0.328 亿 t/年，洪水淤滩沙量为 0.083 亿 t/年，河道输沙入海沙量为 2.468 亿 t/年，河道输沙入海沙量占来沙量的 77%。

表 8 - 19　2013—2062 年方案 2 - 1 黄河下游各河段不同配置方式的年均水沙量

配置河段	引水引沙/亿 t	滩区放淤/亿 t	挖沙固堤/亿 t	淤筑村台/亿 t	河槽冲淤/亿 t	洪水淤滩/亿 t	河道输沙/亿 t	输水量/亿 m³	引水量/亿 m³	最小平滩流量/(m³/s)
小浪底至花园口河段	0.046	0	0.010	0.001	−0.091	0.015	3.227	243.34	4.69	6534
花园口至高村河段	0.114	0	0.021	0.049	−0.119	0.005	3.157	231.49	11.85	6941
高村至艾山河段	0.121	0	0.052	0.023	−0.070	−0.001	3.032	204.69	26.80	4903
艾山至利津河段	0.280	0	0.220	0.010	−0.070	0.004	2.589	149.15	55.55	4615
黄河口区	0.034	0	0.005	0	0.022	0.060	2.468	142.40	6.74	4615
下游合计	0.595	0	0.308	0.083	−0.328	0.083	2.468	142.40	105.63	4615
沙量百分比	19%	0%	10%	3%	−10%	3%	77%			

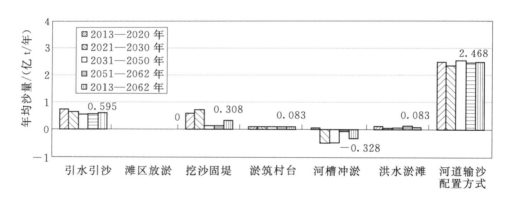

图 8-18　方案 2 - 1 不同时期黄河下游各种配置方式的年均沙量对比

方案 2 - 1 黄河下游各河段的平滩流量变化见图 8 - 19，由于水沙系列 1 的来沙少，黄河下游主河槽总体冲刷，建防护堤条件下各河段平滩流量进一步增大，黄河下游的平滩流量由 2013 年的 4816m³/s 增大到 2062 年的 5990m³/s，下游河道最小平滩流量为 4615m³/s，小浪底至花园口河段和花园口至高村河段的平滩流量大于高村至艾山河段和艾山至利津河段。

（3）方案 3 - 1。方案 3 - 1 是现状河道条件下进行滩区放淤治理的配置模式，2013—2062 年黄河下游各河段不同配置方式的年均水沙量见表 8 - 20，方案 3 - 1 不同时期黄河下游各种配置方式的年均沙量对比见图 8 - 20。

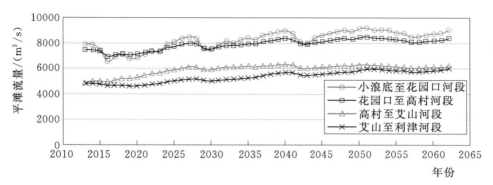

图 8-19 方案 2-1 黄河下游各河段的平滩流量变化

2013—2062 年黄河下游年平均引水引沙量为 0.588 亿 t/年，滩区放淤沙量为 0.208 亿 t/年，挖沙固堤沙量为 0.308 亿 t/年，淤筑村台沙量为 0.083 亿 t/年，河槽冲淤沙量为 −0.416 亿 t/年，洪水淤滩沙量为 0.071 亿 t/年，河道输沙入海沙量为 2.367 亿 t/年，河道输沙入海沙量占来沙量的 74%。

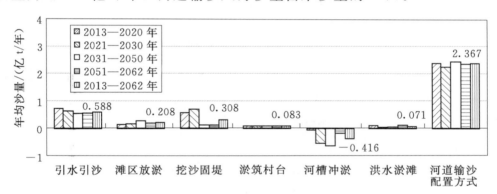

图 8-20 方案 3-1 不同时期黄河下游各种配置方式的年均沙量对比

表 8-20　　　　2013—2062 年方案 3-1 黄河下游各河段不同
配置方式的年均水沙量

配置河段	引水引沙/亿 t	滩区放淤/亿 t	挖沙固堤/亿 t	淤筑村台/亿 t	河槽冲淤/亿 t	洪水淤滩/亿 t	河道输沙/亿 t	输水量/亿 m³	引水量/亿 m³	最小平滩流量/(m³/s)
小浪底至花园口河段	0.046	0.710	0.010	0.001	−0.091	0.015	3.213	243.34	4.69	6619
花园口至高村河段	0.114	0.072	0.021	0.049	−0.146	0.008	3.097	231.49	11.85	7020
高村至艾山河段	0.119	0.079	0.052	0.023	−0.109	0	2.933	204.69	26.80	4899
艾山至利津河段	0.275	0.030	0.220	0.010	−0.087	0.003	2.481	149.15	55.55	4662
黄河口区	0.033	0.013	0.005	0	0.017	0.045	2.367	142.40	6.74	4662
下游合计	0.588	0.208	0.308	0.083	−0.416	0.071	2.367	142.40	105.63	4662
沙量百分比	18%	6%	10%	3%	−13%	2%	74%			

方案 3－1 黄河下游各河段的平滩流量变化见图 8－21，由于水沙系列 1 的来沙少，黄河下游主河槽总体冲刷，进行滩区放淤治理，主河槽淤积减少，各河段平滩流量有所增大，但平滩流量小于有防护堤的方案 2－1，黄河下游的平滩流量由 2013 年的 4835m³/s 增大到 2062 年的 5541m³/s，下游河道最小平滩流量为 4662m³/s，小浪底至花园口河段和花园口至高村河段的平滩流量大于高村至艾山河段和艾山至利津河段。

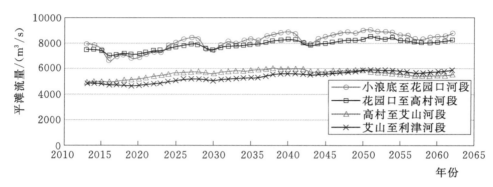

图 8－21　方案 3－1 黄河下游各河段的平滩流量变化

（4）方案 4－1。方案 4－1 是建防护堤条件下进行滩区放淤治理的配置模式，2013—2062 年黄河下游各河段不同配置方式的年均水沙量见表 8－21，方案 4－1 不同时期黄河下游各种配置方式的年均沙量对比见图 8－22。2013—2062 年黄河下游年平均引水引沙量为 0.595 亿 t/年，滩区放淤沙量为 0.210 亿 t/年，挖沙固堤沙量为 0.308 亿 t/年，淤筑村台沙量为 0.083 亿 t/年，河槽冲淤沙量为 −0.472 亿 t/年，洪水淤滩沙量为 0.067 亿 t/年，河道输沙入海沙量为 2.417 亿 t/年，河道输沙入海沙量占来沙量的 75%。

表 8－21　　　　　2013—2062 年方案 4－1 黄河下游各河段不同
配置方式的年均水沙量

配　置　河　段	引水引沙/亿 t	滩区放淤/亿 t	挖沙固堤/亿 t	淤筑村台/亿 t	河槽冲淤/亿 t	洪水淤滩/亿 t	河道输沙/亿 t	输水量/亿 m³	引水量/亿 m³	最小平滩流量/(m³/s)
小浪底至花园口河段	0.046	0.700	0.010	0.001	−0.101	0.015	3.223	243.34	4.69	6565
花园口至高村河段	0.114	0.072	0.021	0.049	−0.169	0.005	3.131	231.49	11.85	7017
高村至艾山河段	0.121	0.080	0.052	0.023	−0.126	−0.001	2.982	204.69	26.80	4954
艾山至利津河段	0.280	0.031	0.220	0.010	−0.092	0.004	2.530	149.15	55.55	4646
黄河口区	0.034	0.013	0.005	0	0.016	0.044	2.417	142.40	6.74	4646
下游合计	0.595	0.210	0.308	0.083	−0.472	0.067	2.417	142.40	105.63	4646
沙量百分比	19%	7%	10%	3%	−15%	2%	75%			

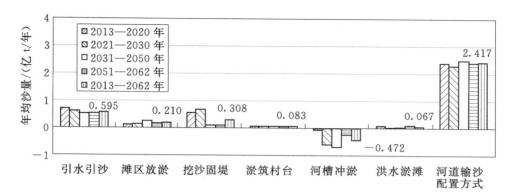

图 8-22　方案 4-1 不同时期黄河下游各种配置方式的年均沙量对比

方案 4-1 黄河下游各河段的平滩流量变化见图 8-23，由于水沙系列 1 的来沙少，黄河下游主河槽总体冲刷，建防护堤条件下进行滩区放淤治理，各河段平滩流量进一步增大，黄河下游的平滩流量由 2013 年的 4837m³/s 增大到 2062 年的 5997m³/s，下游河道最小平滩流量为 4646m³/s，小浪底至花园口河段和花园口至高村河段的平滩流量大于高村至艾山河段和艾山至利津河段。

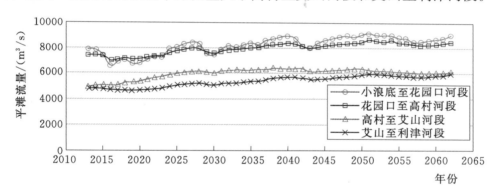

图 8-23　方案 4-1 黄河下游各河段的平滩流量变化

2. 水沙系列 2 配置方案计算结果

该系列不同时期各泥沙优化配置方案计算结果如表 8-22 所列。

（1）方案 1-2。方案 1-2 是现状河道条件下以河道输沙为重点的配置模式，2013—2062 年黄河下游各河段不同配置方式的年均水沙量见表 8-23，方案 1-2 不同时期黄河下游各种配置方式的年均沙量对比见图 8-24。2013—2062 年黄河下游年平均引水引沙量为 0.861 亿 t/年，滩区放淤沙量为 0，挖沙固堤沙量为 0.308 亿 t/年，淤筑村台沙量为 0.083 亿 t/年，河槽冲淤沙量为 0.481 亿 t/年，洪水淤滩沙量为 0.383 亿 t/年，河道输沙入海沙量为 3.945 亿 t/年，河道输沙入海沙量占来沙量的 65%。

表 8 - 22　水沙系列 2 不同时期各泥沙优化配置方案计算结果统计

配置方案	配置年份	来水量/亿 m³	来沙量/亿 t	引水引沙/亿 t	滩区放淤/亿 t	挖沙固堤/亿 t	淤筑村台/亿 t	河槽冲淤/亿 t	洪水淤滩/亿 t	河道输沙/亿 t	输水量/亿 m³	引水量/亿 m³	最小平滩流量/(m³/s)
方案1-2	2013—2020	275.98	6.49	0.903	0	0.571	0.083	0.509	0.394	4.033	165.74	110.24	4287
	2021—2030	280.73	7.77	0.965	0	0.700	0.083	1.144	0.620	4.256	175.01	105.72	3782
	2031—2050	270.49	5.51	0.794	0	0.120	0.083	0.142	0.277	4.098	166.04	104.45	3463
	2051—2062	226.42	5.26	0.858	0	0.120	0.083	0.474	0.353	3.371	121.97	104.45	3190
	2013—2062	262.84	6.06	0.861	0	0.308	0.083	0.481	0.383	3.945	157.21	105.63	3190
方案2-2	2013—2020	275.98	6.49	0.912	0	0.571	0.083	0.488	0.358	4.080	165.74	110.24	4351
	2021—2030	280.73	7.77	0.974	0	0.700	0.083	1.153	0.558	4.300	175.01	105.72	3985
	2031—2050	270.49	5.51	0.803	0	0.120	0.083	0.104	0.258	4.147	166.04	104.45	3685
	2051—2062	226.42	5.26	0.867	0	0.120	0.083	0.435	0.321	3.433	121.97	104.45	3492
	2013—2062	262.84	6.06	0.870	0	0.308	0.083	0.455	0.349	3.996	157.21	105.63	3492
方案3-2	2013—2020	275.98	6.49	0.903	0.226	0.571	0.083	0.369	0.394	3.947	165.74	110.24	4459
	2021—2030	280.73	7.77	0.965	0.311	0.700	0.083	0.941	0.612	4.156	175.01	105.72	3994
	2031—2050	270.49	5.51	0.794	0.465	0.120	0.083	−0.166	0.290	3.928	166.04	104.45	3669
	2051—2062	226.42	5.26	0.858	0.289	0.120	0.083	0.290	0.366	3.254	121.97	104.45	3209
	2013—2062	262.84	6.06	0.861	0.354	0.308	0.083	0.250	0.389	3.815	157.21	105.63	3209
方案4-2	2013—2020	275.98	6.49	0.912	0.227	0.571	0.083	0.347	0.358	3.994	165.74	110.24	4536
	2021—2030	280.73	7.77	0.974	0.313	0.700	0.083	0.949	0.550	4.199	175.01	105.72	4131
	2031—2050	270.49	5.51	0.803	0.468	0.120	0.083	−0.207	0.266	3.982	166.04	104.45	3862
	2051—2062	226.42	5.26	0.867	0.290	0.120	0.083	0.248	0.329	3.322	121.97	104.45	3511
	2013—2062	262.84	6.06	0.870	0.356	0.308	0.083	0.222	0.353	3.869	157.21	105.63	3511

表 8 - 23　2013—2062 年方案 1 - 2 黄河下游各河段不同配置方式的年均水沙量

配置河段	引水引沙/亿 t	滩区放淤/亿 t	挖沙固堤/亿 t	淤筑村台/亿 t	河槽冲淤/亿 t	洪水淤滩/亿 t	河道输沙/亿 t	输水量/亿 m³	引水量/亿 m³	最小平滩流量/(m³/s)
小浪底至花园口河段	0.075	0	0.010	0.001	0.126	0.124	5.724	258.14	4.69	4296
花园口至高村河段	0.177	0	0.021	0.049	0.164	0.136	5.178	246.30	11.85	4551
高村至艾山河段	0.175	0	0.052	0.023	0.078	0.047	4.802	219.49	26.80	3190
艾山至利津河段	0.387	0	0.220	0.010	0.096	0.030	4.059	163.95	55.55	3383
黄河口区	0.047	0	0.005	0	0.017	0.045	3.945	157.21	6.74	3383
下游合计	0.861	0	0.308	0.083	0.481	0.383	3.945	157.21	105.63	3190
沙量百分比	14%	0	5%	1%	8%	6%	65%			

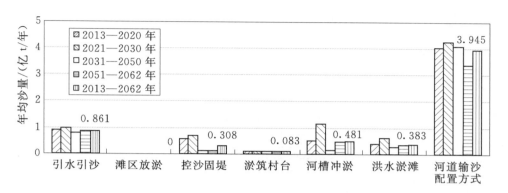

图8-24 方案1-2不同时期黄河下游各种配置方式的年均沙量对比

方案1-2黄河下游各河段的平滩流量变化见图8-25，由于水沙系列2的来沙较多，黄河下游主河槽总体淤积萎缩，各河段平滩流量基本都是减小，黄河下游的平滩流量由2013年的4666m³/s减小到2062年的3300m³/s，下游河道最小平滩流量为3190m³/s，小浪底至花园口河段和花园口至高村河段的平滩流量大于高村至艾山河段和艾山至利津河段。

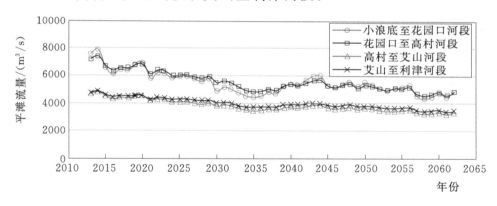

图8-25 方案1-2黄河下游各河段的平滩流量变化

（2）方案2-2。方案2-2是修建防护堤条件下以河道输沙为重点的配置模式，2013—2062年黄河下游各河段不同配置方式的年均水沙量见表8-24，方案2-2不同时期黄河下游各种配置方式的年均沙量对比见图8-26。2013—2062年黄河下游年平均引水引沙量为0.870亿t/年，滩区放淤沙量为0，挖沙固堤沙量为0.308亿t/年，淤筑村台沙量为0.083亿t/年，河槽冲淤沙量为0.455亿t/年，洪水淤滩沙量为0.349亿t/年，河道输沙入海沙量为3.996亿t/年，河道输沙入海沙量占来沙量的66%。

方案2-2黄河下游各河段的平滩流量变化见图8-27，由于水沙系列2的来沙较多，黄河下游主河槽总体淤积萎缩，建防护堤条件下各河段平滩流量

表 8 - 24　　　　　　2013—2062 年方案 2 - 2 黄河下游各河段不同
配置方式的年均水沙量

配置河段	引水引沙 /亿 t	滩区放淤 /亿 t	挖沙固堤 /亿 t	淤筑村台 /亿 t	河槽冲淤 /亿 t	洪水淤滩 /亿 t	河道输沙 /亿 t	输水量 /亿 m³	引水量 /亿 m³	最小平滩流量 /(m³/s)
小浪底至花园口河段	0.075	0	0.010	0.001	0.122	0.114	5.738	258.14	4.69	4527
花园口至高村河段	0.177	0	0.021	0.049	0.152	0.123	5.215	246.30	11.85	4884
高村至艾山河段	0.177	0	0.052	0.023	0.066	0.037	4.859	219.49	26.80	3492
艾山至利津河段	0.392	0	0.220	0.010	0.097	0.030	4.110	163.95	55.55	3529
黄河口区	0.048	0	0.005	0	0.017	0.045	3.996	157.21	6.74	3529
下游合计	0.870	0	0.308	0.083	0.455	0.349	3.996	157.21	105.63	3492
沙量百分比	14%	0	5%	1%	8%	6%	66%			

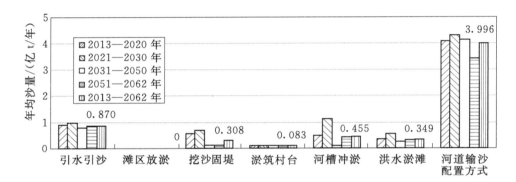

图 8 - 26　方案 2 - 2 不同时期黄河下游各种配置方式的年均沙量对比

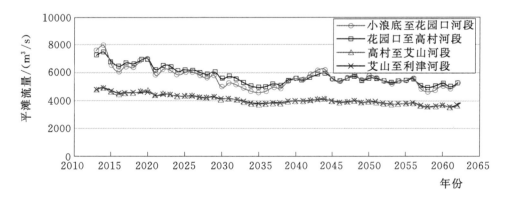

图 8 - 27　方案 2 - 2 黄河下游各河段的平滩流量变化

虽然也减小，但平滩流量大于无防护堤条件方案 1 - 2，黄河下游的平滩流量
由 2013 年的 4713m³/s 减小到 2062 年的 3610m³/s，下游河道最小平滩流量为

$3492m^3/s$，小浪底至花园口河段和花园口至高村河段的平滩流量大于高村至艾山河段和艾山至利津河段。

（3）方案 3-2。方案 3-2 是现状河道条件下进行滩区放淤治理的配置模式，2013—2062 年黄河下游各河段不同配置方式的年均水沙量见表 8-25，方案 3-2 不同时期黄河下游各种配置方式的年均沙量对比见图 8-28。2013—2062 年黄河下游年平均引水引沙量为 0.861 亿 t/年，滩区放淤沙量为 0.354 亿 t/年，挖沙固堤沙量为 0.308 亿 t/年，淤筑村台沙量为 0.083 亿 t/年，河槽冲淤沙量为 0.250 亿 t/年，洪水淤滩沙量为 0.389 亿 t/年，河道输沙入海沙量为 3.815t/年，河道输沙入海沙量占来沙量的 63%。

表 8-25　　　　2013—2062 年方案 3-2 黄河下游各河段不同

配置方式的年均水沙量

配 置 河 段	引水引沙/亿 t	滩区放淤/亿 t	挖沙固堤/亿 t	淤筑村台/亿 t	河槽冲淤/亿 t	洪水淤滩/亿 t	河道输沙/亿 t	输水量/亿 m^3	引水量/亿 m^3	最小平滩流量/(m^3/s)
小浪底至花园口河段	0.075	1.285	0.010	0.001	0.108	0.124	5.716	258.14	4.69	4349
花园口至高村河段	0.177	0.122	0.021	0.049	0.079	0.136	5.133	246.30	11.85	4872
高村至艾山河段	0.175	0.135	0.052	0.023	−0.016	0.047	4.718	219.49	26.80	3209
艾山至利津河段	0.387	0.050	0.220	0.010	0.061	0.030	3.959	163.95	55.55	3406
黄河口区	0.047	0.021	0.005	0	0.019	0.052	3.815	157.21	6.74	3406
下游合计	0.861	0.354	0.308	0.083	0.250	0.389	3.815	157.21	105.63	3209
沙量百分比	14%	6%	5%	1%	4%	6%	63%			

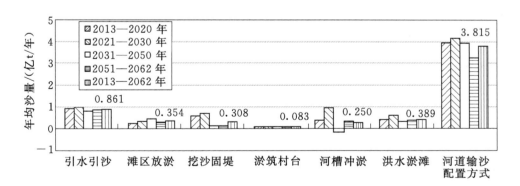

图 8-28　方案 3-2 不同时期黄河下游各种配置方式的年均沙量对比

方案 3-2 黄河下游各河段的平滩流量变化见图 8-29，由于水沙系列 2 的来沙较多，黄河下游主河槽总体淤积，进行滩区放淤治理，主河槽淤积减少，

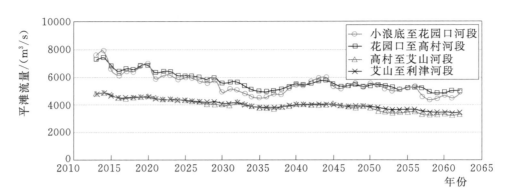

图 8-29 方案 3-2 黄河下游各河段的平滩流量变化

各河段平滩流量仍然减小，而且平滩流量小于有防护堤的方案 2-2，黄河下游的平滩流量由 2013 年的 4792m³/s 减小到 2062 年的 3310m³/s，下游河道最小平滩流量为 3209m³/s，小浪底至花园口河段和花园口至高村河段的平滩流量大于高村至艾山河段和艾山至利津河段。

（4）方案 4-2。方案 4-2 是建防护堤条件下进行滩区放淤治理的配置模式，2013—2062 年黄河下游各河段不同配置方式的年均水沙量见表 8-26，方案 4-2 不同时期黄河下游各种配置方式的年均沙量对比见图 8-30。2013—2062 年黄河下游年平均引水引沙量为 0.870 亿 t/年，滩区放淤沙量为 0.356 亿 t/年，挖沙固堤沙量为 0.308 亿 t/年，淤筑村台沙量为 0.083 亿 t/年，河槽冲淤沙量为 0.222 亿 t/年，洪水淤滩沙量为 0.353 亿 t/年，河道输沙入海沙量为 3.869 亿 t/年，河道输沙入海沙量占来沙量的 64%。

表 8-26　　　　　2013—2062 年方案 4-2 黄河下游各河段不同
配置方式的年均水沙量

配 置 河 段	引水引沙/亿 t	滩区放淤/亿 t	挖沙固堤/亿 t	淤筑村台/亿 t	河槽冲淤/亿 t	洪水淤滩/亿 t	河道输沙/亿 t	输水量/亿 m³	引水量/亿 m³	最小平滩流量/(m³/s)
小浪底至花园口河段	0.075	1.285	0.010	0.001	0.104	0.114	5.730	258.14	4.69	4573
花园口至高村河段	0.177	0.122	0.021	0.049	0.067	0.123	5.171	246.30	11.85	5084
高村至艾山河段	0.177	0.136	0.052	0.023	−0.029	0.037	4.774	219.49	26.80	3511
艾山至利津河段	0.392	0.050	0.220	0.010	0.062	0.030	4.010	163.95	55.55	3552
黄河口区	0.048	0.021	0.005	0	0.018	0.049	3.869	157.21	6.74	3552
下游合计	0.870	0.356	0.308	0.083	0.222	0.353	3.869	157.21	105.63	3511
沙量百分比	14%	6%	5%	1%	4%	6%	64%			

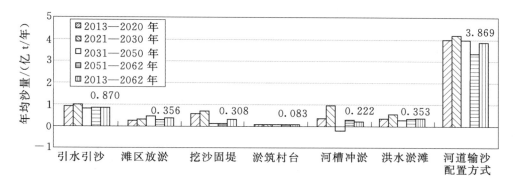

图 8-30 方案 4-2 不同时期黄河下游各种配置方式的年均沙量对比

方案 4-2 黄河下游各河段的平滩流量变化见图 8-31，由于水沙系列 2 的来沙较多，黄河下游主河槽总体淤积，各河段平滩流量基本是减小的，修建防护堤条件下进行滩区放淤治理，平滩流量大于无防护堤的方案 3-2，黄河下游的平滩流量由 2013 年的 $4792\text{m}^3/\text{s}$ 减小到 2062 年的 $3624\text{m}^3/\text{s}$，下游河道最小平滩流量为 $3511\text{m}^3/\text{s}$，小浪底至花园口河段和花园口至高村河段的平滩流量大于高村至艾山河段和艾山至利津河段。

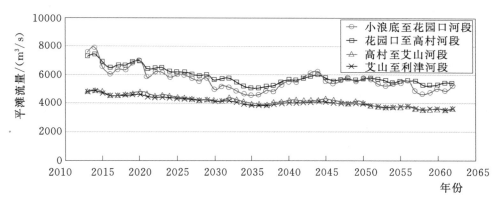

图 8-31 方案 4-2 黄河下游各河段的平滩流量变化

3. 水沙系列 3 配置方案计算结果

该系列不同时期各泥沙优化配置方案计算结果如表 8-27 所列。

（1）方案 1-3。方案 1-3 是现状河道条件下以河道输沙为重点的配置模式，2013—2062 年黄河下游各河段不同配置方式的年均水沙量见表 8-28，方案 1-3 不同时期黄河下游各种配置方式的年均沙量对比见图 8-32。2013—2062 年黄河下游年平均引水引沙量为 0.993 亿 t/年，滩区放淤沙量为 0，挖沙固堤沙量为 0.308 亿 t/年，淤筑村台沙量为 0.083 亿 t/年，河槽冲淤沙量为 1.054 亿 t/年，洪水淤滩沙量为 0.632 亿 t/年，河道输沙入海沙量为 4.631 亿 t/年，河道输沙入海沙量占来沙量的 60%。

表 8-27 水沙系列 3 不同时期各泥沙优化配置方案计算结果统计

配置方案	配置年份	来水量/亿 m³	来沙量/亿 t	引水引沙/亿 t	滩区放淤/亿 t	挖沙固堤/亿 t	淤筑村台/亿 t	河槽冲淤/亿 t	洪水淤滩/亿 t	河道输沙/亿 t	输水量/亿 m³	引水量/亿 m³	最小平滩流量/(m³/s)
方案1-2	2013—2020	285.56	8.49	1.058	0	0.571	0.083	1.302	0.685	4.790	175.32	110.24	3971
	2021—2030	291.51	9.78	1.126	0	0.700	0.083	1.947	0.861	5.062	185.79	105.72	3125
	2031—2050	280.90	6.96	0.898	0	0.120	0.083	0.620	0.527	4.712	176.45	104.45	2613
	2051—2062	235.10	6.68	0.999	0	0.120	0.083	0.869	0.580	4.030	130.65	104.45	2158
	2013—2062	272.78	7.70	0.993	0	0.308	0.083	1.054	0.632	4.631	167.15	105.63	2158
方案2-2	2013—2020	285.56	8.49	1.071	0	0.571	0.083	1.276	0.622	4.866	175.32	110.24	4095
	2021—2030	291.51	9.78	1.137	0	0.700	0.083	1.962	0.773	5.124	185.79	105.72	3357
	2031—2050	280.90	6.96	0.905	0	0.120	0.083	0.599	0.495	4.758	176.45	104.45	2796
	2051—2062	235.10	6.68	1.005	0	0.120	0.083	0.873	0.539	4.061	130.65	104.45	2353
	2013—2062	272.78	7.70	1.002	0	0.308	0.083	1.046	0.581	4.681	167.15	105.63	2353
方案3-2	2013—2020	285.56	8.49	1.058	0.280	0.571	0.083	1.128	0.685	4.685	175.32	110.24	4183
	2021—2030	291.51	9.78	1.126	0.379	0.700	0.083	1.699	0.847	4.946	185.79	105.72	3347
	2031—2050	280.90	6.96	0.898	0.560	0.120	0.083	0.251	0.546	4.503	176.45	104.45	2839
	2051—2062	235.10	6.68	0.999	0.360	0.120	0.083	0.639	0.599	3.880	130.65	104.45	2183
	2013—2062	272.78	7.70	0.993	0.431	0.308	0.083	0.774	0.641	4.471	167.15	105.63	2183
方案4-2	2013—2020	285.56	8.49	1.071	0.280	0.571	0.083	1.102	0.622	4.760	175.32	110.24	4347
	2021—2030	291.51	9.78	1.137	0.379	0.700	0.083	1.714	0.759	5.007	185.79	105.72	3559
	2031—2050	280.90	6.96	0.905	0.560	0.120	0.083	0.227	0.510	4.555	176.45	104.45	3048
	2051—2062	235.10	6.68	1.005	0.360	0.120	0.083	0.641	0.554	3.918	130.65	104.45	2378
	2013—2062	272.78	7.70	1.002	0.431	0.308	0.083	0.764	0.588	4.525	167.15	105.63	2378

方案 1-3 黄河下游各河段的平滩流量变化见图 8-33,由于水沙系列 3 的来沙多,黄河下游主河槽淤积萎缩,各河段平滩流量明显减小,黄河下游的平滩流量由 2013 年的 4667m³/s 减小到 2062 年的 2275m³/s,下游河道最小平滩流量为 2158m³/s,虽然小浪底至花园口河段和花园口至高村河段的平滩流量大于高村至艾山河段和艾山至利津河段,但宽河段的主河槽淤积萎缩更快。

(2) 方案 2-3。方案 2-3 是建防护堤条件下以河道输沙为重点的配置模式,2013—2062 年黄河下游各河段不同配置方式的年均水沙量见表 8-29,方案 2-3 不同时期黄河下游各种配置方式的年均沙量对比见图 8-34。2013—2062

表 8 - 28   **2013—2062 年方案 1 - 3 黄河下游各河段不同配置方式的年均水沙量**

配 置 河 段	引水引沙 /亿 t	滩区放淤 /亿 t	挖沙固堤 /亿 t	淤筑村台 /亿 t	河槽冲淤 /亿 t	洪水淤滩 /亿 t	河道输沙 /亿 t	输水量 /亿 m³	引水量 /亿 m³	最小平滩流量 /(m³/s)
小浪底至花园口河段	0.092	0	0.010	0.001	0.276	0.205	7.116	268.08	4.69	2874
花园口至高村河段	0.209	0	0.021	0.049	0.381	0.230	6.225	256.23	11.85	2788
高村至艾山河段	0.202	0	0.052	0.023	0.169	0.077	5.702	229.43	26.80	2158
艾山至利津河段	0.437	0	0.220	0.010	0.201	0.048	4.786	173.89	55.55	2416
黄河口区	0.053	0	0.005	0	0.026	0.071	4.631	167.15	6.74	2416
下游合计	0.993	0	0.308	0.083	1.054	0.632	4.631	167.15	105.63	2158
沙量百分比	13%	0	4%	1%	14%	8%	60%			

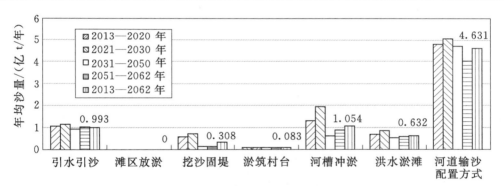

图 8 - 32   方案 1 - 3 不同时期黄河下游各种配置方式的年均沙量对比

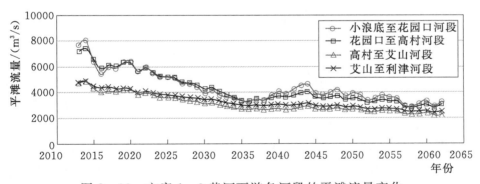

图 8 - 33   方案 1 - 3 黄河下游各河段的平滩流量变化

年黄河下游年平均引水引沙量为 1.002 亿 t/年，滩区放淤沙量为 0，挖沙固堤沙量为 0.308 亿 t/年，淤筑村台沙量为 0.083 亿 t/年，河槽淤积沙量为 1.046 亿 t/年，洪水淤滩沙量为 0.581 亿 t/年，河道输沙入海沙量为 4.681 亿 t/年，河道输沙入海沙量占来沙量的 61%。

表 8 - 29　　　　　　　2013—2062 年方案 2 - 3 黄河下游各河段不同
配置方式的年均水沙量

配 置 河 段	引水引沙/亿 t	滩区放淤/亿 t	挖沙固堤/亿 t	淤筑村台/亿 t	河槽冲淤/亿 t	洪水淤滩/亿 t	河道输沙/亿 t	输水量/亿 m³	引水量/亿 m³	最小平滩流量/(m³/s)
小浪底至花园口河段	0.092	0	0.010	0.001	0.275	0.188	7.135	268.08	4.69	3267
花园口至高村河段	0.210	0	0.021	0.049	0.378	0.210	6.266	256.23	11.85	3253
高村至艾山河段	0.204	0	0.052	0.023	0.161	0.066	5.760	229.43	26.80	2353
艾山至利津河段	0.442	0	0.220	0.010	0.206	0.046	4.837	173.89	55.55	2583
黄河口区	0.054	0	0.005	0	0.026	0.071	4.681	167.15	6.74	2583
下游合计	1.002	0	0.308	0.083	1.046	0.581	4.681	167.15	105.63	2353
沙量百分比	13%	0	4%	1%	14%	8%	61%			

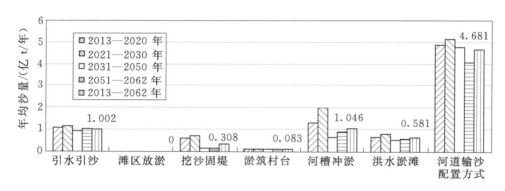

图 8 - 34　方案 2 - 3 不同时期黄河下游各种配置方式的年均沙量对比

方案 2 - 3 黄河下游各河段的平滩流量变化见图 8 - 35，由于水沙系列 3 的来沙多，黄河下游主河槽淤积萎缩，建防护堤条件下各河段平滩流量仍然减小，但平滩流量大于无防护堤条件方案 1 - 3，黄河下游的平滩流量由 2013 年的 4732m³/s 减小到 2062 年的 2473m³/s，下游河道最小平滩流量为 2353m³/s，小浪底至花园口河段和花园口至高村河段的平滩流量大于高村至艾山河段和艾山至利津河段，由于来沙多，防护堤也不能改变宽河段的主河槽淤积萎缩更快的局面。

（3）方案 3 - 3。方案 3 - 3 是现状河道条件下进行滩区放淤治理的配置模式，2013—2062 年黄河下游各河段不同配置方式的年均水沙量见表 8 - 30，方案 3 - 3 不同时期黄河下游各种配置方式的年均沙量对比见图 8 - 36。2013—2062年黄河下游年平均引水引沙为 0.993 亿 t/年，滩区放淤沙量为 0.431 亿 t/年，

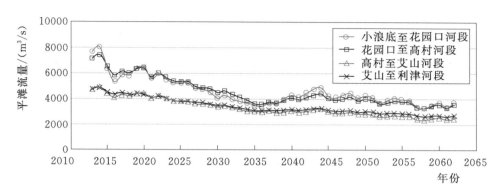

图 8-35 方案 2-3 黄河下游各河段的平滩流量变化

表 8-30 2013—2062 年方案 3-3 黄河下游各河段不同
配置方式的年均水沙量

配 置 河 段	引水引沙/亿 t	滩区放淤/亿 t	挖沙固堤/亿 t	淤筑村台/亿 t	河槽冲淤/亿 t	洪水淤滩/亿 t	河道输沙/亿 t	输水量/亿 m³	引水量/亿 m³	最小平滩流量/(m³/s)
小浪底至花园口河段	0.092	1.636	0.010	0.001	0.253	0.205	7.106	268.08	4.69	2934
花园口至高村河段	0.209	0.151	0.021	0.049	0.275	0.230	6.170	256.23	11.85	3169
高村至艾山河段	0.202	0.162	0.052	0.023	0.056	0.077	5.598	229.43	26.80	2183
艾山至利津河段	0.437	0.059	0.220	0.010	0.160	0.048	4.664	173.89	55.55	2446
黄河口区	0.053	0.025	0.005	0	0.030	0.080	4.471	167.15	6.74	2446
下游合计	0.993	0.431	0.308	0.083	0.774	0.641	4.471	167.15	105.63	2183
沙量百分比	13%	6%	4%	1%	10%	8%	58%			

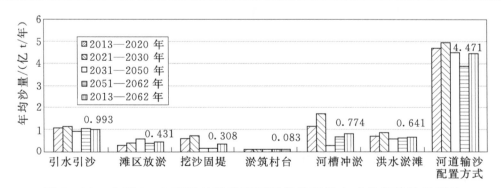

图 8-36 方案 3-3 不同时期黄河下游各种配置方式的年均沙量对比

挖沙固堤沙量为 0.308 亿 t/年，淤筑村台沙量为 0.083 亿 t/年，河槽淤积沙量为 0.774 亿 t/年，洪水淤滩沙量为 0.641 亿 t/年，河道输沙入海沙量为 4.471 亿 t/年，河道输沙入海沙量占来沙量的 58%。

方案 3-3 黄河下游各河段的平滩流量变化见图 8-37，由于水沙系列 3 的来沙多，黄河下游主河槽淤积，各河段平滩流量仍然减小，进行滩区放淤治理，可以改善二级悬河状况，主河槽淤积减少，但平滩流量小于有防护堤的方案 2-3，黄河下游的平滩流量由 2013 年的 4796m³/s 减小到 2062 年的 2286m³/s，下游河道最小平滩流量为 2183m³/s，出现在高村至艾山河段，小浪底至花园口河段和花园口至高村河段的平滩流量大于高村至艾山河段和艾山至利津河段，宽河段的主河槽淤积萎缩更快。

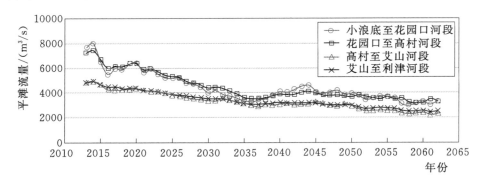

图 8-37　方案 3-3 黄河下游各河段的平滩流量变化

（4）方案 4-3。方案 4-3 是建防护堤条件下进行滩区放淤治理的配置模式，2013—2062 年黄河下游各河段不同配置方式的年均水沙量见表 8-31，方案 4-3 不同时期黄河下游各种配置方式的年均沙量对比见图 8-38。2013—2062 年黄河下游年平均引水引沙量为 1.002 亿 t/年，滩区放淤沙量为 0.431 亿 t/年，挖沙固堤沙量为 0.308 亿 t/年，淤筑村台沙量为 0.083 亿 t/年，河槽冲淤沙量为 0.764 亿 t/年，洪水淤滩沙量为 0.588 亿 t/年，河道输沙入海沙量为 4.525 亿 t/年，河道输沙入海沙量占来沙量的 59%。

方案 4-3 黄河下游各河段的平滩流量变化见图 8-39，由于水沙系列 3 的来沙多，黄河下游主河槽淤积，各河段平滩流量基本是减小的，有防护堤的平滩流量大于无防护堤的方案 3-3，黄河下游的平滩流量由 2013 年的 4812m³/s 减小到 2062 年的 2484m³/s，下游河道最小平滩流量为 2378m³/s，出现在高村至艾山河段，小浪底至花园口河段和花园口至高村河段的平滩流量大于高村至艾山河段和艾山至利津河段，宽河段的主河槽淤积萎缩更快。

4. 配置方案计算成果综合分析

针对 4 个基本配置方案和枯、平、丰 3 个水沙系列，计算了 12 个黄河下游泥沙优化配置方案，各方案计算结果对比见表 8-32。

表 8 - 31　　　　　2013—2062 年方案 4 - 3 黄河下游各河段不同
配置方式的年均水沙量

配 置 河 段	引水引沙 /亿 t	滩区放淤 /亿 t	挖沙固堤 /亿 t	淤筑村台 /亿 t	河槽冲淤 /亿 t	洪水淤滩 /亿 t	河道输沙 /亿 t	输水量 /亿 m³	引水量 /亿 m³	最小平滩流量 /(m³/s)
小浪底至花园口河段	0.092	1.636	0.010	0.001	0.252	0.188	7.125	268.08	4.69	3327
花园口至高村河段	0.210	0.151	0.021	0.049	0.272	0.210	6.211	256.23	11.85	3664
高村至艾山河段	0.204	0.162	0.052	0.023	0.047	0.066	5.656	229.43	26.80	2378
艾山至利津河段	0.442	0.059	0.220	0.010	0.164	0.046	4.715	173.89	55.55	2613
黄河口区	0.054	0.025	0.005	0	0.028	0.078	4.525	167.15	6.74	2613
下游合计	1.002	0.431	0.308	0.083	0.764	0.588	4.525	167.15	105.63	2378
沙量百分比	13%	6%	4%	1%	10%	8%	59%			

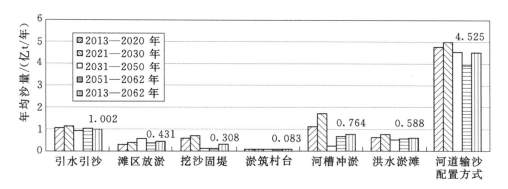

图 8 - 38　方案 4 - 3 不同时期黄河下游各种配置方式的年均沙量对比

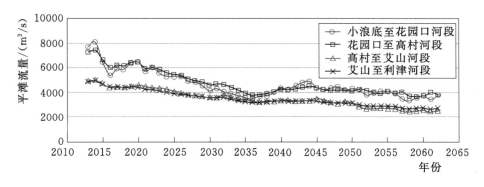

图 8 - 39　方案 4 - 3 黄河下游各河段的平滩流量变化

表 8 - 32　　　　　　　　2013—2062 年各方案计算结果对比

配置方案	来水量 /亿 m³	来沙量 /亿 t	引水 引沙 /亿 t	滩区 放淤 /亿 t	挖沙 固堤 /亿 t	淤筑 村台 /亿 t	河槽 冲淤 /亿 t	洪水 淤滩 /亿 t	河道 输沙 /亿 t	2013 年 最小 平滩流量 /(m³/s)	2062 年 最小 平滩流量 /(m³/s)
方案 1 - 1	248.04	3.21	0.588	0	0.308	0.083	−0.274	0.086	2.419	4814	5536
方案 2 - 1	248.04	3.21	0.595	0	0.308	0.083	−0.328	0.083	2.468	4816	5990
方案 3 - 1	248.04	3.21	0.588	0.208	0.30	0.083	−0.416	0.071	2.367	4835	5541
方案 4 - 1	248.04	3.21	0.595	0.210	0.308	0.083	−0.472	0.067	2.417	4837	5997
方案 1 - 2	262.84	6.06	0.861	0	0.308	0.083	0.481	0.383	3.945	4666	3300
方案 2 - 2	262.84	6.06	0.870	0	0.308	0.083	0.455	0.349	3.996	4713	3610
方案 3 - 2	262.84	6.06	0.861	0.354	0.308	0.083	0.250	0.389	3.815	4792	3310
方案 4 - 2	262.84	6.06	0.870	0.356	0.308	0.083	0.222	0.353	3.869	4792	3624
方案 1 - 3	272.78	7.70	0.993	0	0.308	0.083	1.054	0.632	4.631	4667	2275
方案 2 - 3	272.78	7.70	1.002	0	0.308	0.083	1.046	0.581	4.681	4732	2473
方案 3 - 3	272.78	7.70	0.993	0.431	0.308	0.083	0.774	0.641	4.471	4796	2286
方案 4 - 3	272.78	7.70	1.002	0.431	0.308	0.083	0.764	0.588	4.525	4812	2484

（1）来水来沙条件对黄河下游泥沙空间分布状况的影响较大。水沙系列 1 的黄河下游年平均来沙量比水沙系列 3 少 4.49 亿 t，水沙系列 1 的河槽年平均冲刷−0.472 亿～−0.274 亿 t/年；2062 年的下游最小平滩流量可增大到 5536～5997m³/s，水沙系列 3 的河槽年平均淤积 0.764 亿～1.054 亿 t，2062 年的下游最小平滩流量减小到 2275～2484m³/s；3 个水沙系列的泥沙配置状况比较，水沙系列 1 较好，水沙系列 3 较差。

（2）修建防护堤对增大黄河下游平滩流量有一定作用。修建防护堤的配置方案（基本配置方案 2 和 4）与无防护堤的配置方案（基本配置方案 1 和 3）比较，对于相同的水沙系列，2062 年的下游最小平滩流量增大 200～500m³/s。

（3）滩区放淤治理可以改善黄河下游泥沙分布的状况。滩区放淤治理的配置方案（基本配置方案 3 和 4）与无滩区放淤治理的配置方案（基本配置方案 1 和 2）比较，滩区放淤使滩区淤沙量年平均增多 0.21 亿～0.43 亿 t，2062年的下游最小平滩流量略有增大，为 5～14m³/s。

（4）基本配置方案 1～4 的黄河下游泥沙分布状况具有不断改善的趋势。4 个基本配置方案比较，基本方案 4 的滩区淤沙量比基本方案 1 年平均增加 0.2 亿～0.4 亿 t，主河槽年平均多冲刷或少淤积 0.2 亿～0.3 亿 t，2062 年的下游最小平滩流量增大 $200 \sim 500 \mathrm{m}^3/\mathrm{s}$。

综上所述，黄河下游泥沙优化配置方案计算结果表明，基本方案 1~4 的黄河下游泥沙分布状况具有不断改善的趋势，表现在下游主河槽淤积量减少，滩区淤沙量增多，下游平滩流量增大，修建防护堤对增大黄河下游平滩流量有一定作用，滩区放淤治理可以改善黄河下游泥沙分布状况。

8.3.3 综合评价方法

评价泥沙配置方案不能仅仅依据平滩流量，要分析黄河下游泥沙配置方案的评价指标，结合层次分析法和模糊综合评价法，建立黄河下游泥沙配置方案的综合评价方法。

1. 评价指标选取

黄河下游泥沙配置评价指标根据泥沙配置综合评价的两个评价准则和 6 个筛选原则来筛选，两个评价准则为技术子目标评价准则和经济子目标评价准则，6 个筛选原则为科学性、系统性、层次性、独立性、定量性和可比性原则。需要说明的是，黄河下游泥沙问题十分复杂，影响因素众多，应抓主要矛盾，选择影响显著的参数作为评价指标，且所选指标不能重复或交叉，具有相对的独立性，黄河下游泥沙配置评价指标不宜过多，评价指标体系太复杂会导致泥沙配置方案评价困难，对于选定的评价指标，要求在定量或者定性上可直接反映泥沙配置方案解决黄河下游泥沙分布存在主要问题的程度。

对于黄河下游泥沙优化配置方案评价问题，可建立图 8-40 所示的黄河下游泥沙配置方案评价层次分析框架。最高层为黄河下游泥沙优化配置所要达到的总目标 A，即从宏观层面上提出能够有利于黄河下游主河槽过流能力的长期维持、能够使入黄泥沙致灾最小且经济可行的泥沙空间优化配置方案，为黄河下游治理的工程布局提供决策支持。中间层表示采用各种措施和政策来实现预定目标所涉及的准则 B，最低层为评价解决问题的指标层 P。根据黄河下游泥沙配置方案评价指标的筛选原则，技术子目标评价准则 B_1 筛选了河道平滩流量评价指标 P_Q、二级悬河高差评价指标 P_X 和入海排沙比评价指标 P_P 等 3 个评价指标；经济子目标评价准则 B_2 筛选了淤筑村台投入评价指标

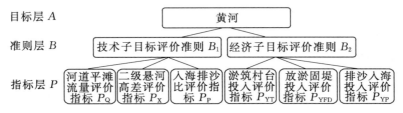

图 8-40 黄河下游泥沙配置方案评价层次分析框架

P_{YT}、放淤固堤（包括滩区放淤和挖沙固堤）投入评价指标 P_{YFD} 和排沙入海投入评价指标 P_{YP} 等 3 个评价指标。

（1）技术子目标评价准则的评价指标。技术子目标评价准则选取河道平滩流量、二级悬河高差和入海排沙比等 3 个评价指标，反映泥沙配置方案解决主河槽淤积、二级悬河、河道排洪输沙能力下降等问题。

1）河道平滩流量评价指标。黄河下游河道主河槽淤积量比例偏大、淤积萎缩、过流能力下降是黄河泥沙空间分布不合理导致的重要问题之一，河道平滩流量是某一断面或河段的水位与滩唇平齐时所通过的流量，是反映河道主河槽过流能力的重要标志。因此，河道平滩流量指标可以作为黄河下游泥沙配置长期维持主河槽排洪输沙过流能力及使入黄泥沙致灾最小的具体评价指标。

据研究，黄河下游今后一段时期维持主河槽过流能力的河道平滩流量约为 $4000\mathrm{m^3/s}$。河道平滩流量不仅由当年的水沙量和水沙过程决定，也是一定时期（前几年）的来水来沙量和水沙过程塑造作用的累积结果，理论上造床流量越大，塑造主河槽形成的平滩流量也越大，要使黄河下游平滩流量超过 $4000\mathrm{m^3/s}$，就需要形成更大的洪峰过程。黄河下游塑造与维持平滩流量约 $4000\mathrm{m^3/s}$ 的中水河槽，对于目前黄河下游的水沙河道条件是比较合理的。

黄河泥沙空间优化配置方案的河道平滩流量可通过河道水沙数学模型根据水沙过程计算确定。河道平滩流量评价指标采用相对平滩流量满足率，相对平滩流量满足率是黄河泥沙空间优化配置方案中某一河段单元的实际河道平滩流量与长期维持主河槽过流能力河道平滩流量标准的百分比。河道平滩流量评价指标越大，说明配置方案维持下游中水河槽的效果越好，河道平滩流量评价指标计算公式为

$$P_{Q}=\frac{Q_i}{Q_P}\times100\%\qquad(8-40)$$

式中：P_Q 为河道平滩流量评价指标，即相对平滩流量满足率，%；Q_i 为黄河下游泥沙优化配置方案中某一河段单元的最小平滩流量，$\mathrm{m^3/s}$；Q_P 为长期维持主河槽过流能力河道平滩流量标准，$\mathrm{m^3/s}$；黄河下游长期维持主河槽过流能力的河道平滩流量标准可采用约 $4000\mathrm{m^3/s}$。

2）二级悬河高差评价指标。黄河滩区淤积量比例偏小，形成二级悬河，出现"小水大灾"是黄河下游泥沙空间分布不合理导致的重要问题之一。二级悬河高差指标可以作为黄河下游泥沙配置长期维持主河槽排洪输沙过流能力及使入黄泥沙致灾最小的评价指标。

黄河下游的悬河可分为一级悬河和二级悬河，一级悬河是相对堤外两岸地面而言的，二级悬河则是相对于一级悬河而言的。一般通过挖沙固堤淤临淤背加宽加固大堤、建设标准化大堤来治理一级悬河，由于小洪水淤滩通常泥沙淤积在滩唇附近较多，滩区低洼处泥沙淤积通常较少，大洪水淤滩通常泥沙淤积在滩唇附近较少，滩区低洼处泥沙淤积通常较多，可以认为洪水自然淤滩泥沙在滩区是基本均匀分布的，目前由于黄河水库的调控，下游大洪水机遇较少，下游滩区人口众多，一般已不允许洪水自然漫滩淤滩，仅靠洪水自然漫滩淤滩已不能治理二级悬河，二级悬河的治理只有通过滩区综合治理，将现有黄河大堤建成标准堤防，有计划地采取滩区人工放淤措施淤积抬高滩区和堤河，逐渐消除二级悬河。

二级悬河高差评价指标采用相对二级悬河治理率，二级悬河治理主要通过计划滩区人工放淤措施淤积抬高滩区和堤河，逐渐消除二级悬河，相对二级悬河治理率可以采用黄河下游泥沙优化配置方案中某一河段滩区人工放淤沙量与该河段滩区人工放淤能力的百分比。二级悬河高差评价指标越大，说明配置方案治理二级悬河的效果越好，二级悬河高差评价指标计算公式为

$$P_{\mathrm{X}} = \frac{H_{\mathrm{F}i}}{H_{\mathrm{X}i}} \times 100\% = \frac{H_{\mathrm{F}i} A_{\mathrm{F}i} \gamma'_{\mathrm{s}}}{H_{\mathrm{X}i} A_{\mathrm{F}i} \gamma'_{\mathrm{s}}} \times 100\% = \frac{W_{\mathrm{SF}i}}{NL_{\mathrm{SF}i}} \times 100\% \qquad (8-41)$$

式中：P_{X} 为二级悬河高差评价指标，反映二级悬河的治理率，%；$H_{\mathrm{F}i}$ 为黄河下游泥沙优化配置方案中某一河段单元的滩区人工放淤泥沙淤积厚度，m；$H_{\mathrm{X}i}$ 为该河段现状二级悬河平均高差，m；$A_{\mathrm{F}i}$ 为该河段滩区面积，km²；γ'_{s} 为该河段滩区泥沙干容重，t/m³；$W_{\mathrm{SF}i}$ 为该河段单元的滩区人工放淤沙量，亿 t；$NL_{\mathrm{SF}i}$ 为该河段滩区放淤治理二级悬河的泥沙配置能力，亿 t。

3）入海排沙比评价指标。黄河下游河道输沙能力下降、河口入海排沙比例偏小、泥沙灾害凸现是黄河下游泥沙分布不合理导致的重要问题之一，黄河下游泥沙优化配置中在黄河口入海的排沙比越大，反映河道排洪输沙入海能力越强，黄河泥沙处理越容易；反之，黄河口入海排沙比越小，反映河道排洪输沙入海能力越差，黄河泥沙处理越困难。入海排沙比既反映了河道排洪输沙能力，也反映了黄河泥沙处理难度。因此，入海排沙比指标可以作为黄河泥沙优化配置长期维持主河槽排洪输沙过流能力及使入黄泥沙致灾最小的具体评价指标。

入海排沙比评价指标采用黄河下游入海排沙比，黄河下游入海排沙比是黄河口入海沙量与下游来沙量的百分比。入海排沙比评价指标越大，说明配置方案排沙入海的效果越好，入海排沙比评价指标计算公式为

$$P_{\mathrm{P}}=\frac{W_{\mathrm{Sh}}}{W_{\mathrm{S}}}\times100\%\qquad(8-42)$$

式中：P_{P} 为入海排沙比评价指标，即相对河口排沙比，%；W_{Sh} 为黄河口入海沙量，亿 t；W_{S} 为黄河下游来沙量，亿 t。

需要说明的是，河道平滩流量和入海排沙比评价指标是反映泥沙配置方案长期维持黄河主河槽排洪输沙过流能力的直接评价指标，河道平面形态、河道断面形态、河道纵比降等河道形态指标是反映黄河主河槽过流能力的间接指标。从评价指标的独立性原则考虑，不需要将河道平面形态、河道断面形态、河道纵比降等河道形态指标作为黄河泥沙配置评价的主要指标。二级悬河高差评价指标是泥沙配置方案使入黄泥沙致灾最小的直接评价指标，主河槽冲淤量、滩区淤积量、滩面横比降等指标是入黄泥沙致灾最小的间接评价指标。由于河道平滩流量评价指标在一定程度上已反映了主河槽冲淤量，二级悬河高差评价指标也在一定程度上反映了滩区淤积量，因此，从评价指标的独立性和科学性原则考虑，不需要将主河槽冲淤量、滩区淤积量和滩面横比降等指标作为黄河泥沙优化配置评价的独立指标。

（2）经济子目标评价准则的评价指标。经济子目标评价准则选取淤筑村台投入、放淤固堤（包括滩区放淤和挖沙固堤）投入和排沙入海投入等 3 个评价指标，反映泥沙优化配置方案中合理的经济投入问题。

1）淤筑村台投入评价指标。淤筑村台投入评价指标采用相对淤筑村台经济投入，淤筑村台投入评价指标的计算是先计算配置方案的淤筑村台经济投入比，淤筑村台经济投入比是某一配置方案的淤筑村台经济投入量与该配置方案经济投入总量的比值，再计算淤筑村台沙量比，淤筑村台沙量比是该配置方案淤筑村台沙量与黄河下游来沙量的比值，淤筑村台投入评价指标采用该配置方案的淤筑村台沙量比与淤筑村台经济投入比的比值（百分比）。根据已有研究成果，由于淤筑村台要求较高，黄河下游淤筑村台的单位经济投入相对较高，为 14.57～16.70 元/t，淤筑村台投入评价指标越大，说明配置方案的淤筑村台经济投入效果越好，淤筑村台投入评价指标计算公式为

$$B_{\mathrm{YT}}=\frac{Y_{\mathrm{T}}}{Y_{\mathrm{Z}}}\times100\%\qquad(8-43)$$

$$P_{\mathrm{YT}}=\frac{B_{\mathrm{ST}}}{B_{\mathrm{YT}}}\times100\%\qquad(8-44)$$

式中：B_{YT} 为某一配置方案的淤筑村台经济投入比；Y_{T} 为该配置方案的淤筑村台经济投入量，亿元；Y_{Z} 为该配置方案的经济投入总量，亿元；B_{ST} 为该配置方案的淤筑村台沙量比；P_{YT} 为淤筑村台投入评价指标，%。

2）放淤固堤投入评价指标。放淤固堤（包括滩区放淤和挖沙固堤）投入评价指标采用相对放淤固堤经济投入，放淤固堤投入评价指标的计算是先计算配置方案的放淤固堤经济投入比，放淤固堤经济投入比是某一配置方案的滩区放淤和挖沙固堤经济投入量与该配置方案经济投入总量的比值，再计算放淤固堤沙量比，放淤固堤沙量比是该配置方案滩区放淤和挖沙固堤沙量与黄河下游来沙量的比值，放淤固堤投入评价指标采用该配置方案的放淤固堤沙量比与放淤固堤经济投入比的比值（百分比）。根据已有研究成果，黄河下游滩区放淤和挖沙固堤的单位经济投入相对较高，滩区放淤的单位经济投入为 $10.20\sim17.24$ 元/t，挖沙固堤的单位经济投入为 $14.57\sim16.70$ 元/t，放淤固堤投入评价指标越大，说明配置方案的滩区放淤和挖沙固堤经济投入效果越好，放淤固堤投入评价指标计算公式为

$$B_{\mathrm{YFD}}=\frac{Y_{\mathrm{F}}+Y_{\mathrm{D}}}{Y_{\mathrm{Z}}}\times100\% \tag{8-45}$$

$$P_{\mathrm{YFD}}=\frac{B_{\mathrm{SF}}+B_{\mathrm{SD}}}{B_{\mathrm{YFD}}}\times100\% \tag{8-46}$$

式中：B_{YFD} 为某一配置方案的滩区放淤和挖沙固堤经济投入比；Y_{F} 和 Y_{D} 分别为该配置方案的滩区放淤和挖沙固堤经济投入量，亿元；Y_{Z} 为该配置方案的经济投入总量，亿元；B_{SF} 和 B_{SD} 分别为该配置方案的滩区放淤和挖沙固堤沙量比；P_{YFD} 为人工（机械）放淤投入评价指标，%。

3）排沙入海投入评价指标。排沙入海投入评价指标采用相对排沙入海经济投入，排沙入海投入评价指标的计算是先计算配置方案的排沙入海经济投入比，排沙入海经济投入比是某一配置方案的排沙入海经济投入量与该配置方案经济投入总量的比值，再计算排沙入海沙量比，排沙入海沙量比是该配置方案排沙入海沙量与进入黄河干流沙量的比值，排沙入海投入评价指标采用该配置方案的排沙入海沙量比与排沙入海经济投入比的比值（百分比）。根据已有研究成果，由于黄河入海沙量大，黄河下游排沙入海的单位经济投入相对较低，平均约为 0.93 元/t，入海投入评价指标越大，说明配置方案的排沙入海经济投入效果越好，排沙入海投入评价指标计算公式为

$$B_{\mathrm{YP}}=\frac{Y_{\mathrm{P}}}{Y_{\mathrm{Z}}} \tag{8-47}$$

$$P_{\mathrm{YP}}=\frac{B_{\mathrm{SP}}}{B_{\mathrm{YP}}}\times100\% \tag{8-48}$$

式中：B_{YP} 为某一配置方案的排沙入海经济投入比；Y_{P} 为该配置方案的排沙入海经济投入量，亿元；Y_{Z} 为该配置方案的经济投入总量，亿元；B_{SP} 为该配置

方案的排沙入海沙量比；P_{YY} 为排沙入海投入评价指标，%。

综上所述，遵循黄河泥沙优化配置方案评价指标的筛选原则，根据黄河下游泥沙优化配置的技术子目标和经济子目标两个评价准则，筛选了河道平滩流量评价指标（平滩流量满足率 P_Q）、二级悬河高差评价指标（二级悬河治理率 P_X）、入海排沙比评价指标（河口排沙比 P_P）、淤筑村台投入评价指标（相对淤筑村台经济投入 P_{YK}）、放淤固堤（包括滩区放淤和挖沙固堤）投入评价指标（相对放淤固堤经济投入 P_{YFD}）、排沙入海投入评价指标（相对排沙入海经济投入 P_{YP}）等 6 个评价指标，提出了各个评价指标相对值的量化方法，这些评价指标直接反映了黄河泥沙优化配置要解决的主河槽淤积萎缩、二级悬河加剧、河道排洪输沙能力下降、出现"小水大灾"、入海排沙减少、泥沙灾害凸现及合理经济投入等主要问题。

2. 评价指标权重

一个完整的泥沙配置评价指标体系，不仅包括合理的评价指标，还要确定各个评价指标的重要程度——权重，可采用定性分析与定量分析相结合的层次分析法来确定各个评价指标的权重。层次分析法（analytical hierarchy process，AHP）是美国匹兹堡大学 A. L. Saaty 于 20 世纪 70 年代提出的，是一种能将定性分析与定量分析相结合的系统方法，是分析多目标、多准则的复杂大系统的有力工具。

采用层次分析数学方法，通过各配置层次判断矩阵计算，最终计算各评价指标对黄河泥沙配置总目标评价的权重系数。

黄河下游泥沙配置评价准则的重要性排序如表 8 - 33 所列。通常认为，在黄河目前的来水来沙和治理现状条件下，黄河泥沙空间优化配置首要目标是长期维持主河槽过流能力、入黄泥沙致灾最小的技术子目标，在此基础上尽可能达到配置经济可行的经济子目标。因此，对于黄河下游泥沙优化配置的总目标，技术子目标评价准则（长期维持主河槽过流能力、入黄泥沙致灾最小）比经济子目标评价准则（经济可行）更为重要。技术子目标的评价指标重要性排序如表 8 - 34 所列。通常认为，长期维持主河槽过流能力、入黄泥沙致灾最小目标最重要的评价指标是河道平滩流量，河道平滩流量体现河道排洪能力，其次重要是入海排沙比，入海排沙比体现了河道输沙入海能力，第三重要是二级悬河高差，二级悬河是目前入黄泥沙灾害严重的主要表现，只要能长期维持较大的河道平滩流量和入海排沙比，就有望缓解二级悬河的危害。因此，对于技术子目标评价准则（长期维持主河槽过流能力、入黄泥沙致灾最小），河道平滩流量评价指标最重要，入海排沙比评价指标次之，二级悬河高差评价指标第三。

表 8-33 　　　　　黄河下游泥沙优化配置评价准则的重要性排序

总目标	黄河泥沙空间优化配置总目标	
评价准则	技术子目标评价准则 B_1（长期维持黄河主河槽过流能力、使入黄泥沙致灾最小）	经济子目标评价准则 B_2（经济可行）
评价准则排序	1	2

表 8-34 　黄河下游泥沙优化配置技术子目标的评价指标重要性排序

评价准则	技术子目标评价准则 B_1（长期维持黄河主河槽过流能力、使入黄泥沙致灾最小）		
评价指标	河道平滩流量评价指标 P_Q	二级悬河高差评价指标 P_X	入海排沙比评价指标 P_P
评价指标排序	1	3	2

经济子目标的评价指标重要性排序如表 8-35 所列，通常认为，淤筑村台是解决滩区群众防洪安全的直接投入，投入效果明显；排沙入海投入主要包括河道治理和堤防治理的投入，可以有效减轻黄河的洪水和泥沙灾害，由于入海沙量大，单位排沙入海的经济投入较低，排沙入海投入评价指标第二重要；放淤固堤（包括滩区放淤和挖沙固堤）经济投入较高，挖沙固堤投入是加固堤防的重要投入，滩区放淤投入是治理二级悬河的重要投入，但二级悬河难以完全消除，放淤固堤投入评价指标第三重要。因此，对于经济子目标评价准则（经济可行），淤筑村台投入评价指标排第一，排沙入海投入评价指标排第二，放淤固堤投入评价指标排第三。

表 8-35 　黄河下游泥沙优化配置经济子目标的评价指标重要性排序

评价准则	经济子目标评价准则 B_2（经济可行）		
评价指标	淤筑村台投入评价指标 P_{YT}	放淤固堤投入评价指标 P_{YFD}	排沙入海投入评价指标 P_{YP}
采用评价指标排序	1	3	2

采用层次分析数学方法，通过各层次判断矩阵计算，最终计算各具体评价指标对黄河下游泥沙优化配置总目标评价的权重系数。

（1）子评价准则 B 对于总目标 A 的评价。根据黄河泥沙优化配置评价准则的重要性排序，对于黄河下游泥沙空间优化配置的总目标，技术子目标评价准则 B_1（长期维持主河槽过流能力、入黄泥沙致灾最小）第一重要，经济子目标评价准则 B_2（经济可行）第二重要。由 9 标度法可得到评价准则 B 对

于总目标 A 的评价判断矩阵如表 8 - 36 所列。

表 8 - 36　　　　　　子目标评价准则对于总目标的评价判断矩阵

黄河下游泥沙空间优化配置总目标 A	技术子目标评价准则 B_1	经济子目标评价准则 B_2
技术子目标评价准则 B_1	1	2
经济子目标评价准则 B_2	1/2	1

求出上述二阶正互反矩阵的最大特征值 $\lambda_{\max}=2$，这个二阶正互反矩阵为完全一致矩阵，故这个判断矩阵的一致性可接受。最大特征值对应的归一化权重系数特征向量为

$$W=[0.6667,0.3333] \tag{8-49}$$

权重系数特征向量 W 表示，对于黄河下游泥沙优化配置总目标的评价，技术子目标评价准则 B_1（长期维持主河槽过流能力、入黄泥沙致灾最小）的权重系数为 0.6667，经济子目标评价准则 B_2（经济可行）的权重系数为 0.3333。

（2）评价指标对于技术子目标评价准则 B_1 的评价。根据技术子目标评价准则（长期维持主河槽过流能力、入黄泥沙致灾最小），技术子目标评价指标重要性排序，河道平滩流量评价指标最重要，入海排沙比评价指标第二，二级悬河高差评价指标排第三。由 9 标度法可得到河道平滩流量评价指标 P_Q、二级悬河高差评价指标 P_X 和入海排沙比评价指标 P_P，对于技术子目标评价准则 B_1 的判断矩阵如表 8 - 37 所列。

表 8 - 37　　　　具体评价指标对于技术子目标评价准则的判断矩阵表

技术子目标评价准则 B_1	评价指标 P_Q	评价指标 P_X	评价指标 P_P
评价指标 P_Q	1	3	2
评价指标 P_X	1/3	1	1/2
评价指标 P_P	1/2	2	1

求出上述 3 阶正互反矩阵的最大特征值 $\lambda_{\max}=3.0092$，最大特征值对应的归一化权重系数特征向量为

$$u_1=[0.5396,0.1634,0.2970] \tag{8-50}$$

权重系数特征向量 u_1 表示，对于技术子目标评价准则 B_1（长期维持主河槽过流能力、入黄泥沙致灾最小），河道平滩流量评价指标 P_Q 的权重系数为 0.5396，二级悬河高差评价指标 P_X 的权重系数为 0.1634，入海排沙比评价指标 P_P 的权重系数为 0.2970。

（3）评价指标对于经济子目标评价准则 B_2 的评价。根据经济子目标的评价指标重要性排序，对于经济子目标评价准则 B_2（经济可行），淤筑村台投入评价指标排第一，排沙入海投入评价指标排第二，放淤固堤投入评价指标排第三。由 9 标度法可得到淤筑村台投入评价指标 P_{YT}、放淤固堤投入评价指标 P_{YFD}、排沙入海投入评价指标 P_{YP} 对于经济子目标评价准则 B_2 的判断矩阵如表 8-38 所列。

表 8-38 具体评价指标对于经济子目标评价准则的判断矩阵表

经济子目标评价准则 B_2	评价指标 P_{YT}	评价指标 P_{YFD}	评价指标 P_{YP}
评价指标 P_{YT}	1	3	2
评价指标 P_{YFD}	1/3	1	1/2
评价指标 P_{YP}	1/2	2	1

求出上述 3 阶正互反矩阵的最大特征值 $\lambda_{max} = 3.0092$，最大特征值对应的归一化权重系数特征向量为

$$\boldsymbol{u}_2 = [0.5396, 0.1634, 0.2970] \tag{8-51}$$

权重系数特征向量 $\boldsymbol{u}_2$ 表示，对于经济子目标评价准则 B_2（经济可行），淤筑村台投入评价指标 P_{YT} 的权重系数为 0.5396，放淤固堤投入评价指标 P_{YFD} 的权重系数为 0.1634，排沙入海投入评价指标 P_{YP} 的权重系数为 0.2970。

（4）评价指标对于总目标层 A 的综合评价。对于黄河下游泥沙优化配置总目标的评价，技术子目标评价准则 B_1（长期维持主河槽过流能力、入黄泥沙致灾最小）的权重系数为 0.6667，经济子目标评价准则 B_2（经济可行）的权重系数为 0.3333，即

$$w = [w_1, w_2] = [0.6667, 0.3333] \tag{8-52}$$

河道平滩流量评价指标 P_Q、二级悬河高差评价指标 P_X 和入海排沙比评价指标 P_P 对于总目标 A 评价的权重系数为

$$\beta_1 = w_1 u_1 = 0.6667[0.5396, 0.1634, 0.2970]$$
$$= [0.3598, 0.1089, 0.1980] \tag{8-53}$$

淤筑村台投入评价指标 P_{YT}、放淤固堤投入评价指标 P_{YFD}、排沙入海投入评价指标 P_{YP} 对于总目标 A 评价的权重系数为

$$\beta_2 = w_2 u_2 = 0.3333[0.5396, 0.1634, 0.2970]$$
$$= [0.1798, 0.0545, 0.0990] \tag{8-54}$$

可得到各评价指标对于黄河泥沙空间优化配置总目标 A 评价的综合权重系数向量为

$$\beta=[0.3598, 0.1089, 0.1980, 0.1798, 0.0545, 0.0990] \qquad (8-55)$$

对应的综合评价函数为

$$P_A = 0.3598P_Q + 0.1089P_X + 0.1980P_P + 0.1798P_{YT}$$
$$+ 0.0545P_{YFD} + 0.0990P_{YP} \qquad (8-56)$$

综合权重系数向量 β 表示，对于黄河下游泥沙优化配置总目标 A 的综合评价，河道平滩流量评价指标 P_Q 的权重系数为 0.3598，二级悬河高差评价指标 P_X 的权重系数为 0.1089，入海排沙比评价指标 P_P 的权重系数为 0.1980，淤筑村台投入评价指标 P_{YT} 的权重系数为 0.1798，放淤固堤投入评价指标 P_{YFD} 的权重系数为 0.0545，排沙入海投入评价指标 P_{YP} 的权重系数为 0.0990。6 个评价指标的权重系数的大小排序为：①河道平滩流量评价指标 P_Q；②入海排沙比评价指标 P_P；③淤筑村台投入评价指标 P_{YT}；④二级悬河高差评价指标 P_X；⑤排沙入海投入评价指标 P_{YP}；⑥放淤固堤投入评价指标 P_{YFD}。

3. 综合评价等级

在确定了黄河下游泥沙优化配置的 6 个评价指标及其权重系数后，进一步还要提出黄河下游泥沙优化配置综合评价方法。由于黄河泥沙优化配置效果评价是一个动态的相对概念，其综合评价等级指标本身具有模糊特性，采用模糊数学的模糊评价法（fuzzy evaluation）具有明显的优势，配合多指标的评价指标体系进行评价，可以对黄河泥沙优化配置效果得出一个比较全面的评价结论。因此，对黄河下游泥沙优化配置效果进行评价时，用模糊评价法对评价指标进行定量化处理，通过计算配置方案的综合评价函数值，评价黄河下游泥沙优化配置方案的综合评价等级，不失为一种合适的评价方法。黄河下游泥沙优化配置方案的综合评价函数为

$$P_A = 0.3598P_Q + 0.1089P_X + 0.1980P_P + 0.1798P_{YT}$$
$$+ 0.0545P_{YFD} + 0.0990P_{YP} \qquad (8-57)$$

由于描述被评价对象状态各个评价指标特征值的标准或量纲不同，在识别或划分时要先使指标采用相对值规格化，黄河下游泥沙配置的评价指标采用相对百分比量化。根据专业知识和被评价对象的数据资料特点确定各评价指标的标准等级特征量和对应的等级值。根据模糊评价法，确定黄河下游泥沙配置评价指标和综合评价函数的评价等级，如表 8 - 39 所列，评价指标值小于 60％为不合理，评价指标值在 60％～75％之间为较不合理，评价指标值在 75％～90％之间为中等，评价指标值在 90％～100％之间为较合理，评价指标值不小于 100％为合理。综合评价方法是先比较综

合评价函数值大小，如果综合评价函数值相同，则依次比较河道平滩流量、入海排沙比等评价指标大小。

表 8 - 39 黄河下游泥沙优化配置评价指标和综合评价函数的评价等级汇总表

评价内容		评价等级	不合理	较不合理	中等	较合理	合理
		评价指标	1	2	3	4	5
技术子目标	河道平滩流量	评价指标 P_Q/%	<60	60~75	75~90	90~100	≥100
	二级悬河高差评价	评价指标 P_X/%	<60	60~75	75~90	90~100	≥100
	入海排沙比	评价指标 P_P/%	<60	60~75	75~90	90~100	≥100
经济子目标	淤筑村台投入	评价指标 P_{YT}/%	<60	60~75	75~90	90~100	≥100
	放淤固堤投入	评价指标 P_{YFD}/%	<60	60~75	75~90	90~100	≥100
	排沙入海投入	评价指标 P_{YP}/%	<60	60~75	75~90	90~100	≥100
方案配置效果综合评价		综合评价函数 P_A/%	<60	60~75	75~90	90~100	≥100

综上所述，根据黄河下游泥沙优化配置的技术子目标和经济子目标两个评价准则及评价指标的筛选原则，确定了黄河下游泥沙优化配置的 6 个评价指标，提出了黄河下游泥沙优化配置评价指标和综合评价函数的计算方法，并提出了黄河下游泥沙优化配置方案的综合评价方法。

8.3.4 建议配置方案

本小节对各种黄河下游泥沙优化配置方案计算结果进行综合评价，提出黄河下游泥沙优化配置的建议方案，并提出各种配置方式的配置比例和顺序。

1. 配置方案评价

针对 4 个基本方案计算了 12 个优化配置方案，根据各优化配置方案的河道平滩流量、二级悬河高差、入海排沙比、淤筑村台投入、放淤固堤投入和排沙入海投入等 6 个评价指标值，计算优化配置方案的综合评价函数值，先比较各优化配置方案的综合评价函数值大小，对各个优化配置方案进行综合评价，综合评价函数值大的方案配置效果好。如果综合评价函数值相同，则依照综合权重系数从大到小的顺序，依次比较河道平滩流量、入海排沙比等评价指标大小，评价指标大的方案配置效果好，其中河道平滩流量评价指标值采用黄河下游最小平滩流量评价指标，二级悬河高差评价指标采用小浪底至花园口河段、花园口至高村河段、高村至艾山河段和艾山至利津河段 4 个河段二级悬河高差评价指标的平均值。

（1）基本方案 1 综合评价。基本方案 1 是现状河道条件下以河道输沙为重点的配置模式，泥沙优化配置效果综合评价如表 8-40 所列。

表 8-40　　　　　　　　　　基本方案 1 泥沙配置效果综合评价汇总表

配置方案	配置年份	河道平滩流量评价 P_Q/%	二级悬河高差评价 P_X/%	入海排沙比评价 P_P/%	淤筑村台投入评价 P_{YT}/%	放淤固堤投入评价 P_{YFD}/%	排沙入海投入评价 P_{YP}/%	综合评价函数 P_A/%	综合评价等级
方案 1-1	2013—2020	150	0	69	28	27	445	118	合理
	2021—2030	161	0	88	42	42	683	153	合理
	2031—2050	172	0	105	16	16	260	112	合理
	2051—2062	175	0	87	14	14	221	105	合理
	2013—2062	167	0	92	23	22	365	120	合理
方案 1-2	2013—2020	142	0	80	25	25	407	113	合理
	2021—2030	125	0	65	24	24	393	103	合理
	2031—2050	112	0	92	13	13	207	82	中等
	2051—2062	104	0	83	13	13	214	78	中等
	2013—2062	118	0	83	17	17	278	90	较合理
方案 1-3	2013—2020	136	0	76	21	20	335	102	合理
	2021—2030	109	0	57	18	18	294	84	中等
	2031—2050	83	0	83	11	11	173	66	较不合理
	2051—2062	72	0	81	12	12	193	64	较不合理
	2013—2062	94	0	76	14	14	228	75	中等

由表 8-40 可见，2013—2020 年、2021—2030 年、2031—2050 年和 2051—2062 年 4 个配置时期比较，2013—2020 年和 2021—2030 年的河道平滩流量评价指标等级为合理，2031—2050 年和 2051—2062 年方案 1-3 的河道平滩流量评价指标分别为 83% 和 72%，基本方案 1 不开展滩区放淤，二级悬河高差评价指标为 0，随着来沙增多，入海排沙比评价指标逐渐减小。在 3 个经济指标中，淤筑村台和放淤固堤投入评价指标较小，排沙入海投入评价指标较大，说明人工（机械）放淤的经济投入效果较差，排沙入海经济投入效果较好。2013—2020 年 3 个水沙系列的综合评价函数分别为 118%、113% 和 102%，综合评价等级都为合理；2021—2030 年 3 个水沙系列的综合评价函数分别为 153%、103% 和 84%，水沙系列 1、系列 2 和系列 3 的配置效果综合评价等级分别为合理、合理和中等；2031—2050 年 3 个水沙系列的综合评价函数分别为 112%、82% 和 66%，综合评价等级分别为合

理、中等和较不合理；2051—2062 年 3 个水沙系列的综合评价函数分别为
105％、78％和 64％，综合评价等级分别为合理、中等和较不合理。3 个水
沙系列比较，水沙系列 1 的下游来沙较少，配置方案 1-1 的综合评价函数
为 120％，综合评价等级为合理；水沙系列 2 为平沙系列，配置方案 1-2 的
综合评价函数为 90％，综合评价等级为较合理；水沙系列 3 的下游来沙较
多，配置方案 1-3 的综合评价函数为 75％，综合评价等级为中等。因此，
基本方案 1 随着来沙量增大，黄河下游泥沙配置效果综合评价等级由合理变
为中等。

（2）基本方案 2 综合评价。基本方案 2 是修建防护堤条件下以河道输沙为
重点的配置模式，泥沙优化配置效果综合评价如表 8-41 所列，由表可见，
2013—2020 年、2021—2030 年、2031—2050 年和 2051—2062 年 4 个配置时
期比较，2013—2020 年和 2021—2030 年的河道平滩流量评价指标等级为合
理，2031—2050 年和 2051—2062 年方案 1-3 的河道平滩流量评价指标分
别为 89％和 79％，基本方案 2 不开展滩区放淤，二级悬河高差评价指标为 0，

表 8-41   基本方案 2 泥沙配置效果综合评价汇总表

配置方案	配置年份	河道平滩流量评价 P_Q/％	二级悬河高差评价 P_X/％	入海排沙比评价 P_P/％	淤筑村台投入评价 P_{YT}/％	放淤固堤投入评价 P_{YFD}/％	排沙入海投入评价 P_{YP}/％	综合评价函数 P_A/％	综合评价等级
方案 2-1	2013—2020	151	0	69	28	27	445	118	合理
	2021—2030	164	0	91	42	42	686	155	合理
	2031—2050	177	0	107	16	16	263	115	合理
	2051—2062	182	0	89	14	14	223	108	合理
	2013—2062	171	0	94	23	23	367	122	合理
方案 2-2	2013—2020	143	0	81	25	25	408	114	合理
	2021—2030	127	0	65	24	24	394	103	合理
	2031—2050	116	0	94	13	13	208	84	中等
	2051—2062	110	0	84	13	13	216	81	中等
	2013—2062	121	0	84	17	17	279	92	较合理
方案 2-3	2013—2020	137	0	77	21	21	336	103	合理
	2021—2030	112	0	58	18	18	295	85	中等
	2031—2050	89	0	84	11	11	174	68	较不合理
	2051—2062	79	0	81	12	12	193	66	较不合理
	2013—2062	99	0	77	14	14	229	77	中等

随着来沙增多，入海排沙比评价指标逐渐减小。在 3 个经济指标中，淤筑村台和放淤固堤投入评价指标较小，排沙入海投入评价指标较大，说明人工（机械）放淤的经济投入效果较差，排沙入海经济投入效果较好。2013—2020 年 3 个水沙系列的综合评价函数分别为 118％、114％和 103％，综合评价等级都为合理；2021—2030 年 3 个水沙系列的综合评价函数分别为 155％、103％和 85％，水沙系列 1、系列 2 和系列 3 的配置效果综合评价等级分别为合理、合理和中等；2031—2050 年 3 个水沙系列的综合评价函数分别为 115％、84％和 68％，综合评价等级分别为合理、中等和较不合理；2051—2062 年 3 个水沙系列的综合评价函数分别为 108％、84％和 66％，综合评价等级分别为合理、中等和较不合理。3 个水沙系列比较，水沙系列 1 的下游来沙较少，配置方案 2－1 的综合评价函数为 122％，综合评价等级为合理；水沙系列 2 为平沙系列，配置方案 2－2 的综合评价函数为 92％，综合评价等级为较合理；水沙系列 3 的下游来沙较多，配置方案 2－3 的综合评价函数为 77％，综合评价等级为中等。因此，基本方案 2 随着来沙量增大，黄河下游泥沙配置效果综合评价等级由合理变为中等。

（3）基本方案 3 综合评价。基本方案 3 是现状河道条件下进行滩区放淤治理的配置模式，泥沙优化配置效果综合评价如表 8－42 所列，由表可见，2013—2020 年、2021—2030 年、2031—2050 年和 2051—2062 年 4 个配置时期比较，2013—2020 年和 2021—2030 年的河道平滩流量评价指标等级为合理，2031—2050 年和 2051—2062 年方案 1－3 的河道平滩流量评价指标分别为 87％和 74％，基本方案 3 开展滩区放淤，随着来沙增多，二级悬河高差评价指标逐渐增大，入海排沙比评价指标逐渐减小。在 3 个经济指标中，淤筑村台和放淤固堤投入评价指标较小，排沙入海投入评价指标较大，说明人工（机械）放淤的经济投入效果较差，排沙入海经济投入效果较好。2013—2020 年 3 个水沙系列的综合评价函数分别为 128％、125％和 115％，综合评价等级都为合理；2021—2030 年 3 个水沙系列的综合评价函数分别为 155％、118％和 101％，综合评价等级都为合理；2031—2050 年 3 个水沙系列的综合评价函数分别为 135％、109％和 95％，综合评价等级分别为合理、合理和较合理；2051—2062 年 3 个水沙系列的综合评价函数分别为 122％、97％和 85％，综合评价等级分别为合理、较合理和中等。3 个水沙系列比较，水沙系列 1 的下游来沙较少，配置方案 3－1 的综合评价函数为 137％，综合评价等级为合理；水沙系列 2 为平沙系列，配置方案 3－2 的综合评价函数为 111％，综合评价等级为合理；水沙系列 3 的下游来沙较多，配置方案 3－3 的综合评价函数为

97％，综合评价等级为较合理。因此，基本方案 3 随着来沙量增大，黄河下游泥沙配置效果综合评价等级由合理变为较合理。

表 8-42　　　　　　　基本方案 3 泥沙配置效果综合评价汇总表

配置方案	配置年份	河道平滩流量评价 P_Q/%	二级悬河高差评价 P_X/%	入海排沙比评价 P_P/%	淤筑村台投入评价 P_{YT}/%	放淤固堤投入评价 P_{YFD}/%	排沙入海投入评价 P_{YP}/%	综合评价函数 P_A/%	综合评价等级
方案 3-1	2013—2020	151	32	68	31	31	495	128	合理
	2021—2030	162	36	87	47	48	760	166	合理
	2031—2050	174	63	102	25	28	402	135	合理
	2051—2062	176	42	86	20	20	328	122	合理
	2013—2062	168	48	90	29	31	471	137	合理
方案 3-2	2013—2020	144	50	78	29	29	461	125	合理
	2021—2030	128	71	63	28	29	455	118	合理
	2031—2050	115	109	89	21	24	338	109	合理
	2051—2062	106	65	80	20	19	320	97	较合理
	2013—2062	120	81	80	23	25	377	111	合理
方案 3-3	2013—2020	138	63	74	24	25	387	115	合理
	2021—2030	112	87	56	22	23	351	101	合理
	2031—2050	87	132	79	18	21	297	95	较合理
	2051—2062	74	81	78	19	18	300	85	中等
	2013—2062	97	100	74	20	21	323	97	较合理

（4）基本方案 4 综合评价。基本方案 4 是建防护堤条件下进行滩区放淤治理的配置模式，泥沙优化配置效果综合评价如表 8-43 所列，由表可见，2013—2020 年、2021—2030 年、2031—2050 年和 2051—2062 年 4 个配置时期比较，2013—2020 年和 2021—2030 年的河道平滩流量评价指标等级为合理，2031—2050 年和 2051—2062 年方案 1-3 的河道平滩流量评价指标分别为 93％和 82％，基本方案 4 开展滩区放淤，随着来沙增多，二级悬河高差评价指标逐渐增大，入海排沙比评价指标逐渐减小。在 3 个经济指标中，淤筑村台和放淤固堤投入评价指标较小，排沙入海投入评价指标较大，说明人工（机械）放淤的经济投入效果较差，排沙入海经济投入效果较好。2013—2020 年 3 个水沙系列的综合评价函数分别为 128％、126％和 116％，综合评价等级都为合理；2021—2030 年 3 个水沙系列的综合评价函数分别为 168％、119％

表 8－43　　　　　　　基本方案 4 泥沙配置效果综合评价汇总表

配置方案	配置年份	河道平滩流量评价 P_Q/%	二级悬河高差评价 P_X/%	入海排沙比评价 P_P/%	淤筑村台投入评价 P_{YT}/%	放淤固堤投入评价 P_{YFD}/%	排沙入海投入评价 P_{YP}/%	综合评价函数 P_A/%	综合评价等级
方案 4－1	2013—2020	152	32	68	31	31	495	128	合理
	2021—2030	165	37	90	47	48	764	168	合理
	2031—2050	179	63	105	25	28	406	138	合理
	2051—2062	183	42	88	20	20	330	125	合理
	2013—2062	173	48	92	29	31	474	139	合理
方案 4－2	2013—2020	144	51	79	29	30	462	126	合理
	2021—2030	129	71	64	28	29	456	119	合理
	2031—2050	119	110	90	21	24	340	111	合理
	2051—2062	113	65	82	20	19	323	100	合理
	2013—2062	124	82	81	23	25	379	112	合理
方案 4－3	2013—2020	139	63	76	24	25	389	116	合理
	2021—2030	115	87	57	22	23	351	102	合理
	2031—2050	93	132	80	18	21	297	98	较合理
	2051—2062	82	81	78	19	18	299	88	中等
	2013—2062	102	100	74	20	21	323	100	合理

和 102％，综合评价等级都为合理；2031—2050 年 3 个水沙系列的综合评价函数分别为 138％、111％和 98％，综合评价等级分别为合理、合理和较合理；2051—2062 年 3 个水沙系列的综合评价函数分别为 125％、100％和 88％，综合评价等级分别为合理、合理和中等。3 个水沙系列比较，水沙系列 1 的下游来沙较少，配置方案 4－1 的综合评价函数为 139％，综合评价等级为合理；水沙系列 2 为平沙系列，配置方案 4－2 的综合评价函数为 112％，综合评价等级为合理；水沙系列 3 的下游来沙较多，配置方案 4－3 的综合评价函数为 100％，综合评价等级为合理。因此，基本方案 3 的配置效果综合评价等级都是合理，但随着来沙量增大，综合评价函数减小。

2. 建议配置方案

根据黄河下游泥沙优化配置方案的综合评价结果，提出黄河下游泥沙优化配置的建议配置方案，2013—2062 年 12 个优化配置方案的综合评价结果见表 8－44。

表 8 - 44   2013—2062 年 12 个优化配置方案的综合评价结果汇总表

优化配置方案	配置年份	河道平滩流量评价 P_Q/%	二级悬河高差评价 P_X/%	入海排沙比评价 P_P/%	淤筑村台投入评价 P_{YT}/%	放淤固堤投入评价 P_{YFD}/%	排沙入海投入评价 P_{YP}/%	综合评价函数 P_A/%	综合评价等级
方案 1-1	基本方案 1	167	0	92	23	22	365	120	合理
方案 2-1	基本方案 2	171	0	94	23	23	367	122	合理
方案 3-1	基本方案 3	168	48	90	29	31	471	137	合理
方案 4-1	基本方案 4	173	48	92	29	31	474	139	合理
方案 1-2	基本方案 1	118	0	83	17	17	278	90	较合理
方案 2-2	基本方案 2	110	0	84	13	13	216	81	中等
方案 3-2	基本方案 3	120	81	80	23	25	377	111	合理
方案 4-2	基本方案 4	124	82	81	23	25	379	112	合理
方案 1-3	基本方案 1	94	0	76	14	14	228	75	中等
方案 2-3	基本方案 2	99	0	77	14	14	229	77	中等
方案 3-3	基本方案 3	97	100	74	20	21	323	97	较合理
方案 4-3	基本方案 4	102	100	74	20	21	323	100	合理

根据表 8-44 各优化配置方案的综合评价，4 个配置基本方案比较，水沙系列 1 的下游来沙较少，配置方案的综合评价函数值较大，水沙系列 3 的下游来沙较多，配置方案的综合评价函数值较小，水沙系列 2 为平沙系列，配置方案的综合评价函数值中等。只有基本方案 4 对于 3 个水沙系列的综合评价等级都是合理，因此，基本方案 4 是建议基本配置方案，即采用修建防护堤条件下进行滩区放淤治理的配置模式。

3. 配置沙量比例

对于建议的基本方案 4，2013—2062 年黄河下游各种配置方式的年平均配置沙量比例见表 8-45，由表可见，3 个水沙系列黄河下游各种配置方式的配置沙量比例有所差别，对于水沙系列 2，2013—2062 年基本方案 4 各种配置方式的平均配置沙量比例为引水引沙量占 14%、滩区放淤沙量占 6%、挖沙固堤沙量占 5%、淤筑村台沙量占 1%、河槽冲淤沙量占 4%、洪水淤滩沙量占 6% 和河道输沙量占 64%。来水来沙条件对黄河下游各种配置方式的配置沙量比例影响较大。

对于黄河下游来沙较少的方案 4-1，2013—2062 年宽滩河段各种配置方式的年均沙量及其配置比例见表 8-46。2013—2062 年黄河下游年平均引水引沙量为 0.595 亿 t/年，其中花园口至艾山宽滩河段引水引沙量为 0.235 亿 t/年，

表 8 - 45　　　　　2013—2062 年基本方案 4 黄河下游各种配置
方式的年平均配置沙量比例　　　　　　　　　　%

配置方案	来沙量	引水引沙	滩区放淤	挖沙固堤	淤筑村台	河槽冲淤	洪水淤滩	河道输沙
方案 4 - 1	100	19	7	10	3	—15	2	75
方案 4 - 2	100	14	6	5	1	4	6	64
方案 4 - 3	100	13	6	4	1	10	8	59

表 8 - 46　　　　　2013—2062 年方案 4 - 1 宽滩河段各种配置
方式的年均沙量及其配置比例

配 置 河 段	引水引沙 /亿 t	滩区放淤 /亿 t	挖沙固堤 /亿 t	淤筑村台 /亿 t	河槽冲淤 /亿 t	洪水淤滩 /亿 t	河道输沙 /亿 t
小浪底至花园口河段	0.046	0.700	0.010	0.001	—0.101	0.015	3.223
花园口至高村河段	0.114	0.072	0.021	0.049	—0.169	0.005	3.131
高村至艾山河段	0.121	0.080	0.052	0.023	—0.126	—0.001	2.982
艾山至利津河段	0.280	0.031	0.220	0.010	—0.092	0.004	2.530
黄河口区	0.034	0.013	0.005	0	0.016	0.044	2.417
黄河下游合计	0.595	0.210	0.308	0.083	—0.472	0.067	3.209
花园口至艾山宽滩河段	0.235	0.152	0.073	0.072	—0.295	0.004	2.982
宽河段比例	39%	72%	24%	87%	63%	6%	93%

占黄河下游引水引沙量的 39%；黄河下游滩区放淤沙量为 0.210 亿 t/年，其
中花园口至艾山宽滩河段滩区放淤沙量为 0.152 亿 t/年，占黄河下游滩区放
淤沙量的 72%；黄河下游挖沙固堤沙量为 0.308 亿 t/年，其中花园口至艾山
宽滩河段挖沙固堤沙量为 0.073 亿 t/年，占黄河下游挖沙固堤沙量的 24%；
黄河下游淤筑村台沙量为 0.083 亿 t/年，其中花园口至艾山宽滩河段淤筑村
台沙量为 0.072 亿 t/年，占黄河下游淤筑村台沙量的 87%；黄河下游河槽冲
淤沙量为 —0.472 亿 t/年，其中花园口至艾山宽滩河段河槽冲淤沙量为
—0.295亿 t/年，占黄河下游河槽冲淤沙量的 63%；黄河下游洪水淤滩沙量为
0.067 亿 t/年，其中花园口至艾山宽滩河段洪水淤滩沙量为 0.004 亿 t/年，占
黄河下游洪水淤滩沙量的 6%；黄河下游来沙量为 3.209 亿 t/年，艾山站河道
输沙量为 2.982 亿 t/年，占黄河下游来沙量的 93%。

　　对于黄河下游来沙中等的方案 4 - 2，2013—2062 年宽滩河段各种配置方
式的年均沙量及其配置比例见表 8 - 47。2013—2062 年黄河下游年平均引水引
沙量为 0.870 亿 t/年，其中花园口至艾山宽滩河段引水引沙量为 0.355 亿 t/年，

占黄河下游引水引沙量的 41%；黄河下游滩区放淤沙量为 0.356 亿 t/年，其中花园口至艾山宽滩河段滩区放淤沙量为 0.258 亿 t/年，占黄河下游滩区放淤沙量的 73%；黄河下游挖沙固堤沙量为 0.308 亿 t/年，其中花园口至艾山宽滩河段挖沙固堤沙量为 0.073 亿 t/年，占黄河下游挖沙固堤沙量的 24%；黄河下游淤筑村台沙量为 0.083 亿 t/年，其中花园口至艾山宽滩河段淤筑村台沙量为 0.072 亿 t/年，占黄河下游淤筑村台沙量的 87%；黄河下游河槽冲淤沙量为 0.222 亿 t/年，其中花园口至艾山宽滩河段河槽冲淤沙量为 0.038 亿 t/年，占黄河下游河槽冲淤沙量的 17%；黄河下游洪水淤滩沙量为 0.353 亿 t/年，其中花园口至艾山宽滩河段洪水淤滩沙量为 0.160 亿 t/年，占黄河下游洪水淤滩沙量的 45%；黄河下游来沙量为 6.060 亿 t/年，艾山站河道输沙量为 4.774 亿 t/年，占黄河下游来沙量的 79%。

表 8-47 　　　　2013—2062 年方案 4-2 宽滩河段各种配置
方式的年均沙量及其配置比例

配置河段	引水引沙 /亿 t	滩区放淤 /亿 t	挖沙固堤 /亿 t	淤筑村台 /亿 t	河槽冲淤 /亿 t	洪水淤滩 /亿 t	河道输沙 /亿 t
小浪底至花园口河段	0.075	1.285	0.010	0.001	0.104	0.114	5.730
花园口至高村河段	0.177	0.122	0.021	0.049	0.067	0.123	5.171
高村至艾山河段	0.177	0.136	0.052	0.023	-0.029	0.037	4.774
艾山至利津河段	0.392	0.050	0.220	0.010	0.062	0.030	4.010
黄河口区	0.048	0.021	0.005	0	0.018	0.049	3.869
黄河下游合计	0.870	0.356	0.308	0.083	0.222	0.353	6.060
花园口至艾山宽滩河段	0.355	0.258	0.073	0.072	0.038	0.160	4.774
宽滩河段比例	41%	73%	24%	87%	17%	45%	79%

对于黄河下游来沙较多的方案 4-3，2013—2062 年宽滩河段各种配置方式的年均沙量及其配置比例见表 8-48。2013—2062 年黄河下游年平均引水引沙量为 1.002 亿 t/年，其中花园口至艾山宽滩河段引水引沙量为 0.414 亿 t/年，占黄河下游引水引沙量的 41%；黄河下游滩区放淤沙量为 0.431 亿 t/年，其中花园口至艾山宽滩河段滩区放淤沙量为 0.314 亿 t/年，占黄河下游滩区放淤沙量的 73%；黄河下游挖沙固堤沙量为 0.308 亿 t/年，其中花园口至艾山宽滩河段挖沙固堤沙量为 0.073 亿 t/年，占黄河下游挖沙固堤沙量的 24%；黄河下游淤筑村台沙量为 0.083 亿 t/年，其中花园口至艾山宽滩河段淤筑村台沙量为 0.072 亿 t/年，占黄河下游淤筑村台沙量的 87%；黄河下游河槽冲淤沙量为 0.764 亿 t/年，其中花园口至艾山宽滩河段河槽冲淤沙量为 0.319

亿 t/年，占黄河下游河槽冲淤沙量的 42%；黄河下游洪水淤滩沙量为 0.588
亿 t/年，其中花园口至艾山宽滩河段洪水淤滩沙量为 0.277 亿 t/年，占黄河
下游洪水淤滩沙量的 47%；黄河下游来沙量为 7.701 亿 t/年，艾山站河道输
沙量为 5.656 亿 t/年，占黄河下游来沙量的 73%。

表 8 - 48　　　　　2013—2062 年方案 4 - 3 宽滩河段各种配置
方式的年均沙量及其配置比例

配 置 河 段	引水引沙/亿 t	滩区放淤/亿 t	挖沙固堤/亿 t	淤筑村台/亿 t	河槽冲淤/亿 t	洪水淤滩/亿 t	河道输沙/亿 t
小浪底至花园口河段	0.092	1.636	0.010	0.001	0.252	0.188	7.125
花园口至高村河段	0.210	0.151	0.021	0.049	0.272	0.210	6.211
高村至艾山河段	0.204	0.162	0.052	0.023	0.047	0.066	5.656
艾山至利津河段	0.442	0.059	0.220	0.010	0.164	0.046	4.715
黄河口区	0.054	0.025	0.005	0	0.028	0.078	4.525
黄河下游合计	1.002	0.431	0.308	0.083	0.764	0.588	7.701
花园口至艾山宽滩河段	0.414	0.314	0.073	0.072	0.319	0.277	5.656
宽滩河段比例	41%	73%	24%	87%	42%	47%	73%

综上所述，来水来沙条件对黄河下游各种配置方式的配置沙量比例影响
较大，花园口至艾山宽河段的宽阔滩区是黄河下游泥沙处理的重要场所。对
于建议的基本方案 4，即采用建防护堤条件下进行滩区放淤治理的配置模式，
黄河下游枯、平、丰 3 个水沙系列的计算结果表明，花园口至艾山宽滩河段
引水引沙量为 0.235 亿～0.414 亿 t/年，占黄河下游引水引沙量的 39%～
41%；宽滩河段滩区放淤沙量为 0.152 亿～0.314 亿 t/年，占黄河下游滩区放
淤沙量的 72%～73%；宽滩河段挖沙固堤沙量为 0.073 亿 t/年，占黄河下游
挖沙固堤沙量的 24%；宽滩河段淤筑村台沙量为 0.072 亿 t/年，占黄河下游
淤筑村台沙量的 87%。

来水来沙条件对花园口至艾山宽河段的河槽冲淤、洪水淤滩和河道输沙影
响很大，建议的基本方案 4 对于黄河下游枯、平、丰 3 个水沙系列，花园口至
艾山宽滩河段河槽冲淤沙量为 -0.295 亿～0.319 亿 t/年，占黄河下游河槽冲
淤沙量的 42%～63%；宽滩河段洪水淤滩沙量为 0.004 亿～0.277 亿 t/年，
占黄河下游洪水淤滩沙量的 6%～47%；艾山站河道输沙量为 2.982 亿～
5.656 亿 t/年，占黄河下游来沙量的 73%～93%。

第 9 章　下游宽滩区洪水泥沙调控
与减灾技术研究

　　小浪底水库的建成运用为黄河下游洪水泥沙调控提供了新的契机。同时，随着经济社会的发展，泥沙资源利用更是为河道的有效减负提供了广阔的空间。本章在简要阐述黄河下游宽滩区已有防洪减灾措施的基础上，进一步探讨了黄河下游的洪水泥沙调控以及可能的宽滩区泥沙资源利用模式，提出了新形势下黄河下游宽滩区综合减灾措施。

9.1　宽滩区减灾技术与措施

　　在黄河治理的历史进程中，宽河行洪与束水攻沙的措施都有过尝试。自新中国成立以来，我国对黄河的治理开发投入了大量的人力、物力和财力，取得了黄河下游防洪连续 70 年伏秋大汛不决口的巨大成就。据 1999 年统计资料初步估算，国家投资用于黄河防洪的资金达 70 亿元，若计入间接经济效益，取得的防洪减灾效益可达 4000 亿元。按照惯例，我们将依照防洪减灾措施分为工程措施和非工程措施加以简要总结。

9.1.1　宽滩区减灾工程技术措施

　　黄河下游防洪减灾的工程技术涉及的内容很多，例如流域面上的水土保持、上中游干支流水库群联合调控、下游的河防工程体系等。在此，我们仅就直接应用于黄河下游宽滩区减灾的现有工程技术措施加以简要总结。主要包括：①水沙调控，即通过水库调控控制下泄洪水、调水调沙扩大下游河道主槽过流能力；②实施标准化堤防建设，宽河固堤，有效蓄滞洪水、沉积泥沙、延长下游主河槽寿命，保证山东窄河道防洪安全；③河道整治，稳定主槽，不仅有利于扩大主槽过流能力，也更有利于大洪水时泄洪和保证滩区与堤防的防洪安全；④滩区放淤，一般有自流引洪放淤和机械放淤，引洪淤滩形成相对窄深河槽，缓解二级悬河的不利局面，减少漫滩概率；机械放淤是利用挖泥船或泥浆泵等施工机械，结合疏浚主槽或挖取嫩滩泥沙并输送至所需位置；⑤滩区安全建设，包括滩区群众实行外迁、修建避水设施、撤退道路等。

1. 水沙调控

目前，黄河干流上已建的龙羊峡、李家峡、刘家峡、盐锅峡、八盘峡、青铜峡、海勃湾、万家寨、天桥、三门峡和小浪底等水库，总库容 558 亿 m³，大约与流域内的年径流量相当。

三门峡水利枢纽是黄河上修建的第一座大型枢纽工程，控制了黄河流域面积的 91.5%，来水量的 89%，来沙量的 98%，发挥了巨大的防洪、防凌、拦沙减淤、灌溉、供水以及发电等综合效益。三门峡水库在 1960 年 9 月 15 日蓄水运用以后，便发生了严重的淤积，造成水库库容大幅度减小，潼关高程不断抬高，渭河下游溯源淤积不断向上游发展。为减轻水库泥沙淤积和库区的洪涝灾害，水库被迫几次改变运行方式，包括蓄水拦沙运用（1960 年 9 月至 1962 年 3 月）、滞洪排沙运用（1962 年 4 月至 1973 年 10 月）、蓄清排浑运用（1973 年 10 月至今）等。目前水库蓄水位 330m 以下仍具有约 31 亿 m³ 防洪库容，足以有效调控百年一遇的洪水，同时蓄水位 315m 以下泄量可达 9443m³/s，保证了防洪调度的灵活性。

小浪底水利枢纽是控制进入下游水沙过程的关键性工程，以防洪（包括防凌）、减淤为主，兼顾灌溉、供水、发电。水库总库容 126 亿 m³。根据三门峡水库的运用经验，工程设计规定小浪底水库采取"蓄清排浑"的运用方式，可以使水库长期保持 51 亿 m³ 有效库容（其中防洪库容 40.5 亿 m³，调水调沙库容 10.5 亿 m³），其余 75 亿 m³ 库容可用以拦沙。将小浪底水库与三门峡、陆浑、故县等干支流水库联合运用，可以将花园口站千年一遇的洪峰流量从 42300m³/s 削减为 22600m³/s；百年一遇的洪峰流量从 29200m³/s 削减为 15700m³/s；如果再发生与 1958 年同样的洪水，花园口站的洪峰流量可以从原来的 22300m³/s 削减为 9600m³/s。而这一削减黄河下游洪水的作用将是长期的。小浪底水利枢纽的另一个突出效益是一定时期内可大大缓解下游河道的泥沙淤积问题。根据工程设计分析计算，利用水库的 75 亿 m³ 拦沙库容可以减少下游河道泥沙淤积 75 亿 t。

近几十年来，通过小浪底水库和三门峡水库的联合调度，开展了近 20 次黄河调水调沙试验和工程实践，扩大了下游河道过水断面面积，增加了平滩流量，大大提高了黄河下游的防洪能力。

2. 标准化堤防建设

黄河下游陶城铺以上的宽河段两岸堤防远离主槽，保持较大的堤距，让大洪水或特大洪水自由漫滩行洪，一方面为其下游山东窄河段削减洪峰；另一方面为其滞留泥沙，有利于增强滩槽水沙交换，实现淤滩刷槽、塑造高滩深槽。漫滩行洪使两岸堤防成为排泄大洪水或特大洪水的主要工程约束，在黄河下游不能改变目前高悬于黄淮海平原之上的悬河状况下，坚固的堤防是确保防洪安全的基础，是滩区可以有效滞洪沉沙、延长河槽寿命、保证山东窄河段泄洪安全的有效措施。2002 年 7 月 14 日，国务院批复《黄河近期重点治理开发规划》，明确提出建设黄河下游标准化堤防。经过十几年持续不断建设，黄河下游标准化堤防建设已基本完成。同时，为缓解大洪水期顺堤行洪，避免洪水直接淘刷大堤，对堤防构成威胁，2003 年郑州河段沿大堤内侧种植了 500m 宽防浪林，同时，大面积的防浪林对绿化黄河、防风固沙、恢复黄河滩区生态、改善沿黄人民群众的生活环境也有着巨大的作用。

堤防工程的安全问题也备受社会各界关注。山东省政协原副主席李殿魁提出软约束林带导流工程。在黄河下游河道滩区，配合河道硬约束建造软约束林带导流工程，即大堤至河沿每百米建导流林带 20m。林带要乔、灌、草结合，乔木选干枝强壮的速生树，灌木选紫穗槐，草选根系发达的葛巴草，这样就形成一道道的生物导洪林带。其作用是在洪水暴涨、出槽后滞洪导流，使主流稳定在主河道内，防止形成顺堤行洪的险情，达到淤滩刷槽的目的。洪水下退时，在软约束导流工程的控制下，有序回槽，继续冲刷河道，从根本上防止发生退水溃堤的险情。这样，即使黄河超过警戒水位，也可有效防止出现决堤险情。

3. 河道整治工程建设

河道整治工程不仅具有控导主流、防止发生横河及斜河等作用，而且还具有保滩护村的作用，是黄河防洪的第一道防线。多年来的治河实践证明，常年低水运行的主河槽，是高水时行洪的基本保证，低、中、高不同类型的洪水自然消长与过渡没有截然的分界，主河槽的河道整治，可以有效稳定基本流路，保持相对稳定的滩槽关系，保障滩区人民生命财产的安全。

为此，江恩慧等自 2002 年开始，系统开展了"黄河下游游荡性河道河势演变机理及整治方案研究"。按照该研究成果，黄河下游河道新一轮整治工程于 2006 年 12 月 31 日开工建设，并据此规划到 2010 年安排新建、续建和改建河道整治工程 62 处，长 87km。黄河下游河道新一轮整治工程，90% 以上的建设任务集中在游荡性河段。近几年的跟踪研究表明，河道整治稳定了河势，在黄河下游防洪减灾、保障宽河段广大滩区、黄淮海平原人民的生活稳定等方面取得了显著效果，具有重大的社会、经济效益。

4. 滩区放淤

滩区放淤可有效缓解二级悬河的不利局面，是黄河下游防洪减灾的有效措施。黄河下游淤滩有自流引洪放淤和机械放淤两种方式。自流引洪放淤是通过有计划地修建引洪闸，开挖输沙渠，利用滩面横比降，借助洪水的自然力量，引洪入滩淤积泥沙。机械放淤是利用挖泥船或泥浆泵等施工机械，结合疏浚主槽或挖取嫩滩泥沙并输送至滩区低凹地带。但是，目前滩区放淤措施还只是停留在试验阶段，主要应用于黄河下游二级悬河治理的试验工程。特别是大洪水期，基于滩区安全等因素考虑，还很少开展自然引洪放淤。此外，滩区放淤目前最主要的是缺乏科学的研究与规划，难以根据泥沙粗细的不同，进行合理的放淤。

（1）自流引洪放淤。自然引洪放淤是指在汛期引用黄河高含沙洪水入洼地，沉沙排清，从而达到科学利用泥沙的工程措施。由于洪水中所含泥沙以粉土和黏土为主，可用于巩固堤防和淤填洼地。为便于多引洪引沙，引洪放淤的引水口位置多选择在滩区的上部。

从放淤口门的设置形式看，可分为临时性放淤和永久性放淤两种布置形式。临时性引水口门，一般选择在险工下首、控导护滩工程弯道的下部，引水角（大河主流线与口门法线的夹角）为 $0°\sim45°$，同时要对口门进行柳石裹护，以防止洪水冲刷。临时性引水口门引洪放淤主要有三种方式，包括在工程下首挖输沙引渠放淤、利用现有涵闸的引水渠道放淤、在控导护滩工程的坝挡中扒口放淤。永久性放淤主要通过淤灌引水闸作为永久性放淤口门，在险工下延或控导护滩工程的连坝上修建引水闸，作为控制引洪放淤的工程措施。为结合放淤后滩区灌溉引水，要求此种闸门的设计既要满足引洪放淤的引洪流量，又要考虑枯水季节的灌溉引水。以上两种放淤形式，临时性引水口门引洪放淤与人工有工程控制的放淤不同，有闸放淤安全可控，临时性引水口门放淤往往利用洪水扒口放淤，如果后续洪水较大，放淤又无工程控制，引洪放淤存在较大风险。

由于黄河槽高滩低，引洪放淤十分有利。有些滩区结合引水灌溉或改土放淤，在控导护滩工程上修建了不少引水涵闸。例如，在东明县南滩王夹堤至老君堂长约 20km 的控导护滩工程上建有王夹堤、马庄、大王砦、王高砦、辛店集、李焕堂和司胡同等引黄闸，为该滩区引洪放淤创造了条件。在其他滩区也有类似情况。滩区引洪放淤，既涉及洪水及含沙量的大小、利用时机和防洪安全等技术问题，又牵涉放淤工程的下游退排水矛盾，以及群众生产生活的安排等。这些问题需要实施过程中统筹解决。

根据黄河下游洪水频率分析，中小洪水属常遇洪水，洪水持续时间较长。东明南滩进行的引洪淤临、引洪淤滩改土的实践表明，在控导护滩工程上建闸引水的条件下，只要河道主流不脱口门，中小洪水引水放淤即可进行。引洪时机一般选在 7 月、8 月，这时期来水含沙量在 $30 \sim 50 \mathrm{kg/m^3}$，泥沙粒径小于 0.025 的占 85%，对淤滩改土十分有利。因此，黄河下游滩区引洪放淤宜提倡引中小洪水，有控制地进行分类引洪放淤，充分利用黄河洪水泥沙，有计划、有组织地抬高滩面，才能减少大洪水期造成更大的滩区损失。

黄河勘测规划设计有限公司在"黄河下游滩区综合治理关键技术研究"中，对东坝头至陶城铺河段分布的 6 个大滩区，即左岸的长垣滩、习城滩、陆集滩及清河滩和右岸的兰东滩和左营滩，开展了引洪放淤规划。这一河段的控导工程相对比较完善，配套程度高，河势比较归顺、单一，流路较稳定。从有利于引水考虑，长垣滩拟于周营工程建闸，习城滩放淤闸拟结合南小堤闸，左营滩拟于芦井控导工程建闸，陆集滩拟于滩区上端宋楼村西南滩地建闸，清河滩拟于孙楼控导工程建闸，兰东滩拟于蔡集工程建闸。为尽可能利用工程多引泥沙，同时又尽可能不影响河势和中水河槽正常的输水输沙作用，确定以流量 $2000 \sim 4000 \mathrm{m^3/s}$、含沙量超过 $15 \mathrm{kg/m^3}$ 作为引洪放淤的最小引水流量和含沙量。

黄河下游滩区规划引洪放淤量如表 9-1 所列。

表 9-1　　　　　　　　　黄河下游滩区规划引洪放淤量

河　段	岸别	滩区名称	放淤闸位置	滩区面积 /km²	淤区面积 /km²	放淤量 /亿 m³
东坝头至高村	左岸	长垣滩	周营工程	302.6	96.1	1.36
	右岸	兰考东明滩	蔡集工程	184.2	83.1	1.44
高村至陶城铺	左岸	习城滩	南小堤闸	126.4	59.5	0.45
		陆集滩	宋楼村西南	61.8	47.7	0.54
		清河滩	孙楼控导工程	74.9	49.2	0.86
	右岸	鄄城左营滩	芦井工程	41.5	32.4	0.29
合　计				791.4	368.0	4.94

（2）机械放淤。机械放淤也是黄河下游防洪减灾中的一种重要工程措施。目前常用的有两种方法：一是通过机械放淤加固大堤；二是通过机械放淤淤滩改善滩区二级悬河。

20 世纪 70 年代初，黄河上就利用自制的简易挖泥船，在黄河河道中挖取泥沙，利用水力管道将泥沙输送至大堤背河侧沉放，将黄河大堤加宽 $50 \sim 100 \mathrm{m}$，取得了显著效果。1974 年 3 月，国务院批转了黄河治理领导小组"关于黄河下游治理工作会议的报告"，将放淤固堤正式列为黄河下游防洪基建工程。放淤固堤经过几十年的实践得到了快速发展，主要采用的是自流放淤固堤、扬水站放淤固堤、吸泥船放淤固堤、泥沙泵放淤固堤以及组合机泵式放淤固堤等工程形式。

长期的实践表明，放淤固堤优点非常明显：一是可以显著提高堤防的整体稳定性，有效解决堤身质量差问题，处理堤身和堤基隐患；二是较宽的放淤体可以为防汛抢险提供场地、料源等；三是从河道中挖取泥沙，有一定的疏浚减淤作用；四是淤区顶部营造的适生林带对改善生态环境十分有利；五是长期实施放淤固堤，利用黄河泥沙淤高背河地面，淤筑"相对地下河"，可逐步实现黄河长治久安。该措施受到沿黄地方政府的大力支持。

黄河下游临黄大堤总长 1371.2km（不含河口堤防），扣除沁河口以上长46.2km，达到加固标准的堤段 51.7km（其中放淤固堤达到标准的 44.6km）。从实际运行看，凡是进行淤背固堤且达到加固标准的堤段，发生大洪水时在背河处都没有险情发生，取得了巨大的防洪效益。根据《黄河流域防洪规划》，为确保黄河下游防洪安全，放淤固堤加固堤段长度要达到 1185.6km。

机械放淤淤滩主要采用挖泥船和泥浆泵组合抽取中水河槽泥沙，将泥沙淤积在滩区。船淤是利用挖泥船在河道内依靠绞刀或高压水枪冲击河床或边滩，形成高浓度泥浆，通过排泥管输送至淤区。2001 年 10—12 月在黄河下游利用 3 条绞吸式挖泥船疏浚山东河段 9.7km，完成挖河土方 35.20 万 m³。泥沙泵抽沙布置在中水河槽的嫩滩上，利用高压水枪将床沙冲成泥浆，然后利用泥浆泵将泥浆送到指定位置沉淀、固结。淤区工程布置主要有围、格堤、退排水系统等。围、格堤布置在淤区外围，退排水系统以退排水渠为主。

相对于自流引洪放淤，机械放淤是挖河取沙，不受水沙条件影响，可以控制施工期，甚至利用一个非汛期就可以完成一个淤区的放淤任务。此外，由于引洪放淤引中常洪水部分流量，消落中水河槽水势。当含沙量较高时，虽然有利于放淤，但可能造成中水河槽淤积加重，不利于维持中水河槽的排洪输沙能力。而机械放淤能够疏浚扩大中水河槽，更有利于维持中水河槽排洪输沙能力，减少横河、斜河发生概率。

黄河勘测规划设计有限公司在"黄河下游滩区综合治理关键技术研究"中，对陆集滩、长垣滩、兰考东明滩、习城滩、清河滩、鄄城左营滩 6 个滩区进行了机械放淤规划布置，如表 9-2 所列。根据这一规划，六大滩区的机械放淤总土方量 151981 万 m³，其中淤筑土方 113808 万 m³，围格堤填筑土方6502 万 m³，排水渠开挖土方 915 万 m³，预计总投资约为 276 亿元。

河 段	岸别	名 称	放淤量 /万 m³	围格堤长度 /km	排水渠/km	
					总长	利用现状长度
东坝头至高村	左岸	长垣滩	36873	1727	377	81
	右岸	兰考东明滩	26172	1045	219	46
高村至陶城铺	左岸	习城滩	21715	830	181	19
		陆集滩	12228	455	190	6
		清河滩	9953	533	131	37
	右岸	鄄城左营滩	6866	245	70	6
合　计			113808	4835	1168	194

表 9-2　　　　　　　　　各滩区机械放淤主要工程特征指标表

5. 滩区安全建设

自贯彻国务院"废堤筑台"政策（1974 年 27 号文）以来，黄河下游滩区安全建设取得一定进展，开始修建了许多避洪和水利工程。国务院 2013 年 3 月批复的《黄河流域综合规划（2012—2030 年）》提出就地建大村台、临时撤离、外迁 3 种滩区人口安置方式，即原地避洪、转移安置避洪和村庄外迁 3 种方案。截至 2010 年，以河南滩区为例，546 个村庄修建了村台或避水楼等就地避洪设施；修建临时撤退道路 391.2km；共外迁 20 个村庄，1.69 万人。目前，黄河下游滩区安全建设的总体布局依然是以就地就近建设村台为主、局部外迁为辅、较低风险区临时转移的综合安置方式。

（1）原地避洪。黄河下游滩区主要的避洪方式为利用房台、村台、避水连台等避洪工程原地避洪和转移安置避洪。按照水利部水规计（1943）313 号关于《黄河下游滩区安全建设规划（1993—2000 年）》的批复，"黄河下游滩区防洪安全设施，按花园口站 12370m³/s，村台和平顶房超高 1.0～1.5m 的标准设计"，国务院国函〔2002〕61 号《国务院关于黄河近期重点治理开发规划的批复》，"村台防洪标准为防御花园口站 12370m³/s 洪水（20 年一遇）"。发生超出此标准洪水时，需采取转移安置措施。2002 年以后开展的滩区安全建设，对不达标的工程进行了整修，新修避水台均依照此标准修建，但数量较少，形式以联台为主，能容纳附近若干村庄的群众。例如，范县陆集村台实现了局部集中连片，一次可安置 9 个村庄近 8100 人。受投入资金和建设周期限制，目前仍有部分避洪工程达不到标准，如长垣滩和东明南滩滩区避洪工程的防洪标准和建设规模尚不能满足整个滩区群众的安全需求。同时，一些村台（如陆集村台）距大堤仍有一定距离，虽有道路与大堤相连，但按村台设计标准，在超过设计标准洪水情况下，村台安置人口仍将面临重大财产损失，而且存在人口转移等诸多问题。即使在小于设计标准的漫滩洪水情况下，村台周围也将四面环水，由于村台不设防冲设施，村台仍存在受局部水流淘刷出险的可能。

即使按现行的就地安置政策，在国家给予资助的情况下，或继续修建大的村台，或村庄就地加高，按此思路治理，滩区将凌乱地出现许多孤岛。这些孤岛在不同流量漫滩洪水情况下，也将面临前述同样的问题。这意味着尽管国家给了一定的投资，但滩区群众的防洪安全并不能得到有效的改善。此外，随着国家经济发展和社会进步，农村城镇化是我们国家下一步大力发展的方向。近几年，以村甚至是片区为主的滩区新农村建设小项目纷纷呈报主管部门，地方政府积极建设新农村的呼声很高，这也使得治黄人员不得不重新审视以往的滩区治理规划。

（2）转移安置避洪。黄河滩区群众的转移安置避洪是指群众在洪水到来前携带重要家庭财产转移至堤防背河侧安全地区临时居住，也是减少滩区群众人身伤亡和财产损失的有效措施。紧急转移安置分为避险转移安置、应急转移安置和灾后转移安置。安置原则为由县、乡（镇）人民政府组织，就近对口安置，满足需求，确保安全。具体做法采取乡对乡、村对村、户对户的方式，实现精准对接安置转移群众。安置户提供住宿房间与床（铺板），迁出户自带被褥，自行解决就餐。

目前，转移安置避洪遇到的主要问题是临时撤退道路问题。黄河下游滩区道路以乡村道路为主，极少有省级以上公路。一般由县、乡级公路连接主要乡镇，路面宽度为 5m 左右，路面为柏油路面。近期河南省"村村通"工程的建设，行政村之间修建有互通道路。自然村之间也存在村民自发修建的道路，以及滩区修建的一定数量的防汛道路。目前，部分滩区撤退道路没有与地方"村村通"衔接，不能充分发挥效益。

（3）村庄外迁。长期以来，在国家和地方的少量补助下，滩区老百姓主要靠自身的力量筑台建房，大多未能妥善解决防洪安全问题，还因反复筑台建房导致更加贫困。在人口搬迁及安置过程中，应吸取以往因安置不当、没有就业渠道，导致外迁群众返滩的教训。河南省已正式出台《黄河滩区居民迁建试点实施方案》，规划河南省村庄全部外迁，具体内容下文详述。

9.1.2　宽滩区减灾非工程措施

在此，重点介绍两种宽滩区减灾非工程措施。一是滩区补偿政策，即通过加强防洪非工程措施研究，实施滩区洪水风险管理及洪灾应急避难系统，实行滩区补偿政策，对滩区群众的耕地淹没损失进行补偿，变不可能承受风险为群众可承受的风险；二是改变滩区产业结构，推行集约化农业生产方式，提高防洪调度的灵活性。在此也顺便提到的是，关于滩区洪水保险机制等也曾有人开展过研究，但至今未实施。

1. 滩区补偿政策

黄河下游滩区具有明显的蓄滞洪区的性质和功能，几十年来，这些功能的发挥为黄河的安澜发挥了巨大的作用。根据国务院批准的《关于黄河下游滩区运用补偿政策意见的请示》（财农〔2011〕95 号），为规范和加强黄河下游滩区运用财政补偿资金的管理，确保资金合理有效使用，财政部、发展和改革委员会、水利部于 2012 年 12 月 18 日联合发布《黄河下游滩区运用财政补偿资金管理办法》，决定对滩区内具有常住户口的居民，因滩区运用造成的一定损失，由中央财政和省级财政共同给予补偿。管理办法明确，滩区运用后，滩区内居民遭受洪水淹没所造成的农作物（不含影响防洪的水果林及其他林木）和房屋（不含搭建的附属建筑物）损失，在淹没范围内给予一定补偿。农作物损失补偿标准，按滩区所在地县级统计部门上报的前 3 年（不含运用年份）同季主要农作物年均亩产值的 60%～80%核定。居民住房损失补偿标准，按主体部分损失价值的 70%核定。居民住房主体部分损失价值，由滩区所在地的县级财政部门、水利部门会同有关部门确定。

2. 滩区产业结构调整

目前，黄河下游宽滩区属单一的农业经济发展模式，农作物以小麦、大豆、玉米、花生、棉花为主。东坝头以上高滩区农业生产相对稳定，粮食单产高，漫滩概率较小。东坝头以下河段的低滩区，漫滩概率较大，灾害频繁，生产环境较差，不少滩地洪水漫滩后秋作物受淹，若退水不及时还会影响到小麦的播种。为调整宽滩区的产业结构，河南省大力发展畜牧业，省政府于 2002 年 10 月出台了《河南省黄河滩区绿色奶业示范带建设规划》。2009 年为进一步开展畜牧业，河南省畜牧局、发展和改革委员会、财政厅联合发出《关于印发河南省世行贷款黄河滩区生态畜牧业示范项目申报指南通知》，提出进一步利用世行贷款 8000 万美元，推进黄河滩区畜牧业可持续发展，增加农民收入。在这种情况下，河南黄河滩区畜牧业得到进一步的发展。目前，宽滩区产业结构调整已经开展示范探索的有以下两个方面。

一是通过政府资金的扶持，加快调整农业种植结构，增加牧草、中药材的种植面积，发展食用菌产业。河南封丘的初步试验表明，种植紫花苜蓿，每亩可收入 1500 元，其经济效益约为粮食作物的 2 倍；种植金银花，当年就可受益，采花期可达 20 年以上，每亩收入达 3500～4000 元；在滩区发展食用菌产业，不仅可显著提高农民收入，而且可减少秸秆资源的焚烧，实现农业资源高效综合利用，加速滩区农民脱贫致富步伐。

二是充分利用滩区饲草资源，发展草食家畜养殖业。黄河下游滩区是小尾寒羊、鲁西黄牛、青山羊的原产地，草食畜牧业和种畜繁殖的基础好。另外，滩区内野生牧草资源丰富，沟渠两侧、荒滩地、围堤与护堤林下和积水沼泽都有大量的各种野生牧草资源，为发展草食畜养殖业提供了良好的饲料基础。通过政府的支持，可在低滩区以家庭养殖业方式为主，饲养节粮型肉羊和肉牛；在高滩区可鼓励兴建规模化养殖基地，发展适度规模和标准化的草食畜产业。

9.1.3　发挥宽滩区滞洪沉沙作用与综合减灾效应亟待探索新的技术措施

黄河下游宽滩区既是沉积泥沙、蓄滞大洪水的重要场所，又是 189 万人生存发展的家园。从自然因素看，黄河下游宽滩区洪灾的形成，不仅由于洪水本身量的大小，更主要的是泥沙含量高，致使河道不断淤积抬高，排洪能力日益降低，河势游荡变化剧烈，小水时塌滩及畸形河势时有发生，中常洪水和大洪水时可能出现顺堤行洪、冲顶大堤、进而出现"冲决"和"溃决"等重大险情，洪水对防洪安全构成的极大威胁依然存在。滩区群众世世代代在洪水风险中求生存，形成了与洪水共存的生产生活方式。随着滩区人口的自然增长，滩区群众对土地的渴求越来越大，很多河边地、嫩滩地被开垦为耕地。为保秋粮，修筑生产堤成为滩区群众迫不得已的选择。截至 2004 年，滩区生产堤已达 882.58km，成为影响河道行洪安全的隐患。因此，黄河下游宽滩区到底采用什么样的运用模式才能更好地兼顾滩区滞洪沉沙功能的发挥与人民生产生活、经济社会的可持续发展，在滩区不同运用模式下实施相应的减灾措施其综合减灾效应有多大，能否有更优的宽滩区运行机制，成为当前社会关注的焦点问题。

大量的治河实践表明，黄河下游宽滩区灾情发生的根本原因在于泥沙问题，而解决泥沙问题需要采取多种途径，且需要通过长期努力才能奏效。当前"拦、排、调、放、挖"依然是妥善处理和利用泥沙的主要治河方针，但随着黄河下游水沙调控措施的不断完善，水库有效调控水沙减缓河道淤积已成为可能；同时随着人们对社会经济需求和水沙资源认识的不断提升，泥沙的资源性渐渐被人们所认知，并应用到社会生产和实践中，黄河泥沙资源利用正逐步成为治理黄河的有效途径。因此，洪水泥沙调控与泥沙资源利用作为宽滩区防洪减灾的关键技术，在未来的黄河下游泥沙处理中将会发挥更大的作用。

本章结合现有研究成果,将在 9.2 节进一步探讨下游宽滩区治理与防洪减灾的洪水泥沙调控模式以及泥沙资源利用模式。

9.2 基于综合减灾的黄河下游洪水泥沙调控模式

根据 1919—1949 年实测资料统计分析表明,花园口年平衡含沙量 31.3kg/m³,汛期平均含沙量 42.9kg/m³,均大于黄河下游河道冲淤平衡含沙量临界阈值 20～25kg/m³,表明在天然情况下黄河水沙关系就不协调。自 1950 年始,随着上中游水土保持的开展以及水库的兴建,在一定程度上影响了进入黄河下游的水沙量及其相互关系。就当前认识水平来看,降水等自然气候要素均不会出现明显突变,仍将呈周期性变化趋势;以水利工程、生态建设工程和经济社会发展为主的流域综合治理开发等人类活动,对黄河下游来沙及其变化的影响持久而深远。根据国务院批复的《黄河流域综合规划(2012—2030 年)》,预估 2020 年水平流域水利水保措施减沙达到 5 亿～5.5 亿 t,2030 年达到 6 亿～6.5 亿 t,黄河年平均来沙量还有 10 亿～11 亿 t,即使考虑远景黄土高原水土流失得到有效治理,黄河来沙量仍有 8 亿 t 左右。近期刘晓燕等人的研究认为,黄河未来一定时期来沙约 5 亿 t,极端情况下,黄河来沙仍有可能达到 15 亿～16 亿 t。尽管学术界对黄河未来来沙的认识不一,但是对黄河多沙的特性和水沙关系不协调的持续性基本能够达成共识。因此,加强黄河洪水泥沙调控模式研究,实行洪水泥沙的动态调控,实现黄河河流系统防洪减灾—社会经济发展—生态环境良性维持等河流功能的多维协调,意义重大。

9.2.1 黄河下游不同类型洪水演进规律

1. 黄河下游水沙搭配关系分类

小浪底水库的建成,为进入黄河下游的洪水泥沙调控提供了条件。天然洪水按水量沙量的不同,一般可分为大水大沙、大水小沙、小水大沙、小水小沙 4 种情况。按洪水在河道横向运行特点划分,可分为不漫滩洪水、一般漫滩洪水、大漫滩洪水。

黄河下游的泥沙主要来自于洪水期,而下游河道的主槽是泄洪排沙的主要通道。洪水漫滩以后,主槽的泄洪能力一般可占全断面的 80% 左右。黄河下游河道上宽下窄,洪水漫滩后,广阔的滩地起着滞蓄洪水、削减洪峰的作用,减轻了下段山东窄河道的防洪压力。

2. 不同类型洪水对黄河下游河道冲淤的影响

一般含沙量或清水的不漫滩洪水，特别是对于接近平滩流量的洪水，水流主要在主槽中演进，对冲刷主槽、改善河道横断面形态，提高主河道的泄洪能力非常有利，特别是接近平滩流量的洪水对主河槽的塑造作用更为强烈，效果更好。2002年以来的黄河调水调沙，使黄河下游的河槽形态得到有效改善，不同河段的河相系数有所减小，河道洪水位降低，河槽面积扩大，平滩流量增加。

含沙量低、水量大的大漫滩洪水，一般主槽冲刷明显，滩地会发生一定淤积，对河槽形态的塑造非常有利。例如，1975年的洪水，花园口洪峰流量为7580m³/s，水量为37.7亿m³，沙量为1.48亿t，下游发生漫滩，花园口至利津主槽冲刷2.68亿t，滩地淤积3.39亿t；1976年洪水，花园口洪峰流量为9210m³/s，水量为80.8亿m³，沙量为2.86亿t，下游也发生漫滩，花园口至利津主槽冲刷1.06亿t，滩地淤积2.81亿t。然而，这种洪水往往可遇而不可求，特别是随着单一水库或者水库群的联调，使得此类洪水出现的概率更小。

高含沙洪水一般分为非漫滩或一般漫滩高含沙洪水、大漫滩高含沙洪水。韩其为等分析了三门峡以下1960年9月至1996年6月共36年的水沙及冲淤资料，其间发生了20次高含沙洪水，36年中全下游河道淤积36.32亿t，若去掉其中20次高含沙量洪水造成的淤积37.22亿t，河床反而还冲刷0.90亿t。由此可以看出，高含沙洪水是造成河道淤积的主要因素。

非漫滩或一般漫滩的高含沙洪水，往往造成主槽及嫩滩的严重淤积，使断面形态窄深，水位陡涨猛落，如果前期河槽淤积严重，则往往出现高水位，洪水传播过程中洪峰变形，由此给下游防洪安全构成严重威胁。如1992年高含沙洪水期下游河道淤积3.58亿t，占全年淤积量的62%，淤积主要集中在高村以上河段的主槽和嫩滩上；1996年高含沙洪水期全下游共淤积3.55亿t，占来沙量4.98亿t的71%，其中高村以上的淤积量3.03亿t，占全下游淤积量的85%。由于非漫滩或一般漫滩洪水对主槽及嫩滩的淤积作用，使得滩唇更加高仰，堤根更加低洼，加剧了二级悬河往不利态势发展，调控中要坚决避免此类洪水直接进入下游河道。

高含沙大漫滩洪水，在其洪水演进过程中，主槽刷深，滩地发生淤积，河道往往形成高滩深槽。然而高含沙洪水在自上而下的传播过程中或上游来水来沙组合的改变与现有河床边界条件不相适应时，即使已经形成了高滩深槽，也很难长久维持下去。另外，河床边界形态的剧烈调整，河槽在下切的同时，河床糙率增大，反过来影响高含沙水流结构，一旦稳定的水流运动状态被破坏，必将影响已经形成的断面结构形态。洪水过后，往往造成主槽与滩地的同步抬高。例如，1977年两场高含沙量洪水下游河道花园口至艾山河段淤积5.91亿t，主槽淤积达3.33亿t，占全断面的56%，且表现为全断面淤积。

以上分析表明，一般含沙量或接近清水的平滩流量洪水及含沙量低的大漫滩洪水对河道的冲刷最为有利；高含沙大漫滩洪水一般情况下滩槽均发生淤积，主槽与滩地同步抬高，虽然河道淤积总量较大，但对河槽形态的塑造还是有一定好处的；而非漫滩及一般漫滩高含沙洪水，往往主槽及嫩滩均发生严重淤积，对河道防洪最为不利，同时如果将这种洪水暂时拦蓄在水库内，一方面会大大损失水库的库容；另一方面在洪水过后小水排沙时，这些泥沙依然会淤积在下游河道的主槽内，对河槽形态的破坏性最大。不同时期、不同类型洪水，黄河下游历史洪水河道冲淤情况见表9-3。

表9-3　　　　　　　　　　黄河下游历史洪水河道冲淤情况

时　段	花园口			花园口至艾山冲淤量/亿t			艾山至利津冲淤量/亿t			备　注
	洪峰流量/(m³/s)	水量/亿m³	沙量/亿t	主槽	滩地	全断面	主槽	滩地	全断面	
2002年7月4—15日	3170	27.5	0.36	−0.57	0.56	−0.01	−0.20	0	−0.20	枯水枯沙
1992年8月10—19日	6430	24.9	4.54	—	—	2.83	—	—	0.11	中水多沙
1996年8月3—15日	7860	44.6	3.39	−1.50	4.40	2.90	−0.11	0.05	−0.06	
1977年7月6—13日	6360	29.3	6.06	3.33	2.58	5.91			0.39	大水大沙
1977年8月7—10日	10800	16.6	4.97	3.33	2.58	5.91			0.39	
1957年7月12日至8月4日	13000	90.2	4.66	−3.23	4.66	1.43	−1.10	0.61	−0.49	
1958年7月13—23日	22300	73.3	5.60	−7.10	9.46	1.49	−1.50	1.49	−0.01	丰水枯沙
1975年9月29日至10月5日	7580	37.7	1.48	−1.42	2.14	0.72	−1.26	1.25	−0.01	
1976年8月25日至9月6日	9210	80.8	2.86	−0.11	1.57	1.46	−0.95	1.24	0.29	
1982年7月30日至8月9日	15300	61.1	1.99	−1.54	2.17	0.63	−0.73	0.39	−0.34	
1988年8月11—26日	7000	65.1	5.00	−1.05	1.53	0.48	−0.25	0	−0.25	

3. 不同类型洪水对河槽形态的塑造作用不同

胡春宏等通过对1950—2003年黄河下游各水文站实测资料的分析得出，黄河下游典型断面汛后平滩面积不仅随年来水量的增加而增大，而且还随当年最大洪峰流量的增加而增大，但各断面平滩面积随当年最大洪峰流量的增加规律有所不同，花园口和高村两断面平滩面积不仅随当年最大洪峰流量增加而增大，还受汛期水量连续 5 年滑动平均值的影响，当汛期水量连续 5 年滑动平均值小于 250 亿 m³ 时，平滩面积较小，且随当年最大洪峰流量增大较慢；当汛期水量连续 5 年滑动平均值大于 250 亿 m³ 时，平滩面积较大，且随当年最大洪峰流量增大较快。艾山和利津两断面平滩面积仅随当年最大洪峰流量增加而增大。

戴清等开展了黄河下游洪水对断面形态塑造的试验，认为大漫滩洪峰流量通过后，滩地淤积、河槽冲刷，主槽明显展宽、主槽面积增大、宽深比增加；一般漫滩洪峰流量通过后，主槽展宽，含沙量较高时河槽淤积，主槽面积减小、宽深比增加，含沙量较低时河槽冲刷，主槽面积增大、宽深比减小；不漫滩洪峰流量通过后，深泓高程有所抬升，含沙量较高时主槽面积减小，含沙量较低时主槽面积略有增大。

江恩慧等通过实体模型试验对高含沙洪水造床规律进行了系统观测研究，认为对于非漫滩洪水及一般漫滩洪水，近壁流区受河岸边壁阻力影响较大，流速较小，因而水流挟沙能力较小，不能挟带高含沙量随水流下行。边流区大量的泥沙不断在两岸边壁（坡）处沉积，河槽水面宽度逐渐减小，边坡坡度变陡，河槽变得相对窄深，水位呈抬升现象；继而由于窄深河槽的逐渐形成，水流流速增强，单宽流量集中，因而水流挟沙能力有所增强，河槽出现冲刷，水位相应降低；河床冲刷下切后，河槽变得更加窄深，床面粗化，水流与河槽变得不相适应，浑水水流挟沙能力降低，于是床面冲刷停止，淤积增加，水位抬高。也就是说，河床与水流始终处于一个互相调整适应的辩证发展过程中。对于高含沙大漫滩洪水，洪水漫滩后，过水断面突然增大，断面平均流速减小，水流挟沙能力降低，泥沙大量落淤，在滩沿处形成新的滩唇，增大滩面横比降。在新滩唇形成之后，洪水漫滩范围明显减小，甚至仅在河槽中行洪，成为相对的非漫滩洪水，进而形成相对的窄深河槽。漫滩高含沙洪水造床作用强烈，河床自动调整迅速，其造床规律是：形成新滩唇，影响后续洪水的漫滩图形，从而塑造出相对窄深而又明显抬升的河床形态。高含沙洪水虽然可以塑造出相对窄深的河槽，但这种结果是以前期河床的严重淤积为代价的，且塑造的窄深河槽不能长久维持，洪水过后，随着来水来沙条件的改变，很快又恢复到洪水前的断面形态。图 9 - 1 所示为原型实测断面结果，充分证明了上述观点，一场高含沙洪水基本在一两天之内就可以使主河槽明显淤窄，新滩唇突起，横比降加大。

以上研究表明，漫滩洪水对增加河槽横断面面积，提高河道排洪输沙能力有一定的作用，但高含沙洪水形成的窄深河槽是以前期主槽的严重淤积为

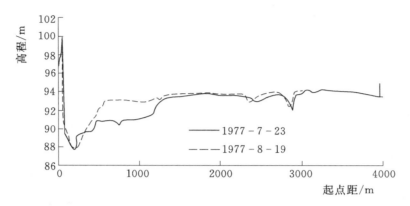

图 9-1 原型花园口断面高含沙洪水前后断面套绘图

代价的，且这种窄深河槽不能长久维持，从维持中水河槽和满足流域经济社会发展需要考虑，目前黄河下游主河槽过流能力以维持 4000m³/s 比较合适，也比较现实。

4. 不同量级洪水的输沙效率不同

黄河下游河道按性质的不同分为游荡型、弯曲型及过渡型。不同类型的河道，其输沙能力有较大的差异，不少学者对此开展了一定的研究工作，并取得了一些认识，简述如下。

韩其为从黄河下游河型沿程变化的实际出发，利用建立的河相系数与流量的关系以反映这种变化，提出了均衡输沙的概念，认为山东河道冲刷的临界流量约为 2500m³/s。当流量小于 2500m³/s 时，容易出现"冲河南、淤山东"的情形。因此，在洪水调度的流量级控制中，应避免出现流量小于 2500m³/s 的情况。

黄河勘测规划设计有限公司通过对 1960—2010 年黄河下游不同流量级、含沙量级洪水资料分析表明，含沙量小于 20kg/m³ 的低含沙水流，随着花园口站流量的增大，下游冲刷发展部位随之下移，当花园口站流量为 2500m³/s，下游河道全线冲刷，流量增大到 3500m³/s 时，全下游冲刷效率进一步提高。对于含沙量 20～60kg/m³ 的洪水，随着花园口站流量的增大，下游逐步由淤积转为冲刷，当花园口站流量为 2500m³/s，全下游河段基本呈冲刷状态，且随着流量级的增大，下游河道的冲刷效率增大。对于含沙量大于 60kg/m³ 的洪水，随着流量级的增大，下游淤积量逐步减少。根据水流挟沙力公式，水流的挟沙能力与流速的高次方成正比，流速在很大程度上反映了水流输沙能力的强弱。黄河下游主要水文站的水文资料统计表明，断面平均流速有随流量增加而增大的趋势，流量越大水流挟沙能力越强。

根据黄河下游实测中常洪水资料分析，洪水历时太短不利于艾山至利津河段的冲刷。另外，受河道槽蓄作用影响，洪水历时过短，洪水在下游演进过程中过快衰减，洪峰流量将显著降低，从而影响其输沙能力。李国英等曾对洪水历时对输沙的影响进行过研究，认为有利于泥沙输移的场次洪水最小历时为 5 天。综合考虑洪水从小浪底演进到利津时间（一般为 5～7 天）、演进损失以及河口生态补水要求，确定调水调沙洪水历时为 6 天以上。

此外，万占伟等基于数模计算等方法对洪水峰型指标与输沙效率的关系研究表明，起涨历时长的缓涨型洪峰，冲刷效率只有陡涨型矩形峰的 72％左右；水库汛前调水调沙或清水大流量下泄期间，水库应尽可能塑造"矩形"洪水过程，缩短洪水的涨水、落水历时，以提高水流冲刷效率。

李小平等分析了三门峡水库和小浪底水库拦沙期黄河下游低含沙量洪水的冲刷效率，其中洪水平均流量小于 $6000m^3/s$，如图 9-2 所示。由图可以看出，水库拦沙期黄河下游洪水的全沙冲刷效率在平均流量小于 $4000m^3/s$ 时随着洪水平均流量的增大而增大，当流量达到 $4000m^3/s$ 以后，冲刷效率随着流量的增大不再显著增加，基本保持在 $20kg/m^3$。

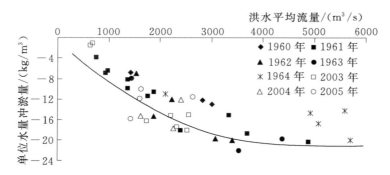

图 9-2　清水下泄期黄河下游全沙冲刷效率与平均流量的关系

对于漫滩洪水，往往出现淤滩刷槽的自然现象，对塑造和维持中水河槽非常有利，但是洪水漫滩又会给滩区经济造成损失。界定漫滩洪水最低量级，对保证漫滩洪水具有明显的淤滩刷槽作用，减少洪水漫滩频次非常有用。张原锋统计黄河下游 20 余场漫滩洪水资料，发现滩地淤积量、洪水流量与平滩流量的差值比 β（洪峰流量与平滩流量的差值与平滩流量的比值）之间存在一定的关系（图 9-3、图 9-4）。当黄河下游发生漫滩洪水时，其最小漫滩流量应按 β 值为 0.5 左右控制，若主槽过流能力为 $4000m^3/s$ 左右，应控制最小漫滩流量不低于 $6000m^3/s$，使黄河下游河道发生明显的淤滩刷槽，以最大限度地增大主槽过流能力。当黄河下游发生小漫滩洪水时，小浪底水库按花园口

4000m³/s 流量蓄水控泄，相应含沙量控制为 50kg/m³ 左右，可使下游河道基本不淤。在小浪底水库控制运用过程中，尽量使下游避免出现 4000～6000m³/s 量级的洪水过程。

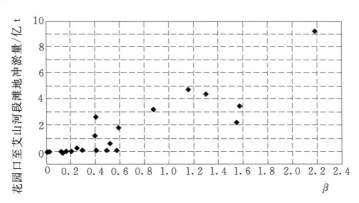

图 9-3 滩地冲淤量与洪水量级的关系

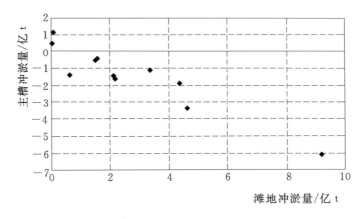

图 9-4 黄河下游漫滩洪水滩槽冲淤关系

以上研究成果表明，对于非漫滩洪水，考虑到上下游均衡输沙的影响，流量控制在 800m³/s 以下及 2500m³/s 以上；从输沙效率上看，4000m³/s 的洪水对黄河下游的冲刷效率最大；对于漫滩洪水，应避免 4000～6000m³/s 之间的洪水，因为这种洪水淤滩刷槽效果有限，但却对滩区造成较大的经济损失。

5. 不同量级洪水造成滩区淹没损失不同

左萍在 2004 年汛前黄河下游主河槽过流能力为 3000m³/s 的基础上，分析了不同流量级洪水造成的淹没损失，估算了各级流量淹没的补偿额度，如表 9-4 所列。

黄河水利科学研究院在开展《黄河下游滩区洪水风险图编制（试点）研究》中，计算了不同量级的洪水造成滩区淹没损失，其中不同量级各河段滩区淹没面积如表 9-5 所列。不同量级洪水滩区受灾人口情况如表 9-6 所列。

表 9-4　　　　　　　各级流量级淹没不同方案损失估算

流量级 /(m³/s)	淹没耕地 /万 km²	损失率 /%	按大豆估算 /万元	按玉米估算 /万元	按所有农作物估算 /万元
4000	8.78	99.03	62186	75361	74966
5000	12.12	99.03	85814	103995	103450
6000	17.48	99.03	123758	149978	149192
8000	18.68	99.03	132226	160240	159400
10000	21.04	99.03	148940	180495	179548
12000	21.94	99.03	155316	188222	187235
15000	22.19	99.03	157138	190430	189431

表 9-5　　　　各河段不同流量级洪水滩区淹没面积统计表　　　　单位：km²

流量级/(m³/s)	滩区淹没面积		
	花园口至东坝头	东坝头至陶城铺	陶城铺至利津
6000	434.09	1206.79	578.27
8000	684.23	1276.11	645.28
10000	854.48	1280.75	696.28
12500	858.78	1282.70	705.72
16500	894.32	1282.78	718.07
22000	898.98	1283.29	731.28

表 9-6　　　花园口至利津河段不同流量级滩区受灾人口情况统计表

流量级/(m³/s)	6000	8000	10000	12500	16500	22000
受灾人口/万人	77.61	113	128.55	129.64	133	134.57

从表 9-4 中看出，流量在 4000~6000m³/s 时的滩区淹没损失的增加幅度远比 6000~8000m³/s 时的大。漫滩洪水的损失与一般漫滩洪水的损失相差并不太大，也即是说在 4000~6000m³/s 这一流量级，滩区遭受的淹没损失已经很大，如果流量再增加，带来的经济损失增加量远不及 6000m³/s 左右流量漫滩损失的增加幅变。然而，大漫滩洪水对河道的淤滩刷槽的作用要比一般洪水大很多。当然，滩区的淹没损失与主河槽的过洪能力关系甚密，不同时段、不同时期主河槽的过洪能力不同（平滩流量不同），滩区淹没损失与漫滩流量也不同，即 6000m³/s 或 8000m³/s 的分界也随平滩流量而动态变化。

另外，流量在 4000~6000m³/s 左右时，洪水进滩因峰低水量小，再加农作物等阻挡，阻碍了水流行进速度，粗沙快速在近河滩面沉积。例如，1960

年黄河防总采纳了群众对生产堤"防中小水，不防大洪水"的意见，规定了黄河下游生产堤以防花园口 10000m³/s 为标准。但到"文革"时期的 1975年，预报利津水文站洪峰流量 6500m³/s，洪峰到来前，原惠民地革委有关领导分赴沿黄县督促破除生产堤。生产堤破了，滩区进水了，但大河洪水也回落了，只淹了一滩好庄稼，淤了近河滩面，落了一滩清水，引起了群众的不满，为以后的生产堤破除增加了阻力。从 1949—1988 年的 40 年间，原惠民地区发生 5100～6860m³/s 的洪水共 19 年次（一年中选最大的一次），因"滩区防守"得好，除河口局部地方外滩区均未漫滩，对塑造中常洪水河槽发挥了重要的作用。8000m³/s 以上的大洪水，尽管对滩区增加了损失，但对改善河槽断面形态、提高河道输沙排洪能力有十分显著的作用。例如，1949—1988年的 40 年间，发生 6900～10400m³/s 的大洪水 10 年次，其中有 6 年次全部或绝大部分漫滩，有 4 年次大部分漫滩。"大水出好河"，1958 年以利津站13.76m 的水位，在最窄处仅 460m 的窄河段内通过了 10400m³/s 的洪水，主河槽刷深为以后的行洪创造了条件。1959 年滩区小麦丰收，惠民处帮助北镇义和大队收麦时，生产队干部就谈到："小麦丰收是去年洪水漫滩之功，靠河近的淤的是沙土或两合土，靠河远靠堤近的地方均是红泥。上述情况说明，大洪水大漫滩的"刷槽淤滩"作用才更明显。

9.2.2 基于泥沙资源利用的高含沙洪水调控模式及长远效益

1. 水库拦截高含沙洪水为泥沙资源高效利用提供了条件

来自黄河头龙间的高含沙洪水是黄河下游河槽淤积的主要原因。1965—1999 年，黄河下游共发生高含沙洪水 26 场次（指三黑小最大日均含沙量大于200kg/m³ 的洪水），其总来沙量占同期下游来沙的 30%，场次洪水平均历时9.1 天，日均流量多在 1500～4500m³/s，但它们却是下游河槽淤积的主要洪水（表 9-7）。其中，高村以上河段汛期 70% 以上的河槽淤积来自高含沙洪水，高村以下河段汛期淤积全部来自高含沙洪水。由此可见，高含沙洪水应作为黄河中下游洪水泥沙调控的重点对象。

表 9-7　　1965—1999 年高含沙洪水对黄河下游河槽冲淤的影响　　单位：亿 t

项　　目	铁谢至高村	高村至艾山	艾山至利津	铁谢至利津
汛期河槽冲淤量（含高含沙洪水）	61.08	−0.75	−12.32	48.01
26 场高含沙洪水的河槽冲淤量	41.919	5.092	2.463	49.474
非汛期	−40.95	11.40	21.17	−8.38
全　　年	20.13	10.65	8.85	39.63

据 1965—1980 年 12 场高含沙洪水资料统计，12 场高含沙洪水在下游造成的淤积共 29.335 亿 t，占 1965 年 11 月至 1980 年 10 月下游河道总淤积量 43.51 亿 t 的 68%，其中，高村以上淤积 25.159 亿 t，占下游淤积量的 86%。可见，黄河下游河道淤积主要来自少数的几场高含沙洪水。这一点在韩其为的研究中也能看到。从黄河水沙多年平均过程看，如果不考虑仅有的几十场高含沙洪水，山东窄河段的输沙量为上游宽河段输沙量的 1.01 倍，说明多年输沙基本是平衡的。特别是从 1960 年 9 月至 1996 年 10 月的资料看，若不计其中的 20 场高含沙洪水，三门峡至利津河段全线冲刷 0.90 亿 t。同时，高含沙洪水又往往造成水库的大量淤积，水库淤满后，对下游河道的防洪效益就会减小。韩其为在"三门峡水库的功过与经验教训"一文中指出，三门峡水库对黄河下游发挥了巨大的防洪效益，其防洪效益主要不在于水库调洪，而在于拦沙 92 亿 t，为下游河道减淤约 64 亿 t，平均减淤厚度为 3.30m，这是很大的防洪效益，但是这个效益是以三门峡水库拦沙淤积为前提的。

持续跟踪分析小浪底水库历年淤积量、淤积分布、沉积物级配变化等，可以发现，由于水流对泥沙的自然分选作用，粗颗粒的泥沙大量淤积在库尾，比较细的泥沙则集中在坝前淤积；水库为泥沙的分选提供了一个天然的最佳场所，加之近几年水库泥沙处理技术的发展，使得可以根据分选后的泥沙级配，有针对性地开展泥沙资源利用。例如，库尾粗泥沙，直接利用挖沙船挖出，作为建筑材料应用；库区中间的中粗泥沙，采用射流冲吸式排沙或自吸式管道排沙技术，通过管（渠）道将泥沙输送到合适场地沉沙、分选，粗泥沙直接作为建材运用，细泥沙淤田改良土壤，其他泥沙制作蒸养砖、拓扑互锁结构砖、防汛大块石等；库首细泥沙，采用人工塑造异重流的方法或与射流冲吸式排沙、自吸式管道排沙技术相结合的方法，排沙出库，直接输送至大海或淤田改良土壤，为水生物输送必要的养分。因此，水库要充分发挥拦截高含沙洪水的作用，为泥沙资源的集中、高效利用提供条件。

2. 小浪底水库现行调度模式与基于水库泥沙资源利用的调控模式

小浪底水库现行高含沙洪水的调度模式，主要基于防洪安全考虑，按出入库平衡或敞泄模式调度，这种调度模式一方面容易造成下游河道的大量淤积，另一方面洪水漫滩会造成滩区较大的淹没损失。因此，有必要对现行高含沙洪水的调度模式进行优化，使其在兼顾滩区民生安全的同时，通过泥沙资源利用，有效提高水库和河道的防洪减淤等综合效益。

（1）小浪底水库现行对高含沙洪水的调度模式。当预报花园口出现流量小于 4000m³/s，以滩区防洪为目的，控制出库流量不大于下游平滩流量；当预报花园口洪水流量 $4000\sim8000\mathrm{m^3/s}$，水库以排沙为目的，按出入库平衡进行调度；当预报花园口洪水流量 $8000\sim10000\mathrm{m^3/s}$ 时，若入库流量不大于水库相应泄洪能力，按出入库平衡进行调度，若入库流量大于水库相应泄洪能力，采用畅泄模式；当预报花园口流量大于 $10000\mathrm{m^3/s}$，若预报小浪底至花园口区间流量大于 $9000\mathrm{m^3/s}$，则按不大于 $1000\mathrm{m^3/s}$ 下泄；当预报花园口流量回落至 $10000\mathrm{m^3/s}$ 以下，按控制花园口流量不大于 $10000\mathrm{m^3/s}$ 泄洪，直到小浪底库水位降至汛限水位以下。

（2）基于水库泥沙资源利用的高含沙洪水调度模式。经过近 10 余年的持续攻关，黄河泥沙资源利用关键技术取得突破，加之国家生态环境保护战略的实施，使得水库泥沙处理与利用有机结合的理念逐步深入人心。在此大背景下，我们提出了基于水库泥沙资源利用的黄河高含沙洪水调度模式。当预报花园口出现流量小于 $4000\mathrm{m^3/s}$ 以下的小流量高含沙洪水时，立足于水库多排沙，尽可能将前期淤积在水库近坝段的细沙以异重流形式冲刷出库；当预报花园口出现 $4000\sim8000\mathrm{m^3/s}$ 高含沙洪水时，由原来以排沙为目的调控模式，优化为以考虑下游滩区与河道安全为主，下泄洪水量级以不漫滩或少漫滩为调控目标，尽量将泥沙拦截在库内，淤积在库区的泥沙实施集中高效利用；当预报花园口出现 $8000\mathrm{m^3/s}$ 以上的大洪水时，仍按照原来防洪为目的的出入库平衡原则进行泄洪。

3. 两种调度模式应用效果对比

对上述两种调度模式，以"77·8"洪水为例，采用第 6 章所述数学模型计算了两种不同调度模式下水库拦沙、排沙情况（表 9-8）以及下游河道的冲淤变化情况（表 9-9）；表 9-10 所列为两种运用模式下下游滩区淹没情况。可以看出，基于泥沙资源利用的调度模式，水库多拦蓄泥沙 2.34 亿 t，下游河道可多减淤 0.95 亿 t，同时滩区淹没损失减少 8.90 亿元。对水库多拦蓄的 2.34 亿 t 泥沙，在现有水库泥沙处理技术水平下，需花费 4.68 亿元抽排出库，并送至合适地点，远小于现行调度模式造成的滩区淹没损失，这还未考虑下游河道减淤 0.95 亿 t 及泥沙资源利用的经济效益，以及避免滩区居民受淹带来的巨大社会效应。因此，从泥沙资源利用角度，利用水库拦蓄高含沙洪水，具有巨大的社会效应、防洪减淤效应和经济效应。

4. 基于泥沙资源利用的高含沙洪水调控模式长远效应

初步调查分析认为，河南沿黄地区泥沙资源利用潜力年均可达 2.2 亿 t，如果考虑未来黄土高原地区的水利水保措施减沙效应和黄河水沙调控体系的联合调控效应，水库泥沙资源利用的长远效应一定能为黄河"河床不抬高"美好愿景的实现作出更大贡献。

表 9 – 8 "77·8"高含沙洪水两种运用模式下水库拦沙与排沙效果统计

运用模式	总来沙量/亿 t	排沙量/亿 t	库区淤积量/亿 t	水库排沙比
现行调度模式	10.476	5.187	5.289	0.473
泥沙资源利用模式	10.476	2.848	7.628	0.259

表 9 – 9 "77·8"高含沙洪水两种运用模式下游河道冲淤情况统计 单位：亿 m³

运用模式 \ 河段	小浪底至利津	利津至花园口	花园口至夹河滩	夹河滩至高村	高村至孙口	孙口至艾山	艾山至泺口	泺口至利津
现行调度模式	1.9325	1.2070	0.2305	0.1129	0.1459	0.0560	0.0506	0.1296
泥沙资源利用模式	0.9847	0.7129	0.0908	0.0403	0.0489	0.0211	0.0149	0.0558

表 9 – 10 "77·8"高含沙洪水两种运用模式下游滩区淹没损失估算

运行模式	花园口洪峰流量/(m³/s)	淹没滩区面积/km²	淹没滩区耕地面积/万亩	受灾人口/万人	淹没损失/亿元
现行调度模式	7519	1079.57	104.20	31.32	9.99
泥沙资源利用模式	4485	115.49	11.36	0	1.09

为了对水库泥沙资源利用的长远效应有一个清晰的概念，基于前述 50 年系列水沙过程"8 亿 t"方案，保持水量不变，同比减少沙量给出了"6 亿 t""3 亿 t""2 亿 t"衍生方案。其中"6 亿 t"方案可以看作在下游年均来沙 7.7 亿 t 情况下，水库通过泥沙资源利用，每年多拦蓄 1.7 亿 t 泥沙；"3 亿 t""2 亿 t"方案可以分别看作在下游年均来沙 7.7 亿 t 或 6.0 亿 t 情况下，水库通过泥沙资源利用，每年多拦蓄 4.7 亿 t、5.7 亿 t 或 3.0 亿 t、4.0 亿 t 泥沙。

表 9 – 11 列出了 4 个方案下游各河段年均冲淤情况。从泥沙资源利用的长远效应看，在进入下游沙量年均 7.7 亿 t 情况下，如果通过水库泥沙资源利用，水库每年多拦蓄 1.7 亿 t、4.7 亿 t、5.7 亿 t 泥沙，则下游河道可减淤 0.929 亿 t、2.483 亿 t、2.979 亿 t。在进入下游沙量年均 6.0 亿 t 的情况下，如果通过水库泥沙资源利用，水库每年多拦蓄 3.0 亿 t、4.0 亿 t 泥沙，则下游河道可减淤 1.554 亿 t、2.050 亿 t。

未来黄河水沙变化情况受到的影响因素极为复杂，这里旨在给出通过泥沙资源利用实施有效减少进入河道泥沙后，黄河下游冲淤的基本概况，即在治黄多措并举条件下，树立"换个角度看待水库的泥沙淤积，充分发挥水库的拦沙减淤作用，建立水库泥沙处理与利用的良性运行机制"的新理念，集中、分级利用黄河泥沙，不仅能有效节省工程投资，还能更加彰显泥沙资源利用的长远效应。

表 9 - 11　　　　　　　　　　各方案下游各河段年均冲淤量　　　　　单位：亿 t

方案	小浪底至利津	利津至花园口	花园口至夹河滩	夹河滩至高村	高村至孙口	孙口至艾山	艾山至泺口	泺口至利津
8 亿 t	2.227	0.277	0.743	0.364	0.291	0.179	0.153	0.223
6 亿 t	1.298	0.063	0.377	0.302	0.146	0.144	0.105	0.161
3 亿 t	−0.256	−0.090	−0.140	−0.071	−0.032	0.015	0.024	0.036
2 亿 t	−0.752	−0.123	−0.203	−0.140	−0.143	−0.049	−0.052	−0.042

9.2.3　有利于滩区综合减灾的洪水泥沙调度模式

对于不漫滩洪水，排洪输沙是黄河应发挥的主要功能，一定频率和量级的洪水过程对河道输沙有着十分重要的作用。对于漫滩洪水，对滩区会造成不同程度的淹没损失，但又可以较好地实现淤滩刷槽、改善二级悬河的不利形态。因此，基于以上研究成果，从有利于黄河下游滩区综合减灾的角度，提出如下黄河洪水泥沙调度模式。

1. 不漫滩洪水

（1）供水调度。以满足生态、生产、生活用水为主，冬季还要考虑防凌安全，流量一般不超过 $1000\text{m}^3/\text{s}$，属于枯水期和汛期的非洪水期调度模式。

（2）调水调沙调度。从充分发挥黄河有限水资源、提高输沙效率和有效改善河床形态、保障滩区安全的角度出发，近期仍应坚持汛前调水调沙。其调控原则：流量宜控制在 $2500\sim4500\text{m}^3/\text{s}$，在调水调沙水量充足的情况下，流量尽量取大值；含沙量指标应与流量指标相协调，避免出现"冲河南、淤山东"等现象；水库调度过程中，应尽可能塑造"矩形"洪水过程，洪水历时应大于 6 天。

此外，由于实现小浪底出库水沙理想搭配的难度较大，西霞院原设计淤积的死库容可以利用。当小浪底水库下泄清水时，可以采取相应的加沙措施，通过西霞院水库进行补沙。

2. 漫滩洪水

（1）一般漫滩洪水调度。对于一般漫滩洪水流量在 $6000\text{m}^3/\text{s}$ 左右时，不仅造成滩区的淹没损失，而且对河道的输沙效率并没有明显改善，因此在调控中应尽量避免此类洪水直接进入下游，可以通过水库调蓄，使下泄流量按平滩流量下泄，以恢复和维持中水河槽为主要目的。

（2）一般漫滩高含沙洪水。淤积往往发生在嫩滩及主槽中，会加快二级悬河态势的急剧发展，应坚决避免这类洪水进入下游河道。调控时，可以按下游河道平滩流量及与之匹配的泥沙含量下泄（流量控制在 $4000\text{m}^3/\text{s}$，含沙量控制在 $40\sim60\text{kg}/\text{m}^3$），多余的泥沙暂时拦在水库中，等待有利时机，通过调水调沙、水库泥沙资源利用等措施，再"搬沙"出库，变害为利。

（3）大洪水调度。对于大漫滩高含沙洪水，虽然滩地会发生大量淤积，造成滩区较大的经济损失，但对改善河槽形态和二级悬河态势作用极大；对于非高含沙大洪水要坚持"淤滩刷槽"的调度模式。对滩区造成的经济损失，通过滩区补偿政策进行补偿。

9.3　黄河下游宽滩区泥沙资源利用模式

在此，课题组通过综合调研黄河下游河道、滩区泥沙资源利用途径与技术现状，结合黄河下游防洪减淤及周边社会经济发展状况，研究提出了兼顾下游防洪安全与地方经济社会发展的黄河下游滩区泥沙资源利用模式。

9.3.1　黄河泥沙资源属性及其主要利用方向

黄河泥沙兼具灾害性和资源性的双重属性。一方面，泥沙淤积抬升下游河道，带来巨大洪水灾害；同时，由于泥沙主要成分是二氧化硅，含量在 70% 左右，其他为氧化铝、氧化铁、氧化镁、氧化钾和稀有元素等，单从成分看，黄河泥沙就是一种宝贵的资源，可成为我国新型、稳定的可接替传统矿产的资源。黄河泥沙利用也由来已久，如前面所提的滩区放淤、加固大堤、淤填串沟等。随着社会经济的发展，泥沙资源利用与人民生活关系愈加密切，泥沙的资源属性也逐步被认识和接受。

泥沙资源利用方向按作用分为防洪、放淤改土与生态重建、河口造陆及湿地水生态维持和建筑与工业材料 4 个方面。其中黄河防洪方面的泥沙资源利用包括放淤固堤、淤填堤河、二级悬河治理、人工防汛抢险材料等；放淤改土与生态重建方面的利用包括改良土壤、修复采煤沉陷区、治理水体污染等；河口造陆及湿地水生态维持方面的利用包括填海造陆、盐碱地改良、湿地水生态维持等；建筑与工业材料方面包括建筑用沙、干混砂浆、泥沙免烧免蒸养砖、混凝土砌块、烧制陶粒、陶瓷酒瓶、新型工业原材料、型砂、陶冶金属、制备微晶玻璃等。如果按照泥沙资源利用方式可分为直接利用和转型利用两种。建筑与工业材料多为转型利用，其他多属直接利用。

9.3.2　黄河下游河道及滩区泥沙主要利用途径及前景

目前，黄河下游宽滩区泥沙资源利用主要是防洪利用和建筑与工业材料利用。

　　1. 泥沙资源利用途径

　　（1）防洪利用。

　　1）加固大堤。主要通过泥沙淤临淤背、放淤固堤，可有效改善河道状况，提高黄河防洪能力，保障黄河防洪安全。经过 60 余年坚持不懈的努力，通过放淤固堤对黄河下游两岸 1371.2km 的临黄大堤先后 4 次加高培厚；通过开展标准化堤防工程建设，仅 1999—2005 年，黄河下游放淤固堤就利用泥沙 0.67 亿 t；20 世纪 90 年代，在河南和山东开展的挖河固堤试验利用泥沙 1028 万 m³。根据《黄河流域防洪规划》，为确保黄河下游防洪安全，放淤固堤加固堤段长度 1185.6km，估算可利用黄河泥沙约 2.1 亿 m³。

　　2）淤筑村台。根据黄河设计公司 2006 年年底编制的《黄河下游滩区安全建设规划》的综合论证，滩区安全建设主要采用迁留并重的模式，就地避洪设施主要采用避水村台等措施。规划安排新建避水村台 111 个，台顶面积共 7539 万 m²，共需淤筑土方 3.2 亿 m³。

　　3）二级悬河治理。采取淤填堤河、淤堵串沟等措施，可以缓解"槽高、滩低、堤根洼"的二级悬河不断发展的局面。治理重点应放在二级悬河发育严重的东大坝至陶城铺河段。根据以往工程实施情况，堤河淤填顶高程与附近滩面高程基本一致，治理宽度不超过 500m。黄河下游滩区堤河累计长度约 810km，可淤筑土方 3.8 亿 m³。串沟淤堵宽度和长度按实际宽度和长度实施。据统计，黄河下游滩区有大的串沟约 90 条，总长约 250km，一般宽度 50～500m，深 2.0m 左右。淤堵串沟需完成土方量 1.1 亿 m³。

　　4）低洼地回填。黄河下游背河低洼地多集中在距大堤 500m 的范围内。回填深度根据低洼地、盐碱地的利用情况具体确定，一般淤填深度在 1.5m 左右。在淤填区顶部填筑 0.5m 厚可耕植土，由临河土场调土填筑。根据河南、山东河务局对所管辖堤段的调查统计汇总，黄河下游背河低洼地、盐碱地约 500 处，总面积 1.3 亿 m²，总土方填筑量约 2.6 亿 m³。此外，还可利用细泥沙堆放到紧邻宽滩区岸边的一些城郊沟壑，为城市发展提供建设用地。据估计，这一用量在 3000 万 m³ 左右。

　　5）人工防汛抢险材料。近 10 年来，黄河水利科学研究院在中央水利建设基金和水利部科技成果重点推广项目资金支持下，研制出黄河抢险用大块石，利用黄河泥沙制作人工防汛备防石，可节省大量天然石料。此外，黄河水利委员会组织开展的大土工包机械化抢险技术、利用泥沙充填长管袋沉排坝防汛抢险技术等，都是黄河泥沙在防汛抢险方面的应用。这些技术是"以河治河"理念的延伸，既满足了防汛需要，又因地制宜地就近利用黄河泥沙，为解决黄河泥沙问题提供了新的途径。

（2）放淤改土与生态重建。利用黄河泥沙淤改土地在 20 世纪后半叶开展较多，由于沿岸社会经济的迅速发展，背河地区大规模淤改条件已不具备。根据目前掌握的情况，黄河下游大堤背河侧一定范围内居住人口较少，由于取土等原因，盐碱、低洼地较多，可以考虑放淤改土后进行耕种，同时可以提高漫滩洪水时大堤的抗渗安全性。此方面黄河水利委员会有丰富的经验和技术储备。

20 世纪 50 年代中期就在黄河三角洲进行了放淤改土试验研究，到 1990 年年底共计淤改土地面积超过 20 万 hm²；近年来，黄河水利委员会又先后进行了温孟滩淤滩改土、小北干流放淤试验、黄河下游滩区放淤、内蒙古河段十大孔兑放淤及大堤背河低洼盐碱地放淤改土等实践，放淤区总面积为 108.9km²，可放淤量约为 21.21 亿 t。放淤改土既处理和利用了泥沙，又改良了土地，增加可耕地面积，对加快沿黄群众脱贫致富起到了积极的作用。在利用黄河泥沙生态重建方面，近年来山东省济宁市相关单位开展了利用黄河泥沙对采煤塌陷地进行充填复垦试验，共利用黄河泥沙 168 万 t，治理塌陷地 46.7hm²；菏泽黄河河务局也联合有关单位，计划利用黄河泥沙回填巨野煤田沉陷区；河海大学利用黄河花园口泥沙，开展了利用泥沙治理水体污染的初步研究，取得了初步成果，但与生产需求仍有不小距离，还需进一步深入研究。

（3）河口造陆及河口湿地水生态维持。在填海造陆方面，从 1855 年到 1954 年，黄河河口累积来沙 930 多亿 t，年均来沙 14.58 亿 t，共造陆 1510km²，年均造陆 23km²；1954—2001 年，黄河三角洲新生陆地面积达 990km²，从而使得黄河河口地区成为我国东部沿海土地后备资源最多、开发潜力最大的地区之一。在湿地水生态维持方面，泥沙淤积造陆对湿地的形成发挥了重要的作用，使河口三角洲丰富多样化的生物、植物资源和水生态维系机制得以形成，目前黄河三角洲自然保护区内有各种野生动植物 1921 种，其中水生动物 641 种、鸟类 269 种、植物 393 种；在植物类型中，属国家二类重点保护植物的野大豆在该区内广泛分布，面积达 0.8 万 hm²。此外，5.1 万 hm² 的天然草场、0.07 万 hm² 的天然实生柳林和 0.81 万 hm² 的天然柽柳灌木林也在保护区内广泛分布，还有华北平原面积最大的人工刺槐林，面积达 1.2 万 hm²。

（4）建筑与工业材料利用。近 20 年来，经过深入研究，人们对黄河泥沙的特性有了更加深刻和全面的认识，取得了丰富的综合利用黄河泥沙的经验，研制出了一系列由黄河泥沙制成的装饰和建材产品，主要有烧结内燃砖、灰砂实心砖、烧结空心砖、烧结多孔砖（承重空心砖）、建筑瓦和琉璃瓦、墙地砖、拓扑互锁结构砖及干混砂浆等，并在利用黄河泥沙制作免蒸加气混凝土砌块、烧制陶粒、微晶玻璃以及新型工业原材料研制等方面进行了探索，取得了良好的效果。但上述研究开发出的黄河泥沙资源利用产品，大多处于试验研究或中试阶段，由于缺乏泥沙资源利用的成套设备，产品生产规模较小，无法大规模生产而造成成本偏高，因此对社会投资的吸引力较小，这从一定程度上制约了黄河泥沙资源利用的大规模开展。

1）滩区制砖。黄河滩区砖窑厂曾一度泛滥，河南台前县、山东济南市、高青县和博兴县等地均投资建设了利用黄河泥沙制作空心砖、多孔砖、装饰砖等的砖厂，制砖方式上有烧结砖和免烧砖。根据河南局《黄河滩涂开发与黄河泥沙处理研究》报告统计，截至 2008 年 8 月，河南滩区建设的砖窑厂902 座，年生产能力约为 180.4 亿块标准砖。至 2013 年，估计河南滩区可建窑总数为 1551 座。按照每窑消耗泥沙 9 万 m³ 计，总产砖量 552.78 亿块。针对河南省建筑市场每年 1308 亿块砖的需求量，黄河淤泥砖的市场占有量约为42.26％，用砖市场的空间还很大。多孔黏土标准砖的尺寸为 240mm×115mm×90mm，孔洞率按 25％〔参照中华人民共和国建筑工业行业标准《黄河淤泥多孔砖（报批稿）》，消耗泥沙量占每座窑泥沙总数的 80％；黏土砖占每座窑泥沙总数的 20％。每年可利用黄河泥沙 1.4 亿 m³，泥沙容重按 1.4t/m³ 计算，可利用泥沙总重为 1.95 亿 t。

随着区域社会经济发展，城镇与农村基本建设对砖制品的需求越来越大，不仅对黄河泥沙治理产生了积极影响，而且对沿黄经济发展产生了较大的推动作用，一定程度上满足了黄河滩区周边城镇和农村建筑市场的用砖需求。此外，黄河水利委员会有关部门也开展了相关研究，利用黄河泥沙制作各种人工石材用于堤防维修养护与抢险等，经济效益明显。

2）直接应用于建筑市场。较粗的黄河泥沙直接可作为建筑砂浆用砂和混凝土用砂。例如，郑州地区的混凝土企业多采用机制砂掺加黄河泥沙生产混凝土，黄河泥沙掺加量一般可达 20％～40％。据统计，截至 2008 年上半年，河南省黄河河道内共有采砂场 80 个，砂场占地多在 20～30 亩（1.33～2hm²）之间，平均年采砂量约 454 万 m³，所采挖泥沙基本供应堤外社会建筑市场。

根据研究及规划情况，2009—2013 年河南滩区采砂总量为 1.1585 亿 t，年均采砂量 0.2317 亿 t，各河段年均采砂量为：铁谢至花园口 0.0805 亿 t；

花园口至夹河滩 0.0945 亿 t；夹河滩至高村 0.0424 亿 t；高村至孙口 0.0143
亿 t（表 9-12）。采砂场主要集中在孟津白鹤镇至夹河滩水文站之间，通过在
主河槽抽吸河床砂，使不易被水流带走的粗沙和中沙直接被挖出运走，有效
地降低了河底高程，减缓了黄河泥沙的淤积速度。

表 9-12　　　　　　　　　河南黄河滩区砂场减淤情况

断面区间	2009 年		2011 年		2013 年		2009—2013 年		2014—2018 年	
	砂厂/个	采砂量/亿 t	砂厂/个	采砂量/亿 t	砂厂/个	采砂量/亿 t	采砂总量/亿 t	年均采砂量/亿 t	采砂总量/亿 t	年均采砂量/亿 t
铁谢至花园口	81	0.0567	109	0.0819	136	0.1008	0.4025	0.0805	0.5040	0.1008
花园口至夹河滩	101	0.0707	135	0.0945	169	0.1183	0.4725	0.0945	0.5915	0.1183
夹河滩至高村	46	0.0322	60	0.0420	76	0.0532	0.2121	0.0424	0.2660	0.0532
高村至孙口	15	0.0105	20	0.0140	26	0.0182	0.0714	0.0143	0.0910	0.0182
合　计	243	0.1701	324	0.2324	407	0.2905	1.1585	0.2317	1.4525	0.2905

2. 黄河泥沙资源利用的前景

黄河下游所处的河南中原经济区、山东半岛蓝色海洋经济区和黄河三角
洲高效生态经济区是国家经济发展战略的重要区域，正处于起步实施阶段，
各种基础性建设和产业发展迅速，对建筑材料及其他工程材料的需求日益增
多，急需大量泥沙类原材料；同时，随着国家生态建设的要求，特别是烧结
黏土砖的禁用和禁止开山采石，以及各类原材料的紧缺，使社会各方面对黄
河泥沙转化为可利用资源的需求逐年加大。

据对未来 50 年黄河泥沙利用潜力不完全分析估算，在黄河防洪安全利用
方面，可利用泥沙 16.10 亿 t，其中放淤加固大堤需要 4.20 亿 t、淤筑村台
4.48 亿 t，二级悬河治理（淤填堤河、淤堵串沟）需要 7.00 亿 t，制备防汛备
防石等防汛抢险材料约 0.42 亿 t。在放淤改土与生态重建方面，可利用泥沙
66.36 亿 t，其中放淤改土需土方 21.28 亿 t，供水引沙量为 42.0 亿 t 左右，
利用黄河泥沙修复采煤沉陷区与治理水体污染等生态重建可处理泥沙 3.08 亿 t。
在河口造陆方面，每年通过调水调沙输送到河口地区的泥沙约 1.68 亿 t，未
来 50 年可输送泥沙 84.0 亿 t。在建筑材料利用方面，可利用泥沙 11.20 亿 t，
其中制作砌体材料可利用黄河泥沙约 4.20 亿 t，可直接应用的建筑砂料 7.0
亿 t。

综上所述，未来 50 年黄河泥沙的利用潜力可达 177.66 亿 t，年均处理泥沙约 3.56 亿 t。这一数值可达目前预测的未来黄河年均沙量的 50% 左右。因此，社会经济生态发展对黄河泥沙资源的需求量非常大，黄河泥沙开发利用的前景十分广阔，对黄河治理开发的意义尤其重要。

9.3.3　黄河下游宽滩区泥沙资源利用及运行模式

根据泥沙的时空分布特点，采用相应的泥沙资源利用模式。对于洪水期泥沙资源，多采用引洪放淤的方式；非汛期采用多种资源利用模式，如挖河固堤、建筑用砂、沟壑及低洼地回填、制作人工防汛石材等；根据不同河段泥沙特性（粗细）进行分级利用，结合管道输沙技术，对滩区泥沙进行分散配置。

宽滩区泥沙资源利用的架构：对河道泥沙的处理，除传统的淤背固堤、淤填堤河等防洪应用外，根据沿黄经济社会发展需求和泥沙资源利用技术、管道输沙技术发展情况，可以采取以下途径：粗泥沙——直接开采作为建筑材料应用或加工为型砂应用；中粗泥沙——制作蒸养砖、拓扑互锁结构砖、防汛大块石等；细泥沙——低洼地及沉陷区回填、淤田改良土壤等。

宽滩区泥沙资源利用运行模式：作为防洪为目的的应用，国家应先期投入部分资金作为启动基金；从下游河道中抽取一定量的泥沙，通过管（渠）道输沙输送到需要的地方，用于黄河大堤淤临淤背、二级悬河治理、淤田改良土壤；对于以盈利为目的的市场采砂，开展科学的评估，规范相应的采砂行为，不能影响河势；同时可通过收取一定量的采砂税，用以补贴国家先期投入的部分资金。此外，还可将泥沙堆放到紧邻黄河岸边的一些城郊沟壑，为城市发展提供建设用地，提取相应技术服务资金，弥补从事该项工程员工的正常开支。如此，形成黄河宽滩区泥沙资源利用的良性运行机制，黄河泥沙资源利用的规模将随着经济社会的发展而越来越壮大，并有望从根本上改变下游河道持续淤积的状况。

9.4　黄河下游宽滩区综合减灾技术

黄河下游宽滩区减灾技术是一个系统工程，需要综合考虑防洪安全、滩区发展、防洪保护区发展（供水安全）、水库调度能力、泥沙资源利用能力、对山东窄河段影响等诸多方面的因素。综合减灾技术分为工程措施与非工程措施，其综合减灾技术框架如图 9 - 5 所示。根据上述分析，对黄河下游宽滩区综合减灾技术总结如下。

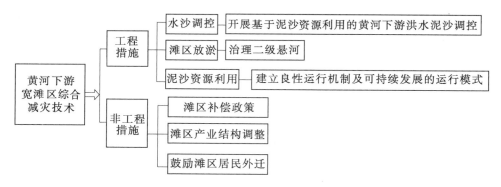

图 9-5 综合减灾技术框架

在水沙调控方面，加快推进古贤水库等骨干水库建设，提高黄河水沙调控能力。通过黄河中游水库群的联合调度，在确保防洪安全的前提下，开展基于泥沙资源利用的黄河下游洪水泥沙调控，即对于 $4000\sim8000\,\mathrm{m^3/s}$ 的高含沙洪水，由原来以排沙为目的调控模式，优化为以不漫滩或少漫滩为调控目标的泥沙资源利用调控模式，控制花园口流量不超过漫滩流量（$4000\,\mathrm{m^3/s}$），将多拦截在水库内的泥沙实施集中高效利用。

结合黄河下游宽河段的实际情况和今后治理的具体措施，陈建国等对各种黄河下游泥沙优化配置方案计算结果进行综合评价，如表 9-13 所列。

表 9-13　　2013—2062 年 12 个优化配置方案的综合评价结果汇总

优化配置方案	基本方案	综合评价函数 $P_A/\%$	综合评价等级	各方案水沙条件及配置方案
方案 1-1	基本方案 1	120	合理	3 亿 t＋现状下以河道输沙为重点
方案 2-1	基本方案 2	122	合理	3 亿 t＋防护堤下以河道输沙为重点
方案 3-1	基本方案 3	137	合理	3 亿 t＋现状下以滩区放淤治理为重点
方案 4-1	基本方案 4	139	合理	3 亿 t＋防护堤下以滩区放淤治理为重点
方案 1-2	基本方案 1	90	较合理	6 亿 t＋现状下以河道输沙为重点
方案 2-2	基本方案 2	81	中等	6 亿 t＋防护堤下以河道输沙为重点
方案 3-2	基本方案 3	111	合理	6 亿 t＋现状下以滩区放淤治理为重点
方案 4-2	基本方案 4	112	合理	6 亿 t＋防护堤下以滩区放淤治理为重点
方案 1-3	基本方案 1	75	中等	8 亿 t＋现状下以河道输沙为重点
方案 2-3	基本方案 2	77	中等	8 亿 t＋防护堤下以河道输沙为重点
方案 3-3	基本方案 3	97	较合理	8 亿 t＋现状下以滩区放淤治理为重点
方案 4-3	基本方案 4	100	合理	8 亿 t＋防护堤下以滩区放淤治理为重点

从综合评价表中可以看出，在丰、平、枯不同水沙情势下，不管是现状河道条件还是修建防护堤条件下进行滩区放淤治理的配置模式，其配置方案都处于较合理以上级别，且都优于以河道输沙为重点的配置模式。因此，未来宽滩区在小浪底水库调控运用和河道综合治理，塑造与维持下游稳定的中水河槽，并通过小浪底水库调控运用，充分利用河道输水输沙能力，有计划地进行河口造陆，维持黄河口流路稳定，结合引黄灌溉处理利用泥沙，通过挖沙固堤建设标准化堤防等综合治理措施外，还应考虑滩区（人工）放淤治理二级悬河的需求。

此外，不同水沙系列下 4 个黄河下游泥沙配置基本方案中，修建防护堤条件下的滩区放淤治理配置方案的综合评价函数值是最优的，但与现状河道条件下以滩区放淤治理为重点的方案差别并不是很大；但是这一评价并没有涉及修建防护堤相关的工程与非工程措施以及技术经济比较。因此，目前建议保留现有滩区生产堤并适当修复培固，以减少中常洪水对滩区的漫滩影响；大洪水期，对影响漫滩的生产堤主动破除，或不进行抢护由其自然溃口，发挥大洪水淤滩刷槽的功能。

在泥沙资源利用方面，通过国家公益性资金扶持，在现有泥沙处理与资源利用技术的基础上，建立良性运行机制及可持续发展的运行模式。

在河道治理方面，继续开展以稳定主槽为主要目标的河道整治工程建设，保证各种水流条件（尤其是长期小流量）下的河槽稳定，保证黄河水资源对沿黄工农业持续发展的有效供给。在滩区产业结构调整方面，引导建立规模化、集约化农业生产模式，鼓励滩区居民外迁。

第 10 章　宽滩区滞洪沉沙功效
评价指标体系构建

开展宽滩区运用方式研究，必须构建一套能够科学表达滩区滞洪沉沙功能和综合减灾效应的评价指标体系和评价模型。黄河下游特殊的来水来沙条件，宽滩区作为黄河下游河道的一部分，大洪水期必定要发挥行洪、滞洪与沉沙的作用，因此评价指标体系的建立必须考虑滩区的这一功能定位。同时，滩区还是 189 万居民生产生活的场所，宽滩区不同滞洪沉沙运用方案对宽滩区防洪减灾、山东窄河道的影响和堤外广大黄淮海平原的防洪安全，也是评价指标体系和评价模型构建应该考虑的问题。总之，评价指标体系和评价模型既要能反映不同量级洪水在宽滩区滞洪沉沙功能，又要能反映宽滩区不同运用方式的综合减灾效应，以此来表达黄河下游河道河流系统的自然属性和社会属性各自的功能与效应。这也正是本次研究的重点和突破点。

10.1　宽滩区滞洪沉沙功效的评价原则

宽滩区滞洪沉沙功能与效应的评价指标应具有科学性、系统性、层次性、代表性、定量化和可比性。因此，评价指标选取时应满足以下原则。

1. 水沙统筹——洪水滞洪效应与沉沙功能的统筹兼顾

不同于其他少沙河流，黄河下游宽滩区的滞洪效应与沉沙功能紧密联系，强大的滞洪能力伴随的是高效的输沙和沉沙功效，二者的协调关系不应忽视。

2. 空间统筹——宽滩区洪涝灾害与山东窄河段洪水风险的统筹兼顾

相同的流量增幅在宽河段的水位抬升速率明显要比窄河段小。大洪水期，每增加相同的流量，窄河段水位涨幅比宽河道要大几倍。更高的水位涨幅意味着更大的淹没损失和洪水威胁。因此，相比东平湖分洪和山东窄河段的防洪压力，理应尽可能优先发挥下游宽滩区的滞洪沉沙功能，充分削减进入山东窄河段的洪峰和沙峰。统筹兼顾整个下游河道防洪压力的减小，是滞洪沉沙功能与效应评价指标体系设计的又一个重要原则。

3. 时间统筹——可接受的现实洪水风险与长远河道基本功能维持的统筹兼顾

宽滩区洪水漫滩，必然给当地带来洪涝灾害。黄河下游滩区经济落后，生产发展缓慢，农民生活水平低下，抗御自然灾害的能力较弱。因此，如果不可避免地要发生漫滩洪水，必须考虑滩区人民的受灾状况与经济损失，将其控制在可接受的范围内。另外，适度的大流量洪水过程从长远看，是塑造窄深稳定河槽难得的机会，"大水出好河"，是从理论上和实践上都充分证明的河工经验。相反，长期小水带来河势的变化，将在未来产生新的防洪问题。黄河下游河道在过去半个世纪里已经发生过的严重萎缩，体现在游荡性河段，是河势不稳，主流摆动幅度大，畸形河湾增多；在过渡性河段，是凹岸顶冲点上提，工程脱河和半脱河现象严重。这些都是长期缺乏有利的洪水过程导致的。在黄河的调水调沙实践及宽滩区行洪运用时，必须综合考虑当前的洪水灾害影响与未来河势演变的效应，达到两者的统筹兼顾。

10.2 二维评价指标体系架构及评价模型

10.2.1 二维评价指标体系架构

如前所述，黄河下游宽滩区滞洪沉沙功效的评价应包含两层含义。首先要反映宽滩区的滞洪沉沙功能，即（能）滞多少洪、（能）沉多少沙；同时要反映宽滩区发挥其滞洪沉沙功能以后的效应是什么，即宽滩区发挥滞洪沉沙功能给宽滩区造成的灾情和对山东窄河段的影响（本次暂不考虑堤外防洪保护区内的效益）。二者不能直接相叠加。因此，必须构建能同时反映滩区自然滞洪沉沙功能属性和社会功能属性的综合减灾效应的二维结构评价指标体系，相应地，评价模型亦应当包括滞洪沉沙功能与综合灾情损失两个评价模块。滞洪沉沙功能，除体现在直接反映其滩区滞洪沉沙能力的滞洪量、沉沙量、削峰率等指标外，同时还表现在对主槽形态的调整、二级悬河形态的改善等间接指标；减灾效应，体现在宽滩区的综合灾情损失和对山东窄河道冲淤演变及防洪情势的影响等方面。本次研究暂不考虑大堤和新修防护堤的安全与防护堤外广大黄淮海平原潜在的防洪效益等问题。

基于上述思路构造的二维评价指标模型为

$$F=\{f_1(x), f_2(x)\} \quad x=(x_1, x_2, \cdots, x_n) \in X^n \qquad (10-1)$$

式中：$f_1(x)$ 为滞洪沉沙功效评价函数，侧重评价滩区运用发挥的滞洪沉沙自然功效；$f_2(x)$ 为减灾效用评价函数，侧重评价滩区运用发挥的防洪减灾社会功效；x 为 n 维自变量，表示对 n 个滩区的调度指令。该指令既可以是简单的布尔变量，即仅使用 0、1 表示滩区的"启用"和"不启用"；也可以是实数变量，表示对滩区运用方式更细程度的划分。

对于每一场漫滩洪水，都可以采用式（10-1）体现的一个二维评价指标 F 来评价其滩区不同运用方式的运用效果。

10.2.2　基于 Pareto 最优解的多元优化模型

由于河流的自然功能与社会功能既相互依存又相互制约，采用常规评价方法将滞洪沉沙功效的得分与减灾效应的评价得分直接相加作为最终的评价指标是不合适的。本次研究，在得到不同水沙条件、不同滩区运用方案下的不同滞洪沉沙状况和减灾效应后，采用基于 Pareto 最优解的多元优化模型来综合评价宽滩区的滞洪沉沙功效。

如式（10-1）所示，当最终的评价指标函数确定为一个二维函数 F 时，该函数的最优解就非单一数值，而对应着一簇无穷多个二维向量，即 Pareto 最优解集。

对 Pareto 最优解的数学解释如下：对任一多元函数 $y=f(x)=[f_1(x),f_2(x),\cdots,f_n(x)]$，希望求此多元函数的最小值（或最大值），则对于两组不同的自变量 x_1 与 x_2，若对任意的 $i\in[1,2,\cdots,k]$，均有 $f_i(x_1)\leqslant$（或 $\geqslant$）$f_i(x_2)$，则称 x_1 支配 x_2，若在所有的可行域空间内找不到任何一组自变量能够支配 x_1，则 x_1 被称为非支配解（不受支配解），也称 Pareto 最优解。显然，这样的非支配解并非一个而是一组，所有 Pareto 最优解的集合就构成了 Pareto 最优解集（Pareto Front）。令 $\max y=F(x)=[f_1(x),f_2(x)]$，则这个二维优化模型的最优解集形状示意图如图 10-1 所示。

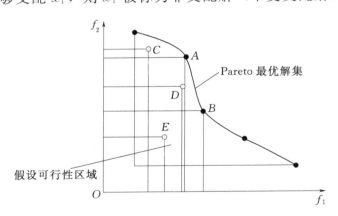

图 10-1　二维 Pareto 最优解集示意图

在图 10-1 中，A、B 点所在的曲线构成了整个 Pareto 最优解集，在这个曲线上的任意两点都无法互相支配，即任意一个子函数值的增长必然伴随着另一个子函数值的下降。而 C、D、E 3 点处在二维模型的可行域中，属于最优解集的被支配解，即在整个可行域中可以找到这样的点，相对于 C、D、E 这 3 点，在两个子函数值上都能取得全面的改进（如 A 点相对于 D 点、B 点相对于 E 点）。

子函数 f_1 即表示宽滩区的滞洪沉沙功能，f_2 即表示宽滩区的综合减灾效应，如果某种滩区运用方式相比原有方式能够同时提升滞洪沉沙功效，则其相对于原有的运用方式，就是一个 Pareto 改进。而通过对所有滩区运用方式的寻优计算，最终将确定一组相对最优的 Pareto 最优解，它们共同组成 Pareto 最优解集。在最优解集中，决策者可以自由地在不同解中选取相应的滩区运用和水沙调度方式。当然，滞洪沉沙功能的提升必然伴随着减灾效应的下降；反之亦然。不同时期、不同的社会经济背景、不同的水沙情景、不同的滩区状况，决策者可以根据给出的 Pareto 最优解集，作出适时适情的科学判断。这正是本次研究拟取得重大突破的落脚点。

10.2.3 各模块评价指标的确定方法

为了研究方便，将滞洪沉沙模块与减灾效应模块再做进一步的细分，其评价思路如图 10-2 所示。滞洪沉沙模块可细分为滞洪功能、沉沙功能 2 个子模块，减灾效应模块可细分为宽滩区减灾评价、山东窄河段减灾评价 2 个子模块。

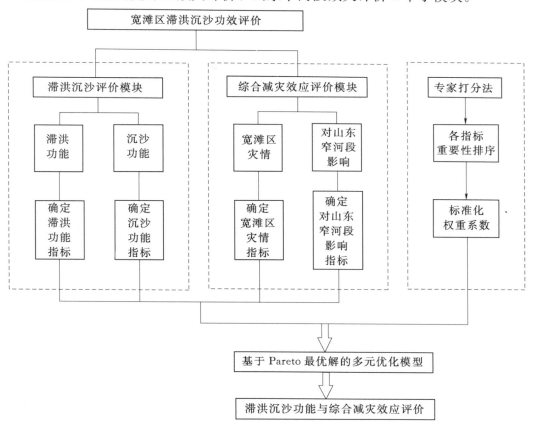

图 10-2　宽滩区滞洪沉沙功效评价技术路线

确定了两个总评价模块以及各自相应的子模块后，就需要在子模块中合理确定更细一层的计算指标。本次研究中综合运用河床演变学、水沙动力学理论，结合原型调研，首先选择若干单因素表征因子来作为各模块的计算指标，再通过专家咨询确定了最终的计算指标，共 10 个。

计算指标与最终评价指标之间的数学关系式为

$$f_1(x) = \sum_{j=1}^{6} \beta_j P_j(x), \ f_2(x) = \sum_{j=7}^{10} \beta_j P_j(x) \tag{10-2}$$

式中：$f_1(x)$ 为滞洪沉沙功能评价函数；$f_2(x)$ 为减灾效应评价函数；$P_j(x)$ $(j=1,2,\cdots,10)$ 为具体的 10 个底层计算指标，其中，前 6 个为滞洪沉沙功能模块的计算指标，后 4 个为减灾效应模式的计算指标；$\beta_j(x)(j=1,2,\cdots,10)$ 为各计算指标的权重系数，需用层次分析法确定其大小。

10.3 节将详细介绍 10 个计算指标的物理意义和选入理由，10.4 节将介绍计算指标权重的计算方法和最终取值。在确定了计算指标与权重后，10.5 节将运用 Pareto 模型的评价方法对历史上 4 场漫滩洪水展开综合评价，检验评价指标体系和评价模型的可靠性和适用性。

10.3　各评价指标及其内涵

基于典型滩区洪水滞洪沉沙运用功能与综合减灾效应的广泛调查（包括历史文献与资料，现场调研），确定各评价指标及层次分布如图 10-3 所示。

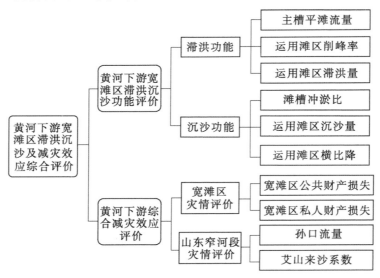

图 10-3　评价指标体系架构

在此，将各子模块评价指标详细阐述如下。

10.3.1　宽滩区滞洪功能

对宽滩区的滞洪功能，重点关注其对主槽的改造作用、对最高洪峰的削峰作用、对总洪量的迟滞作用，有 3 个评价指标构成，如表 10－1 所示。

表 10－1　　　　　　　　　　　宽滩区滞洪功能指标体系表

总指标	指标意义	指标名称	计　算　方　法
滞洪功能	对主槽的改造作用	主槽平滩流量指标 Z_1	汛后平滩流量/汛前平滩流量
	对洪峰的削减作用	运用滩区削峰率指标 Z_2	河段出口洪峰/河段进口洪峰
	对总洪量的迟滞作用	运用滩区滞洪量指标 Z_3	滩区总洪量/河段进口总洪量

其 3 个评价指标的具体解释如下。

（1）主槽平滩流量指标 Z_1。反映不同滩区对应河道的行洪能力。该物理量取值为洪水后与洪水前的各个滩区对应河道的平滩流量值的比值。平滩流量相当于造床流量，即水面与滩唇平齐时的过洪流量，该值直观反映了大洪水过后对主槽过洪能力的改善效应。该值越高表示洪水对主槽的改造越成功。

（2）运用滩区削峰率指标 Z_2。直观反映滩区分洪对所在河段洪峰的削减作用。该物理量取值为滩区对应河段出口的洪峰值与河段进口洪峰值的比值。该指标能够直观地区分各个滩区分洪效果的差异，对防洪调度时启用哪个滩区的决策意义重大。同样的，削峰率越高表示对应滩区的分洪效果越好。

（3）运用滩区滞洪量指标 Z_3。直观反映分洪对河道总洪量的迟滞作用。该物理量取值为进入滩区的总洪量与河段进口总洪量的比值。与削峰率关注洪峰大小不同，该指标关注的是平均意义上的洪量削减作用，与漫滩洪水在时间尺度上的过程和空间尺度上入滩部位、入滩量等均有关系。滞洪量越大，表示该滩区在整个洪水期发挥分洪平均效应越好。

10.3.2　宽滩区沉沙功能

对宽滩区的滞洪功能，重点关注其在滩区的空间分布特征、对滩槽交换的积极影响、对滩区形态的改善作用，共分为 3 类，其指标体系如表 10－2 所示。

表 10－2　　　　　　　　　　　宽滩区沉沙功能指标体系表

总指标	指标意义	指标名称	计　算　方　法
沉沙功能	对滩槽交换的影响	滩槽冲淤比 C_1	滩区冲淤量/全断面冲淤量
	滩区沉沙空间分布特征	运用滩区沉沙量指标 C_2	滩区淤积泥沙总体积
	对滩区形态的改善	运用滩区横比降指标 C_3	（汛前横比降－汛后横比降）/汛前横比降

其 3 类指标的具体解释如下。

(1) 滩槽冲淤比 C_1。反映泥沙淤积量在滩槽的分配。该物理量取值为滩区冲淤量与全断面冲淤量的比值。该值越大，表示滩区相对主槽的淤积量越大。极端情况下，会出现主槽内洪水流速较大发生冲刷，滩区洪水流速较小，所有的淤积都在滩地上。该值一般大于 1。此时对应的就是著名的"淤滩刷槽"现象。因此，该值越大，沉沙功用对二级悬河的改造效果越好。

(2) 滩区沉沙量指标 C_2。最直观地反映滩区综合沉沙效率。该物理量取值为整个计算滩区的泥沙淤积总量，与削峰率是滞洪功能最直观的反映一样，该指标是滩区沉沙功能的最直观体现。

(3) 运用滩区横比降指标 C_3。反映洪水对滩区横比降的改善。该物理量的取值是（洪水前的滩区横比降－洪水后的滩区横比降）/洪水前的滩区横比降。滩区横比降即从滩唇到堤根的滩面平均比降，该比降通常情况下应显著小于滩区纵比降，保证漫滩洪水仍然主要沿着河道前进方向行进，避免横河、斜河和滚河的威胁。从理论上说，希望每次漫滩洪水后，堤根的淤积会显著高于滩唇，滩区横比降会有效缩小，该指标值所代表的差值会显著增大，这就从另一角度反映了漫滩洪水的泥沙淤积对滩区形态有效改善。但实际上，正如第 4 章研究结果，黄河下游漫滩洪水统统因为含沙量高，洪峰尖瘦，一场大洪水过后滩地横比降得以减小的可能性较小。需要特别指出的是，滩区横比降的数值与选择计算滩区的具体位置有关，在同一滩区的不同位置，滩区横比降会有所不同，常用的数学处理方法是尽可能选择整个滩区的若干典型断面，计算各自的横比降，再进行算术平均。

10.3.3 宽滩区灾情损失

该子模块主要分析黄河下游滩区在不同时期、不同漫滩程度和不同含沙量洪水的滞洪沉沙后的综合减灾效应，并结合滩区公共财产、居民私人财产这两个指标作为滩区灾情评价的指标体系。其指标体系如表 10 - 3 所示。

表 10 - 3　　　　　　　宽滩区灾情评价指标体系表

总 指 标	指 标 意 义	指 标 名 称	统 计 范 畴
宽滩区灾情评价	国家、集体财产	运用宽滩区公共财产损失 T_1	工厂、水利设施、桥梁、道路设施等
	居民个人损失	运用宽滩区私人财产损失 T_2	伤亡与个人财产损失、粮食作物损失、经济林损失

其 2 类指标的具体解释如下。

（1）运用宽滩区公共财产损失 T_1。包括工厂、水利设施、桥梁、道路等。该物理量取值为滩区公共财产损失价值与滩区公共财产总价值的比值。

（2）运用宽滩区私人财产损失 T_2。包括居民伤亡损失、财产损失、农作物与经济作物损失等。由于黄河水利委员会与地方政府在滩区防洪中的一系列有效举措，居民伤亡数据一直是严控的红线。因此，T_2 指标值在正常情况下，取为滩区居民财产损失值与居民总财产值的比值。当出现重大的人员伤亡事件时，则在原比值的情况下再增加赋值。增加赋值的原则根据《生产安全事故报告和调查处理条例》中的标准，将事故分为特别重大事故、重大事故、较大事故和一般事故，如表 10-4 所示。

表 10-4　　　　　　　　居民伤亡事故标准与指标赋值

事故等级	事故标准	评价值
特别重大事故	造成 30 人以上死亡； 或者 100 人以上重伤（包括急性工业中毒，下同）； 或者 1 亿元以上直接经济损失的事故	0.75～1.00
重大事故	造成 10 人以上 30 人以下死亡； 或者 50 人以上 100 人以下重伤； 或者 5000 万元以上 1 亿元以下直接经济损失的事故	0.50～0.75
较大事故	造成 3 人以上 10 人以下死亡； 或者 10 人以上 50 人以下重伤； 或者 1000 万元以上 5000 万元以下直接经济损失的事故	0.25～0.50
一般事故	造成 3 人以下死亡； 或者 10 人以下重伤； 或者 1000 万元以下直接经济损失的事故	0～0.25

10.3.4　对山东窄河段影响

漫滩洪水在造成宽滩区灾情损失的同时，有效减轻了山东窄河段的防洪压力。这就涉及了减灾规划中的空间统筹。对应宽滩区的灾情评价，山东窄河段的防洪压力和灾害损失通常限制在河道内，一旦进入窄河段的洪水超过防洪标准，就意味着大堤失守的可能性急剧增加，造成的经济损失和社会损失将会无可估量，本次研究在该指标体系中予以体现。对应窄河段的防洪压力，从洪水风险、淤积风险两个角度共建立了两个指标，其指标体系如表 10-5 所示。

表 10 - 5　　　　　对下游窄河段影响评价指标体系表

总指标	指标意义	指标名称	计算方法
窄河段 影响评价	洪水风险分析	孙口过洪流量指标 H_1	孙口流量/东平湖分洪流量
	淤积风险分析	艾山来沙系数指标 H_2	艾山来沙系数/临界来沙系数

2 类指标的具体解释如下。

（1）孙口过洪流量指标 H_1。该流量直接与东平湖滞洪分洪调度相关。当孙口断面过洪流量超过 $10000\text{m}^3/\text{s}$ 时，东平湖将实行分洪运用，因此该指标取值即为孙口断面过洪流量与东平湖分洪临界流量的比值。该值大于 1，则说明东平湖必须分洪，该值越大，表示进入下游窄河段的洪水越大，其宽河段的防洪压力也越大。

（2）艾山来沙系数指标 H_2。采用艾山站的来沙系数 S/Q^2 ［S 为全沙输沙率（kg/s），Q 为洪水流量（m^3/s）］与该站冲淤平衡临界来沙系数的比值来判断下游山东窄河段的淤积风险。胡春宏等的研究表明，下游河道的临界来沙系数约为 0.014（$\text{kg}\cdot\text{s}/\text{m}^6$），大于该临界来沙系数时，下游河道大概率产生淤积，小于此临界来沙系数时，下游河道可能冲刷。该值小于 1 时，表明下游河道大概率是冲刷的；该值大于 1 时，表明下游河道大概率是淤积的。

10.4　各评价指标权重确定

10.4.1　层次分析方法原理

各指标的权重确定采用层次分析法，简称 AHP 法，是由美国运筹学家 Saatyyu 于 20 世纪 70 年代提出的。具体步骤如下。

（1）确定黄河下游滩区滞洪沉沙效应评价的因子，进一步分析各因子之间的相互关系，构成多层次指标体系，建立指标层次结构模型。按照属性不同由上到下分成目标层、要素层、指标层，指标还可以再细分。

（2）专家对各因子按照重要程度两两比较分别打分，在专家评分的基础上建立数学判断矩阵模型。

这是层次分析法的关键一步。假设针对目标层的影响因子有 n 个，构成集合 $C=\{C_1,C_2,C_3,\cdots,C_n\}$，然后建立层次结构模型，分别构造两两比较判断矩阵。矩阵模式为

$$A=(a_{ij})_{n\times n} \tag{10-3}$$

该判断矩阵满足条件：$a_{ij}>0$，$a_{ji}=1/a_{ij}$，$a_{ii}=1,2,\cdots,i$，$j=1,2,\cdots,n$。

（3）根据矩阵计算出每一层单个因子的权重，并加以排序。权重的计算方法有多种，可选用和积法、方根法、幂次法进行计算。本次研究采用专家打分的层次分析法，判断矩阵 $\boldsymbol{A}_{ij}$ 的大小根据 Staay 提出的 $1 \sim 9$ 及其倒数作为衡量尺度的标度方法给出，如表 $10-6$ 所示。

表 10-6　黄河下游宽滩区滞洪沉沙功能评价指标的层次分析重要性程度

标　度	含　有
1	表示两个因素相比，具有同样重要性
3	表示两个因素相比，一个因素比另一个因素稍微重要
5	表示两个因素相比，一个因素比另一个因素明显重要
7	表示两个因素相比，一个因素比另一个因素强烈重要
9	表示两个因素相比，一个因素比另一个因素极端重要
2、4、6、8	上述两相邻判断的中值
倒数	因素 i 与 j 比较得判断 C_{ij}，则因素 j 与因素 i 比较得判断 $C_{ji}=1/C_{ij}$

1）计算矩阵最大特征根及相应的归一化（标准化）特征向量，可采用 Matlab 矩阵通用软件计算。

$$\lambda_{\max} = \sum_{i=1}^{n} \frac{(\boldsymbol{AW})_i}{n\boldsymbol{W}_i} \qquad (10-4)$$

式中：$(\boldsymbol{AW})_i$ 为向量 $\boldsymbol{AW}$ 的第 i 个元素。

经过标准化的 $\boldsymbol{W}$ 既为同一层次中相应元素对于上一层某个元素相对重要性的权重。则 $\boldsymbol{W}=(\boldsymbol{W}_1,\boldsymbol{W}_2,\cdots,\boldsymbol{W}_n)^{\mathrm{T}}$ 为所求特征向量。

2）然后利用判断矩阵一致性指标（Consistency Index）进行一致性检验，即

$$\mathrm{CI}=\left|\frac{\lambda_{\max}-n}{n-1}\right| \qquad (10-5)$$

式中：n 为阶数。一致性指标 CI 的值越大，表明判断矩阵偏离完全一致性的程度越大，CI 的值越小，表明判断矩阵越接近于完全一致性。一般判断矩阵的阶数 n 越大，人为造成的偏离完全一致性指标 CI 的值便越大；n 越小，认为造成的偏离完全一致性指标的 CI 的值便越小。

3）对于多阶判断矩阵，引入平均随机一致性指标 RI（Random Index），表 $10-7$ 给出了 $1 \sim 15$ 阶正互反矩阵计算 1000 次得到平均随机一致性指标。

表 10-7　　　　　　　　　　　　　平均随机一致性指标

n	1	2	3	4	5	6	7	8	9	10
RI	0	0	0.580	0.864	1.10	1.255	1.339	1.395	1.434	1.490
n	11	12	13	14	15	16	17	18	19	20
RI	1.512	1.538	1.55	1.581	1.585	1.596	1.604	1.610	1.625	1.624
n	21	22	23	24	25	26	27	28	29	30
RI	1.634	1.643	1.646	1.644	1.654	1.661	1.662	1.666	1.671	1.672

当 $n<3$ 时，判断矩阵永远具有完全一致性。判断矩阵一致性指标 CI 与同阶平均随机一致性指标 RI 之比称为随机一致性比率 CR（Consistency Ratio），即

$$CR = \frac{CI}{RI} \qquad (10-6)$$

CR 为平均随机一致性指标，当 CR<0.1 时，判断矩阵具有满意的一致性；否则就需要调整和修正判断矩阵；然后，对层次总排序并进行一致性检验。

4）对于层次总排序就是利用层次单排序的结果计算各层次的组合权重。采用层次分析方法，通过各个层次判断矩阵的计算，最终计算出各个子目标及其指标对总目标的权重系数，从而构造黄河下游宽滩区滞洪沉沙功能及其减灾效应评价模型。当然，同层次单排序一样在进行总排序时，也要对其结果进行一致性检验。

5）单项因子值及最终指标值计算。

对于指标值越高适宜度越好的指标，其指标值为

$$P_{i1} = \frac{A_i}{B_i} W_i \qquad (10-7)$$

对于指标值越低越好的指标，其计算模型为

$$P_{i2} = \left(1 - \frac{A_i}{B_i}\right) W_i \qquad (10-8)$$

式中：P_{i1}、P_{i2} 为 i 指标适宜度指数；A_i 为 i 指标的现状值；B_i 为 i 指标的基准值；W_i 为指标的权重。

综合适宜度指标 P 计算公式为

$$P_{i1} = \sum_{i=1}^{n} P_j W_i \quad j = 1,2,\cdots,n \qquad (10-9)$$

式中：W_i 为各个指标的权重；P_j 为各指标的适宜度指数。

10.4.2 宽滩区滞洪沉沙功效评价指标权重及评价模型

为确定式（10-2）中权重系数 β 的取值，将 10 个具体指标值放置到最底层子目标层 C，将进一步提炼的 4 个综合指标放到子目标层 B，2 个综合指标放到总目标层 A，其逻辑关系见表 10-8。最终的目标是计算子目标层 C 中的 12 个指标相对于总目标层 A 中的两个目标的权重系数 β，将其分别按表 10-8 中的相应层级指标进行计算。具体步骤如下。

表 10-8　黄河下游宽滩区滞洪沉沙功效与减灾效用综合评价模型指标分层表

层次划分	指　标　名		指　标　名	
总目标层 A	滞洪沉沙功效 f_1		减灾效应 f_2	
子目标层 B	滞洪功能	沉沙功能	下游宽滩区灾情评价	山东窄河道风险评价
子目标层 C	主槽平滩流量	运用滩区沉沙量	运用滩区公共财产损失	孙口过洪流量
	运用滩区削峰率	滩槽冲淤比	运用滩区私人财产损失	艾山来沙系数
	运用滩区滞洪量	运用滩区横比降		

（1）根据已经建立的评价指标体系框架图（图 10-3），建立并发放滩区滞洪沉沙功能层次重要性排序专家调查表，对滩区一级子目标和二级指标层次的重要性排序进行专家统计调查。

（2）构造各个层次的两两比较判断矩阵。结合专家调查统计结果，对同一层次的各个元素关于上一层次中某一准则的重要性进行两两比较，由 9 标度法构造两两比较判断矩阵 A，并用 1～9 及其倒数作为标度来确定 a_{ij} 的值，1～9 比例标度的含义为配置措施或变量 X_i 比 Y_j 重要的程度，如表 10-9 所示。

表 10-9　　　　　　　　层次分析重要性程度 9 标度法取值表

X_i/X_j	同等重要	稍重要	重要	很重要	极重要
a_{ij}	1	3	5	7	9
	2	4	6	8	

通过层次分析方法可以将通过专家调查获得的重要性排序转换为标准化的权重系数。

层次分析方法强调选择调查专家对象应是熟悉调查问题的全部或大部分内容、条件和历史现状的专家、学者、工程技术人员及管理人员，才能得到较为客观、准确的判断。

本次参与调查的专家人数为 10 人，统计专家调查结果，根据各个专家调查排序的平均值大小确定子目标和各个指标的最终排序。

本次研究在咨询相关专家后，初步确定各个子目标层 A 对总目标的重要性进行专家咨询。在黄河下游滩区滞洪沉沙功效评价的 3 个子目标中，滞洪功能等于沉沙功能。在黄河下游综合减灾效应评价的 2 个子目标中，宽滩区灾情评价等于山东窄河道灾情评价。

类似地，在子目标层 B 中，同样通过专家打分排序的方法，得到滞洪效应、沉沙效应、宽滩区灾情、山东窄河道灾情的子目标重要性排序。继而通过各个层次的判断矩阵的计算，确定各评价指标值对总目标的权重系数，从而建立下游宽滩区滞洪沉沙功能综合评价指标函数。

1. 宽滩区滞洪沉沙功效评价子目标 B 对于总目标层 A 的权重系数

根据各个子目标对总目标的重要性排序专家调查结果，由 9 标度法可以得到子目标 B 关于总目标层 A 的判断矩阵。

（1）根据各个子目标对总目标的重要性排序专家调查结果，对于黄河下游宽滩区滞洪沉沙效应评价比较判断矩阵如表 10-10 所示。

表 10-10　宽滩区滞洪沉沙效应子目标对总目标的判断矩阵

A_1	滞洪功能 B_1	沉沙功能 B_2
滞洪功能 B_1	1	2/3
沉沙功能 B_2	3/2	1

表 10-10 中，A_1 为黄河下游宽滩区滞洪沉沙效应总目标。

求出上述二阶正互反矩阵的最大特征值 $\lambda_{max}=2$，这个二阶正互反矩阵为完全一致矩阵，故这个判断矩阵的一致性可接受。最大特征值对应的归一化权重系数特征向量为 $\boldsymbol{W}=[0.4，0.6]$。

权重系数特征向量 $\boldsymbol{W}$ 表明滞洪功能子目标对于总目标 A_1 的权重系数为 0.4，沉沙功能子目标对于总目标 A_1 的权重系数为 0.6。

（2）同理，黄河下游宽滩区灾情和山东窄河道灾情评价对黄河下游综合灾情减灾效应判断矩阵如表 10-11 所示。

表 10-11　黄河下游宽滩区子目标对总目标 A 的判断矩阵

总目标 A_2	宽滩区灾情评价 B_3	山东窄河道灾情评价 B_4
宽滩区灾情评价 B_3	1	1
山东窄河道灾情评价 B_4	1	1

求出上述二阶正互反矩阵的最大特征值 $\lambda_{\max}=2$，这个二阶正互反矩阵为完全一致矩阵，故这个判断矩阵的一致性可接受。最大特征值对应的归一化权重系数特征向量为 $\boldsymbol{W}=[0.5,0.5]$。权重系数特征向量 $\boldsymbol{W}$ 表明，宽滩区灾情评价子目标对于总目标 A_2 的权重系数为 0.5，山东窄河道灾情评价子目标对于总目标的权重系数都为 0.5，二者具有同等重要性。

2. 宽滩区滞洪沉沙功效评价指标 C 对于子目标层 B 的权重系数

（1）黄河下游宽滩区滞洪指标对黄河下游宽滩区滞洪功能判断矩阵如表 10-12 所列。求出上述 3 阶正互反矩阵的最大特征值 $\lambda_{\max}=3$，最大特征值对应的特征向量归一化后，即为要求的权重系数 $\boldsymbol{W}=[0.29,0.42,0.29]$。

表 10-12　黄河下游宽滩区滞洪功能指标对子目标 B_1 的判断矩阵

滞洪功能 B_1	主槽平滩流量 Z_1	运用滩区削峰率 Z_2	运用滩区滞洪量 Z_3
主槽平滩流量 Z_1	1	2/3	1
运用滩区削峰率 Z_2	3/2	1	3/2
运用滩区滞洪量 Z_3	1	2/3	1

权重系数特征向量 $\boldsymbol{W}$ 计算结果表明，主槽平滩流量 Z_1 指标对于子目标滞洪功能 B_1 的权重系数为 0.29，运用滩区削峰率 Z_2 指标对于子目标滞洪功能 B_1 的权重系数为 0.42，运用滩区滞洪量 Z_3 指标对于子目标滞洪功能 B_1 的权重系数为 0.29。

（2）黄河下游宽滩区滞洪指标对黄河下游宽滩区沉沙功能判断矩阵如表 10-13 所示。求出上述 3 阶正互反矩阵的最大特征值 $\lambda_{\max}=3$，最大特征值对应的特征向量归一化后，即为要求的权重系数 $\boldsymbol{W}=[0.25,0.50,0.25]$。

表 10-13　黄河下游宽滩区沉沙功能指标对子目标 B_2 的判断矩阵

沉沙功能 B_2	滩槽冲淤比 C_1	运用滩区沉沙量 C_2	运用滩区横比降 C_3
滩槽冲淤比 C_1	1	1/2	1
运用滩区沉沙量 C_2	2	1	2
运用滩区横比降 C_3	1	1/2	1

权重系数特征向量 $\boldsymbol{W}$ 计算结果表明，滩槽冲淤比 C_1 对于子目标沉沙功能 B_2 的权重系数为 0.25，运用滩区沉沙量 C_2 对于子目标沉沙功能 B_2 的权重系数为 0.50，运用滩区横比降 C_3 对于子目标沉沙功能 B_2 的权重系数为 0.25。

（3）黄河下游宽滩区灾情损失指标对黄河下游宽滩区灾情评价判断矩阵如表 10-14 所示。此二阶正互反矩阵为完全一致矩阵，最大特征值对应的归一化权重系数特征向量为 $W = [0.5, 0.5]$。

表 10 - 14　宽滩区滞洪沉沙功能评价指标对子目标 B_3 的判断矩阵

滩区灾情评价 B_3	运用滩区公共财产损失 T_1	运用滩区私人财产损失 T_2
运用滩区公共财产损失 T_1	1	1
运用滩区私人财产损失 T_2	1	1

权重系数特征向量 W 计算结果表明，运用滩区公共财产损失 T_1 对于子目标滩区灾情评价 B_3 的权重系数为 0.5，运用滩区居民私人财产损失 T_2 对于子目标滩区灾情评价 B_3 的权重系数为 0.5。

（4）黄河下游宽滩区滞洪沉沙效应的山东窄河道灾情损失评价指标对黄河下游宽滩区灾情评价判断矩阵如表 10 - 15 所示。此二阶正互反矩阵为完全一致矩阵，最大特征值对应的归一化权重系数特征向量为 $W = [0.8, 0.2]$。

表 10 - 15　宽滩区滞洪沉沙效应·山东窄河道灾情评价
指标对子目标 B_4 的判断矩阵

山东窄河道灾情评价 B_4	孙口过洪流量 H_1	艾山来沙系数 H_2
孙口过洪流量 H_1	1	4
艾山来沙系数 H_2	1/4	1

权重系数特征向量 W 计算结果表明，孙口过洪流量 H_1 对于子目标 B_4 的权重系数为 0.8，艾山来沙系数 C_{10} 对于子目标 H_1 的权重系数为 0.2。说明对山东窄河段而言，灾情损失主要取决于进入该河段的洪峰大小，因为进入黄河下游的泥沙经过河南宽河道的调整，泥沙量及泥沙级配已较河南河段平衡很多，可预测性大大提高。

3. 宽滩区滞洪沉沙功效评价指标 C 对于总目标层 A 的权重及评价模型

由指标层 $Z_1 \sim Z_4$、$C_1 \sim C_4$ 对滞洪沉沙效应子目标 B_1、B_2 的权重系数特征向量，可以得到合成特征矩阵 U_1 为

$$U_1 = \begin{bmatrix} 0.29, & 0.42, & 0.29 \\ 0.25, & 0.50, & 0.25 \end{bmatrix} \tag{10-10}$$

子目标 B_1、B_2 和 B_3 对于总目标 A_1 的权重系数特征向量 W_1 为

$$W_1 = [0.4, 0.6]$$

由特征矩阵 U_1 和特征向量 W_1 可以得到指标层对于总目标 A_1 的综合权重系数向量为

$$\boldsymbol{U}_1' = \begin{bmatrix} 0.11, & 0.18, & 0.11 \\ 0.15, & 0.30, & 0.15 \end{bmatrix} \tag{10-11}$$

采用上述层次分析方法，通过各评价层次判断矩阵计算，最终计算各评价指标对总目标评价的权重系数［式（10-11）］，构造黄河下游宽滩区滞洪沉沙功能评价函数 $f_1(x)$ 为

$$f_1(x) = 0.11P_1(x) + 0.18P_2(x) + 0.11P_3(x) + 0.15P_4(x)$$
$$+ 0.30P_5(x) + 0.15P_6(x) \tag{10-12}$$

其中，$\{P_1, P_2, P_3, P_4, P_5, P_6\}$ 分别为主槽平滩流量指标、运用滩区削峰率指标、运用滩区滞洪量指标、滩槽冲淤比指标、运用滩区沉沙量指标、运用滩区横比降指标，它们也均是滩区运用方式 X 的函数。

由指标层 $T_1 \sim T_2$、$H_1 \sim H_2$ 的权重系数特征向量，可以得到合成特征矩阵 $\boldsymbol{U}_2$ 为

$$\boldsymbol{U}_2 = \begin{bmatrix} 0.5, & 0.5 \\ 0.8, & 0.2 \end{bmatrix} \tag{10-13}$$

子目标 B_3 和 B_4 对于总目标 A_2 的权重系数特征向量 $\boldsymbol{W}_2$ 为

$$\boldsymbol{W}_2 = \begin{bmatrix} 0.5, & 0.5 \end{bmatrix} \tag{10-14}$$

由特征矩阵 $\boldsymbol{U}_2$ 和特征向量 $\boldsymbol{W}_2$ 可以得到指标层对于总目标 A_2 的综合权重系数向量为

$$\boldsymbol{U}_2' = \begin{bmatrix} 0.25, & 0.25 \\ 0.4, & 0.1 \end{bmatrix} \tag{10-15}$$

采用上述层次分析方法，通过各评价层次判断矩阵计算，最终计算各评价指标对总目标评价的权重系数，构造黄河下游宽滩区滞洪沉沙功能综合减灾效应评价函数 $f_2(x)$ 为

$$f_2(x) = 1 - [0.25P_7(x) + 0.25P_8(x) + 0.4P_9(x) + 0.1P_{10}(x)] \tag{10-16}$$

式（10-15）和式（10-19）即运用层次分析法确定权重后，采用式（10-2)给出的二维评价模型两个子函数最终形式，在运算得到 $f_1(x)$ 和 $f_2(x)$ 后，即可将其点绘在 Pareto 模型的得分图［横轴为 $f_2(x)$，纵轴为 $f_1(x)$］中，运用 Pareto 模型的评价方法对滩区运用方式展开综合评价。

10.5　二维评价指标体系与评价模型的可行性检验

为了进一步验证评价指标体系与评价模型的可靠性及适应性，在此系统搜集了黄河下游兰东滩、习城滩、清河滩 3 个典型滩区在 4 场不同洪水（1958 年、1982 年、1992 年、1996 年）条件下，滩区滞洪沉沙及灾情损失资料，通过层次分析法可以计算不同洪水作用下典型滩区的评价指标。再采用评价模型，对 4 场洪水的作用效果给出相应的评价，通过与洪水发生时的实际情况相对比，检验评价模型的适应性和可行性。

10.5.1　典型场次洪水评价指标计算

1. 1958 年洪水计算

基于 1958 年洪水的水沙条件和当时滩区地形特点，根据上述评价模型确定的指标体系对花园口到艾山之间 3 个主要滩区的滞洪沉沙效应进行评价，各个滩区滞洪功能、沉沙功能指标如表 10 - 16 所列；1958 年黄河下游综合减灾效应评价指标如表 10 - 17、表 10 - 18 所示。

表 10 - 16　黄河下游宽滩区 1958 年洪水滞洪沉沙功能评价指标统计

滩区名称	主槽平滩流量指标	运用滩区削峰率指标/%	运用滩区滞洪量指标/%	滩槽冲淤比指标	运用滩区沉沙量指标/($10^3 m^3$)	运用滩区横比降指标
兰东滩	1	11.7	3.24	0.317	728.85	0.769
习城滩	1.04	6.6	12.03	1.669	816.56	0.722
清河滩	1.28	2.3	8.08	1.667	484.05	0.643

表 10 - 17　　　1958 年黄河下游宽滩区灾情损失评价指标统计

滩区名称	运用滩区公共财产损失指标	运用滩区私人财产损失指标
兰东滩	0.696	0.745
习城滩	0.684	0.731
清河滩	0.656	0.721

表 10 - 18　　　1958 年山东窄河道灾情损失评价指标统计

项　目	指标	项　目	指标
过洪流量/(m^3/s)	15900	来沙系数/($kg \cdot s/m^6$)	0.0067
东平湖分洪所需流量/(m^3/s)	10000	不淤来沙系数/($kg \cdot s/m^6$)	0.014
孙口过洪流量指标	1.59	艾山来沙系数指标	0.479

注　不淤来沙系数指的是黄河全下游不淤积时艾山站的来沙系数临界值。

2. 1982 年洪水

基于 1982 年洪水的水沙条件和当时滩区地形特点,利用前述评价指标计算方法对花园口到艾山之间 3 个主要滩区的滞洪沉沙效应进行评价,各个滩区滞洪功能、沉沙功能指标如表 10-19 所示;1982 年黄河下游减灾效应评价指标如表 10-20、表 10-21 所示。

表 10-19　黄河下游宽滩区 1982 年洪水滞洪沉沙功能评价指标统计

滩区名称	主槽平滩流量指标	运用滩区削峰率指标/%	运用滩区滞洪量指标/%	滩槽冲淤比指标	运用滩区沉沙量指标/(10^3 m^3)	运用滩区横比降指标
兰东滩	1	9.8	4.43	0.242	1406.10	0.697
习城滩	1.51	14.04	12.26	1.477	1584.68	0.659
清河滩	1.59	4.92	8.23	1.474	935.83	0.616

表 10-20　　1982 年黄河下游宽滩区灾情损失评价指标统计

滩区名称	运用滩区公共财产损失指标	运用滩区私人财产损失指标
兰东滩	0.844	0.682
习城滩	0.638	0.677
清河滩	0.625	0.451

表 10-21　　1982 年山东窄河道灾情损失评价指标统计

项　目	指标	项　目	指标
过洪流量/(m^3/s)	10100	来沙系数/(kg·s/m^6)	0.011
东平湖分洪所需流量/(m^3/s)	10000	不淤来沙系数/(kg·s/m^6)	0.014
孙口过洪流量指标	1.010	艾山来沙系数指标	0.786

3. 1992 年洪水

基于 1992 年洪水的水沙条件和当时滩区地形特点,利用评价模型对花园口到艾山之间 3 个主要滩区的滞洪沉沙效应进行评价,各个滩区滞洪功能、沉沙功能指标如表 10-22 所示;1992 年黄河下游减灾效应评价指标如表 10-23、表 10-24 所示。

4. 1996 年洪水

基于 1996 年洪水的水沙条件和当时滩区地形特点,利用前述评价指标评价方法对花园口到艾山之间 3 个主要滩区的滞洪沉沙效应进行评价,各个滩区滞洪功能、沉沙功能指标如表 10-25 所示;1996 年黄河下游减灾效应评价指标如表 10-26、表 10-27 所示。

表 10-22　黄河下游宽滩区 1992 年洪水滞洪沉沙功能评价指标统计

滩区名称	主槽平滩流量指标	运用滩区削峰率指标/%	运用滩区滞洪量指标/%	滩槽冲淤比指标	运用滩区沉沙量指标/(10^3 m³)	运用滩区横比降指标
兰东滩	0.94	9.62	12.99	0.001	866.88	0.098
习城滩	0.73	5.22	17.32	0.001	889.08	0.457
清河滩	0.88	1.83	7.01	0.124	231.24	0.179

表 10-23　1992 年黄河下游宽滩区灾情损失评价指标统计

滩区名称	运用滩区公共财产损失指标	运用滩区私人财产损失指标
兰东滩	0.621	0.497
习城滩	0.538	0.624
清河滩	0.607	0.413

表 10-24　1992 年山东窄河道灾情损失评价指标统计

项　目	指标	项　目	指标
过洪流量/(m³/s)	3490	来沙系数/(kg·s/m⁶)	0.0303
东平湖分洪所需流量/(m³/s)	10000	不淤来沙系数/(kg·s/m⁶)	0.014
孙口过洪流量指标	0.349	艾山来沙系数指标	2.16

表 10-25　黄河下游宽滩区 1996 年洪水滞洪沉沙功能评价指标统计

滩区名称	主槽平滩流量指标	运用滩区削峰率指标/%	运用滩区滞洪量指标/%	滩槽冲淤比指标	运用滩区沉沙量指标/(10^3 m³)	运用滩区横比降指标
兰东滩	0.97	12.76	6.11	0.178	2083.11	0.627
习城滩	0.93	6.43	9.50	0.778	1436.49	0.07
清河滩	0.92	2.25	6.39	0.778	861.27	0.352

表 10-26　1996 年黄河下游宽滩区灾害效应统计

滩区名称	运用滩区公共财产损失指标	运用滩区私人财产损失指标
兰东滩	0.691	0.739
习城滩	0.683	0.721
清河滩	0.655	0.714

1996 年山东窄河道灾情损失评价指标统计

项　目	指标	项　目	指标
过洪流量/(m³/s)	5540	来沙系数/(kg·s/m⁶)	0.0079
东平湖分洪所需流量/(m³/s)	10000	不淤来沙系数/(kg·s/m⁶)	0.014
孙口过洪流量指标	0.554	艾山来沙系数指标	0.564

10.5.2　模型可行性检验

由前面指标权重确定方法，可以得到各项指标权重如表 10 - 28、表 10 - 29 所示。

表 10 - 28　　黄河下游宽滩区滞洪沉沙功能评价指标权重表

滞洪功能	权重系数	沉沙功能	权重系数
主槽平滩流量	0.11	滩槽冲淤比	0.15
应用滩区削峰率	0.18	运用滩区沉沙量	0.30
应用滩区滞洪量	0.11	运用滩区横比降	0.15
合　计	0.40	合　计	0.60

表 10 - 29　　黄河下游宽滩区滞洪沉沙减灾效应评价指标权重表

滩区灾害	权重系数	山东窄河道风险	权重系数
运用滩区公共财产损失	0.25	孙口过洪流量	0.40
运用滩区私人财产损失	0.25	艾山来沙系数	0.10
合　计	0.50	合　计	0.50

引入权重计算之前，由于 10 项指标单位不统一，取值范围偏差较大，故采取归一化处理方法。本书采取的归一化方法为 Min - Max 方法（Min - Max Normalization），也称为离差标准化，是对原始数据作简单的线性变换，将结果迅速映射到 0~1 范围之内处理，转换函数为

$$X^* = \frac{x - \min}{\max - \min}$$

式中：max 为样本数据的最大值；min 为最小值。在计算多个滩区运用功效时，为避免特殊极大值对分数造成的异常影响，取多个滩区对应最大值中的中位数作为 max 的取值，取多个滩区对应最小值中的中位数作为 min 的取值。如果归一化的 X^* 超过 1 则按 1 处理，小于 0 则按 0 处理。

数据归一化后则可以得到滞洪沉沙功能及综合减灾效益的得分矩阵，为

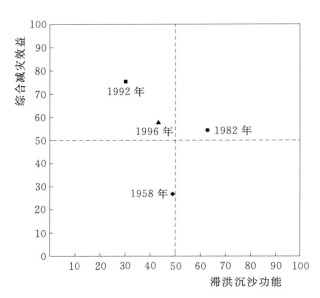

图 10-4　4 场典型实测洪水对宽滩区滞洪
沉沙功效二维评价模型方法的验证

打分能够在坐标系下更加直观显示，对得分最终均乘以 100，则滞洪沉沙功效评价和减灾效益评价的得分区间均调整为 [0,100]，50 分即为这 4 场洪水的平均表现得分。

图 10-4 给出了 4 场实测典型洪水在实际应用条件下，分别在滞洪沉沙和减灾效益上的表现。

由图 10-4 可以得到以下清晰、直观的认识，1982 年和 1958 年洪水的滩区滞洪沉沙功能评价较好，1996 年次之，1992 年的得分较低，这与 1992 年洪水量级低、滩地滞洪削峰不充分有很大关系。此外，1992 年洪水由于含沙量很高且沙峰在前洪峰在后，造成了滩槽皆淤，主槽大淤的不利局面，滩区的沉沙功效没有得到充分发挥，因此其滞洪沉沙功效最差，从减灾效益来看，减灾与滞洪沉沙存在一定程度的互抑机制。洪水一旦出现大的漫滩，宽滩区的滞洪沉沙效应得到充分发挥，相应地对宽滩区的灾情损失将受到相应的影响。因此，改变滩区的经济结构和运用方式，变无组织漫滩为有组织引洪放淤，可能是未来兼顾滞洪沉沙和减灾效益的有效工程措施。

由图 10-4 同样可知，在这 4 场洪水中，1982 年洪水、1992 年洪水和 1996 年洪水构成了图形的上包线，它们共同构成了这 4 场洪水的 Pareto 最优解集。而 1958 年洪水无论在滞洪沉沙功效还是在减灾效应上的评价均低于 1982 年洪水，1982 年洪水的综合效益相对于 1958 年就是一个全面的 Pareto 改进。

第 11 章　不同运用方案综合效应评价及未来宽滩区治理模式

本章依据以上各章研究成果，基于宽滩区滞洪功能评价指标模型，综合评价宽滩区不同运用方式下滞洪沉沙功效及灾情损失。在此基础上，紧密结合滩区经济社会情况，剖析不同运用方案的利与弊，提出可兼顾黄河下游整体防洪安全和区域经济社会可持续发展，实现滩区居民安居、乐业、全面小康目标的宽滩区未来治理模式以及相应的宽滩区综合减灾措施，并针对提出的治理模式，再运用前述二维数学模型，选择典型洪水开展其滞洪沉沙功效的分析计算，进而通过二维综合效应评价模型对推荐的未来治理模式作进一步的评价。

11.1　宽滩区不同运用方案综合效益评价

为了进一步分析评价宽滩区不同运用方案，对黄河下游宽滩区滞洪沉沙功能及其综合减灾效应的影响，基于 Arcgis 等软件，对前述二维数学模型计算结果、实体模型试验结果等进行了灾情分析，利用滞洪沉沙功效二维评价模型对不同方案下宽滩区的滞洪沉沙及灾情损失进行了综合评价。

11.1.1　二维数学模型计算结果灾情分析

灾情分析数据主要包括 5 个方面，分别是人口数量、耕地面积、粮食产量、固定资产和 2010 年总产值。其中，人口分为滩内和滩外两部分。耕地面积分别包括在老滩和嫩滩的耕地。粮食产量分为夏粮和秋粮产量。固定资产可分为国家资产、集体资产和个人资产。

首先，基于 Arcgis 软件，将黄河下游河道、防洪工程、村庄等滩区基础信息输入进去，形成初始的黄河下游宽滩区基础地理信息数据库。收集的基础信息资料包括 1∶10000 以县为单位的基础行政区电子地图、防洪工程（含道路、控导工程、生产堤、渠堤、串沟等）、水文站、1999 年分辨率为村一级的居民居住地和 2009—2010 年社会经济信息等（图 11-1）。

其次，依据二维数学模型计算的 12 组方案（表 11-1），将不同方案情景

图 11-1 黄河下游宽滩区居民居住地和防洪工程数据表

下每场洪水各个滩区的淹没范围输入到 Arcgis 软件中，通过处理获取不同情景方案下各个滩区的淹没信息，并在此基础上逐个绘制和统计滩区的淹没面积以及灾情信息。根据不同方案情景下每个滩区的淹没范围，确定所淹没的村庄，将每个滩区受灾村庄的灾情值加和，得到每组方案中各滩区灾情损失。

表 11-1 二维数学模型不同情景方案汇总

方案名称	方案描述
58·7 无防护堤	"58·7" 典型洪水；边界为无防护堤方案
58·7 防护堤 8000-无闸	"58·7" 典型洪水；边界为 8000m³/s 防护堤标准，不设闸门
58·7 防护堤 8000-有闸	"58·7" 典型洪水；边界为 8000m³/s 防护堤标准，闸门全部开启，所有滩区全部参与分洪
58·7 防护堤 10000-无闸	"58·7" 典型洪水；边界为 10000m³/s 防护堤标准，不设闸门
58·7 防护堤 10000-有闸	"58·7" 典型洪水；边界为 10000m³/s 防护堤标准，闸门全部开启
58·7 分区运用 10000-5 滩	"58·7" 典型洪水；边界为 10000m³/s 防护堤标准，只运用 5 个滞洪量最大的滩区
58·7 分区运用 10000-10 滩	"58·7" 典型洪水；边界为 10000m³/s 防护堤标准，只运用 10 个滞洪量最大的滩区
77·8 无防护堤	"77·8" 典型洪水；边界为无防护堤方案
77·8 防护堤 8000-无闸	"77·8" 典型洪水；边界为 8000m³/s 防护堤标准，不设闸门
77·8 防护堤 8000-有闸	"77·8" 典型洪水；边界为 8000m³/s 防护堤标准，闸门全部开启
77·8 防护堤 10000-无闸	"77·8" 典型洪水；边界为 10000m³/s 防护堤标准，不设闸门
77·8 防护堤 10000-有闸	"77·8" 典型洪水；边界为 10000m³/s 防护堤标准，闸门全部开启

图 11-2～图 11-4 所示为典型滩区的淹没情况。其中在灾情损失的各项指标中，受灾人口为淹没范围内滩内和滩外人口的总和，农作物损失为滩区淹没范围内夏粮和秋粮的产量总和，公共资产损失为滩内国家资产和个人资产总和，居民受灾损失为个人资产损失。

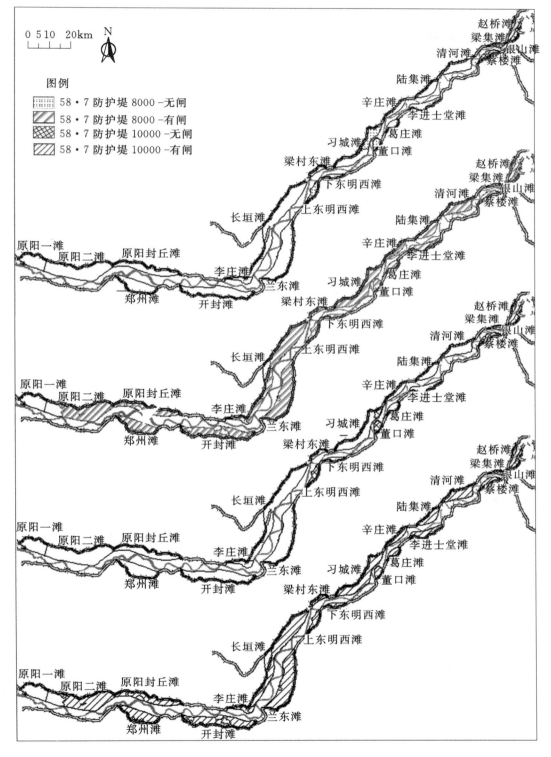

图 11-2 "58·7"洪水不同运用方案典型滩区淹没情况

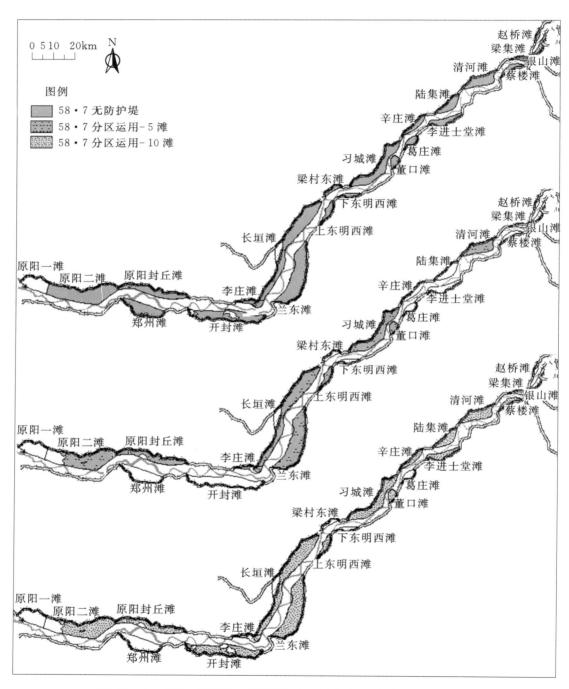

图11-3　"58·7"洪水不同分区运用方案下宽滩区淹没情况

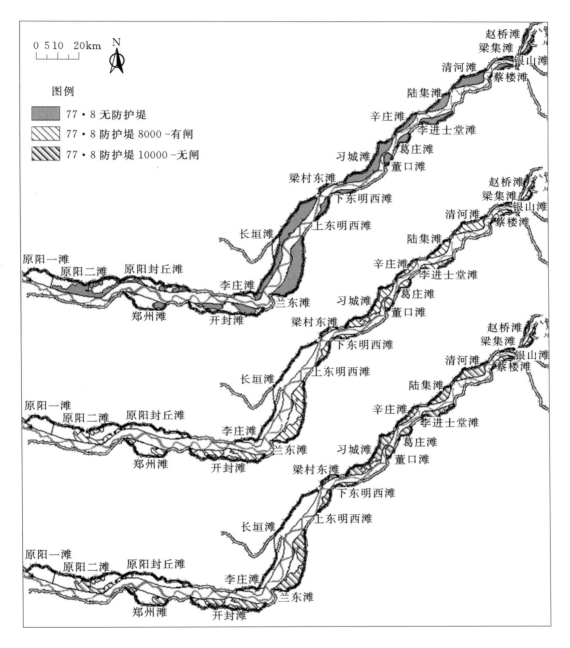

图 11-4　"77·8"洪水不同运用方案典型滩区淹没情况

　　在所有计算方案中，没有设置闸门的两种防护堤方案，"77·8"洪水宽滩区均没有上水。不同运用方案下滩区淹没损失如表 11-2 所列。

表 11 - 2　　二维数学模型不同洪水情景下黄河下游宽滩区淹没损失

洪水情景方案	淹没面积 /km²	受灾人口 /人	农作物损失 /t	公共资产损失 /万元	居民受灾损失 /万元
58·7 无防护堤	1272.40	936768	1185758	138955	1347165
58·7 防护堤 8000 -无闸	138.78	96691	93820	9844	125019
58·7 防护堤 8000 -有闸	1206.47	880655	1096400	108103	1245664
58·7 防护堤 10000 -无闸	76.85	53770	53336	2079	52069
58·7 防护堤 10000 -有闸	1206.69	879637	1094392	108117	1243196
58·7 分区运用 10000 - 5 滩	1056.18	791211	1008825	75131	1083902
58·7 分区运用 10000 - 10 滩	823.74	608086	838193	60420	864795
77·8 无防护堤	1015.82	752301	1017634	76759	1044639
77·8 防护堤 8000 -无闸	—	—	—	—	—
77·8 防护堤 8000 -有闸	715.90	520589	621145	48070	706872
77·8 防护堤 10000 -无闸	—	—	—	—	—
77·8 防护堤 10000 -有闸	715.86	518860	616105	47971	706148

注　"—"表示该滩区没有造成人员和财产受灾。

11.1.2　实体模型试验结果灾情分析

依据实体模型试验成果，将试验中不同方案情景下每场洪水各个滩区的淹没范围输入到 Arcgis 中，利用 Arcgis 的叠加分析工具，找到不同情景下各个滩区的淹没信息，逐个绘制和统计滩区的淹没面积及灾情信息。

无防护堤方案，未调控"58·7"洪水情景下所有滩区的洪水淹没面积约为 844.74km²，占滩区总面积的 59.81%。调控"58·7"洪水情景下所有滩区的洪水淹没面积约为 99.45km²，占滩区总面积的 7.04%。防护堤方案，未调控"58·7"洪水情景下所有滩区的洪水淹没面积约为 668.01km²，占滩区总面积的 47.30%。调控"58·7"洪水情景下所有滩区的洪水淹没面积约为 69.78km²，占滩区总面积的 4.94%。不同运用方案滩区淹没损失如表 11 - 3 所列。

图 11 - 5 所示为实体模型试验中宽滩区的淹没情况。

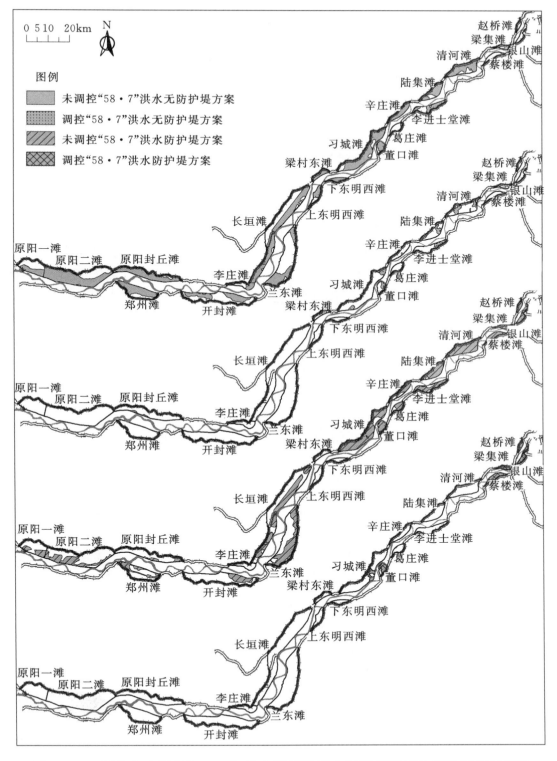

图 11-5　调控和未调控"58·7"洪水不同运用方案下模型试验宽滩区淹没情况

表 11 - 3 不同洪水情景下实体模型试验滩区淹没损失

宽滩区运用方案	淹没面积 /km²	受灾人口 /人	农作物损失 /t	公共资产损失 /万元	居民受灾损失 /万元
未调控 "58·7" 洪水＋无防护堤	844.74	556490	757572	104973	755269
调控 "58·7" 洪水＋无防护堤	99.45	64093	71229	6267	64269
未调控 "58·7" 洪水＋防护堤	668.01	456970	580078	49518	567420
调控 "58·7" 洪水＋防护堤	69.78	64373	52674	4621	96152

11.1.3 宽滩区不同运用方案综合效应评价

前面已分别介绍了二维数学模型、一维数学模型及实体模型试验对宽滩区不同运用方案的运用效果，并分别给出了各自研究结果的总体概念，在此作一简要综合，为利用二维评价模型进行综合效应评价作一铺垫。

（1）在典型洪水情况下，无防护堤方案宽滩区的滞洪沉沙效果要优于防护堤方案；而对于防护堤方案，由于防护堤的修建，大大降低了中常洪水上滩的概率，有效地减小了宽滩区的灾情损失。

（2）防护堤方案与无防护堤方案相比，泥沙在嫩滩的淤积量较大，加速了二级悬河不利态势的发展。

（3）防护堤方案下，由于防护堤的存在，在一定程度上影响了漫滩洪水的归槽，使得滩区滞洪历时增加，从这一角度考虑，反而加重了上水滩区的灾情。

（4）艾山以上宽河段的泥沙淤积量防护堤方案比无防护堤方案要少，表明防护堤方案对于下游河道的输沙有利；但通过防护堤范围内泥沙淤积量的横向对比，表明防护堤方案情况下防洪堤内泥沙淤积量较大，对横断面的形态调整反而不利。此外，防护堤方案进入下游窄河段的沙量比无防护堤方案要多，对窄河段河道淤积造成不利影响。

根据前述宽滩区滞洪沉沙评价指标体系及评价模型，对二维模型 12 组计算方案、两组未调控 "58·7" 洪水的实体模型试验结果，分别就滞洪功能、沉沙功能、宽滩区灾情及对窄河段影响等四类评价模块的 10 个指标进行了统计分析，提取了各个滩区相应的评价指标参数。

由于实体模型模拟的范围仅为小浪底—陶城铺河段，缺少窄河段相应的评价指标，故对窄河段的相关指标参照数学模型计算成果采用同比例缩放给出。

各指标汇总后，统一由宽滩区滞洪沉沙评价指标体系进行评价。宽滩区不同运用方案下滞洪沉沙与灾情评价综合计算结果如表 11 - 4 所列。

表 11 - 4　　　　　　宽滩区不同运用方式下滞洪沉沙与减灾效应评价

类　　型	方　案　名　称	滞洪沉沙评分	减灾效应评分
二维模型	58·7 无防护堤	63	26
	58·7 防护堤 8000 －无闸	59	24
	58·7 防护堤 8000 －有闸	29	49
	58·7 防护堤 10000 －无闸	59	24
	58·7 防护堤 10000 －有闸	27	50
	58·7 分区运用 10000 － 5 滩	53	31
	58·7 分区运用 10000 － 10 滩	59	27
	77·8 无防护堤	57	62
	77·8 防护堤 8000 －无闸	43	75
	77·8 防护堤 8000 －有闸	23	73
	77·8 防护堤 10000 －无闸	43	75
	77·8 防护堤 10000 －有闸	23	73
实体模型	58·7 无防护堤	66	48
	58·7 防护堤	60	53

图 11 - 6 可以看出不同运用方案的综合评价效果。从图中可以看出：

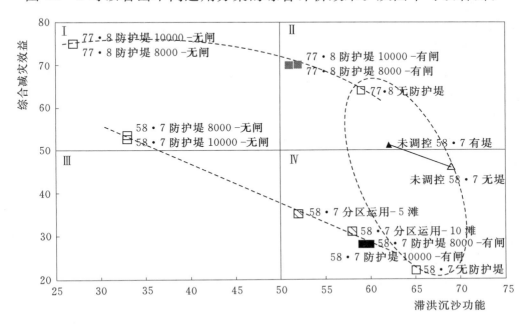

图 11 - 6　宽滩区不同运用方案综合评价

（1）从 50% 象限分区看，落在 I 区的点子为"57·8"洪水、"77·8"洪水有防护堤无闸门的运用方案，其综合减灾效应明显较高，而滞洪沉沙功能较弱。落在 II 区的点子为"77·8"洪水数学模型无堤方案与防护堤有闸门方案，及"58·7"洪水实体模型试验有防护堤方案，该区域属滞洪沉沙功能和综合减灾效应均较优的。无数据点落在 III 区，说明这两场洪水的应对策略中没有滞洪沉沙功能和综合减灾效应均较差的。落在 IV 区的点子均为"58·7"洪水，分别是数学模型防护标准为 $8000 \mathrm{m^3/s}$、$10000 \mathrm{m^3/s}$ 有闸门运用方案、分区运用方案以及实体模型试验无防护堤运用方案。显而易见，在"58·7"这类大洪水情况下，其滞洪沉沙功能明显较高，而综合减灾效应相对较弱。

（2）"77·8"型高含沙洪水（洪峰流量 $10000 \mathrm{m^3/s}$），滞洪沉沙功效发挥最好。"77·8"洪水小浪底站最大含沙量为 $941 \mathrm{kg/m^3}$，洪水演进至花园口站时，含沙量减至 $437 \mathrm{kg/m^3}$，因伊洛河、沁河洪水的加入，相应洪峰流量为 $10800 \mathrm{m^3/s}$。从图 11-6 可以看出，无论有堤还是无堤，无论防护堤的标准是 $8000 \mathrm{m^3/s}$ 还是 $10000 \mathrm{m^3/s}$，高含沙中常洪水（相当于 10 年一遇）的点子均位于图的右上方位置，说明其滞洪沉沙功能与综合减灾效益均较优。

具体地，对"77·8"洪水条件下的综合评价如下：

1）无防护堤运用方案下滞洪沉沙效果最好，但减灾效应较差。

2）防护堤运用方案下，防护堤上设闸门方案滞洪沉沙效果次之，不设闸门的滞洪沉沙效果最差；因不设闸门的方案滩区基本没有进水，故减灾效益最好，设闸门的减灾效益次之。

3）防护堤运用方案下，相对防护堤 $8000 \mathrm{m^3/s}$ 和 $10000 \mathrm{m^3/s}$ 设防标准而言，洪水量级相对偏小，两种堤高设置下同方案的滞洪沉沙功效计算结果是一样的。

"58·7"洪水是 1919 年黄河有实测水文资料以来的最大洪水，花园口实测最大流量为 $22300 \mathrm{m^3/s}$。对此类洪水条件下的综合评价如下：

1）二维数学模型计算结果表明，无防护堤运用方案的滞洪沉沙效果最好，但综合减灾效应最差。

2）防护堤运用方案下，防护堤 $8000 \mathrm{m^3/s}$ 和 $10000 \mathrm{m^3/s}$ 防护标准设闸方案的滞洪沉沙效果较好，分区运用方案下启用 10 滩区的运用方案和 5 滩区运用方案的滞洪沉沙效果均次之；滞洪沉沙效果最不好的是防护堤运用方案下不设闸门方案。减灾效应基本与这一规律相反。

3）由于该洪水量级大，从防护堤的标准来看，标准越高，滞洪沉沙效果越差，但减灾效应会高一些。

4）实体模型试验结果表明，防护堤运用方案下综合减灾效应优于无防护堤运用方案，而无防护堤运用方案的滞洪沉沙效果优于防护堤运用方案。

11.2 黄河下游宽滩区进一步治理面临的新形势

11.2.1 水沙减少和上游调控能力的提高

近几十年来，随着人类活动的日益加剧和气候的变化，全球江河水沙过程随之也发生了重大变化。据统计，全球主要江河入海沙量从 20 世纪 90 年代的约 126 亿 t，减少了 30% 以上。我国江河的泥沙输移量减少幅度也十分惊人，全国年平均入海泥沙量由 30 亿 t/a 减少到 5 亿 t/a，黄河干流潼关站输沙量由 16 亿 t/a 减少到近来的 3 亿 t/a 左右，而且水量也大幅减少。近 25 年来，花园口甚至没有发生过流量大于 8000m³/s 的洪水。由此可见，进入黄河下游水沙减少的趋势十分明显。

对黄河下游防洪具有关键作用的小浪底水利枢纽工程于 2001 年投入运用。特别是 1998 年以来，国家又加大了对黄河下游治理的投入力度，完成堤防加高 551km，堤防加固 384km，处理委编险点 52 处，险工加高、改建 1456 道坝垛，完成河道整治新续建控导工程 628 道坝垛，加高改建 653 道坝垛，使黄河下游防洪形势明显改观。具体表现为：一是小浪底和三门峡、故县、陆浑等水库联合调度，调蓄洪水，显著削减了黄河下游稀遇洪水，使花园口断面百年一遇洪峰流量由 29200m³/s 削减到 15700m³/s，千年一遇洪峰流量由 42100m³/s 削减到 22600m³/s，接近花园口设防流量 22000m³/s；二是利用小浪底水库拦沙和调水调沙库容可显著减轻下游河道淤积；三是堤防已经满足 2000 年水平设计水位的高度要求，抗洪能力得到加强，同时高村以下河势也得到初步控制。

11.2.2 滩区人口有望全部外迁

黄河滩区安全与发展历来受到国家、河南与山东省委、省政府的高度重视。近年来，全国政协、民盟中央、财政部、农业部、水利部、中科院等组织相关部门和专家多次赴河南黄河滩区调研，提出了建设性的意见和建议，同时也出台了一些促进滩区安全与发展的政策。自 2013 年以来，河南省委、省政府高度重视黄河滩区扶贫与发展工作，把滩区脱贫致富列为全省扶贫攻坚的重点，纳入了"三山一滩"扶贫重点片区。在本次研究期间（2012 年 1 月至 2015 年 6 月），河南省就关于黄河下游滩区发展出台了一些政策，对提高宽滩区灵活性运用起到了十分重要的作用。

1. 河南省正式出台《黄河滩区居民迁建试点实施方案》

河南黄河滩区自洛阳市孟津县白鹤至濮阳市台前县张庄，河道长 464km，兰考东坝头以上至孟津白鹤滩区为"高滩区"，兰考东坝头以下至台前张庄的滩区为"低滩区"。滩区涉及洛阳、焦作、郑州、新乡、开封、濮阳 6 个省辖市 14 个县（区）和巩义、兰考、长垣 3 个省直管县的 59 个乡镇、1172 个村，滩区面积 2116km²，耕地 228 万亩，居住人口 125.4 万人，处于 20 年一遇防洪标准洪水位线以下的有 103.7 万人，其中，受洪水威胁较大的有 82 万人，包括低滩区的 54.7 万人和高滩区的"落河村""近堤村"约 27.3 万人。长期以来，受特殊地理环境和国家防洪法律法规等因素的制约，河南省黄河滩区经济发展滞后，群众生产生活条件恶劣。目前，滩区有 4 个国家级贫困县、2 个省级贫困县、414 个贫困村、33 万贫困人口，滩区已成为河南省最为集中连片的贫困地区之一。

从长远看，解决滩区群众防洪安全，促进滩区群众脱贫致富，实现治河和惠民的有机结合，其根本出路在于滩区居民外迁安置。经过多年的改革发展，河南省综合经济实力显著增强，进入工业化、城镇化加速发展时期，为黄河滩区居民迁建奠定了坚实基础；农业现代化加快推进，新型农业经营主体快速发展，农业规模化、组织化水平显著提升，滩区青壮年劳动力大部分转移到城镇及第二、第三产业就业，群众的生产生活方式发生了深刻变化，为迁建提供了强大的内生动力。综合各方面因素，实施滩区居民迁建，对促进滩区经济社会全面协调发展具有重要意义。

（1）有利于保障群众生命财产安全，实现滩区长治久安。黄河下游宽滩区面积大、人口多，安全设施严重滞后，若发生 20 年一遇以上洪水，大部分高滩和所有低滩将漫滩行洪。实施居民迁建，不仅能够彻底解决滩区群众防洪安全问题，而且能够为进一步完善黄河下游防洪体系创造条件，与《黄河流域综合规划（2012—2030 年）》提出的下游滩区治理方案相一致。

（2）有利于加快滩区群众脱贫致富，与全省同步实现小康目标。实施宽滩区居民迁建，有利拓宽滩区群众致富空间，从根本上解决贫困问题，促进与全省全国同步进入全面小康社会。

（3）有利于增加耕地后备资源，为保障国家粮食安全作出新贡献。滩区居民迁建后，通过对搬迁后原有村庄占地复耕、滩涂地的综合整治和现有耕地能力提升，能够有效增加耕地数量，提高耕地质量和土地利用效益，为保障国家粮食安全作出新贡献。

（4）有利于有序推进农业人口转移，加快新型城镇化建设。实施宽滩区居民迁建，将百万滩区群众搬迁于县城和重点镇，有利于加快推进城镇化建设，实现公共服务均等化，促进经济社会健康快速发展。同时，滩内村庄复垦后，有利于土地的规模化经营，提高农业生产效率，对于增加农民收入、实现农业现代化也具有重要的意义。

（5）有利于保护滩区生态环境，构建生态安全屏障。黄河滩区有丰富的湿地资源，是黄河中下游重要的生态安全屏障，对保障国家生态安全具有独特的作用。实施居民迁建，建设横跨东西的沿黄生态涵养带，能够促进滩区生态环境保护和湿地恢复，形成防风固沙、调节气候的屏障，为维护区域生态稳定和平衡，增强可持续发展能力提供基础保障。

自 2013 年以来，河南省委、省政府高度重视黄河滩区扶贫与发展工作，组织发展和改革委员会牵头，黄河河南河务局参与编制了《河南省黄河滩区居民迁建总体方案》（以下简称《总体方案》）和《河南省黄河滩区居民迁建试点工作方案》（以下简称《试点方案》）。《总体方案》计划将低滩区未达到防洪安全标准的 54.7 万人及高滩区受洪水威胁较大的"落河村"和"近堤村" 27.3 万人共计 82 万人进行搬迁，约需资金 420 亿元，涉及郑州、开封、新乡、濮阳 4 市、10 个县（区）、43 个乡镇的 817 个自然村。2014—2016 年为搬迁试点阶段，计划搬迁 6 万人，其中 2014 年搬迁 1.6 万人左右，2015—2016 年再选择部分村庄继续开展试点。2017—2020 年为规模推进阶段，计划搬迁 76 万人，平均每年搬迁约 19 万人。《试点方案》计划到 2016 年完成外迁安置滩区群众 17773 人。涉及濮阳市范县张庄乡，新乡市封丘县李庄镇 2 个乡镇的 18 个村庄 5189 户居民。

2014 年 8 月 8 日，郭庚茂书记主持召开省委领导议事会研究通过了试点工作方案。会后，省发展和改革委员会委托河南省水利勘测设计研究有限公司依据试点工作方案，开展了试点实施方案的编制工作，经过实地勘测和逐一入户调查群众户型选择意见，完成了《河南省黄河滩区居民迁建试点实施方案》。2014 年 9 月 30 日，黄河水利委员会组织专家对方案进行了审核，2014 年 10 月 22 日出具了正式审核意见。2014 年 10 月 28 日经省政府第 42 次常务会议审议通过，2014 年 10 月 29 日省政府以豫政文〔2014〕158 号文予以批复。

2.《试点方案》的总体规划

由于黄河滩区居民迁建涉及人口多、资金需求大、工作任务重，需要统筹谋划，先行试点，积累经验，稳步推进。通过试点，探索在资金整合、土地综合整治、节余建设用地指标筹资、产业发展、转移就业、土地流转、后期扶持、维护稳定等方面的经验，确保滩区群众比原来生活得好，实现"搬得出、稳得住、能发展、可致富"的目标，为全面推进我省黄河滩区居民迁建提供可复制、可推广的经验和模式。经广泛征求有关省辖市、县和省直管县政府的意见，选择在濮阳市范县张庄乡、陈庄镇，新乡市封丘县李庄镇，兰考县谷营乡 4 个乡镇开展迁建试点，共涉及 14 个村、4676 户、16718 人。其中，范县张庄乡 6 个村、1295 户、4707 人，范县陈庄镇 2 个村、742 户、2277 人，封丘县李庄镇 5 个村、2053 户、7634 人，兰考县谷营乡 1 个村、586 户、2100 人。

以 2014 年为设计基准年，2015 年为搬迁安置规划设计水平年。试点乡（镇）基准年搬迁 4676 户、16718 人，规划水平年搬迁人口 16835 人。搬迁安置分为集中安置和分散安置两种方式，以集中安置为主，分散安置为辅。对选择集中安置的 4252 户，规划建设 4 个集中安置区；对自主分散安置的 343 户，经户主自愿申请，县乡政府审核同意，签订协议，并拆除原住房后享受搬迁群众同等住房补助政策；对 49 户鳏、寡、孤、独等弱势群体，按照有关社会保障政策在敬老院安置；对暂不愿意搬迁的 32 户预留安置住房。

3. 迁建后滩区居民经济发展模式

根据《试点方案》，14 个试点村现有劳动力 9084 人，其中已基本实现稳定就业 4690 人，剩余劳动力 4394 人，主要为现状在滩区从事农业生产的群众。试点县乡通过土地流转及安置区附近的产业园区建设，加快推进产业发展，创造更多就业岗位。通过开展职业技能培训，增强转移就业能力，可基本满足 4394 人的就业需求。主要政策措施如下。

（1）土地流转。允许中低产田改造、土地整理、新增千亿斤粮食田间工程等项目进滩，改善滩区生产条件，提高各类经营主体承接流转的积极性，促进土地流转。各试点县要制定出台鼓励滩区土地流转的支持政策，对承接滩区土地达到一定数量的农业企业、种植大户等新型农业经营主体给予补助。对继续从事农业生产的群众，在群众自愿的基础上，通过政府协调，采取土地置换、农业合作社托管等方式，解决耕作半径大的问题。

（2）产业发展。立足试点县乡资源禀赋和产业基础，明确产业发展方向，突出产业发展重点，优化产业结构，壮大产业规模，为搬迁提供产业就业支撑。滩区内原村庄拆除复垦后的土地主要用于农业生产和生态恢复，不得建设工厂等阻水建筑物，确保黄河安澜。充分利用黄河滩区资源优势和独特的区位优势，按照"滩内种草、滩外养牛、城郊加工、集群发展"的思路，突出抓好沿黄奶业发展，积极发展花卉、肉牛养殖、水产养殖等优质、高效、特色农业。

（3）转移就业。充分发挥人社、教育、农业、民政、扶贫、残联等部门的优势，大力开展新生劳动力的职业教育，青壮年劳动力的技能培训，农业生产劳动力的实用技术培训。建立健全滩区县公共就业服务体系，提升公共就业服务水平，不断完善政策，创新工作机制，通过实施职业介绍、劳务输出、技能培训、社保补贴等一系列就业政策，增强转移就业和自我发展能力，努力实现外迁劳动力稳定就业。

11.2.3 滩区补偿政策的实施

根据国务院批准的《关于黄河下游滩区运用补偿政策意见的请示》（财农〔2011〕95 号），为规范和加强黄河下游滩区运用财政补偿资金的管理，确保资金合理、有效使用，财政部、发展和改革委员会、水利部于 2012 年 12 月18 日，联合发布《黄河下游滩区运用财政补偿资金管理办法》，决定对滩区内具有常住户口的居民，因滩区运用造成的一定损失，由中央财政和省级财政共同给予补偿，河南、山东两省分别印发了《黄河下游滩区运用财政补偿资金管理办法实施细则》。滩区补偿政策的实施对提高防洪调度的灵活性意义重大。

11.3 未来黄河下游宽滩区治理模式

黄河下游宽滩区属黄河河道范围，《中华人民共和国水法》《中华人民共和国防洪法》和《中华人民共和国河道管理条例》等法律法规对滩区建设做出了很多禁止性规定：工业项目不能落户滩区，基础设施项目一般不在滩区安排。加之，滩区土地"一地两用"，黄委和地方政府各自行权，常常相互掣肘，弱化了综合治理成效和协调发展能力。滩区的滞洪沉沙功能与加快滩区脱贫致富这一矛盾越来越突出。

由于滩区人水争地矛盾突出，受一些政策法规约束，经济发展相对滞后，滩区群众世世代代在洪水风险中求生存，形成了与洪水共存的生产生活方式。随着滩区人口的自然增长，滩区群众对土地的渴求越来越大，很多河边地、嫩滩地被开垦为耕地。为保秋粮，修筑生产堤成为滩区群众迫不得已的选择。生产堤的存在因缺乏统一的规划设计和规范的运用方式约束，虽然在一定程度上可减少中常洪水对滩区生产生活的威胁，但在大漫滩洪水下反而会严重影响滩区的滞洪沉沙效果，以及退水历时和水沙演进与滞洪沉沙的时空分布，同时加速本已严峻的二级悬河不利态势进一步发展。然而，目前完全破除生产堤的可能性显然不足，从而更加重了治河与滩区发展之间的矛盾。

　　黄河下游宽滩区治理面临着水沙减少、水库调控能力增强、滩区居民逐步外迁、滩区补偿政策实施等一系列新的利好情势；但同时，仍然面临黄河下游发生大洪水的可能。在此，推荐未来一定时期内黄河下游宽滩区治理总体格局和运用模式：以国务院批复的黄河下游"宽河固堤"的治理方略为依托，在两岸滩区通过改造生产堤或新建两条防护标准为 6000m³/s 的防护堤；制定相对完善的宽滩区洪水运用原则，充分发挥大洪水期黄河下游宽滩区行洪、滞洪、沉沙的功能，同时尽量避免一般漫滩洪水特别是 6000m³/s 以下量级的中常洪水上滩；防护堤上设置分洪闸与退水闸，根据上游不同洪水量级，通过科学调度有序开启不同滩区，抑或全部或部分破除防护堤，让洪水尽量尽快上滩分洪，确保可控洪水有效减轻或消除滩区洪灾损失，理性地诠释"小水保生产、大水保安全"的科学内涵。

　　同时，根据宽滩区泥沙配置模式研究成果，不同水沙情景下滩区放淤模式均明显优于河道输沙模式，在实际运用中应加强滩区放淤等工程措施，改善黄河下游不利的二级悬河形态；在目前国家和地方积极推进滩区人口外迁措施的前提下，改变滩区土地运用方案，实行集约化农业，减轻滩区管理压力，建立良性的黄河下游宽滩区运行机制，实现宽滩区滞洪沉沙功能和综合减灾效应最大化的双赢，向黄河的长治久安迈出实质性一步。

11.4　宽滩区良性运行机制

　　无论从滩区群众的生存发展，还是从保障黄河安澜功能的角度来看，最优的减灾措施应该是将滩区部分人口逐步分类外迁或就地相对集中安置，使滩区群众不仅能够安居还要乐业。但同时应该认识到，人口搬迁不可能一蹴而就，滩区大部分群众依靠滩区土地生存和发展的现实情况将长期存在。

　　因此，必须依靠滩区土地的高效、优化利用来实现谋发展、脱贫困、奔小康的目标，也使得构建宽滩区良性运行机制成为必然。

　　（1）将滩区纳入国家重点扶贫计划，实施整建制扶贫。《国务院关于支持河南省加快建设中原经济区的指导意见》提出，建设濮范台扶贫开发综合试验区，但至今未出台国家层面的具体支持措施，且范围仅限于濮范台 3 县，应将试验区扩展至整个滩区，实施整建制扶贫。制定"黄河下游滩区发展规划"，并列入国家"十三五"规划。同时，河南、山东两省也应加强统筹协调，切实加强滩区的省内对口扶贫开发力度。

（2）着力扶持以现代农业为核心的滩区第一、第二、第三产业发展。滩区现代农业发展已初见端倪，应大力扶持一批生产经营链条长、深加工增值高、辐射带动能力强的农工商紧密结合的产业。并鼓励国内外一些企业到滩区投资，出台政策鼓励企业优先用原滩区居民，鼓励滩区居民到新城中就业，形成良性循环。

（3）破除一些不利于滩区发展的政策性障碍。目前，滩区大量土地被违规划作基本农田，仅濮阳市滩区土地中基本农田就占94%。受《中华人民共和国基本农田管理条例》规定限制，滩区耕地种植结构粮经比偏高，滩区农民很难借此脱贫。应根据滩区的实际情况，尽快将滩区土地回归一般耕地和其他农用地。鼓励农民将土地承包经营权以出租或入股形式，变单一耕作种植模式为农业企业经营模式，既增加农民土地财产性收益，又促进农业规模化生产经营。围绕优势农业，大力扶持推广农业专业合作社发展，形成集约化农业、规模化农业的生产生活方式，为宽滩区灵活的水沙调控奠定基础。

（4）支持滩区在遵守《中华人民共和国河道管理条例》的前提下，发展生态休闲旅游业，开辟新的经济增长点，促进农民就近就地就业。

（5）加大宽滩区泥沙资源利用。通过科学的规划，鼓励在宽滩区开展泥沙资源利用，如此不仅可以加大宽滩区泥沙的处理，同时也可以增加滩区居民的就业与收入。

11.5 宽滩区推荐治理模式综合效应评估

探讨黄河下游未来宽滩区治理模式之前，首先回顾一下莱茵河流域综合管理经验。过去数百年间，荷兰的河流空间持续萎缩。河流两岸堤防不断加高，居住人口越来越多，两岸地面发生沉降，同时受全球气候变化影响，近些年来，流域降水量更多且更频繁，河流需要下泄的水量越来越多。按照最不乐观的情况估计，堤防决口可能会给400万荷兰人民带来危险。同时，近期莱茵河流域发生特大洪水次数较以前增加，洪灾造成了巨大经济损失。1987年的一场洪水给瑞士的大部分地区造成极大破坏，损失计10亿美元。1990年和1993年（1994年）的洪水造成莱茵河沿岸国家的损失达9亿美元。1995年1月，沿莱茵河和Mosel河的许多城镇被洪水淹没，荷兰的堤坝濒临崩溃，数十万人被迫转移，损失高达数十亿美元。引发这些洪水的自然原因是：①流域内大部分地区长时间的暴雨；②长时间降雨造成土壤含水量过高，土壤没有足够的蓄滞雨水能力，或者由于冬季土壤上冻，雨水无法入渗；③土壤侵蚀、泥沙大量进入河道并发生沉积。除了自然原因外，洪水也受人为因素的影响。人为改变植被和土壤的天然滞水状况及水文地理系统会破坏水量平衡。例如，民用和工业建筑物、道路等造成的洪水地面减少；砍伐和破坏树木，造成森林覆盖面积的减少；不采用因地制宜的农业耕作方式对地下水的破坏；为了加快泄水而实施的河道渠化，降低了河流沿岸地区的滞水能力；堤防建设减少了天然蓄滞洪区等。

1993 年与 1995 年莱茵河中下游发生的两次洪灾，加强了人们对莱茵河实施综合管理的意识，也促成了更多的政治承诺。"莱茵河行动计划"取得了积极的成果，在此基础上，有关部长要求 ICPR 在防洪方面开展国际行动计划。在莱茵河沿岸，通过建堰、建垸、退堤和通过莱茵河水电站的特殊运行，分蓄洪水。莱茵河综合计划决定通过"生态洪水"和"蓄滞洪区过流"的方式，为重建洪泛区创造条件。另外，要尽可能恢复洪泛区特有的、经常变化的地下水位和排水造成的土壤侵蚀。要求在建的蓄滞洪区（即原来的洪泛区）必须遵循以下原则：①在洪水发生时可以淹没，这意味着每隔 10 年、20 年或 30 年就要淹一次，淹没水深达几米，否则，由于现有的绝大多数社区已适应较干燥的环境，因而会承受损失；②洪水淹没区内的社区既要发展，又要能承受较大洪水而不遭受任何损失；③洪泛区内社区发展要求蓄水有一定的自然规律，蓄水高度要适当，并且尽量避免长期滞洪。同时，荷兰政府采取措施，通过实施河流的防洪规划增加安全性。河流在 39 处扩大了更多的行洪空间，实施了"给河流以空间"河道治理项目。除安全因素外，"给河流以空间"河道治理项目同时考虑了环境因素，如河流周边地区的环境整治，使其变得更具吸引力，为自然和娱乐提供更多空间。包括省政府、市政府、水董会和荷兰交通水利部等在内的 17 个单位在实施此项目的过程中密切合作，确保了所有利益相关者的积极参与。

通过莱茵河周边国家的合作，加上 ICPR 高效、务实的整套措施，在国际防洪问题上也能取得同样的积极成果。该战略文件最重要的结论是：既然人类无法阻止自然界洪水发生，那么国际行动应集中关注蓄滞洪区管理而不是洪水管理。制定了 10 条指导性原则，作为多轨制结构性措施的依据。正在实施的整个莱茵河流域综合水管理及其未来可持续发展战略将进一步改善莱茵河防洪情势，ICPR 框架下莱茵河周边国家的成功合作为其他河流合作树立了榜样，也给黄河下游治理提供了借鉴。

近几年，我国极端天气频现。例如，2016 年 7 月 5 日武汉市普降大暴雨，局部降特大暴雨，7 月 6 日武汉国家基本气象站记录的数据显示武汉主城区 14h 降雨 229.1mm。从 6 月 30 日至 7 月 6 日，武汉国家基本气象站记录的强降雨过程累计降雨 560.5mm，一周持续降水量突破该市有气象记录以来最高值。暴雨灾害造成全市 12 个区 75.7 万人受灾，农作物受损 97404hm^2，其中绝收 32160hm^2。倒塌房屋 2357 户 5848 间，严重损坏房屋 370 户 982 间，一般性房屋损坏 130 户 393 间。直接经济损失 22.65 亿元。因灾死亡 14 人，失踪 1 人。再如，2016 年 7 月 8 日夜间河南新乡市出现大暴雨，雨量突破历史极值。从 7 月 9 日凌晨起截至早上 7 时，共有 61 个乡镇雨量超过 100mm。强降雨主要集中在新乡市区及辉县、卫辉、新乡县。最大降雨量出现在新乡观测站，达 313.3mm，已经突破历史极值。截至 7 月 9 日 18 时，新乡市受灾人口 32.88 万人。因此，从这些典型的事件来看，人类无法阻止极端气候的发生。从大气环流形势变化分析，人类也没有能力通过改变下垫面来减少洪水发生的概率，所修建的水库经过多年以后，均面临淤满的后果，黄土高原水土流失治理虽然有所成效，但却是一个漫长的过程。因此，黄河下游发生大洪水、高含沙洪水的概率仍然存在。对于大洪水，黄河下游宽滩区依然要发挥行洪、滞洪、沉沙的功能；然而对于一般漫滩洪水（参照平滩流量 4000m^3/s 标准），特别是 6000m^3/s 以下量级的洪水，从滩槽水沙交换率、滩区淹没损失增长率等科学角度分析（研究成果见 9.2 节内容），应避免洪水上滩而造成滩区损失；而对于大洪水，应充分发挥滩区滞洪沉沙功能。

因此，在上述宽滩区治理模式、农业生产方式和滩区良性运行机制、国家滩区补偿政策等实施基础上，推荐未来宽滩区运用方案：若花园口站发生 6000m^3/s 以下洪水，通过 6000m^3/s 标准防护堤保护滩区不受损失；对于花园口站超过 6000m^3/s 洪水，视洪水量级实行分区或全滩区运用，发挥宽滩区滞洪沉沙功效，缓解当前治黄工作中长期面临的矛盾。

在此，以"77·8"洪水为例，采用二维数学模型对推荐的宽滩区运用方案进行了计算。同时，计算中根据《黄河滩区居民迁建试点实施方案》，将受洪水威胁较大的低滩区的 54.7 万人和高滩区中"落河村""近堤村"的 27.3 万人，共 82 万人全部搬迁。

根据推荐方案的二维模型计算结果，综合评价如图 11-7 所示。

推荐方案计算结果表明，不仅滞洪沉沙效果与"77·8"无防护堤方案相比有所改进，而且按照新的运用模式，并按照规划进行人口外迁后，首先确保了人员生命安全，综合减灾效应也大大提高，主要损失为农作物损失与滩区公共资产损失。对此，一方面可以考虑滩区补偿政策给予滩区受灾区域以

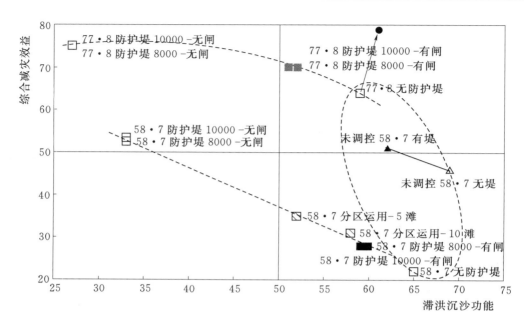

▲ 物理模拟 58·7　■ 数学模型 58·7　■ 数学模型 77·8　● 数学模型推荐

图 11-7　宽滩区推荐治理模式综合效应评估

合理的经济补偿，同时可以建立由中央、省级政府和水利部门共同出资设立专门的滩区发展风险基金，以减轻滩区抵御洪水的风险。

第12章 结 论

本书紧密结合黄河水沙及滩区社会经济实况，针对无防护堤、防护堤、分区运用三种宽滩区治理模式，突出微观、介观、宏观尺度有机统一，强调河流自然属性与社会属性协同发挥，注重现场调研、理论研究、数模计算与实体模型试验等研究方法的有机结合，首次从理论层面揭示了滩槽水沙交换机理及漫滩洪水水沙运移与滩地淤积形态的互馈机制，量化了不同治理模式下宽滩区滞洪沉沙功效及对山东窄河段冲淤与防洪安全的影响，提出了下游宽滩区泥沙配置潜力和可兼顾下游防洪与滩区发展的洪水泥沙调控模式、减灾技术和运用机制，构建了同时反映河流自然属性和社会属性的宽滩区滞洪沉沙功效二维评价指标体系和模型，优化了宽滩区运用方案，形成了黄河下游宽滩区治理与防洪减灾理论与技术体系。现总结如下。

1. 宽滩区滞洪沉沙功效研究的边界条件

随着黄河水沙情势的变化和水沙调控体系的不断完善，以及国家 2020 年全面实现小康目标之日的逐步临近，黄河下游宽滩区治理模式再次成为各界人士争论的焦点，但无论持何种观点的专家学者均多为定性意见，更无人针对不同治理模式开展系统全面的对比分析，难以为行政决策提供切实的技术支撑。为此，将各方意见归纳为 3 种典型的宽滩区运用方案，即：①无防护堤方案，即现状治理模式下全面废除生产堤方案；②防护堤方案，高村以上平均堤距 4.4km、高村以下 2.5km，防护堤标准分别为 6000m^3/s、8000m^3/s、10000m^3/s，闸门考虑设置分洪闸（有闸）和不设分洪闸（无闸）两种情况；对于有闸情况，当花园口站流量大于防堤标准时开启分洪闸分洪运用；对于无闸情况，完全靠洪水自然漫顶分洪；③分区运用方案，即在防护堤方案的基础上，有计划的分别启用 5 个、10 个滩区。

对比分析采用的水沙过程包括：①50 年长系列年水沙系列，分为基础 3 亿 t 方案、基础 6 亿 t、基础 8 亿 t 方案，相对应的年来沙量分别为 3.21 亿 t、6.06 亿 t、7.7 亿 t，年来水量分别为 248.04 亿 m^3、262.84 亿 m^3、272.78 亿 m^3，以及 8 亿 t 扩展方案，保持年均来水量为 272.78 亿 m^3 不变，对应的年均来沙量分别减少为 6 亿 t、3 亿 t；②典型洪水过程，选取黄河下游"58·7"洪水和"77·8"洪水两个洪水过程，主要用于二维模型与实体模型试验宽滩区滞洪沉沙功效及防洪情势变化研究。

2. 揭示了滩槽水沙交换机理及漫滩洪水水沙运移与滩地淤积形态调整的互馈机制

（1）从理论层面揭示了滩槽水沙交换机理。从考虑侧向二次流惯性力的动量方程出发，建立了复式河道流速与含沙量横向分布理论公式，给出了不同水深、横比降等条件下滩槽流速、含沙量分布理论曲线。该理论解不仅能反映流速与含沙量的衰减规律，甚至堤根处出现的"翘尾巴"现象、滩槽交界面上的跳跃点也得以展现。

（2）首次考虑滩地横比降因子，提出了漫滩洪水水沙运移与滩地淤积形态之间的互馈机制。

1）洪水漫滩后水深的减小，导致横向流速大幅衰减，在滩槽交界处出现含沙量跳跃点和极值点，进而造成滩唇的严重淤积，从理论上阐明了二级悬河的产生是不可避免的。这也印证了江恩慧等前期的研究，提出的黄河特殊的水沙条件是黄河下游形成二级悬河的主要原因的结论。

2）随着滩地横比降的增大，导致流速横向分布衰减变慢，表明洪水的流速分布和横断面淤积形态存在补偿性的正反馈，但这种正反馈效益有限，不能完全补偿流速衰减与横比降的进一步发育。

（3）揭示了二级悬河演化机理及不可逆性。基于上述理论上的定量研究，阐明了二级悬河发育及演化机理和 1990 年高含沙小洪水在滩唇极易形成严重淤积的成因，高昂的滩唇进一步加大了滩地横比降和防洪的严峻形势，同时阐明了二级悬河发展的不可逆性。通过水槽试验和历史洪水资料，验证了上述理论成果的正确性。在滩区修建适当高度的防护堤，通过人工调节将洪水以两极分化形式加以科学调控，是黄河下游河道治理可依循的途径。

3. 量化了宽滩区不同运用方案对宽河段及山东窄河段的影响

（1）量化了 50 年不同水沙情景下不同运用方案对宽河段及山东窄河道的影响。

1）防护堤方案因宽河段沉沙效果的减弱，导致进入窄河段的沙量增大（例如，"基础 3 亿 t 方案""基础 6 亿 t 方案""基础 8 亿 t 方案"进入艾山以下窄河段的沙量防护堤方案比无防护堤方案分别多 0.7 亿 t、6.1 亿 t 和 9.5 亿 t），加大了窄河段的河道淤积（如"基础 6 亿 t 方案"防护堤方案比无防护堤方案多淤积 14.5%），使河槽进一步萎缩，河道平滩面积进一步减小，其影响程度随着来沙系数的增大而增大。

2）三个基础及两个扩展水沙情景下，50 年后艾山、泺口、利津站的 $3000\mathrm{m^3/s}$ 水位，防护堤方案均高于无防护堤方案，其中艾山站最大高出 0.48m，给山东窄河段的防洪安全带来一定影响。

3）随着来沙系数的增加，对窄河段防洪影响更为明显。

（2）量化了典型洪水不同运用方案对宽河段滞洪沉沙功效的影响。

1）典型洪水情景下宽滩区滞洪沉沙效果呈现 3 个层次，即无防护堤、防护堤有闸和分区运用、防护堤无闸方案，依次随漫滩水量的减少，其滞洪沉沙效果逐渐减弱，滩区灾情损失亦逐渐减小。

2）防护堤的修建，使得泥沙在嫩滩的淤积量加大（例如，分区运用方案比无防护堤方案多淤 0.11 亿 t），沿程洪峰衰减量减小，峰现时间提前，使得艾山超万洪量增加（例如，$8000\mathrm{m^3/s}$ 防护堤方案比无防护堤方案增加 2.12 亿 $\mathrm{m^3}$）。

3）防护堤的修建阻碍了滩区退水速度与退水量，反而使高村以下滩区滞洪时间加长（例如，分区运用方案比无防护堤方案约增加 12h），高村以下灾情损失更加严重。

此外，利用 ArcGIS Engine 和 VB2005.NET 技术，研发了黄河下游宽滩区滞洪沉沙效果展示平台，实现了海量数据的存储管理。

（3）利用 800m 长小浪底至陶城铺河工模型检验了宽滩区不同运用方案的滞洪沉沙效果。小浪底水库调控 "58·7" 洪水（最大洪峰流量为 $10581\mathrm{m^3/s}$）和未调控 "58·7" 洪水（最大洪峰流量为 $22757\mathrm{m^3/s}$）运用效果的检验结果表明：

1）无防护堤方案滩区滞洪沉沙效果好，防护堤方案河道输沙能力增强。对于调控 "58·7" 洪水，防护堤方案主槽淤积量 1.42 亿 t，比无防护堤减小约 15%；受试验初始地形（小浪底水库运用后主槽过洪能力较大）的影响，未调控 "58·7" 洪水防护堤方案主槽冲刷量 2.05 亿 t，大于无防护堤方案近 45%，且主要集中于高村以上。

2）防护堤方案增加了下游河段防洪形势的严峻程度。两种洪水条件下，防护堤方案高村以下最高洪水位和堤根水深均高于无防护堤方案 0.64m、1.10m 和 0.28m、0.64m；防护堤的修建对高村以下滩区退水的阻碍作用（受退水口门数量限制）使得大堤偎水时间明显延长，85% 的河段顺堤行洪流速也显著增大；长时间受较深水流的浸泡和较大顺堤流速水流的冲刷，堤防出险可能性必将显著增大。

3）由于滩区漫滩水流滞留时间长，新建防护堤也面临滩区漫滩水和主河道水流共同作用、腹背受敌的不利局面。

4）防护堤方案嫩滩淤积量增大，将进一步加剧宽河段二级悬河的不利态势和下游的防洪压力。因此，黄河下游河道治理如若采用防护堤方案，必须加强对洪水过程的调控，建立科学的运行机制。

4. 提出了下游宽滩区滩槽水沙优化配置方案

提出了有利于实现黄河长治久安的滩槽水沙优化配置原则、目标和评价方法，构建了滩槽水沙优化配置综合目标函数和约束条件，研发了泥沙多目标优化配置模型。针对黄河下游可行的 7 种水沙配置方式（包括河道输沙、引水引沙、滩区放淤、河槽冲淤、洪水淤滩、挖沙固堤、淤筑村台），提出了现状河道条件下以河道输沙为重点的配置模式、防护堤条件下以河道输沙为重点的配置模式、现状河道条件下以滩区放淤为重点的配置模式、防护堤条件下以滩区放淤为重点的配置模式等 4 种泥沙配置方案；采用前述枯、平、丰 3 种 50 年水沙系列，共进行了 12 组泥沙配置方案的定量评价，推荐了防护堤条件下以滩区放淤为重点的黄河下游滩槽水沙优化配置方案，该方案花园口至艾山宽滩河段河槽冲淤沙量为 -0.295 亿～0.319 亿 t/年，淤滩沙量为 0.004 亿～0.277 亿 t/年。

5. 构建了黄河下游宽滩区滞洪沉沙功效二维评价指标体系和评价模型

（1）创新性地构建了能直观表达河流自然属性与社会属性的宽滩区滞洪沉沙功效二维评价指标体系和基于 Pareto 最优解的二元优化评价模型，其中滞洪沉沙功能和减灾效应 2 个维度共由 10 个指标表征。采用"58·7""82·8""96·8""92·8"实测洪水资料对其进行系统验证的结果表明，该评价模型可以客观、形象地评价宽滩区的滞洪沉沙功效，符合人们对历史洪水滞洪沉沙功效的认知。

（2）在系统整理上述数学模型计算及实体模型试验结果的各量化评价指标基础上，运用该评价模型开展了不同治理模式、不同运用方案下宽滩区滞洪沉沙效果的综合效益评价。滞洪沉沙功能与减灾效应评价结果分 4 个层面：①总体看，Ⅰ区的点子均为防护堤模式，该区滞洪沉沙功能最差，综合减灾效应最优；Ⅱ区的点子均为分区运用和无防护堤模式，该区域滞洪沉沙功能和综合减灾效应均较优；Ⅳ区的点子均为分区运用防护堤有闸和无堤的"58·7"洪水，其滞洪沉沙功能明显较高，而综合减灾效应较弱。②"77·8"洪水的点子均在"58·7"洪水之上，说明大洪水的滞洪沉沙功能明显优于综合减灾效应。③完全靠洪水自然漫溢的防护堤方案下的点子均位于 50% 分界线左边，主动分洪运用的防护堤和分区运用方案下的点子均位于 50% 右边，说明前者的上滩水量明显偏小，滞洪沉沙功能自然减小。④大洪水下，无防护堤模式滞洪沉沙功能和综合减灾效应，均优于防护堤和分区运用方案。

6. 提出了可兼顾下游防洪与滩区可持续发展的宽滩区治理方案和洪水泥沙调控模式

针对黄河下游宽滩区运用存在的难题，基于上述研究成果，提出了对于 6000m³/s 以下洪水由原来以排沙为主转变为泥沙资源利用的洪水泥沙调控模式；探讨了宽滩区泥沙资源良性运行机制及可持续发展模式，提出了宽滩区综合减灾措施。进而，提出了未来一定时期黄河下游宽滩区治理方案和运行机制。即对于花园口站 6000m³/s 以下洪水，通过修建防护堤以保护滩区不再遭受损失；大洪水时防护堤开闸乃至破堤运用，发挥宽滩区的滞洪沉沙功能；同时将受洪水威胁较大的低滩区和"落河村""近堤村"全部搬迁。通过二维数学模型和评价模型，选择"77·8"洪水过程，对该方案进行了定量评价，计算结果表明，该方案既能充分发挥宽滩区的滞洪沉沙效果，又大大提高了防洪减灾效益。

参 考 文 献

［1］ 安催花，陈雄波，等. 黄河下游滩区放淤能力与泥沙利用研究［R］. 黄河勘测规划设计有限公司，2008.

［2］ 陈绪坚，胡春宏. 河流最小可用能耗率原理和统计熵理论研究［J］. 泥沙研究，2004（6）：10-15.

［3］ 陈绪坚，胡春宏. 河床演变的均衡稳定理论及其在黄河下游的应用［J］. 泥沙研究，2006（3）：14-22.

［4］ 陈绪坚，韩其为，方春明. 黄河下游造床流量的变化及其对河槽的影响［J］. 水利学报，2007，38（1）：15-22.

［5］ 陈绪坚，胡春宏，陈建国. 黄河干流泥沙优化配置综合评价方法［J］. 水科学进展，2010，21（5）：585-591.

［6］ 陈绪坚，陈清扬. 黄河下游河型转换及弯曲变化机理［J］. 泥沙研究，2013（1）：1-6.

［7］ 陈建国，周文浩，孙高虎. 黄河下游宽河段水沙运行及其对窄河段的影响［J］. 泥沙研究，2008（1）：1-8.

［8］ 高季章，胡春宏，陈绪坚. 论黄河下游河道的改造与"二级悬河"的治理［J］. 中国水利水电科学研究院学报，2004（1）：8-18.

［9］ 顾浩. 中国治水史鉴［M］. 北京：中国水利水电出版社，1997.

［10］ 海热提，王文兴. 生态环境评价、规划及管理［M］. 北京：中国环境出版社，2004.

［11］ 韩其为. 水库淤积［M］. 北京：科学出版社，2003.

［12］ 韩其为. 黄河下游河道巨大的输沙能力与平衡的趋向性［J］. 人民黄河，2008，30（12）：1-3.

［13］ 侯志军，李勇，王卫红，等. 黄河漫滩洪水滩槽水沙交换模式研究［J］. 人民黄河，2010，32（10）：63-64.

［14］ 侯志军，王卫红，张敏，等. 黄河下游漫滩洪水淤滩刷槽试验研究［J］. 人民黄河，2009，31（10）：81-83.

［15］ 胡春宏，陈建国，严军，等. 黄河水沙调控与下游河道中水河槽塑造［M］. 北京：科学出版社，2007.

［16］ 胡春宏，郭庆起，许炯心，等. 黄河水沙过程变异及河道的复杂响应［M］. 北京：科学出版社，2005.

［17］ 胡春宏，陈建国，郭庆超，等. 塑造和维持黄河下游中水河槽措施研究［J］. 水利学报，2006，37（4）：381-388.

［18］ 胡春宏，陈绪坚. 流域水沙资源优化配置理论与模型及其在黄河下游的应用［J］.

水利学报，2006，37（12）：1460-1469.

[19] 胡春宏，陈绪坚，陈建国，等. 黄河干流泥沙空间优化配置研究（Ⅰ）—理论与模型［J］. 水利学报，2010，41（3）：253-263.

[20] 胡春宏，陈绪坚，陈建国. 黄河干流泥沙空间优化配置研究（Ⅱ）—潜力与能力［J］. 水利学报，2010，41（4）：379-389.

[21] 胡春宏，陈绪坚，陈建国，等. 黄河干流泥沙空间优化配置研究（Ⅲ）—模式与方案［J］. 水利学报，2010，41（5）：514-523.

[22] 胡春宏，吉祖稳. 复式断面边界剪切应力分布规律研究［J］. 泥沙研究，1999（6）：52-55.

[23] 胡一三. 中国江河丛书—黄河卷［M］. 北京：中国水利水电出版社，1996.

[24] 胡一三，李勇，张晓华. 主槽河槽议［J］. 人民黄河，2010，32（8）：1-3.

[25] 胡一三，张红武，刘贵芝，等. 黄河下游游荡性河段河道整治［M］. 郑州：黄河水利出版社，1998.

[26] 黄河水利委员会. 黄河水利史述要［M］. 北京：水利电力出版社，1984.

[27] 黄河水利委员会治黄研究组. 黄河的治理与开发［M］. 上海：上海教育出版社，1984.

[28] 黄河水利委员会. 王化云治河文集［M］. 郑州：黄河水利出版社，1997.

[29] 黄河水利委员会. 黄河近期重点治理开发规划［M］. 郑州：黄河水利出版社，2002.

[30] 黄河水利委员会. 黄河流域综合规划（2012—2030年）［M］. 郑州：黄河水利出版社，2013.

[31] 黄河水利委员会. 黄河下游治理方略专家论坛［M］. 郑州：黄河水利出版社，2004.

[32] 黄河水利委员会. 黄河下游二级悬河成因及治理对策［M］. 郑州：黄河水利出版社，2003.

[33] 黄河水利科学研究院. 黄河下游断面法冲淤量分析与评价［R］. 2002.

[34] 黄河水利科学研究院. 黄河下游滩槽划分办法研究报告［R］. 黄河水利科学研究院，2005.

[35] 黄金池. 黄河下游河槽萎缩与防洪［J］. 泥沙研究，2001（4）：7-11.

[36] 吉祖稳. 复式河槽水沙运动机理与应用研究［D］. 中国水利水电科学研究院博士学位论文，2009.

[37] 江恩慧，曹永涛，张林忠，等. 黄河下游游荡性河段河势演变规律及机理研究［M］. 北京：中国水利水电出版社，2005.

[38] 江恩慧，曹常胜，符建铭，等. 黄河下游游荡性河道河势演变机理及整治方案研究［R］. 黄河水利科学研究院，2006.

[39] 江恩慧，赵连军，张红武. 多沙河流洪水演进与冲淤演变数学模型研究及应用［M］. 郑州：黄河水利出版社，2006.

[40] 江恩慧，赵连军，李军华，等. 黄河下游河道均衡输沙关系与游荡性河道整治理论研究［R］. 黄科技ZX-2009：91-185.

[41] 兰华林，苏运启，等. 黄河下游滩区放淤能力与泥沙利用研究［R］. 黄河水利科

学研究院，2008.

[42] 李国英. 黄河调水调沙 [J]. 中国水利，2002 (11)：29－33.

[43] 李国英. 维持黄河健康生命 [M]. 郑州：黄河水利出版社，2005.

[44] 李士勇. 工程模糊数学及其应用 [M]. 哈尔滨：哈尔滨工业大学出版社，2004.

[45] 梁志勇，王兆印，等. 黄河下游水沙搭配与河床响应研究 [M]. 郑州：黄河水利出版社，2005.

[46] 刘继祥，郜国明，曾芹，等. 黄河下游河道冲淤特性研究 [J]. 人民黄河，2000，22 (8)：11－12.

[47] 刘生云，何予川，等. 黄河下游滩区综合治理关键技术研究 [R]. 黄河勘测规划设计有限公司. 2009.

[48] 刘思峰. 灰色系统理论及其应用 [M]. 北京：科学出版社，2010.

[49] 罗立群，张敏，王卫红，等. 黄河下游二级悬河段河势及漫滩模型分析 [J]. 人民黄河，2010，32 (4)：15－16.

[50] 钱宁，周文浩. 黄河下游河床演变 [M]. 北京：科学出版社，1965.

[51] 钱宁，张仁，周志德. 河床演变学 [M]. 北京：科学出版社，1987.

[52] 钱宁，万兆惠. 泥沙动力学 [M]. 北京：科学出版社，1983.

[53] 钱意颖. 黄河干流水沙变化与河床演变 [M]. 北京：中国建材工业出版社，1993.

[54] 曲少军，申冠卿，李勇，等. 黄河下游宽河段漫滩洪水作用初析 [J]. 水利水电科技进展，2006，26 (3)：7－9.

[55] 申冠卿，张原峰，等. 黄河下游河道对洪水响应机理与泥沙输移规律 [M]. 郑州：黄河水利出版社，2007.

[56] 田世民，刘月兰，张晓华，等. 黄河下游不同流量级洪水冲淤特性的计算与分析 [J]. 泥沙研究，2012 (4)：69－75.

[57] 王化云. 我的治河实践 [M]. 郑州：河南科学技术出版社，1989.

[58] 王明甫，陈立，周宜林. 高含沙水流游荡型河道滩槽冲淤演变特点及机理分析 [J]. 泥沙研究，2000 (1)：1－6.

[59] 王渭泾. 黄河下游治理探讨 [M]. 郑州：黄河水利出版社，2011.

[60] 王渭泾. 黄河下游滩区的开发利用与防洪安全问题 [J]. 人民黄河，2014，36 (9)：1－4.

[61] 韦直林. 关于黄河下游治理方略的一点浅见 [J]. 人民黄河，2004，26 (6)：17－18.

[62] 吴持恭. 水力学 [M]. 北京：高等教育出版社，1982.

[63] 吴海量，胡建华，等. 黄河滩区放淤能力与泥沙利用研究 [R]. 黄河勘测规划设计有限公司，2008.

[64] 吴祈宗. 运筹学与最优化方法 [M]. 北京：机械工业出版社，2003.

[65] 谢鉴衡. 河流模拟 [M]. 北京：水利电力出版社，1990.

[66] 杨克君，曹叔尤，刘兴年，等. 复式河槽动能损失强度分析 [J]. 四川大学学报（工程科学版），2005，37 (1)：10－14.

[67] 叶青超. 黄河流域环境演变与水沙运行规律研究 [M]. 济南：山东科学技术出版

社，1992.

[68] 张红武，黄远东，赵连军，等. 黄河下游非恒定输沙数学模型—模型方程与数值方法 [J]. 水科学进展，2002，13（3）：2-7.

[69] 张红武，江恩慧，等. 黄河高含沙洪水模型的相似律 [M]. 郑州：河南科学技术出版社，1994.

[70] 张瑞瑾. 河流泥沙动力学 [M]. 2 版. 北京：中国水利水电出版社，1997.

[71] 张书农，华国祥. 河流动力学 [M]. 北京：水利电力出版社，1988.

[72] 中国水利学会泥沙专业委员会. 泥沙手册 [M]. 北京：科学出版社，1992.

[73] 中国系统工程学会决策科学专业委员会. 决策科学理论与方法 [M]. 北京：海洋出版社，2001.

[74] 赵连军. 冲积流悬移质泥沙和床沙级配及其交换规律研究 [D]. 武汉大学硕士学位论文，2001.

[75] 赵连军，谈广鸣，韦直林，等. 黄河下游河道演变与河口演变相互作用规律研究 [M]. 北京：中国水利水电出版社，2006.

[76] 赵连军，江恩慧，董其华，等. 黄河下游河道不同治理模式未来冲淤预测 [R]. 黄科技 ZX-2009：29-38.

[77] 赵连军，江恩慧，刘雪松，等. 悬移质含沙量及悬沙平均粒径横向分布规律研究 [C] //吴有生，颜开，孙宝江. 第十三届全国水动力学学术会议暨第二十六届全国水动力学研讨会文集. 北京：海洋出版社，2014.

[78] 赵连军，吴香菊，王原. 悬移质泥沙级配的计算方法 [C] //周连第，邵维文，戴世强. 第十二届全国水动力学研讨会论文集. 北京：海洋出版社，1998.

[79] 赵连军，张红武. 黄河下游河道水流摩阻特性的研究 [J]. 人民黄河，1997（9）：17-20.

[80] 赵连军，张红武，江恩慧. 冲积河流悬移质泥沙与床沙交换机理及计算方法研究 [J]. 泥沙研究，1999（4）：51-56.

[81] 赵业安，周文浩，费祥俊，等. 黄河下游河道演变基本规律 [M]. 郑州：黄河水利出版社，1998.

[82] P B Bayley. 1991. The flood pulse advantage and the restoration of river floodplain system [J]. River Research & Applications，2010，6（2）：75-86.

[83] P B Bayley. Understanding large river-floodplain ecosystems [J]. Bioscience，1995，45（3）：153-158.

[84] J Bendix. Flood disturbance and the distribution of riparian species diversity [J]. Geographical Review，2010，87（4）：468-483.

[85] A F Deiller，J M N Walter，M Trémolières. Effects of flood interruption on species richness, diversity and floristic composition of woody regeneration in the Upper Rhine alluvial hardwood forest [J]. River Research & Applications，2010，17（4-5）：393-405.

[86] M M Pollock，R J Naiman，T A Hanley. Plant species richness in riparian wet-

lands – A test of biodiversity theory [J]. Ecology, 1998, 79 (1): 94 – 105.

[87] W J Junk, P B Bayley, R E Sparks. The flood pulse concept in river – floodplain systems [J]. Canadian Special Publication Fisheries and Aquatic Sciences, 1989, 106: 110 – 127.

[88] A I Robertson, P Bacon, G Heagney. The responses of floodplain primary production to flood frequency and timing [J]. Journal of Applied Ecology, 2001, 38 (1): 126 – 136.

[89] D A Roshier, A I Robertson, R T Kingsford. Responses of waterbirds to flooding in and arid region of Australia and implications for conservation [J]. Biological Conservation, 2002, 106 (3): 399 – 411.

[90] K M Wantzen, F D A Machado, M Voss, et al. Seasonal isotopic changes in fish of the Pantanal wetland [J]. Aquatic Sciences, 2002, 64 (3): 239 – 251.